航空油品军民融合系列丛书

航空油品质量计量管理

刘　翔　主编

熊　云　王　立　主审

中国石化出版社

内 容 提 要

《航空油品质量计量管理》紧密结合民用航空实际，分章介绍了航空油品基础知识、计量与质量管理基础、航空油品计量方法、航空油品计量仪器仪表、航空油品质量计量管理，涵盖常用航空油料的规格、性质、技术要求、分析检测方法和安全管理；系统地介绍了航空油品的规格及质量指标，列出多种航空油料的分析化验方法以及影响其质量的主要因素，为从事航空油品分析化验和管理方面的教学、研究等专业人员提供了理论依据及操作规范。

本书可供油库业务技术人员和高等院校相关专业师生使用。

图书在版编目（CIP）数据

航空油品质量计量管理／刘翔主编．—北京：中国石化出版社，2021.5

（航空油品军民融合系列丛书）

ISBN 978-7-5114-6257-2

Ⅰ．①航… Ⅱ．①刘… Ⅲ．①民用航空-航空油料-质量管理 Ⅳ．①V31

中国版本图书馆 CIP 数据核字（2021）第 078638 号

中国石化出版社出版发行

地址：北京市东城区安定门外大街 58 号

邮编：100011 电话：（010）57512500

发行部电话：（010）57512575

http://www.sinopec-press.com

E-mail：press@sinopec.com

北京科信印刷有限公司印刷

全国各地新华书店经销

*

787×1092 毫米 16 开本 21.75 印张 517 千字

2021 年 5 月第 1 版　2021 年 5 月第 1 次印刷

定价：66.00 元

《航空油品质量计量管理》编委会

主　　编　刘　翔

副 主 编　张　磊

编写人员　杨月新　罗　燕　邓志彬
　　　　　　詹婷雯　王金玉　金　义

审稿专家　熊　云　王　立　温　明
　　　　　　王　靓　孙元宝　李卫清

前言 PREFACE

本书紧密结合民用航空实际，分章介绍航空油品基础知识、航空发动机工作原理、油品分析检测技术、航空油品计量方法、航空油品计量仪器仪表和航空油品质量计量管理等多方面的知识；涵盖常用航空油品的规格、性质、技术要求、分析检测方法和质量管理知识，列出了航空油品各种性质性能的分析化验方法和影响其质量的主要因素；系统地介绍了油品静态计量和动态计量方法技术和仪器仪表等；为从事航空油品分析检测、计量和质量管理等方面的教学、研究等专业人员提供了理论依据及操作规范。

本书以民用航空为背景，内容设置由浅入深循序渐进，从技术到管理，涉及油品基础知识、计量方法、相关仪器仪表、航油技术指标及检测方法和航油安全管理等内容，可以满足新时代航空油品储运发展对人才培养的要求，作为航油相关专业教材。同时结合相关航油标准，和最新航空油品需求特点，以航油使用过程中面临的和未来发展将要面临的问题为导向，进行内容设置，将为相关教学科研工作者提供参考。结合航油一线实际工作，可让读者了解更多操作规范。此外，本书在突出综合性的同时更加具有针对性，突出航空油品的标准指标要求和实验操作环节，在保证基础理论内容的前提下，希望读者能够更加有针对性地了解到航空油品储运安全相关知识，并能从本书中所列实验环节获得帮助。

本书编写过程中参考了国内外相关科研成果，同时，编者从事石油石化行业工作多年，具有丰富的生产建设工作经验，内容设置更加结合实践，能满足培养相关专业干部人才和普及航空油品科学知识的需要。

本书第一章、第三章和第四章由刘翔编写；第二章由金义编写；第五章由王金玉和刘翔编写；第六章和第七章由刘翔、杨月新编写；第八章和第九章由张磊编写；第十章、十一章由陈勇刚和罗燕编写，全书由刘翔统稿。

本书在编写过程中，得到了中国民用航空局、中国航空油料集团有限公司、南京航空航天大学、中国人民解放军陆军勤务学院和空军勤务学院，以及西南石油大学等有关专家学者的大力支持和帮助，在此我们向所有支持、帮助过我们的单位和个人表示衷心的感谢。

由于编写时间仓促，且限于编者的理论水平和实践经验，书中难免有疏漏之处，敬请相关专家和广大读者批评指正。

目录 CONTENTS

第1篇 航空油品基础知识

第 2 篇　计量篇

第3篇 质量检测篇

第4篇 质量管理

第1篇 航空油品基础知识

第1章 航空油料概述

1.1 概述

航空油料(aviation oil)是航空燃料及润滑、液压等机械传动专用油品的总称，通常简称“航油”。一般包括四大类，第一类是航空燃料（aviation fuel)，含喷气燃料和航空汽油（活塞式航空发动机燃料)；第二类是航空润滑油(aviation lubricating oil)，含飞机机械或仪表润滑用油；第三类是航空润滑脂(aviation lubrication grease)，含飞机机械或仪表润滑用脂，第四类是特种液(hydraulic oil)，含飞机液压传动用油。其中，后面三类统称为“航空附属油品”，也有文献指出油品即为石油产品。石油经过炼制等加工工艺生产出汽油、煤油、柴油和润滑油等多种石油产品。通常认为，油品涵盖范围更广，涉及石油石化的多个方面。

航空燃料包括供点燃式活塞发动机用的航空活塞式发动机燃料(俗称航空汽油)和供燃气涡轮发动机用的喷气燃料(俗称喷气燃料)。航空燃料作为飞机的重要能源是飞机上消耗量最大的油料。航空燃料主要包括航空汽油、喷气燃料(喷气燃料)、加力燃料和启动燃料等，其中喷气燃料是主体，主要用于各种喷气式飞机；航空汽油主要用于活塞式飞机，用量很少，目前西方国家航空汽油的消耗量仅占航空燃料总消耗量的5%左右。涡喷、涡扇发动机是军用战斗机和运输飞机的主要动力装置。喷气飞机的飞行速度快、升限高，高空气温极低，而飞机燃料系统构造精密，要求工作可靠。因此，为了保证飞行安全和使用寿命，飞机发动机对燃料性能指标要求严格。在表征燃料质量的各种性能中，主要包括具有适当的挥发性和良好的燃烧性、蒸发性、安定性、洁净性，不腐蚀所接触的金属并与所接触的非金属材料相容等。飞机发动机对燃料的依赖性极大，要求自然也很严格。在表示燃料质量的各种综合性能中，最重要的是在飞机发动机使用过程中系统和零部件同燃料及其燃烧产物接触过程中所出现的那些性能，即所谓的使用性能。

航空润滑油和特种液是航空装备的重要组成部分之一，对航空装备的设计和效能发挥起着至关重要的作用，主要包括航空发动机润滑油、航空传动系统润滑油、航空润滑脂、航空液压油、航空冷却液等多个品种。根据适用航空发动机类型的不同，航空发动机润滑油可分为航空活塞式发动机润滑油和航空涡轮发动机润滑油。航空活塞式发动机润滑油满足航空活塞式发动机的润滑需求，主要润滑部位为活塞和曲轴；航空涡轮发动机润滑油满足航空涡轮燃气发动机的润滑需求，主要润滑的部位为压气机前轴承、压气机后轴承和涡轮轴承。航空传动系统润滑油满足直升机的润滑需求，主要润滑部位为涡轴发动机轴承、主减速器、中间减速器、尾减速器。航空润滑脂是除航空润滑油之外的一类非常重要的润滑剂，通常对发热量较低的轴承、仪表灯等零部件起润滑和密封等作用。航空液压油主要满足飞机反推力装置、武器系统发射、飞机起落架及刹车灯控制系统的液压系统的润滑。航空冷却液主要对航空机载设备需要冷却的部位进行冷却，主要成分为乙二醇、水和表面活性剂。

1.1.1 石油的生成

石油是从地层或海底开采出来的一种可燃的流动或半流动的黏稠液体；石油未加工前叫原油。天然石油的颜色大多数是黑色的，但也有暗黑、暗绿、暗褐色的，更有赤褐、浅黄乃至无色的，其密度一般小于 1000kg/m^3(800～980kg/m^3)。石油颜色和性质上的差异，是由其化学组成成分的不同造成的。有工业价值的石油储量从发现到成为产品大致要经过地质勘探→钻井→采油→运输→储存→加工等复杂的工业过程。油料是动力装备使用的液体燃料、润滑油、润滑脂和特种液的总称。绝大部分油料是石油通过加工得到的成品油。

石油的生成普遍有两种学说，生物成油理论和非生物成油理论。

1.1.1.1 生物成油理论

大多数地质学家认为石油像煤和天然气一样，是古代有机物通过漫长的受压和受热后逐渐形成的。按照这个理论，石油是由史前的海洋动物和藻类尸体变化形成的(陆上的植物则一般形成煤)。经过漫长的地质年代，这些有机物与淤泥混合，被埋在厚厚的沉积岩下。在地下的高温和高压下，它们逐渐转化，首先形成蜡状的油页岩，后来退化成液态和气态的碳氢化合物。由于这些碳氢化合物比附近的岩石轻，它们向上渗透到附近的岩层中，直到渗透到上面紧密无法渗透的、本身则多孔的岩层中。这样聚集到一起的石油形成油田。通过钻井和泵取，人们可以从油田中获得石油。

1.1.1.2 非生物成油理论

非生物成油的理论是天文学家托马斯·戈尔德在俄罗斯石油地质学家尼古莱·库德里亚夫切夫(Nikolai Kudryavtsev)的理论基础上发展的。这个理论认为，在地壳内已经有许多碳，有些碳自然地以碳氢化合物的形式存在。碳氢化合物比岩石空隙中的水轻，因此沿岩石缝隙向上渗透。石油中的生物标志物是由居住在岩石中的、喜热的微生物导致的，与石油本身无关。

在地质学家中，这个理论只有少数人支持。一般它被用来解释一些油田中无法解释的石油流入，不过这种现象很少发生。过去认为石油是从动物的尸体变化而成的，因此，石油是不可再生的能源。不过，根据美国于 2003 年的一项研究，有不少枯干的油井在经过一段时间的弃置以后，仍然可以生产石油。所以，石油可能并非生物生成的产物，而是碳氢化合物在地球内部经过放射线作用之后的产物。

1.1.1.3 原油的一般性质

在测定原油性质之前，应先测定原油的含水量、含盐量和机械杂质。若原油含水量大于 0.5%，应先脱水。然后再测定密度、黏度、凝点、蜡含量、残炭、硫含量、氮含量、胶质含量、微量金属(铁、镍、钒、铜)含量等项目。用未经处理的原油，以气相色谱法测定

$C_1 \sim C_8$ 的轻烃含量。用宽馏分配制直馏产品，测定汽油、喷气燃料、灯用煤油、柴油、裂化原料油的性质。以气相色谱法或质谱法分析馏分油的单体烃组成或烃族组成，以折射率、密度、分子量计算的方法测定结构族组成(烷烃、环烷烃、芳烃的碳数百分比和环烷烃、芳烃的平均环数)。以溶剂脱蜡、吸附分离方法测定润滑油的潜含量(最大含量)及性质，测定重质油的饱和烃、芳烃、胶质、沥青质含量。表 1-1 列出了几种原油的基本性质。

表 1-1　几种原油的基本性质

性质		俄罗斯	大庆	胜利	大港
密度(20℃)/(g/cm³)		0.8404	0.8587	0.9005	0.8826
运动黏度(50℃)/(mm²/s)		3.426	19.5	83.4	17.3
凝点/℃		-26	32	28	28
含蜡量(吸附法)/%		4.36	25.1	14.6	15.4
沥青质/%		0.76	0.1	5.1	13.1
硅胶胶质/%		—	8.9	23.2	9.7
酸值/(mgKOH/g)		0.2	—	—	—
残炭/%		2.39	3.0	6.4	3.2
元素分析/%	C	—	86.3	86.3	85.7
	H	—	13.5	12.6	13.4
	S	0.7	0.15	0.88	0.12
	N	0.15	—	0.41	0.23
微量金属/(μg/g)	V	6.53	<0.1	1.0	<1.0
	Ni	6.34	2	26	18
<300℃馏出/%		48.92	25.6	18.0	26.0

1.2　石油的化学组成

1.2.1　石油的一般性状

石油通常是黑色、褐色或者黄色的流动或半流动的黏稠液体，广义概念是指包括自然界存在的气态、液态和固态烃类化合物以及少量杂质组成的复杂混合物。生成石油的物质既有动物也有植物；生成石油的环境既可以是海相沉积，即石油是在海洋环境下的沉积物中生成的；也可以是陆相沉积，即在陆地上的湖泊环境下的沉积物中生成石油。

生成石油的原料是有机物质，这种有机物质既有陆生的，也有水生的，既包括动物，也包括植物，以繁殖量最大的低等生物为主。有机物质在水体中同泥沙和其中矿物质一起，在低洼的浅海或湖泊中沉积下来，形成了淤泥，成为有机淤泥。这种有机淤泥被新的沉积物覆盖，造成了氧气不能自由进入的还原环境。随着低洼地区的不断沉降，沉积物的不断加厚，有机淤泥承受的压力和温度不断增大。同时在细菌、压力、温度和其他因素不断的作用下，处在还原环境中的有机物逐渐地变成石油。这是一个漫长复杂的变化过程，直到有机淤泥经过压实和固结作用而变成沉积岩石，形成石油岩层，在时间上往往是经过了数百万年甚至上亿年。

1.2.2 石油的元素组成

石油主要是由C、H、O、N和S五种元素组成，原油中一般含量范围是：C为83.0%~87.0%，H为10.0%~14.0%，S为0.05%~8.00%，N为0.02%~2.00%，O为0.05%~2.00%。此外还含有微量金属元素及其他非金属元素。金属元素有钒、镍、铁、铜、铅以及钙、钛、镁、钠、钴、锌等；非金属元素有氯、硅、磷、砷等。石油中的C和H元素组成烃，根据结构性质，石油中主要含烷烃、环烷烃和芳香烃三类组成，个别种类的石油含有烯烃，但烯烃可在石油加工过程中产生。石油中的S、O和N元素以非烃类化合物形式存在，它们在各馏分中的分布是不均匀的，大部分集中分布在重组分残渣油中。非烃类化合物对石油加工、油品储存和使用性能影响很大，石油加工中绝大多数精制过程都是为了解决非烃类化合物问题。

1.2.3 石油的烃类组成

1.2.3.1 烷烃

烷烃是石油的主要组分，其分子结构特点是，碳原子间以单键相连成链状，其余价键为氢原子所饱和。碳链呈直链的称为正构烷烃，如正戊烷、正庚烷、正辛烷等。带侧链或支链的烷烃称为异构烷烃。石油中的烷烃主要为液体和固体，液体烷烃(包括正构烷烃和异构烷烃)是液体燃料的主要成分。

碳原子数大于3的烷烃，存在组成相同而结构不同的同分异构体，随分子中碳原子数的增多，同分异构体数量迅速增加。含4个碳原子的烷烃有2个同分异构体，而含10个碳原子烷烃，则可能有75个同分异构体。

常温常压下，C_1~C_4(分子中含1~4个碳原子)的烷烃为气体；C_5~C_{16}的烷烃为液体，是液体燃料的主要组分；C_{17}以上的正构烷烃为固态，大都存在于柴油和润滑油馏分中。除甲烷和乙烷是无色无味气体外，其他易挥发的低分子烷烃具有汽油味，碳数多的高分子烷烃无气味，挥发性很小。烷烃是非极性化合物，几乎不溶于水，但易溶于有机溶剂。几种烷烃的性质见表1-2。

表1-2 几种烷烃的性质

名称		分子式	相对分子质量	20℃密度/(kg/m³)	熔点/℃	沸点/℃
正构烷烃	丁烷	C_4H_{10}	58.124	578.8	-138.25	-0.50
	戊烷	C_5H_{12}	72.151	626.2	-129.73	36.06
	己烷	C_6H_{14}	86.178	659.4	-95.32	68.73
	庚烷	C_7H_{16}	100.205	683.7	-90.58	98.43
	辛烷	C_8H_{18}	114.232	702.5	-56.76	125.68

续表

名称		分子式	相对分子质量	20℃密度/(kg/m³)	熔点/℃	沸点/℃
异构烷烃	异丁烷	C_4H_{10}	58.120	557.2	-159.60	-11.27
	2-甲基丁烷	C_5H_{12}	72.151	619.7	-159.91	27.84
	2，2-二甲基丙烷	C_5H_{12}	72.151	591.0	-16.57	9.50
	2-甲基己烷	C_7H_{16}	100.205	678.6	-118.27	90.05
	2-甲基庚烷	C_8H_{18}	114.232	697.9	-108.99	117.65
	2，2，4-三甲基戊烷	C_8H_{18}	114.232	691.9	-107.37	99.24

正构烷烃与异构烷烃的元素组成相同，但结构不同，因而它们的性质既有相似之处，也有一定差别。烷烃密度均小于1.0kg/m³，正构烷烃的相对分子质量、沸点、熔点和密度随碳数增加而升高。异构烷烃由于分子中侧链的影响，使分子间距离增大，导致分子间范德华力减弱，因而异构烷烃的沸点和熔点比相同碳数的正构烷烃低。异构化程度不同，其性质也有差别。

烷烃在常温常压下化学性质很稳定，很难被空气氧化，与强酸、强碱、强氧化剂和强还原剂都不起作用或反应很慢。在高温下，烷烃能在空气或氧中燃烧而生成CO_2和水，并放出大量热能。如果空气不足，则燃烧不完全，生成CO及黑色的游离碳。在高温隔绝空气的情况下，大分子烷烃C—C键断裂而生成小分子烃类的裂化反应，相对分子质量越大的烷烃热稳定性越差。裂化反应是由重质石油组分生产轻质油品或化工原料的一个重要反应。裂化反应随反应条件不同而变化，反应产物通常是混合物。

烷烃在一定条件下，能同卤素或浓硫酸发生取代反应而生成卤代烷或烷基磺酸。烷烃在不同催化剂作用下可以发生脱氢反应生成烯烃和脱氢环化反应生成芳香烃，后一反应是生产芳香烃和优质汽油的一个重要化学反应。含有大于等于C_6的正构烷烃能和尿素结合，形成特殊结构的固体络合物，石油加工中的尿素脱蜡过程就是利用这一特性从馏分油中除去正构烷烃的。

总之，烷烃在常温常压下化学性质不活泼，因而安定性好，在储存过程中不易氧化变质。正构烷烃在汽油机中燃烧性能不好，但异构烷烃的燃烧性能却很好。在柴油机中，正构和异构烷烃的燃烧性能都很好。

1.2.3.2　环烷烃

环烷烃是饱和的环状化合物，即碳原子以单键相连接成环状，其他价键为氢原子的饱和化合物。按环数多少，环烷烃分为单环、双环和多环三类，大都带有1~2个烷基侧链。石油中的环烷烃主要是环戊烷和环己烷的化合物。

环烷烃的沸点、熔点和密度比相同碳数的烷烃高，但密度仍小于1.0kg/m³。环戊烷在常温常压下为液体，相对分子质量大的环烷烃为固体。由于环烷烃是饱和烃，与烷烃相类似，在常温常压下比较安定，在储存过程中不易氧化变质。但在不同条件下，也可能发生氧化、裂化、芳构化、异构化和取代反应。裂化、芳构化和异构化反应都是石油加工中的重要反应。

单环环烷烃主要存在于低、中沸点的馏分如汽油和煤油之中，双环环烷烃和多环环烷烃则大多在沸点较高的柴油和润滑油中出现。环烷烃在汽油机中的燃烧性能介于正构烷烃和异构烷烃之间，在柴油机中的燃烧性能比烷烃差。环烷烃是喷气燃料的理想组分，它使喷气燃料具有大的热值和密度，以及较好的燃烧性能和低温性能。

1.2.3.3 芳香烃

分子中具有苯环结构的烃类称为芳香烃，一般苯环上带有不同的烷基侧链。根据苯环的多少和结合形式的差别，芳香烃分为单环、多环和稠环芳香烃三类。分子中含有两个和两个以上独立苯环的芳香烃称为多环芳香烃，如联苯、三苯甲烷等。分子中含有两个或两个以上苯环，且苯环彼此间通过共用两个相邻碳原子稠合而成的芳香烃称为稠环芳香烃，例如萘、菲、蒽等。

芳香烃在常温下呈液态或固态。苯及其同系物具有强烈的芳香气味，其蒸气对人体有毒害作用。芳香烃的密度一般为860~900kg/m^3，比相同碳数的其他烃类密度大。芳香烃对天然橡胶有较大的浸蚀作用。水在芳香烃中的溶解度很小，例如，芳香烃中对水溶解度最大的苯，在22℃时，100g苯中也只能溶解0.0662g水，但这比其他烃类对水的溶解度已大了很多倍。苯对水的溶解度对航空燃料的低温性能影响很大。由于芳香烃燃烧极限较小，在高空易熄火，积炭程度加大，恶化喷气燃料的燃烧性能，因而喷气燃料要限制芳香烃的含量。芳香烃辛烷值较高，有利于在汽油机中燃烧，因此燃烧性能好，是汽油的良好组分，但在柴油机中因难以自燃而燃烧性能很差。

芳香烃中的苯环很稳定，即使强氧化剂也不能使它氧化，也不易起加成反应。在一定条件下，带侧链芳香烃上的侧链会被氧化成有机酸，带侧链的多环和稠环芳香烃很容易被氧化而生成胶状物质，这是油品氧化变质的重要原因之一。

1.2.3.4 不饱和烃

分子中碳原子之间具有双键或三键的烃类称为不饱和烃，含有双键的是烯烃，分子中具有三键的是炔烃。根据双键所在位置、数量等结构特点，烯烃可分为单烯烃(简称烯烃)、二烯烃和环烯烃等。

在常温常压下，C_3以下的烯烃是气体，C_3以上的烯烃是液体，碳数多的烯烃是固体。与烷烃类似，随分子中碳数增多，烯烃的沸点和密度增大，但密度都小于1.0kg/m^3。烯烃难溶于水，易溶于有机溶剂。

石油中一般不含烯烃，但石油在加工过程中，大分子烷烃和环烷烃受热分解，生成烯烃和二烯烃，因而石油产品中含有不同数量的不饱和经。不饱和烃类分子中的双键不稳定，很容易发生加成、氧化和聚合各种反应。分子中具有两个双键的二烯烃更容易发生上述反应。因而含烯烃和二烯烃的油品(如裂化汽油)在常温储存时容易氧化变质，生成高分子黏稠物(如胶质等)，在储存管理中应特别注意采取必要的预防措施。不饱和烃在汽油机中的燃烧性能比相应正构烷烃好，在柴油机中的燃烧性能比芳香烃好，但比正构烷烃差。

1.2.4　石油的非烃类组成

1.2.4.1　含硫化合物

硫是石油的重要组成元素之一。不同的石油含硫量差别很大，从万分之几到百分之十几，例如，克拉玛依原油含硫量为0.04%，而华北某原油硫含量高达9.5%~11.3%。硫在石油中的含量随馏分沸点升高而增加，大部分硫化物集中在残渣油(燃料油)中。不同馏分中硫含量见表1-3。

表1-3　硫在不同馏分中的分布(质量分数/%)

原油名称	原油	<200℃	200~350℃	350~500℃	>500℃
大庆混合原油	0.10	0.02	0.045	0.055	0.17
胜利混合原油	0.80	0.15	0.32	0.47	1.26

硫在石油中少量以元素硫(S)和 H_2S 形式存在，大多数以有机硫化物状态出现。石油中的硫化物，根据它们对金属的腐蚀性不同，可分为以下两类：

① 活性硫化物。活性硫化物在常温下易与金属作用，是具有强烈腐蚀性的酸性硫化物，主要是元素硫、硫化氢(H_2S)和低分子硫醇(RSH)。石油中的元素硫和硫化氢大多数是其他含硫化合物的分解产物，两者可以互相转变。硫化氢被空气氧化可以生成元素硫，硫与烃类在高于200℃以上反应也可以生成硫化氢等硫化物。硫化氢是无色有毒气体，其水溶液呈酸性，能强烈腐蚀金属。

硫醇在石油中含量不多，其沸点比相应的醇类低很多，多数存在于低沸点馏分中。活性硫化物能直接与金属作用而腐蚀设备，必须从油品中除去，但一般不可能绝对清除，故根据需要用相应的指标来限制，如液体燃料中规定了铜片试验这一指标，喷气燃料还限定了硫醇性硫的含量不许超过一定值。

② 非活性碱化物。非活性硫化物有硫醚(R-S-R′)、二硫醚(R-S-S-R′)、环硫醚、噻吩等。它们多集中在高沸点馏分中。它们的化学性质较稳定，不直接腐蚀金属，但燃烧后能生成二氧化硫和三氧化硫，它们不仅能造成大气污染，而且遇水后生成亚硫酸和硫酸，可以间接地腐蚀金属。

石油中的硫化物对油品储存、石油加工和油品使用性能危害很大。硫化物能加速油品氧化，生成胶状物质，使油品变质，严重影响油品的储存安定性。硫化物能引起储油设备、加工装置等的严重腐蚀。含硫油品燃烧后都会生成 SO_2 和 SO_3，遇水成为具有强烈腐蚀性的 H_2SO_4 和 H_2SO_3。石油加工中生成含硫化氢和低分子硫醇的恶臭气体以及含硫燃料产生的含 SO_2 和 SO_3 废气，严重污染大气。硫还是某些金属催化剂的毒物。总之，石油产品中含有硫化物一般是有害的，要加以限制。但对于某些石油产品来说，为了改善油品性能，需要加入一定数量硫化物，如齿轮油为了改善极压性能，要加入一定量的硫化物作为极压添加剂。

1.2.4.2　含氧化合物

石油中的含氧量一般为千分之几，其中80%~90%集中在胶质沥青质中。其余部分主要是酸性物质——环烷酸、脂肪酸及酚类，统称为石油酸。另外还有微量醛、酮等中性含氧化合物。

石油酸中最主要的是环烷酸，约占石油酸的90%。所有的石油均含有环烷酸，含量一般在1%以下。环烷酸的相对分子质量较大，沸点较高，在石油的各馏分中，分布在柴油和轻质润滑油等中沸点馏分中较多。环烷酸的化学性质和脂肪酸相似，易溶于油，不溶于水。环烷酸能与铅、锌、铜、锡、铁、镉等金属作用生成相应的环烷酸盐，因此对金属有腐蚀作用。环烷酸盐是润滑油氧化的催化剂，同时这些盐类又是黏稠的物质，对润滑油的正常润滑也有不良影响。大部分环烷酸在石油产品加工过程中，可用碱洗的办法予以除掉。

如同含硫化合物一样，环烷酸在石油产品中是有害的，但它却是很有用的化工产品，可作枕木防腐剂、颜料及油漆的催干剂。环烷酸锌可作防锈添加剂。

1.2.4.3 含氮化合物

石油中含氮很少，一般含量为万分之几到千分之几。和其他非烃类化合物一样，随着馏分沸点升高，氮的含量也随之增加，大部分集中在残渣油中。属于这类的化合物有吡啶、吡咯及其同系物等。

石油中氮含量虽少，但对油品储运、油品使用及石油加工影响却很大。在储运过程中，因为光、温度和空气中氧的作用，氮化物很容易生成胶质，极少量的生成物就会导致油品颜色变深，使油品不能长期贮存。液体燃料中含氨量多时，燃烧时还有较大的臭味。此外，氮化物还会使石油加工中的催化剂中毒。因此，必须从油品中除去氮化物。用酸洗或催化加氢精制等方法可以脱除油品中的部分氮化物。

1.2.4.4 胶质、沥青质

石油中的非烃化合物，有很大一部分是胶状沥青状物质。它们的含量相当可观，在含胶最多的重质石油中可达40%~50%，少的一般有百分之几，其中主要是胶质，沥青质一般不超过4%~5%。所谓胶质，一般指能溶于石油醚(低沸点烷烃)、苯、三氯甲烷($CHCl_3$)和二硫化碳(CS_2)，而不溶于乙醇的物质。胶质是红褐色到暗褐色并具有延性的黏稠液体或半固态物质，其密度为1000~1100kg/m^3，平均相对分子质量为600~1000。随着石油馏分沸点升高，胶质含量增大，胶质的相对分子质量也增加，其颜色也由浅黄逐渐变为深褐色。胶质溶解在石油产品中形成真溶液。胶质具有极强的着色能力，在无色汽油中只要加入0.005%(质量分数)的胶质，汽油就变成草黄色。油品的颜色主要来自胶质，颜色的深浅往往反映了胶质含量的多少。

胶质的结构十分复杂，研究认为，它是由不长的烷基(例如—CH_2—、—CH_2—CH_2—等)把带少数短侧链的芳香环、环烷环及含硫、氮、氧原子的杂环构成的稠环连接起来形成的。馏分油中的胶质主要以双环为主，减压渣油中的胶质以高度稠化的稠环为主。

油品中的胶质在燃烧时易形成炭粒，引起机器磨损和堵塞。胶质受热或在常温下氧化，可以转化为沥青质，高温下甚至生成不溶于油的焦炭状物质——油焦质。胶质是商品沥青的重要组成部分，沥青质是暗褐色或深黑色脆性的非晶形固体粉末，密度稍大于胶质，是石油中相对分子质量最大、结构最复杂的组分。沥青质没有挥发性，石油中的沥青质全部集中在渣油中。它受热时并不会熔融，当温度高于300℃时便全部分解成焦炭状物质和气体。与胶质在石油中形成真溶液不同，沥青质先吸收溶剂而膨胀，然后均匀分散成胶体溶液，因而在石油中沥青质部分呈胶体溶液，部分呈悬浮状态。

1.3　石油的分类

石油产品种类繁多，用途各异。为了便于使用和管理，我国参照了国际标准化组织 ISO 8681：1986《石油产品及润滑剂的分类方法和类别的确定》、ISO 6743—99 和 ISO 8216—99 标准，制定了《石油产品及润滑剂分类方法和类别的确定》(GB/T 498—2014)，将石油产品按其主要特征分为 5 大类(见表 1-4)，其类别名称是根据反映各类产品主要特征的英文名称的一个前缀字母确定的。军用装备使用的油料，绝大部分是从石油中炼制出来的石油产品，很小部分是化工产品和动植物油。各大类产品又根据各自的特点分成若干组。

表 1-4　石油产品和有关产品的总分类(GB/T 498—2014)

序号	类别	各类别含义
1	F	燃料
2	S	溶剂和化工原料
3	L	润滑剂、工业润滑油和有关产品
4	W	蜡
5	B	沥青

根据《石油产品及润滑剂分类方法和类别的确定》(GB/T 498—2014)，石油产品的整体名称(用一组符号表示)组成如下：

ISO-类-品种-数字或用简式类别—品种-数字

类别——石油产品和有关产品的类别用一个字母表示，该字母应和其他符号用短横“-”相隔。

品种——由一组英文字母(1~4 个)组成，其首字母总是表示级别，任何后面所跟的字母单独存在时无含义，应在有关组成或品种的详细分类标准中给予明确规定。对同属一种但具有特定性能和特定应用的产品，还可细分为不同的质量档次。

数字——位于产品名称的最后，其含义也应规定在有关标准中。

例：ISO-L-G-68(68 号导轨油润滑剂)

其中，L 为润滑剂类；G 为导轨油组；68 为《工业液体润滑剂 ISO 黏度分类》(GB/T 3141—1994)中的黏度等级。

[习题]

1. 简述石油和天然气的定义。
2. 简述石油的生成机理。
3. 分析油品中含有的硫化物对设备可能造成的危害。
4. 石油中的烃类化合物包括(　　)。

A. 烯烃　　B. 烷烃　　C. 氧化物　　D. 芳香烃

第2章　航空发动机工作原理

2.1　燃烧的基本知识

飞机的动力来源于燃料，而燃料的能量提供是通过燃烧将化学能转化为热能的化学反应过程。所有的化学反应都伴随着能量的吸收和释放，而能量通常是以热量的形式出现的。当反应体系在等温条件下进行某一化学反应过程时，除膨胀功外，不做其他功，此时体系吸收和释放的热量，称为反应的热效应。对已知某化学反应来说，通常所谓热效应如不特别注明，都是指等压条件下的热效应；当反应在 1atm、298K 下进行，此时的反应热效应为标准热效应，并以 ΔH_{298}^{0} 表示。这里上标“0”代表标准压力，下标“298”代表标准温度 298K。根据热力学惯例，吸热为正值，放热为负值。

2.1.1　燃烧的化学反应和燃烧产物

燃烧化学热力学的基本任务有两个；第一个是根据热力学第一定律分析化学能转变为热能的能量变化，这里主要确定化学反应的热效应；第二个是根据热力学第二定律分析化学平衡条件以及平衡时系统的状态。

化学动力学研究的基本任务也有两个：第一个任务是确定各种化学反应速度以及各种因素(浓度、温度等)对反应速度的影响，从而提供合适的反应条件，使反应按人们所希望的速度进行；第二个任务是研究各种化学反应机理，即研究从反应物过渡到生成物所经历的途径。大量实验表明，反应速度的快慢主要取决于化学反应的内在机理，而其外界因素(如温度、压力)都是通过影响或改变反应机理而起作用的。因此，研究反应机理、揭示化学反应速度的本质，能使人们更自觉地去控制化学反应速度。

2.1.1.1　生成热

标准生成热定义为：由最稳定的单质化合成标准状态下 1mol 物质的反应热，以 Δh_{f298}^{0} 表示，单位 kJ/mol。

一些物质的标准生成热列在表 2-1 中。很明显，稳定单质的生成热都等于零。

例如：H_2 与 I_2 反应的热化学方程式可以写成 $\frac{1}{2}H_2(g)+\frac{1}{2}I_2(s)\longrightarrow HI(g)$

$$\Delta h_{f298}^{0}=25.10\text{kJ/mol}$$

这里的 H_2 和 I_2 是稳定单质，故 $\Delta h_{f298}^{0}=25.10$kJ/mol 是 HI 的标准生成热。符号 s 代表固态、g 代表气态，类似地 l 表示液态。

但下列热化学方程

$$CO(g)+\frac{1}{2}O_2(g)\longrightarrow CO_2(g)$$

$$\Delta h_{298}^{0}=-282.84\text{kJ/mol}$$
$$N_2(g)+3H_2(g)\longrightarrow 2NH_3(g)$$
$$\Delta h_{298}^{0}=82.04\text{kJ/mol}$$

由于CO是化合物，不是稳定单质，故$\Delta h_{298}^{0}=-282.84$kJ/mol不是$CO_2$的生成热。$N_2$、$H_2$虽是稳定单质，但生成物为2mol NH_3，故$\Delta h_{298}^{0}=82.04$kJ/mol也不是NH_3的生成热。

因为有机化合物大都不能从稳定单质生成，因此，表2-1中的有机化合物的生成热并不是直接测定的，而是通过计算得到的。

表2-1 物质的标准生成热(1atm、25℃)

名称	分子式	状态	生成热/(kJ/mol)
一氧化碳	CO	气	-110.54
二氧化碳	CO_2	气	-393.51
甲烷	CH_4	气	-74.85
乙炔	C_2H_2	气	226.90
乙烯	C_2H_4	气	52.55
苯	C_6H_6	气	82.93
苯	C_6H_6	液	48.04
辛烷	C_8H_{18}	气	-208.45
正辛烷	C_8H_8	液	-249.95
正辛烷	C_8H_8	气	-208.45
氧化钙	CaO	晶体	-635.13
碳酸钙	$CaCO_3$	晶体	-1211.27
氧	O_2	气	0
氮	N_2	气	0
碳(石墨)	C	晶体	0
碳(钻石)	C	晶体	1.88
水	H_2O	气	-241.84
水	H_2O	液	-285.85
乙烷	C_2H_6	气	-84.68
丙烷	C_3H_8	气	-103.85
正丁烷	C_4H_{10}	气	-124.73
异丁烷	C_4H_{10}	气	-131.59
正戊烷	C_5H_{12}	气	-146.44
正己烷	C_6H_{14}	气	-167.19
正庚烷	C_7H_{16}	气	-187.82
丙烯	C_3H_6	气	20.42
甲醛	CH_2O	气	-113.80
乙醛	C_2H_4O	气	-166.36

续表

名称	分子式	状态	生成热/(kJ/mol)
甲醇	CH_3OH	液	-238.57
乙醇	C_2H_6O	液	-277.65
甲酸	CH_2O_2	液	-409.20
醋酸	$C_2H_4O_2$	液	-487.02
乙二酸	CH_2O_4	固	-826.76
四氯化碳	CCl_4	液	-139.33
氨基乙酸	$C_2H_3O_2N$	固	-528.56
氨	NH_3	气	-41.02
溴化氢	HBr	气体	35.98
碘化氢	HI	气体	25.10

2.1.1.2 反应热

等温等压条件下反应物形成生成物时吸收或释放的热量称为反应热，以 ΔH_R 表示。其值等于生成物焓的总和与反应物焓的总和之差。在标准状态下的反应热称为标准反应热，以 ΔH^0_{R298} 表示，单位 kJ。

$$\Delta H^0_{R298} = \sum_{s=p} M_s \Delta h^0_{f298s} - \sum_{j=R} M_j \Delta h^0_{f298j} \tag{2-1}$$

其中 M_s、M_j 分别表示生成物和反应物的摩尔数。Δh^0_{f298s}、Δh^0_{f298j} 分别表示生成物和反应物的标准生成热。

例如

$$C(s)+O_2(g) \longrightarrow CO_2(g) \tag{2-2}$$

其标准反应热由式(2-1)求得

$$\begin{aligned}\Delta H^0_{R298} &= M_{CO_2}\Delta h^0_{f298CO_2} - M_C \Delta h^0_{f298C} + M_{O_2}\Delta h^0_{f298O_2} \\ &= 1\times(-393.51)-(1\times0+1\times0) \\ &= -393.51\text{kJ}\end{aligned} \tag{2-3}$$

由表 2-1 可以查得 CO_2 的标准生成热 $\Delta h^0_{f298} = -393.51$kJ/mol。这就意味着如果反应物是稳定单质，生成物为 1mol 的化合物时，该式的反应热在数值上就等于该化合物的生成热。

对任意给定压力和温度的反应热的计算可以按下面的方法确定。对理想气体，焓值不取决于压力，反应热也与压力无关，而只随温度变化。在任意压力和温度下，反应热 ΔH_R 应等于系统从反应物转变成生成物时焓的减少

$$\Delta H_R = \sum_{i=P} M_S \Delta h_{jTi} - \sum_{j=R} M_j \Delta h_{jTi} \tag{2-4}$$

ΔH_R 随温度的变化由下式给出：

$$\left.\frac{d\Delta H_R}{dT}\right|_P = \sum_{i=P} M_s \left.\frac{d\Delta h_{\varepsilon Ti}}{dT}\right|_P - \sum_{j=R} M_j \left.\frac{d\Delta h_{iTj}}{dT}\right|_P \tag{2-5}$$

由等压比热容的定义：

$$\left.\frac{\mathrm{d}\Delta H_{R}}{\mathrm{d}T}\right|_{P}=\sum_{s=P}M_{s}C_{PS}-\sum_{j=R}M_{j}C_{Pj} \tag{2-6}$$

这个结果说明，反应热随温度的变化速率等于反应物和生成物的等压比热容差。此即为反应热随温度变化的基尔霍夫(Kirchoff)定律。如果要求两个温度间的反应热的变化，可以积分上述过程，即

$$\Delta H_{R_2}-\Delta H_{R_1}=\int_{T_1}^{T_2}\left(\sum_{S=P}M_{S}C_{PS}-\sum_{j=R}M_{j}C_{Pj}\right)\mathrm{d}T \tag{2-7}$$

其中 ΔH_{R_2}、ΔH_{R_1} 分别为温度 T_2、T_1 的反应热。C_{PS}、C_{Pj} 分别表示生成物和反应物的摩尔比热容，其值随温度而变化。如果认为 C_{PS}、C_{Pj} 与温度关系不大，则有：

$$\Delta H_{R_2}-\Delta H_{R_1}=\sum_{S=P}M_{S}C_{PS}(T_2-T_1)-\sum_{j=R}M_{1}C_{Pj}(T_2-T_1) \tag{2-8}$$

如果已知标准反应热 $\Delta H_{R_1}=\Delta H^{0}_{R298}$，可由式(2-5)或式(2-6)计算任何温度下的反应热 ΔH_{R_2}。

2.1.1.3 燃烧热

1mol 的燃料和氧化剂在等温等压条件下完全燃烧释放的热量称为燃烧热。标准状态时的燃烧热称为标准燃烧热，以 Δh^{0}_{0298}表示，单位 kJ/mol。

表 2-2 列出了某些燃料在等温等压条件下的标准燃烧热，其完全燃烧产物为 $H_2O(l)$、$CO_2(g)$及 $N_2(g)$。要注意的是，这里的 H_2O 为液态，而不是气态。由表 2-1 可以看出，$H_2O(l)$的生成热和 $H_2O(g)$的生成热是不同的

$$H_2O(l)\longrightarrow H_2O(g)\quad \Delta h^{0}_{298}=-44.01\mathrm{kJ/mol} \tag{2-9}$$

这里的 Δh^{0}_{298} 为 1mol 水的汽化潜热。表 2-2 中列出的燃烧热，在工程上一般称作高位热值。

表 2-2 某些燃料的燃烧热[1atm、25℃、产物 N_2、$H_2O(l)$和 CO_2]

名称	分子式	状态	燃烧热/(kJ/mol)
碳(石墨)	C	固	-392.88
氢	H_2	气	-285.77
一氧化碳	CO	气	-282.84
甲烷	CH_4	气	-881.99
乙烷	C_2H_6	气	-1541.39
丙烷	C_3H_8	气	-2201.61
丁烷	C_4H_{10}	液	-2870.64
戊烷	C_5H_{12}	液	-3486.95
庚烷	C_7H_{16}	液	-4811.18
辛烷	C_8H_{18}	液	-5450.50
十二烷	$C_{12}H_{26}$	液	-8132.43

续表

名称	分子式	状态	燃烧热/(kJ/mol)
十六烷	$C_{16}H_{34}$	固	-1070.69
乙烯	C_2H_4	气	-1411.26
乙醇	C_2H_5OH	液	-1370.94
甲醇	CH_3OH	液	-712.95
苯	C_6H_6	液	-3273.14
环庚烷	C_7H_{16}	液	-4549.26
环戊烷	C_5H_{12}	液	-3278.59
醋酸	$C_2H_4O_2$	液	-876.13
苯酸	$C_7H_6O_2$	固	-3226.7
乙基醋酸盐	$C_4H_8O_2$	液	-2246.39
萘	$C_{10}H_8$	固	-5155.94
蔗糖	$C_{12}H_{22}O_{11}$	固	-5646.73
茨酮	$C_{10}H_{16}O$	固	-5903.62
甲苯	C_7H_8	液	-3908.69
二甲苯	C_8H_{10}	液	-4567.67
氨基甲酸乙酯	$C_3H_7NO_2$	固	-1661.88
苯乙烯	C_8H_8	液	-4381.09

燃烧热也可以按式(2-1)计算。例：试求甲烷在空气中完全燃烧时的燃烧热。

先写出热化学方程式

$$a\,CH_4(g)+bO_2(g)+3.766N_2(g)\longrightarrow c\,CO_2(g)+dH_2O(l)+3.705N_2(g) \quad (2-10)$$

根据质量守恒

碳：$a=c$；氢：$4a=2d$；氧：$2b=2c+d$；氮：$2\times3.76b=2\times3.76b$。假定取 $a=1$，解得：$a=c=1$，$d=2$，$b=2$。结果得到

$$CH_4(g)+2O_2(g)+7.52N_2(g)\longrightarrow CO_2(g)+2H_2O(l)+7.52N_2(g) \quad (2-11)$$

由表 2-1 知

$$\Delta h^0_{f298CO_2}=-393.51\text{kJ/mol}$$

$$\Delta h^0_{f298H_2O(l)}=-285.85\text{kJ/mol}$$

$$\Delta h^0_{f298CH_4}=-74.85\text{kJ/mol}$$

$$\Delta h^0_{f298N_2}=0$$

$$\Delta h^0_{f298O_2}=0$$

则燃烧热可以由式(2-1)计算。这里 CH_4 为 1mol，因此其反应热在数值上等于 CH_4 的燃烧热。

$$\Delta H^0_{R298}=\Delta h^0_{C298}=\sum_{i=P}M_S\Delta h^0_{fS}-\sum_{j=R}M_j\Delta h^0_{fj} \quad (2-12)$$

$$=[1\times(-393.51)+2\times(-285.85)+7.52\times0]-[1\times(-74.85)+2\times0+7.52\times0]$$

$=-890.36\text{kJ/mol}$

计算值与表 2-2 查到的 CH_4 燃烧热很接近。

2.1.1.4 热化学定律

工程实际中常常会遇到有些难以控制和难以测定其热效应的反应，通过热化学定律可以用间接方法把它们计算出来。这样就不必每个反应都要做实验。

(1) 拉瓦锡-拉普拉斯(Laplace)定律

该定律指出：化合物的分解热等于它的生成热，而符号相反。

根据这个定律，我们能够按相反的次序来写热化学方程，从而可以根据化合物的生成热来确定化合物的分解热。

例如 CO_2 的标准生成热可从表 2-1 查得

$$C(s)+O_2(g)\longrightarrow CO_2(g)\ \Delta h^0_{f298}=-393.51\text{kJ/mol}$$

但是，CO_2 的分解热很难测定，根据本定律可以求得 CO_2 的分解热

$$CO_2(g)\longrightarrow C(s)+O_2(g)\ \Delta h^0_{298}=393.51\text{kJ/mol}$$

(2) 盖斯(Hess)定律

实验证明，不管化学反应是一步完成的，还是分几步完成的，该反应的热效应相同。换言之，即反应的热效应只与起始状态和终了状态有关，而与变化的途径无关，这就是盖斯定律。该定律暗示了热化学方程能够用代数方法加减。

例如，碳和氧化合成一氧化碳的生成热就不能直接用实验测定，因为产物中必然混有 CO_2，但可以间接地根据下列两个燃烧反应式求出：

$$C(s)+O_2(g)\longrightarrow CO_2(g)\ \Delta h^0_{C298}=-392.88\text{kJ/mol}$$

$$CO(g)+\frac{1}{2}O_2(g)\longrightarrow CO_2(g)\ \Delta h^0_{C298}=-282.84\text{kJ/mol}$$

两式相减，得

$$CO(g)+\frac{1}{2}O_2(g)\longrightarrow CO_2(g)\ \Delta h^0_{f298}=-110.04\text{kJ/mol}$$

为了求出反应的热效应，可以借助某些辅助反应，至于反应究竟是否按照中间途径进行，可不必考虑。但是由于每一个实验数据都有一定的误差，所以应尽量避免引入不必要的辅助反应。

前面讲过，有机化合物的生成热不是直接测定的，而是通过计算得来的。下面举例说明，例：试求苯的生成热。已知它的热化学方程为

$$C_6H_6(l)+\frac{15}{2}O_2(g)\longrightarrow 3H_2O(l)+6\ CO_2(g)$$

$$\Delta h^0_{C298}=-3273.14\text{kJ/mol}$$

由于 C_6H_6 为 1mol，因此该式反应热在数值上等于 C_6H_6 的燃烧热。由式(2-1)可得到

$$\Delta H^0_{R298}=(3h^0_{f298H_2O(l)}+6h^0_{f298CO_2})-\left(h^0_{f298C_6H_6}+\frac{15}{2}h^0_{f298O_2}\right) \tag{2-13}$$

其中 $H_2O(l)$、$CO_2(g)$ 及 $O_2(g)$ 的生成热均可由表 2-1 查得，而且 $\Delta H^0_{R298}=-3273.14\text{kJ/mol}$ 代入上式，即可求得 C_6H_6 的生成热 Δh^0_{f298}。

在学习了燃烧过程的化学动力学及基本守恒方程之后，我们首先介绍一种常见的燃烧现象，例如，从管口喷射出气体燃料的火炬火焰的燃烧。这种燃烧现象的共同特点是，燃烧之前燃料与氧化剂是分开的，一边混合一边燃烧，燃烧过程主要受扩散混合过程控制，所以把这种燃烧现象称为扩散燃烧。

气体燃料射流扩散燃烧大致包括三个过程：(1)气体燃料与氧化剂的混合；(2)混合物的加热、着火；(3)混合物的燃烧。气体燃料射流扩散燃烧的分类方法有很多，按射向环境条件可分成：自由射流火焰及受限射流火焰。按射流结构可分成：直喷射流火焰及同轴射流火焰。按喷嘴的形状可分成：平面(狭缝式)射流火焰及圆柱形射流火焰。按射流流动状态可分成：层流射流扩散火焰及湍流射流扩散火焰。不同的分类方法只是为了突出某一方面的特点，其实际过程可能是两种(甚至三种)分类的交叉，关键在于抓住问题的实质。

液体燃料的燃烧方式大体分为预蒸发燃烧(将液体燃料加热，使其蒸发为气相燃料而进行燃烧)、液面燃烧及液雾燃烧，其中以液雾燃烧方式最普遍。液雾燃烧的基本单元就是单个液体燃料滴的燃烧，尽管液雾燃烧并非单个液体燃料滴燃烧的简单叠加，但它是液雾燃烧的重要基础，因此单个液体燃料滴的燃烧在燃烧学中占有重要的地位。大量实验研究表明，单个液体燃料滴的燃烧属于扩散燃烧。从 20 世纪 40 年代起，麦克斯韦尔和朗缪尔(Langmuir)首先研究了液体在已知气体环境中的蒸发，其蒸发速率取决于液体蒸气的扩散速率；斯列夫斯基在实验中发现液滴直径平方随时间的线性递减规律。这些结果为液滴燃烧奠定了基础。

2.1.2 混合气浓度及与燃烧的关系

2.1.2.1 基本概念

(1) 燃烧室燃烧过程的特点：①混合气均匀，在气缸外部形成混合气预混合时间长；②可控制点火时间、地点、能量；③传播式燃烧，燃烧速度和放热速率取决于火焰传播速度。

(2) 火焰传播速度 U_T：单位时间内火焰前锋面相对未燃混合气向前推动的距离，用 U_T 表示(m/s)。

(3) 燃烧速度 U_m：单位时间燃烧的混合气质量。燃烧速度用 U_m 表示(kg/s)。

$$U_m = \frac{\mathrm{d}m}{\mathrm{d}t} = \rho_T U_T A_T \ (\mathrm{kg/s}) \tag{2-14}$$

式中，ρ_T 为未燃混合气密度；U_T 为火焰传播速度；A_T 为火焰前锋面积。

2.1.2.2 正常燃烧过程

正常燃烧：唯一的由点火且火焰前锋以特定的速度传遍整个燃烧室的过程。正常燃烧过程分为三个阶段(以活塞式发动机为例)：着火延迟期、明显燃烧期、后燃期。

(1) 着火延迟期 τ_i (1~2 点)：从火花塞跳火到压力偏离压缩线(出现火焰，5%放热量)的时间或曲轴转角。火花塞放电点燃混合气形成火焰核心(链引发)。燃烧量小，压力升高不明显。电火花能量多在 40~80mJ，开始局部温度可达 3000K，使电极附近的混合气立即点燃；形成火焰中心，火焰向四周传播；气缸压力脱离压缩线开始急剧上升。

(2) 影响 τ_i 长短的因素：

①燃料辛烷值 ↑ → τ_i ↑ ；

②缸内温度 ↑ → τ_i ↓ ，压力 ↑ → τ_i ↑ ；

③混合气浓度($\alpha = 0.8 \sim 0.9$，τ_i 最短)；

④残余废气系数 γ ↑ → τ_i ↑

⑤点火能量 ↑ → τ_i ↓ 。

工程需求应尽量缩短 τ_i 并保持稳定。

(3) 明显燃烧期(2~3 点)：从火焰核心形成(开始燃烧)↔p_{max}(火焰传播到整个燃烧室)，迅速地把大部分燃料的化学能迅速转变为热能，是汽油机燃烧的主要时期，热量利用率高。明显燃烧期愈短，愈靠近上止点，汽油机经济性、动力性愈好。在压力升高率(平均压力升高率)不过高(0.175~0.25MPa)的前提下尽量缩短明显燃烧期(20~40℃A)并靠近上止点(p_{max}在 12~15℃A)。气缸内压力上升的程度，用平均压力升高率表示：

$$\frac{\Delta p}{\Delta \varphi} = \frac{p_3 - p_2}{\varphi_3 - \varphi_2} \tag{2-15}$$

式中，p_3 和 p_2 为第二阶段终点 3 和起点 2 的压力；φ_2 和 φ_3 为第 3 和 2 相对上止点的曲轴转角。

一般明显燃烧期占 20~40℃A 曲轴转角，燃烧最高压力 p_{max}出现在上止点后 12~15℃A 曲轴转角，$\frac{\Delta p}{\Delta \varphi} = 0.175 \sim 0.25$MPa/℃A 为宜。$\frac{\Delta p}{\Delta \varphi}$值过高，工作粗暴，机械负荷、热负荷增加对 NO_x排放增加。

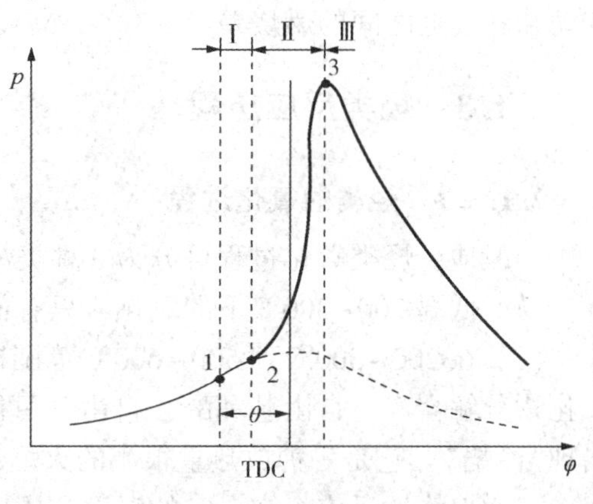

图 2-1　烃类燃烧过程

(4) 后燃期(3 点以后)：从压力最高点到燃料燃烧 90%以上的时间或曲轴转角。促使火焰前锋后未及燃烧的燃料再燃烧，贴附在缸壁上未燃混合气层的部分燃烧，高温分解的燃烧产物(H_2、CO 等)重新氧化。特点是燃烧速度慢，远离上止点，热量利用率低。工程需求尽量减少后燃期。

2.1.2.3　影响燃烧速度 $U_m = \frac{dm}{dt} = \rho_T U_T A_T$ 的因素

(1) 燃混合气密度 ρ_T：ε ↑ 和 $p_{进}$ ↑ → ρ_T ↑ → U_m ↑ 。

(2) 火焰传播速度 U_T：控制 U_m 就能控制明显燃烧期的长短及相对曲轴转角的位置。一般在 5000~8000r/min，燃烧时间极短，仅 0.001~0.002s。影响 U_T 的因素：

① 缸内紊流 ↑ →U_T ↑ 。紊流是有一定运动方向的涡流运动和无数小气团的无规则脉动运动所组成的，这些由气体质点所组成的小气团大小不一，流动的速度、方向也不相同，但宏观流动方向则是一致的。

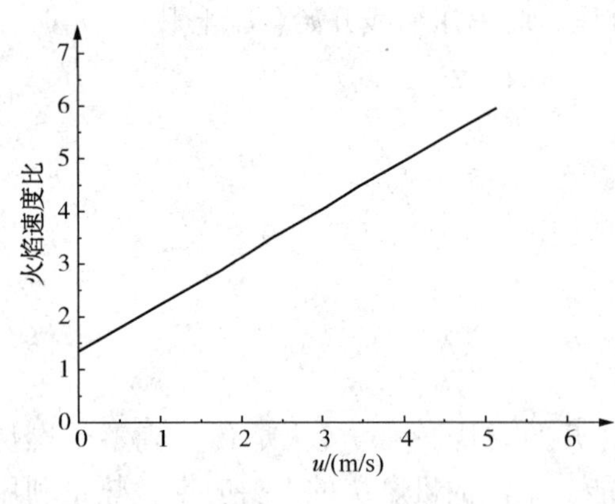

图 2-2　紊流强度与火焰速度比的关系

紊流强度 u：各点速度的均方根值。

火焰速度比：紊流火焰速度与层流火焰速度之比。加强燃烧室的紊流尤其是微涡流运动，火焰速度增加(见图 2-2)。

② 混合气成分：

当 $\alpha=0.85\sim0.95$ 时，U_m 最快，p_e 最大，称为功率混合比。

当 $\alpha=1.03\sim1.1$ 时，氧气充足燃烧完全，汽油机经济性最好，此混合比称为经济混合比。

当 $\alpha>1.3\sim1.4$ 时，火焰难以传播，汽油机不能工作，此种混合比称为火焰传播下限。

当 $\alpha<0.4\sim0.5$ 时，由于严重缺氧，使火焰不能传播，这种混合比称为火焰传播上限。

注意，混合气火焰传播界限并非常数，它是随条件而变化的，如混合气温度高、点火能量大、气体紊流强等，火焰传播界限就扩大；混合气中废气含量多，界限就变窄。

③ 残余废气系数 $\gamma\uparrow\rightarrow U_T\downarrow$。

④ 混合气初始温度：混合气初始温度高，火焰速度增加。

(3) 不规则燃烧：汽油机不规则燃烧是指在稳定正常运转的情况下各循环之间的燃烧变动和各气缸之间的燃烧差异。

2.1.3　烃类反应历程

2.1.3.1　烃类的氧化过程

一般地，烃类氧化过程可分为 3 种类型：

(1) 低温 200~300℃下的氧化，只有催化氧化作用，反应速率很慢。

(2) 在 200~300℃到 500~600℃范围内，有气相的缓慢氧化，可能产生过氧化物。过氧化物分解会产生自由基和醛，自由基可能引发支链反应。在这种缓慢的氧化过程中，常出现“冷焰”，它是一种放热量很小的火焰，发出微弱的蓝色光。

(3) 爆炸性反应。在一定的温度和压力(爆炸区内)下，混合气会发生爆炸性反应，反应速率极快。它的反应机理还未被完全了解。对于烃类燃料燃烧过程中所进行的中间反应的形式以及活化中心的产生和消毁的规律，目前还没有完整的理论，也无系统的实验数据，还处于理论发展的初期阶段。

实验证明，烃类燃烧在燃烧过程中有感应期，而且根据光谱分析，在火焰中发现自由基 CH 和大量 H，这就说明了燃烧过程确实存在活化的中间产物(自由原子或自由基)。

2.1.3.2　链式反应

链式反应也称连锁反应，其特点是不论用什么方法，只要反应一旦开始，它便能相继产生一系列的连续反应，使反应不断发展。这些反应过程中始终包括有自由原子或自由基(统称链载体)，只要链载体不消失，反应就一定能进行下去。链载体的存在及其作用是链反应的特征所在。很多重要的工艺过程如石油热裂解，碳氢化合物氧化燃烧等都与链反应有关。

(1) 支链反应：在链传递过程中，一个自由基在生成产物的同时，产生两个或两个以上自由基的链锁反应。

(2) 直链反应：在链传递过程中，自由基的数目保持不变的链式反应。

2.1.3.3　链式反应过程

链式反应是化学反应历程中非常重要的一种，它包括三个基本过程：

(1) 链引发：借助于光照、加热等方法使反应物分子断裂产生自由基的过程。反应物在一定外界条件作用外，产生具有高度活泼化学形态的自由基的过程。

$$A-A\xrightarrow{\text{条件}}2A\cdot$$

(2) 链传递：自由基作用于反应物分子时，产生新的自由基和产物，使反应一个传一个不断进行下去。

$$A\cdot+B-C\longrightarrow A-B+C\cdot$$
$$C\cdot+A-A\longrightarrow A-C+A\cdot$$
$$A\cdot+B-C\longrightarrow A-B+C\cdot$$
$$C\cdot+A-A\longrightarrow A-C+A\cdot$$

(3) 链终止：自由基销毁使链式反应不再进行的过程。活泼自由基与其他活泼微粒结合，形成较稳定的化合物，从而通过自由基的减少，使反应停止。

$$2A\cdot\longrightarrow A-A$$
$$2C\cdot\longrightarrow C-C$$
$$A\cdot+D\cdot\longrightarrow A-D$$
$$C\cdot+D\cdot\longrightarrow C-D$$

燃料(烃类—RH)燃烧时，产生活性游离基 H· 、·O· 和 ·OH，并发生下列链式反应：

$$RH+O_2\longrightarrow H\cdot+2\cdot O\cdot+R\text{(可燃物分解，吸热反应)}$$
$$\cdot O\cdot+\cdot H\longrightarrow\cdot OH,\ 2\cdot OH\longrightarrow H_2O+\cdot O\cdot\text{(放热反应)}$$

最后一步为强烈的放热反应，放热量远大于第一步可燃物分解的吸热量，同时再次分解出游离的 ·O· 和 ·OH，使得燃烧得以持续。

2.1.3.4　支链反应过程

支链反应过程可分为三个主要阶段，即感应期、爆炸期和稳定期。

(1) 在感应期，活化中心虽然也逐渐增多，但总的数目还是较少的，所以反应速率很慢。

(2) 随着反应的进行，活化中心的数目逐渐增多，一直增加到最大值，反应速率极快，形成爆炸现象，此即爆炸期。

(3) 经过爆炸期之后，由于反应物浓度剧烈减小，使活化中心数目锐减，反应速率也随之减慢，这就是稳定期。

2.1.3.5　烃类燃料链式反应

燃烧分为有焰燃烧与无焰燃烧两种。对于无焰燃烧，有可燃物、氧化剂、温度(着火点)三个条件同时存在，相互作用，燃烧即会发生。但是对于有焰燃烧，除以上三个条件，燃烧过程中还必须存在未受抑制的链式反应，燃烧才能够持续下去，这亦是燃烧发生的充分条件之一。在有焰燃烧中，当某种可燃物受热时，该可燃物的分子会发生热裂解作用从而产生自由基(游离基)。自由基是一种高度活泼的化学形态，能与其他自由基和分子反应，而使燃烧持续进行下去，这就是燃烧的链式反应。

(1) 烃类混合物的着火极限。对于一定压力，混合物在290~300℃范围内，可能着火；随着温度升高，着火停止，直到490℃以上又会着火。每一个组成对应有一个临界压力，在该压力下，着火温度突然下降近200℃。随着组成含量的减少，临界压力升高(见图2-3)。

(2) 烃类燃料的链式反应着火。烃类燃料在高温和低温条件下呈现不同的着火特性：低温下多阶段(473~600K)，高温单阶段(900~1200K)，如图2-4所示。

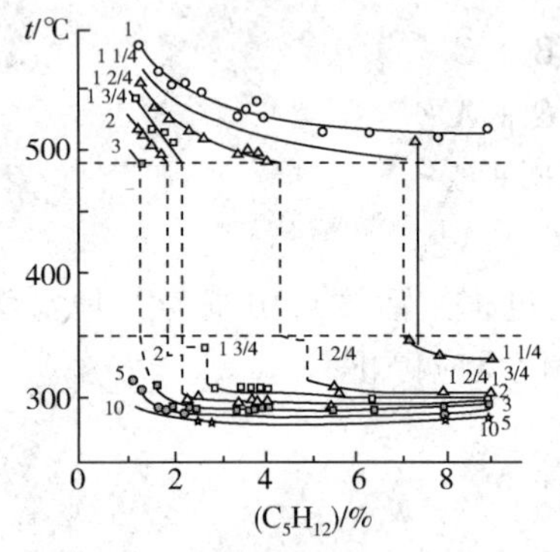

图2-3　烃-空气混合物着火极限值

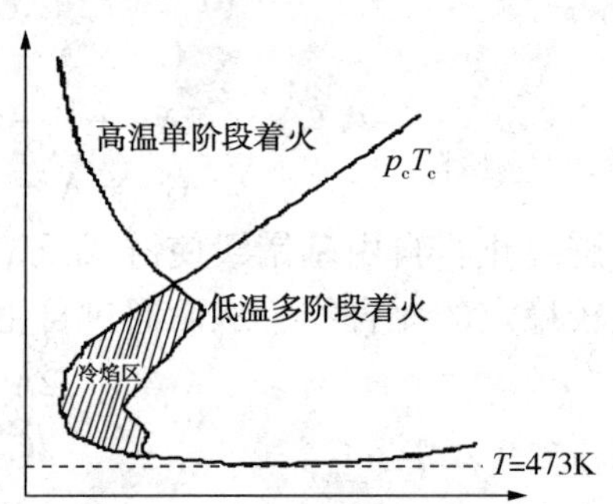

图2-4　烃燃料的着火特性

图2-4中高级单阶段着火：自动着火具有连续单级的特点，在低温多阶段范围，自动着火为多级，即通过一连串不同的化学阶段着火；在阴影区域围成的范围，不发生链热自动着火，而认为有冷焰存在。高温下：单级着火，点状着火。低温下：多级着火，容积着火。多级着火：包括了一连串的火焰(冷焰、蓝焰、热焰)，在每一种火焰中完成了原始烃类的某一化学转化：在冷焰中，一般形成甲醛，在蓝焰中形成CO，而在热焰中生成最终产物。

2.2　航空活塞式发动机

2.2.1　航空活塞式发动机类型和构造

航空活塞式发动机，是指提供航空器飞行动力的往复式内燃机。一种4冲程、用火花塞点火的汽油发动机，曲轴转动两圈，每个活塞在气缸内往复运动4次，完成一个循环，活塞每运动一次称为“一个冲程”。4个冲程依次为进气、压缩、膨胀和排气。它主要由曲轴、连杆、活塞、气缸、分气机构和机匣等部件组成。有的发动机前部装设减速器以降低输出轴的转速。大多数发动机在机匣后部装有增压器以提高发动机高空性能。航空活塞式发动机都是多气缸发动机，最少有 4 个气缸，多者可达 28 个。按气缸冷却方式分为液冷式发动机和气冷式发动机两种，按气缸排列形式又分为直列型发动机和星型发动机，还可以按照油气混合物进入方式和燃料种类来分。从 1903 年世界第一架飞机到第二次世界大战末期，所有飞机都用航空活塞式发动机作为动力装置。20 世纪 40 年代中期以后，在军用飞机和大型民用飞机上燃气涡轮发动机逐步取代了航空活塞式发动机，但小功率航空活塞式发动机比燃气涡轮发动机经济，在轻型低速飞机上仍得到应用。

2.2.1.1 按照油气混合物进入方式

按照油气混合物进入方式有将发动机分为化油器式和直接喷射式两种，其中直接喷射式应用较广泛。

（1）直接喷射式发动机装有直接喷射装置，燃料由直接喷射装置直接喷入气缸，然后同空气在气缸内混合形成混合气。直接喷射最主要的作用就是控制空燃比和油气混合，使得燃烧更充分，释放出更大的功率。

（2）化油器是在发动机工作产生的真空作用下，将一定比例的汽油与空气混合的机械装置，是传统的汽油发动机一直广泛采用的燃油供给方式。而化油器排放无法支持最新标准，费油，冬天启动困难，操作不当有淹火花塞的可能，无法根据需求调整喷油浓度，雾化效果差，燃烧容易不充分。

2.2.1.2 冷却方式

按汽缸的冷却方式，发动机分为液冷式和气冷式两种。早期飞机的飞行速度很低，多采用液冷式发动机。气冷式发动机直接利用迎面气流来冷却气缸。液冷式发动机则利用循环流动的冷却液来冷却气缸，由冷却液把吸收的热量耗散到周围的大气中。

2.2.1.3 燃料种类

按发动机使用的燃料种类区分，可分为轻油发动机、重油发动机。前者使用汽油、酒精等挥发性较高的燃料，后者使用柴油等挥发性较低的燃料。目前使用的航空活塞式发动机大多数是轻油发动机，但是对于重油发动机的研制成为各国热衷的一件事。据报道，清华大学已自主掌握了重油航空发动机的生产技术。

2.2.1.4 气缸排列形式

按气缸排列的方式区分，发动机可分为直列型发动机和星型发动机。星型发动机气缸以曲轴为中心沿机匣向外呈辐射状均匀排列，有单排和双排等形式。直列型发动机气缸沿机匣前后成行排列，有对缸、工字型、V 型等排列形式，以星型和 V 型用得较多。不同发动机气缸排列方式见图 2-5。

2.2.1.5 空气进入气缸前是否增压

如果按空气进入气缸以前是否增压区分，可以分为吸气式发动机和增压式发动机。吸气式发动机是指在第一个行程中，混合气是靠自然形成的压力差进行吸气的，增压式是指先把气体压缩，提高气体的压力和密度，当气门打开时靠压力差和气体自身的高压来增加进气量提高功率。其中增压式又可分为机械增压、涡轮增压和最新的气波增压，而吸气式发动机没有增压器，外界空气被直接吸入气缸。

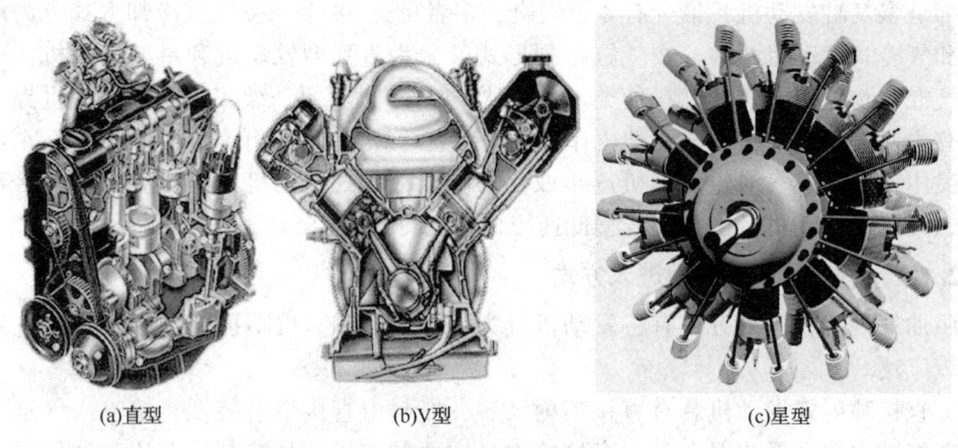
(a)直型　(b)V型　(c)星型

图 2-5　不同发动机气缸排列方式

2.2.2　航空活塞式发动机的工作过程

2.2.2.1　航空活塞式发动机的工作原理

混合气从进入气缸起，分别经过压缩、燃烧、膨胀，直到废气排出。在这整个过程中，活塞从上死点到下死点之间往返了两次，也就是连续地移动了四个行程。由于在这四个行程中，分别完成了进气、压缩、膨胀和排气的工作，所以这四个行程相应地叫作进气行程、压缩行程、膨胀行程和排气行程。从进气行程开始，到排气行程结束，四个行程组成一个工作循环。

2.2.2.2　进气行程

在进气行程中，排气门始终关闭，活塞在上死点时进气门打开。因此，当活塞从上死点向下死点移动时，气缸内容积扩大，压力减小，在气缸内外压力差的作用下，混合气经过进气门进入气缸。活塞到达下死点，进气门关闭，不再进气，于是进气行程结束。

2.2.2.3　压缩行程

在进气行程之后，活塞从下死点往上死点移动，此时由于进气门和排气门都关闭着，使气缸内的容积不断缩小，混合气受到压缩，因而压力和温度升高，称为压缩行程。活塞到达上死点时，压缩行程也就结束。

2.2.2.4　膨胀做功行程

在压缩行程结束时，电嘴产生电火花，将压缩后的混合气点燃。膨胀行程就是混合气燃烧膨胀做功的一个行程，也就是发动机赖以产生动力的一个行程，因此称为工作行程。在膨胀行程中，进气门和排气门仍然关闭着，混合气在电嘴点火后的瞬间全部烧完，放出大量的热能，燃气的温度和压力急剧升高。在燃气膨胀的同时，以很大的压力推动活塞，使活塞从上死点向下死点移动，这样燃气便做了功。燃气在膨胀做功的过程中，所占的容积逐渐扩大，压力和温度不断下降，直到活塞到达下死点时，膨胀行程就结束。

2.2.2.5　排气行程

燃气膨胀做功以后，就变为废气。为了再次把新鲜混合气送入气缸，以便连续工作，必须把废气排出气缸。排出废气的工作，便是靠排气行程来完成的。在排气行程中，进气门仍然关闭着。当膨胀行程结束，活塞到达下死点时，排气门打开，废气便在气缸内外气体的压力差以及活塞从下死点向上死点移动的推压作用下排出气缸。活塞到达上死点时，排气门关闭，排气行程结束。

上面阐述的是一个气缸内四个行程的工作情形。实际上，航空活塞式发动机都是多缸发动机，每个气缸都按照上述四个行程的顺序进行工作。但是各气缸的相同行程并非同时进行，而是按一定的次序均匀错开的，因此，每个气缸的点火也是按相同的次序均匀错开的。这样能保证活塞推动曲轴的力量尽可能均匀，以获得发动机的平稳运转效果。

例如，单排星型发动机：点火间隔角为 $\alpha = \frac{720°}{i}$，气缸间隔角为 $\varphi = \frac{360°}{i}$，所以点火间隔角等于气缸间隔角的两倍。单排九缸星型发动机点火顺序是：1→3→5→7→9→2→4→6→8。

2.2.3　航空活塞式发动机混合气的形成

发动机开始时，首先进入“进气冲程”，气缸头上的进气门打开，排气门关闭，活塞从上死点向下滑动到下死点为止，气缸内的容积逐渐增大，气压降低——低于外面的大气压，于是新鲜的汽油和空气的混合气体通过打开的进气门被吸入气缸内。混合气体中汽油和空气的比例，一般是 1∶15，即燃烧 1kg 的汽油需要 15kg 的空气。

进气冲程完毕后，开始了第二冲程，即“压缩冲程”。这时曲轴靠惯性作用继续旋转，把活塞由下死点向上推动。这时进气门也同排气门一样严密关闭，气缸内容积逐渐减少，混合气体受到活塞的强烈压缩。当活塞运动到上死点时，混合气体被压缩在上死点和气缸头之间的小空间内，这个小空间叫作“燃烧室”。这时混合气体的压强加到 10 个大气压。温度也增加到 400 摄氏度左右。压缩是为了更好地利用汽油燃烧时产生的热量，使限制在燃烧室这个小小空间里的混合气体的压强大大提高，以便增加它燃烧后的做功能力。当活塞处于下死点时，气缸内的容积最大，在上死点时容积最小(后者也是燃烧室的容积)。混合气体被压缩的程度，可以用这两个容积的比值来衡量，这个比值叫“压缩比”。

航空活塞发动机的压缩比为 5~8，压缩比越大，气体被压缩得越厉害，发动机产生的功率也就越大。压缩冲程之后是“膨胀冲程”，也是第三个冲程。在压缩冲程快结束，活塞接近上死点时，气缸头上的火花塞通过高压电产生了电火花，将混合气体点燃，燃烧时间很短，大约 0.015s；但是速度很快，大约达到 30m/s。气体猛烈膨胀，压强急剧增高，可达 60~75 个大气压，燃烧气体的温度达到 2000~2500℃。燃烧时，局部温度可能达到 3000~4000℃，燃气加到活塞上的冲击力可达 150kN。活塞在燃气的强大压力作用下，向下止点迅速运动，推动连杆也往下跑，连杆便带动曲轴转起来。这个冲程是发动机能够获得动力的唯一冲程。

2.2.4　航空活塞式发动机的燃烧过程

2.2.4.1　燃烧过程的进行情况

燃烧过程是指混合气在气缸内燃烧释放热能的过程。其作用是提高气体的温度和压力，以便气体膨胀，推动活塞做功。燃烧过程从电嘴点火时开始，到混合气全部烧完时结束。也可以说，燃烧过程从压缩行程后期开始，到膨胀行程初期结束。

2.2.4.2 燃烧过程的三个阶段

(1) 燃烧过程第一阶段(隐燃期)。第一阶段是从电嘴点火时开始，到气缸内的气体压力开始显著增大时结束。

(2) 燃烧过程第二阶段(显燃期)。第二阶段从气体压力开始显著增大时开始，到气体压力达到最大时结束。活塞到达上止点后，曲轴转到 10°~15°时，燃气压力和温度达到最大值，发动机的功率提高。

(3) 燃烧过程第三阶段(后燃期)。第三阶段从气体压力达到最大时开始，到混合气全部烧完时结束。这个阶段的燃烧是在膨胀过程中进行的。

2.2.4.3 过剩空气系数

(1) 定义：混合气中空气和燃油完全燃烧所需的空气质量之比叫过剩空气系数。

$$\alpha = \frac{m}{m_f L_0} \tag{2-16}$$

(2) 物理意义：表征混合气的贫、富油程度。$\alpha>1$ 为贫油；$\alpha<1$ 为富油。

(3) 过剩空气系数与火焰传播速度的关系。

① $0.8<\alpha<0.9$ 时火焰传播速度最大；

② 过剩空气系数偏离这个数值，不论向富油方向或向贫油方向变化，火焰传播速度均要减小；

③ 过剩空气系数大于 1.3 或小于 0.4，混合气就不能着火燃烧；

④ 要保证正常的燃烧，混合气的过剩空气系数应在 0.6~1.1；

⑤ $\alpha>1.1$ 为过分贫油；$\alpha<0.6$ 为过分富油；

⑥ 为了缩短燃烧过程进行的时间，混合气的过剩空气系数应在 0.8~0.9。

2.2.4.4 混合气的不正常燃烧

混合气的不正常燃烧是指可能造成破坏发动机正常工作的某些燃烧现象，例如过贫油、过富油燃烧，早燃和爆震等。这些不正常燃烧现象的发生，不但降低发动机的功率和经济性，严重时还会损坏机件，甚至造成事故。因此，研究燃烧过程，还必须了解混合气的不正常燃烧现象，分析其产生的原因，从而找出预防的方法。

(1) 混合气过贫油燃烧。当混合气的余气系数大于 1.1 时，混合气中燃料过少，空气过多，所以火焰传播速度减小，每千克混合气燃烧后的发热量减少，从而产生各种不正常燃烧现象：

① 发动机功率减少，经济性变差；

② 排气管发出短促而尖锐的声音；

③ 气缸头温度低；

④ 汽化器回火；

⑤ 发动机振动。

（2）混合气过富油燃烧

混合气过富油时，燃料不能完全燃烧，燃料汽化吸收的热量增多，每千克混合气燃烧后的发热量减小，燃气最大压力出现得晚。因此，发动机也会出现与过贫油燃烧时相似的现象，如发动机功率减少、经济性变差、气缸头温度低、发动机振动等。但是混合气过富油燃烧也有下列一些不同的现象：

① 气缸内部积炭；

② 排气管口冒黑烟和“放炮”；

2.3　航空涡轮发动机

2.3.1　航空涡轮发动机的类型

自1939年9月27日装有燃气涡轮喷气发动机（简称燃气涡轮发动机）的飞机在德国首次试飞成功以来，航空燃气涡轮发动机开始飞速发展。与活塞式发动机相比，燃气涡轮发动机在结构上非常简单，它只是将转动的压气机和涡轮连接在同一根轴上，两者之间装有热源（燃烧室），空气连续不断地被吸入压气机，并在其中压缩增压后，进入燃烧室中喷油燃烧成为高温高压燃气，再进入涡轮中膨胀做功。显然，燃烧的膨胀功必然大于空气在压气机中被压缩所需要的压缩功，使得有部分富余功可以被利用。可见，燃气涡轮发动机的膨胀功可以分为两部分：一部分膨胀功通过传动轴传给压气机，用以压缩吸入燃气涡轮发动机的空气；另一部分膨胀功则对外输出，作为飞机、舰船、车辆或发电机等的动力装置。图2-6所示即为典型的航空燃气涡轮发动机结构简图。

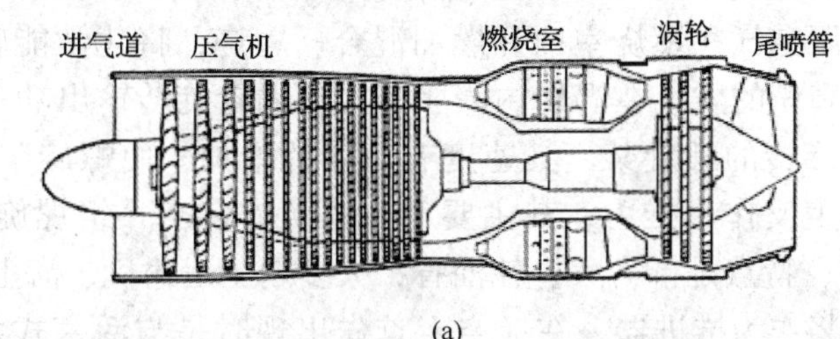

(a)

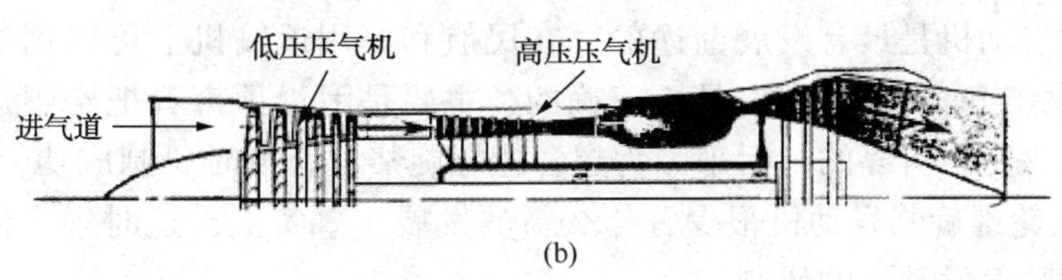

(b)

图2-6　典型的航空燃气涡轮发动机结构简图

燃气涡轮发动机与活塞式发动机不同之处在于：活塞式发动机工作时，空气是间断地进入气缸的，气体的压缩、燃烧和膨胀过程发生在同一气缸中；而燃气涡轮发动机工作时，空气是连续不断地被吸入，气体的压缩、燃烧和膨胀过程分别在压气机、燃烧室、涡轮或尾喷管等不同部件中进行。活塞式发动机靠大尺寸的螺旋桨推动飞机前进。随着飞行速度增加，特别是接近声速时，飞机的阻力急剧增大，要求大幅度地增大发动机的功率。活塞式发动机功率的增加，主要依靠加大气缸尺寸和数目，这样就加大了发动机的重量和尺寸。此外，在飞机飞行速度达到800~850km/h时，螺旋桨的效率开始明显下降，使其产生的推力下降，无法满足进一步提高飞行速度的要求。这正是活塞式发动机不能突破“音障”的原因。与之相比，燃气涡轮发动机的重量显著减少，并且取消了螺旋桨，在很大飞行速度范围内，燃气涡轮发动机的推力是随着飞行速度的增加而增加的。这样使飞机的飞行速度不但突破了“音障”，而且能超过声速3倍以上。

2.3.1.1 涡轮喷气发动机

涡轮喷气发动机又称空气涡轮喷气发动机，是以空气为氧化剂，靠喷管高速喷出的燃气产生反作用推力的燃气涡轮航空发动机，简称“涡喷”。与航空活塞发动机相比，这种发动机具有结构简单、重量轻、推力大、推进效率高，而且在很大的飞行速度范围内，发动机的推力随飞行速度的增加而增加。装备该发动机的飞机即为喷气飞机。该发动机是由压气机、燃烧室、涡轮和尾喷管几大部件构成的。该发动机具有推力大、重量轻、迎风面积小等特点，适用于高速和高空飞行。分为空气喷气发动机和火箭发动机两大类。前者在航空器飞行时不断从大气中获得氧气，以使燃料(喷气燃料)燃烧，而后燃气以高速喷出，燃料的化学能即转变为燃气的动能。火箭发动机则需携带全部推进剂(包括燃烧剂和氧化剂)，而不依赖外界的氧气。

2.3.1.2 涡轮螺旋桨发动机

从涡喷发动机派生而来，是一种由螺旋桨提供拉力和喷气反作用提供推力的燃气涡轮航空发动机。空气通过进气道进入压气机；压气机以高速旋转的叶片对空气做功压缩空气，提高空气的压力；高压空气在燃烧室内和燃油混合、燃烧，将化学能转化为热能，形成高温高压的燃气；高温高压的燃气在涡轮内膨胀，推动涡轮旋转输出功去带动压气机和螺旋桨，大量的空气流过旋转的螺旋桨，其速度有一定的增加，使螺旋桨产生相当大的压力；气体流过发动机，产生反作用推力。其主要部件比涡喷多了一组螺旋桨，它由涡轮驱动。该发动机简称“涡桨”，特点是推力大、耗油省，大多用于运输机、海上巡逻机等机种。

人所共知，螺旋桨作为推进器，在航空上首先出现时是与活塞式发动机相配合的。20世纪50年代初出现了涡轮螺旋桨发动机，这是使用螺旋桨的第二个时期。当时，曾有人预言，涡轮螺旋桨发动机是最有发展前途的，在民航和军用运输机上可以用于跨音速巡航的飞机。事实说明，当时的这种预言是不正确的，主要是因为预言者把希望建立在超音速螺旋桨的研制上，这是不可靠的。后来因为超音速螺旋桨没有及时研制成功，以致在20世纪60年代之后，涡轮螺旋桨发动机很少有什么新的发展。事实上，这时候人们的注意力已经转向了涡轮风扇喷气发动机的研制。

2.3.1.3 涡轮轴发动机

涡轮轴发动机是用于直升机的，它与旋翼配合，构成了直升机的动力装置。直升机的飞行速度较低，时速一般在200~300km/h，个别武装直升机也有到400km/h的。特别是悬停的时候，推进器必须产生与直升机本身重量相等的升力，才能保持平衡。所以这时候，

可认为 $v_0=0$。按照前面风扇发动机的讨论，从理论上讲，旋翼的直径越大越好。同样的核心发动机，产生同样的循环功率，所配合的旋翼直径越大，则在旋翼上所产生的升力越大。事实上，由于在能量转换过程中有损失，旋翼不可能制成无限大，所以旋翼的直径是有限制的，一般来说，通过旋翼的空气流量是通过涡轮轴发动机的空气流量的500~1000倍。

涡轮轴发动机的特点是，核心发动机所产生的循环功率基本上都通过涡轮(通常叫动力涡轮，如果能与核心发动机的涡轮分开的话，也叫自由涡轮)、减速器(通常有体内减速器和主减速器)输给旋翼和尾桨。涡轮轴发动机本身排出的燃气一般不产生推力，排气的方向也比较随便，通常是从结构上考虑为多。但必须指出，个别涡轮轴发动机的排气仍有少量的推力可被利用。

2.3.1.4　涡轮风扇发动机

涡轮风扇发动机从涡喷发动机派生而来，是一种由喷管排出燃气和风扇排出空气共同产生反作用推力的燃气涡轮航空发动机。其主要部件比涡喷发动机多了一个风扇，该发动机简称“涡扇”或“内外涵发动机”。一部分推力靠喷管中高速喷出的燃气产生，另一部分推力由风扇推动的空气反作用力产生，特点是推力大、耗油省，常用于现代客机、运输机、战斗机、轰炸机。涡轮喷气发动机作为热机所提供的循环功与作为推进器能输出的推进功有很大的差别，这一差别意味着损失。表明这一损失的推进效率一般只有0.5~0.75。特别是当飞行速度不高时，为了提高推重比，需要提高排气速度，这将使推进效率更加下降。为解决这一矛盾，提高推进效率，采用如图2-7所示的结构形式的发动机。在带动压气机的涡轮之后，又加一个涡轮，用来带动对内外涵道气体同时进行增压的压气机，通常叫作风扇。这样的发动机就叫作涡轮风扇喷气发动机。从结构上，通常把原来的压气机、燃烧室和涡轮叫作核心发动机，或叫作燃气发生器。在风扇后，气流被分为两路：第一路(或称为内涵道)气流进入燃气发生器；第二路(或称外涵道)气流从燃气发生器的外围通过。然后，两路气流可以从内外喷口排出，或混合后排出。经过第二路气流流量和第一路的气流流量之比，叫作涵道比。这种发动机也叫双路式涡轮喷气发动机，或叫作双涵道涡轮喷气发动机。

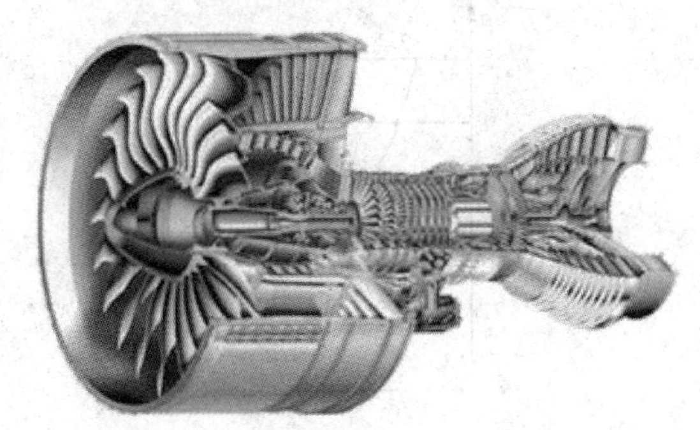

图2-7　涡轮风扇发动机

现在让我们比较两台发动机，一台是涡轮喷气发动机，一台是涡轮风扇喷气发动机。它们共同的条件是作为热机，有相同的压气机增压比，单位时间所加入的热量(或燃油)相同，且产生的循环功率相等。从涡轮喷气发动机发展到涡轮风扇喷气发动机的意义在于提高了推进效率。特别是在飞行速度较低时，推进效率增加的效果更加明显。反之，当飞行速度相当高时，效果就不明显了，甚至因为多了风扇和带动风扇的涡轮，在能量转换过程中有损失，反而不利于总效率的提高，这时候采用涡轮风扇喷气发动机就不合适了。在目前的条件下，涡轮风扇喷气发动机适用于高亚音速巡航。所以当前大中型的民航机或运输机，主要为了改善巡航经济性和起飞推力，都广泛地采用这类发动机。推进效率取决于 v_g/v_0，只有当涡轮喷气发动机的排气速度 v_g 大于飞行速度 v_0 比较多的时候，提高推进效率才有潜力，此时采用涡轮风扇喷气发动机才有价值。涡轮喷气发动机的排气速度 v_g，主要取决于涡轮前燃气温度 T_3^*，所以更确切地说，在一定的飞行速度下，要根据 T_3^* 的高低来判定采用涡轮风扇喷气发动机是否有利，以及外涵道流量和内涵道流量的比值，即涵道比应当取多大是合适的。

当前的大中型民航机或军用运输机，从飞机的角度，认为大约 10000m 高空作高亚音速巡航是比较有利的，也就是 v_0 基本上是确定的。所以，随着发动机涡轮前燃气温度 T_3^* 的提高，涡轮风扇喷气发动机的涵道比也是不断增加的。

2.3.2 涡轮发动机燃料系统的工作特点

2.3.2.1 涡轮发动机的燃烧过程

航空燃气涡轮发动机有多种类型，为了突出重点，也为了便于讨论，以涡轮喷气发动机为代表，介绍它们的热力循环等问题。

(1) 理想循环。涡轮喷气发动机的理想循环，如图 2-8 所示，由如下四个过程组成：

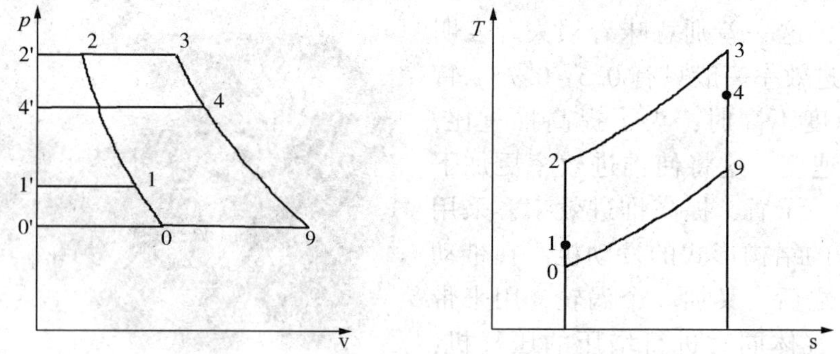

图 2-8 涡轮喷气发动机的理想热力循环

① 0~2 等熵压缩过程。完成此过程的部件是进气道和压气机。其中 0~1 为速度冲压。图中 0 点表示外界大气条件，我们可把工质具有的动能也当作外功，加入到工质中，使其压力提高，到达 1 点，面积 011'0'0 表示进气动能。1~2 为压气机对工质的压缩，总压从 1~2，加功量为面积 122'1'1。

② 2~3 定压加热。完成此过程的部件是燃烧室。理想的情况是把燃油在燃烧室内的燃烧视为在定压条件下向工质加热，且工质的性质不变，总温从 T_2^* 到 T_3^*。

③ 3~9 等熵膨胀。完成此过程的部件是涡轮和喷管。其中 3~4 表示工质经过涡轮的等熵膨胀，把热能转化为机械能，向压气机输出，因而面积 344'2'3 在数量上是等于压气机的加功量面积 122'1'1，总压从 p_3^* 到 p_1^*。4~9 表示工质在喷管内的等熵完全膨胀，把热能转化为动能，从喷口排出。与进气道类似，这里也可把排气的动能视为向外输出的功。

④ 9~0 定压放热。用虚线表示，在发动机外部完成。由此构成了一个理想的封闭循

环。通过上述理想循环的介绍，我们知道，一台涡轮喷气发动机至少应当由下列五个部件组成：进气道、压气机、燃烧室、涡轮和喷管。如图 2-9 所示，图中没有进气道，这是因为进气道往往是飞机整体结构的一部分，不便于在单独的发动机图上表示。

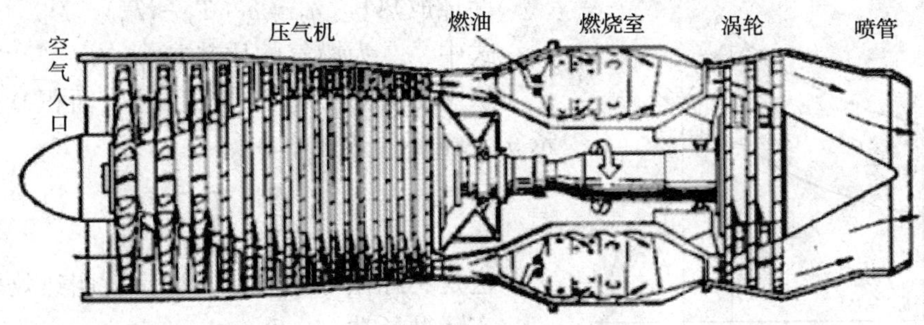

图 2-9　涡轮喷气发动机原理图

对于 1kg 工质，循环的加热量：$q_1 = c_p(T_3^* - T_2^*)$

循环的放热量：$q_2 = c_p(T_9 - T_0)$

循环的功：$W = q_1 - q_2$

循环的热效率：
$$\eta_t = \frac{W}{q_1} = \frac{q_1 - q_2}{q_1} \tag{2-17}$$

式中：
$$\pi = \frac{p_2^*}{p_0} \tag{2-18}$$

如果用机械能的形式表示，则 1kg 工质的循环功应当是包括进排气动能在内的总的膨胀功和压缩功之差，即
$$W = W_T + \frac{v_9^2}{2} - W_K - \frac{v_0^2}{2}$$

式中，v_9 为排气速度；v_0 为飞行速度。W_T 和 W_K 分别为压气机的压缩功和涡轮的膨胀功。如两者相等，则得：
$$W = \frac{v_9^2 - v_0^2}{2} \tag{2-19}$$

（2）实际循环。涡轮喷气的实际循环与理想循环有相当大的差别，主要是在各部件中完成的实际热力过程有各种损失，包括加热过程在内都不是可逆的。此外，在加热的前后，工质的成分发生变化，实际循环如图 2-10 所示。

① 0~2 压缩过程。无论在进气道内外气流的滞止过程中，还是在压气机中的压缩过程中，均有多种流动损失。因而，压缩过程是多边指数 n 大于 γ 的多变压缩过程。

② 2~3 加热过程。在燃烧室中因存在流动损失和加热过程的热阻损失，使压力有所下降。喷油燃烧是化学反应，工质的化学成分和流量都会有变化，因而，加热过程也不是定压加热过程。

③ 3~9 膨胀过程。在涡轮和喷管中，燃气膨胀因有多种流动损失，所以也是多变过程。多变指数 n 小于 γ。必须指出，这时候 γ 也不同于空气的 γ。

④ 9~0 定压放热过程。因为是在发动机体外完成的，除了放热本身的热量损失之外，不存在流动损失，所以实际的放热过程与理想循环的放热过程是一致的。实际循环的工质

是变换的，即从发动机排出的燃气不再参加下一个循环做功，所以是一个开口的循环，但这并不影响对发动机循环本质的分析。循环加热量 $q_1 = c_p(T_3^* - T_2^*)$，从图 2-10 中可以看出，可用面积 2’233’2’表示。

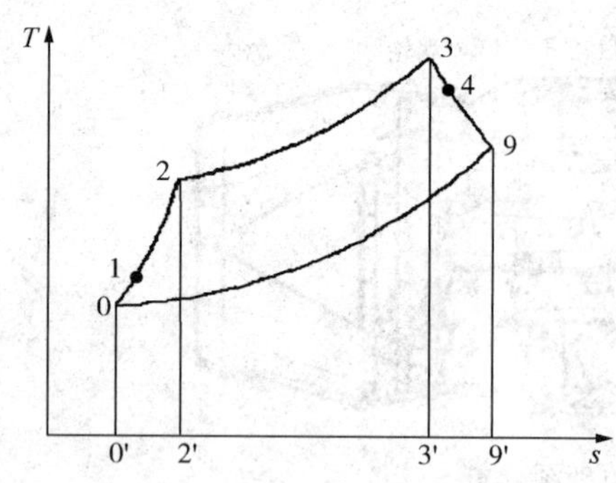

图 2-10　涡轮喷气发动机的实际热力循环

循环放热量：$q_2 = c'_p(T_9 - T_0)$　　(2-20)

式中，c'_p 为燃气的比热容。

从图 2-10 中可以看出，可用面积 0’099’0’表示 q_2。循环的热效率

$$\eta_t = \frac{q_1 - q_2}{q_1} \tag{2-21}$$

这是实际循环的效率，通常就叫热效率。

实际循环功：　$W = q_1 - q_2$　　(2-22)

从图 2-10 中可明显看出，与理想循环不同，在一定条件下，有可能出现 $q_1 = q_2$，即 $\eta_t = 0$，循环不做功。这里应当清楚，在 T-s 图上，循环所包围的面积 02390 并不表示循环功。循环功用机械能的形式表示，对于涡轮喷气发动机，与理想循环一样，可得：

$$W = \frac{v_9^2 - v_0^2}{2}$$

但必须注意到，在同样的总增压比 π 和加热温度 T_3^* 下，实际循环的功要比理想循环的功小得多。如果暂时不考虑工质在燃烧室中的化学成分的变化和流量的增加，那么实际循环与理想循环在本质上的差别主要就是摩擦和加热所造成的流动损失和热阻损失。在压缩、燃烧和膨胀过程中，除了在燃烧室中的加热引起的热阻损失之外，都是由于摩擦而引起总压的损失，最终使喷管中实际用于膨胀以获得动能的压力下降。所以，提高热效率的一种很重要的方面就是要有高效率的部件。

2.3.2.2　航空涡轮发动机的工作特点

飞机燃气涡轮发动机是一种热力发动机，由进气道(或螺浆、风扇)、压缩机、燃烧室、涡轮和喷管等主要部件组成。发动机工作时，为了提高工作效率，空气在进入燃烧室前需经压缩机压缩，使空气压力提高 5~30 倍，然后进入燃烧室。与此同时，经喷嘴向燃烧室注入雾化燃料并与高压空气混合，经电火花点燃燃烧，使燃料的化学能转化为热能，由此燃气温度急剧升高并经涡轮导向器进入涡轮并急速膨胀，涡轮由于受高温高压燃气的推动而高速旋转，同时带动压缩机工作。最后燃气在尾喷管中膨胀，高速向外喷出而产生推力。因此，涡轮发动机的整个工作过程，就是把燃料燃烧后产生的热能转化为动能的过程。这个过程具有以下特点。

(1) 工作条件苛刻：

① 热应力。燃气涡轮发动机的整个工作过程可以看作是一个简单的循环过程：从绝热压缩、等压导热、绝热膨胀到等压冷却。循环的效率用有效比值表示，它等于膨胀过程所得的功与压缩过程消耗的功的差值，同释放热之比。因此，发动机的总效率在很大程度上取决于从燃烧室排出的燃气的温度，也就是通常指的涡轮前温度。随着该温度上升，发动机效率提高，燃料的单位消耗量相对下降。为了提高发动机的经济性，必须保证循环中燃

气有尽可能高的温度。当然，该温度还要受涡轮叶片和有关部件耐热强度所制约。在20世纪70~80年代，飞机涡轮发动机涡轮前温度一般不超过1200~1300K，当涡轮配备冷却系统时，可提高到1300~1500K。实际上，随着涡轮发动机的发展，涡轮前温度也在不断提高，到90年代初已达到2000K的水平(见表2-3)。与此同时，对于每一涡轮前温度，都存在一个最佳的压力比值，也就是说，压力的提高与温度是同步的。空气压力的上升与涡轮前温度的提高，都有助于发动机效率的提高。由此看来，燃烧系统的许多部件是在高温、高压下运转的。在比较高的热应力作用下，部件的强度自然要受到严酷的考验。更重要的是，由于设计、部件的几何尺寸或其他原因，有些部件的不同位置会出现受热不均的现象，这使得热应力的作用更为突出。以燃烧室为例，由于热应力引起的故障有火焰筒壁裂纹、翘曲和烧穿，燃烧室壁和涡流器叶片积炭增加，等等。对燃烧室的火焰筒来说，热应力还有第二个来源，那就是燃料在燃烧时焰峰发光所产生的辐射热，以及在燃烧过程形成的炭粒在发光时产生的附加辐射热。这些辐射热往往严重影响火焰筒的使用寿命。典型涡轮发动机的发展史见表2-3。

表2-3 涡轮发动机的发展

项目	发展初期	20世纪80年代	20世纪90年代
推重比	1.25	约8.0	约10.0
涡轮进口温度/K	970	1600	1800~200
总增压比	3.5~4.0	约25	25~30
典型发动机	Jumo	F100	XF119
	004B	F110	XF120
		F104	M88
	Whittle	RB199	EJ200

② 机械应力。涡轮导向器的叶片、内环、外环，外壳及其他部件要承受一定的拉伸应力和压缩应力。涡轮转子叶片要承受更大的离心力和燃气气流的气动压力，由此产生拉伸应力、弯曲应力和扭应力，结果导致叶片产生局部的塑性变形和断裂。

(2) 燃料是在大量空气的伴随下燃烧的。为了确保燃料燃烧完全，1份燃料(重量)必须有14~16份的空气；为了冷却燃烧室喷嘴和限制涡轮前燃气的温度，还必须在燃烧室加入3~5倍的过量空气。图2-11表示燃烧室内燃气与空气的流动情况，从图中可以看出，进入燃烧室的空气分成三股。燃烧室入口处有一个涡流器，第一股气流通过喷嘴外壳和涡流器内环之间的环形间隙来保证喷嘴的冷却并进入燃烧室，与雾化燃料混合和燃烧。第二股气流经过涡流器和火焰筒前几排孔导入燃烧区。在涡流器的作用下，这股气流产生沿火焰筒轴向旋转的涡流，使火焰筒中心形

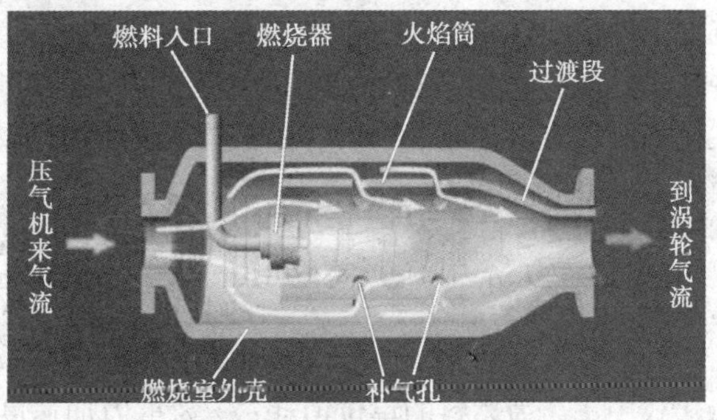

图2-11 燃烧室内燃气与空气流动情况

成低压区，气流从燃烧室中部向低压区集结，使燃气出现紊动，加速燃料蒸发和加大火焰传播速度，有利于燃料二次燃烧。与此同时，由于产生低压区，第二股气流有一部分形成与燃气逆向运动的气流，使火焰的焰峰保持在预定的位置，以确保燃料的稳定燃烧。除此之外，第二股气流还能适度降低燃气的温度（如从 2300～2500K 下降到 2000K）。第三股气流通过火焰筒后进入燃烧室，使燃气温度下降到涡轮叶片强度能适应的温度值。在如此过量的空气流存在的条件下，燃烧系统许多部件氧化的可能性大大增加了，在强大气流的冲击下，为了确保燃料的稳定燃烧，火焰还必须有较快的传播速度，这与燃料的雾化质量和热值有关。

各种工作状态有交替出现。前面已提到，由于高应力，产生了受热不均的情况。发动机各种工作状态的交替出现，特别是发动机启动和停车时，会加剧受热不均的程度，使燃烧室、排气装置和加力装置的各种零件产生疲劳性裂纹，最常见的是火焰稳定器、点火器和加力燃烧室火焰调节器被扭曲和烧毁。

燃烧系统零部件常见的故障的出现，很大程度是由于设计和材质的筛选造成的。改进系统设计以及选用强度更高的材质，系统的某些故障就可以消除或缓解。当然，系统的运作效率和某些零部件的故障，也与喷气燃料的理化性质或使用性能有关。就使用性能来说，其中大体包括热值、启动特性、燃烧辐射热、气相腐蚀和生炭性。

2.4 燃料性质与发动机工作性能间的关系

2.4.1 热值

喷气燃料的热值，是指燃烧 1kg 燃料时，其燃烧产物冷却到起始温度所放出的热量，以 kJ/kg 表示，亦称重量热值。燃烧产物包括水蒸气，当其冷却到起始温度时，水蒸气会凝结为水，也会放出热量，把这部分水蒸气凝结热计算在内的热值称高热值，不包括的称低热值，又称净热值。发动机在运转时，燃烧室一直处于高温状态，水蒸气无法凝结，因而高热值没有使用意义，对喷气燃料要求的是净热值。出于使用需要，热值也用 kJ/L，即体积热值表示。考虑到许多飞机油箱体积有限，最理想的喷气燃料是体积热值高的燃料。

飞机的飞行技术诸元包括上升速度、航程、续航时间、最高速度和飞行高度，这些性能主要取决于飞机的空气动力指标和发动机的推力——经济性。就经济性而言，飞机的某些技术性能，特别是航程或续机时间，很大程度取决于喷气燃料的热值、密度和燃烧完全性。当其他有关因素相同时，喷气燃料的单位消耗量将取决于热值。下式是表示单位燃料消耗 C 与热值的关系。

$$C=\frac{3600g_{\mathrm{T}}}{\frac{1}{g}\left\{\sqrt{2g427\eta_{\mathrm{g}}\eta_{\mathrm{t}}\frac{Q_{\mathrm{H}}}{aL_0}+v^2}-v\right\}} \tag{2-23}$$

式中，C 为燃料的单位消耗；g 为重力加速度；g_{T} 为燃料与空气的重量比；η_{g} 为实际流速与理论值相差的相对系数；η_{t} 为发动机的热效率；Q_{H} 为低热值；L_0 为燃烧单位燃料需要的空气量；a 为余气系数；v 为飞行速度。

从元素周期表来看，元素的热值彼此有很大的差别。表 2-4 列举了周期表中热值最高的几种元素，其中又以氢的重量热值最高，它的低热值为 28900kJ/kg。喷气燃料的热值取决于它的烃组成。表 2-5 和表 2-6 分别列举了各类烃及其系的热值。从这些数据不难看出，喷气燃料的热值与 C/H 比有关。一般说来，C/H 比越低，即氢的含量越高，烃的重量热值也越高。随着烷烃向环烷烃和芳烃过渡，也就是随着烃的密度增大，烃的重量热值下降，体积热值增加，而且后者的变化比前者快(见表 2-7)。这一点早已引起人们的重视。前面已经提到，飞机油箱的容量是有限的，为了提高续航能力，宜用体积热值高的燃料，其中环烷烃的体积热值高，氢含量也适中，是高性能(节能)发动机比较理想的燃料。芳烃体积热值虽高，但燃烧不完全，容易产生积炭，在喷气燃料中不宜作为主要组分。现在常用的喷气燃料，元素组成为 H 占 12.4%~15.3%，C 占 85%~87.5%，热值在 10250~10350kJ/kg 范围。表 2-8 列举了苏联喷气燃料系列的热值和氢含量数据。我国喷气燃料系列的能量特性见表 2-9。

表 2-4　某些元素的热值

元素	符号	密度/(g/cm^3)	高热值 kJ/kg	氧化物状态
氢	H	0.07	28900①	气态
铍	Be	1.85	15000	固态
硼	B	2.30	13956	固态
锂	Li	0.53	5450	固态
铝	Al	2.7	7290	固态
镁	Mg	1.43	6000	固态
硅	Si	2(非晶体)	7160	固态
碳	C	1.8~2.1	7840	固态

① 为低热值。

表 2-5　各属烃类的元素组成和热值

烃	分子式	组成/%		热值/(kJ/kg)	
		H	C	高热值	低热值
己烷	C_6H_{14}	16.26	83.74	11560	10698
己烯	C_6H_{12}	14.28	85.72	11450	10615
环己烷	C_6H_{12}	14.28	85.72	11150	10379
苯	C_6H_6	7.6	94.33	10000	9593

表 2-6　烃类系的热值

烃类属系	净热值/(kJ/kg)			
	C_6	C_{10}	C_{12}	C_{16}
正烷烃	10698	10570	10540	10503
异构烷烃	—	10535	10513	10484

续表

烃类属系	净热值/(kJ/kg)			
	C_6	C_{10}	C_{12}	C_{16}
正烯烃	10615	10483	10470	10444
单环环烷烃	10379	10375	—	10360
双环环烷烃	—	10200	—	—
苯及其同系物	9593	9945	9917	—
萘的同系物	—	9270	9475	—
环烷烃—芳烃	—	9426	—	—

表 2-7　烃重量和体积热值的变化

烃	分子式	相对密度(d_4^{20})	热值	
			kJ/kg	kJ/L
正癸烷	$C_{10}H_{22}$	0.7299	10570	7680
癸烯-2	$C_{10}H_{20}$	0.7421	10483	7740
丁基环己烷	$C_{10}H_{20}$	0.7922	10375	8260
十氢化萘(反)	$C_{10}H_{18}$	0.879	10165	8750
十氢化萘(顺)	$C_{10}H_{18}$	0.890	10225	9100
丁基苯	$C_{10}H_{14}$	0.8603	9945	8550
四氢化萘	$C_{10}H_{12}$	0.9731	9723	9450
甲基萘	$C_{11}H_{10}$	1.025(14℃)	9374	9625
喷气燃料		0.81	10250	8300

表 2-8　苏联喷气燃料的热值和氢含量

燃料				高热值/(kJ/kg)	低热值/(kJ/kg)	低热值/(kJ/kg)	H 的低热值/(kJ/kg)	氢含量/%(质量)
	范围	推荐值	ГОСТ(Ту)					
T-1	42960-43100	43000	42900	46100	43000	35045	2754	13.7
TC-1	43210-43370	43290	42910	46470	43280	34100	2752	14.1
PT	43330-43500	43370	43120	46550	43360	34170	2758	14.1
T-8B	43270-43310	43290	43210	46440	43275	34620	2759	14.0
T-6	43120-43210	43160	42900	46220	43150	36245	2768	13.5
T-2	43120-43400	43230	43100	46550	43230	32640	2739	14.6

表 2-9　我国喷气燃料的能量特性

型号	炼厂(加工原油)	相对密度	热值/(kJ/kg)	能量系数/%	航程比
RP-1	胜利(胜利)	0.7879	10320	100	1.01
	天津(大港)	0.7899	10316	100	1.01
	荆门(五七)	0.7803	10344	100	1.00
	六厂(辽河)	0.7925	10300	100	1.01
	独炼(新疆)	0.7816	10380	101	1.01
	兰炼(新疆)	0.7821	10390	101	1.01
	乌炼(新疆)	0.7810	10390	101	1.01
RP-2	大庆(大庆)	0.7763	10388	100	1.00
	玉门(玉门)	0.7790	10388	100	1.00
	南京(混合)	0.7836	10370	101	1.01
	长岭(混合)	0.7764	10400	100	1.00
	荆门(南阳)	0.7813	10370	100	1.01
RP-3	茂名(胜利)	0.7963	10307	101	1.02
	七厂(大庆)	0.7785	10351	103	1.03
	天津(大港)	0.7785	10290	98	0.99
高闪点	东炼(脱蜡油)	0.8024	10351	103	1.03
	南京(脱蜡油)	0.8193	10260	103	1.04
RP-4	三厂(大庆)	0.7626	10364	98	0.98

2.4.2　启动性

发动机的启动，是指发动机由静止状态加速到慢车转速的过程。发动机在开始发动时，压缩机转子处于静止状态，涡轮功率为零，需要外力把压缩机带动起来，以便向燃烧室提供高压空气流，这是涡轮发动机开始工作的必要条件之一。对功率较小的发动机，用电动机作为启动机提供动力；对功率较大的发动机，则增设一台小型涡轮发动机作为启动机，电动机则作为它的启动机。当启动机将压缩机启动后，接着是启动喷油和点火装置，点燃启动燃料与空气组成的混合气，在燃烧室产生火源，引燃由燃料系统供给的喷气燃料，使发动机由慢车转速转入正常工作状态。这是地面启动情况。在空中，可能出现发动机燃烧室火焰熄灭、被迫停车或多发发动机的飞机为了节油交替使用发动机等情况。这些情况要求发动机在空中重新点火启动。空中启动与地面启动，条件大不相同，可以说有有利的因素和不利的因素。有利的因素是压缩机不用重新启动，只要飞机还在飞行，压缩机总能保持一定的转速；不利的因素是空中重新启动时，进入燃烧室的空气流的压力和温度比地面启动时低。

在上述情况下，对喷气燃料来说，燃料的启动性指的是燃料在雾化和电火花点火时着火的可能性，以及借用启动燃料(可能是专用的启动燃料或喷气燃料)使发动机转入正常工作状态的可能性。因此，燃料的启动问题不仅是对启动燃料而言，还必须包括作为主燃料的喷气燃料。

燃料的启动性包含着复杂的物理-化学现象。燃料-空气混合气能否顺利着火并进入稳定燃烧状态，与下列因素有密切关系：

2.4.2.1 着火浓度极限

燃料蒸气由电火花点燃，是一个复杂的物理-化学过程，首要的因素是燃料的着火浓度极限。不同的烃类可能有不同的着火极限。烷烃、环烷烃以及芳烃有相似的着火浓度极限。只有在浓度极限范围内，燃料才有可能着火燃烧。然而，燃料的着火浓度范围并不是孤立存在的因素，它与电火花功率、燃料的摩尔质量、温度和压力有关，并随这些因素的改变而改变。根据对若干烃类进行计算的结果，其摩尔热值的平均值为43.5kJ，因此，燃料的着火浓度的上、下限可用下列公式计算：

$$L_L = \frac{43.54 \times 10^3}{Q_P \times M} \tag{2-24}$$

$$L_R = L_L + 143/M^{0.7} \tag{2-25}$$

式中，L_L 和 L_R 分别为着火浓度的下限和上限，% Q_P 为燃料净热值，kJ/kg；M 为燃料平均摩尔质量，kg/kmol。

表2-10列举了我国喷气燃料着火浓度极限的计算值。在低压下，着火浓度极限随摩尔质量的增大而放宽。另外的研究表明，正构烷烃和异构烷烃的着火浓度极限没有什么区别。

表2-10 喷气燃料全汽化时着火浓度极限计算值

喷气燃料	新疆 RP-1	胜利 RP-1	大庆 RP-2	大庆 RP-3	大庆 RP-4	管输 RP-5	孤岛 RP-6
着火浓度下限	0.71	0.73	0.71	0.71	0.72	0.65	0.62
着火浓度上限	5.21	5.28	5.21	5.19	5.26	4.84	4.66

还有一个与着火浓度极限相对应的着火温度极限。在燃料的上部空间，能使燃料-空气混合气保持稳定燃烧的温度范围，就是着火温度极限。根据对应于着火浓度极限值的余气系数，在给定的总压下，可按公式计算出相应的燃料蒸气分压(p_T)，然后从燃料饱和蒸气压与温度的关系[p=f(t)]的表或图上(p 为饱和蒸气压)，求出对应 p_t 值的温度，这就是着火温度极限值。

$$p_T = \frac{p}{1 + aL_0\left(\frac{M_T}{M_B}\right)} \tag{2-26}$$

式中，p 为系统总压力，Pa；L_0 为化学当量系数，即使1kg燃料完全燃烧所需空气量的理论值，kg空气/kg燃料；a 为余气系数；M_B 为空气的摩尔质量，取28.966kg/kmol；M_T 为燃料蒸气的摩尔质量，kg/kmol(可按10%馏出温度求得)。

表2-11列举了我国喷气燃料着火温度极限的计算值。

表 2-11 喷气燃料在 0.1MPa 下的着火温度极限值

燃料	新疆 RP-1	胜利 RP-1	大庆 RP-2	大庆 RP-3	大庆 RP-4	管输 RP-5	孤岛 RP-6
闪点/℃	30	33	32	40	—	74	62
着火温度下限/℃	21	24	24	30	-4	56	56
着火温度上限/℃	58	61	61	69	29	99	100

燃料的着火浓度极限还有一个与之对应的火焰传播浓度极限，这个浓度极限与压力有对应关系(见表 2-12)。

表 2-12 JP-3 燃料同空气的混合气内火焰传播的浓度极限 CT 同压力的关系(20~25℃时)

压力/kPa (mmHg)	CT/%(体)		压力/kPa (mmHg)	CT/%(体)	
	下限	上限		下限	上限
6.67(50)	1.75	7.50	66.66(500)	1.35	7.75
13.33(100)	1.50	7.75	79.98(600)	1.40	7.75
26.66(200)	1.35	7.75	93.32(700)	1.50	7.70
39.99(300)	1.25	7.50	98.66(740)	1.50	7.70
53.33(400)	1.25	7.75			

2.4.2.2 电火花临界功率

为了使燃料-空气混合气着火并造成自动传播的燃烧反应，需要一定的火花放电能量。因此，电火花的临界功率可以作为衡量燃料着火性能的一个指标。此值的大小，一般取决于燃料的组成、燃气气流的速度、温度和压力。不饱和烃着火所需要的电火花临界功率，低于饱和烃需要的功率，并取决于不饱和程度。从着火启动的角度来看，所需着火能量最低的混合气，其组成是最佳的。在 20℃和 0.1MPa 压力下，喷气燃料着火所需能量在0.20~0.25mJ 范围。最佳电火花着火临界能量同压力和温度的关系可用下式表述。

$$Q = Q_0\left(\frac{273}{T}\right)\frac{1}{(10^{-5}\cdot p)^2} \tag{2-27}$$

式中，Q 为 p 和 T 时的着火能量，mJ；Q_0 为 $T=273$K 和 $p=0.1$MPa 时的着火能量，mJ；T 为温度，K；p 为压力，Pa。

温度和压力对烷烃-空气混合气所需电火花临界值的影响。当压力从 1.0 下降到 0.2 大气压时，电火花临界值几乎增加 9 倍，温度的影响更明显。

可燃混合气流速对于着火能量的影响可用下式表述：

$$Q = Q_0 + A\omega^{1.5} \tag{2-28}$$

式中，Q_0 为非流动混合气的着火温度，mJ；ω 为流速，m/s；A 为比例常数，由试验决定。

当流速加快时，着火能量需增大，燃料组成最佳值向富油方向移动。

2.4.2.3 可燃混合气的自燃点和自燃迟滞期

自燃是可燃混合气不同火焰或炽热物体接触而着火燃烧的过程。到达可燃混合气自燃的最低温度称为自燃度或自燃点。显然，自燃温度越低，可燃混合气着火过程的开始越快。

可燃混合气的自燃点同燃料的分子量、结构和空气压力有关。烷烃在空气中的自燃点随分子量的增大而下降；异构烷烃的自燃点比分子量相同的正构烷烃高。当压力降低约 2/3 时，自燃点上升一倍。表 2-13 列举了空气压力对几种航空燃料自燃点的影响。

表 2-13 大气中燃料自燃点与压力的关系

燃料	49kPa/(370mmHg)的燃点	99kPa/(742mmHg)的燃点
喷气燃料：JP-4	444	242
JP-3	449	238
JP-1	462	228
航空汽油 95/130	553	440
正癸烷	458	208
正辛烷	465	220
正己烷	497	234

可燃混合气从达到自燃温度至出现火焰之间的时间间隔，称自燃迟滞期。一般情况下，自燃迟滞期包括可燃混合气形成的物理过程所需的时间(τ_0)和化学反应加速到形成火焰的时间(τ_x)，如果 $\tau_0<\tau_x$，则自燃过程在混合气的动力区进行；如 $\tau_0>\tau_x$，则自燃在扩散区进行。根据连锁反应的原理，动力区自燃迟滞期同温度和压力的关系可以用下列公式表述：

$$\tau_{OB} = CP^{-n}e^{E/RT} \tag{2-29}$$

式中，τ_{OB} 为自燃迟滞期，S；E 为有效活化能，kJ/kmol；T 为温度，K；p 为压力，kPa；R 为通用气体常数，取 8. 31419kJ/(kmol·K)；n 为指数；C 为比例常数。

对于喷气燃料，E=177520kJ/kmol，n=0. 750，比例常数 $C\times10^{14}$ 为：T-1-0. 1646；T-7-0. 1114；T-6-0. 0922。当温度和压力上升时，可燃混合气的自燃迟滞期缩短。温度对烃类和燃料的自燃迟滞期的影响；在 455~570℃范围内，柴油和喷气燃料的自燃迟滞期处于干烷烃和芳烃之间；烷烃的自燃迟滞期最短，芳烃的最长。受热空气中压力对煤油自燃迟滞期的影响，当压力从 0. 3 大气压上升到 1. 0 大气压(0. 03~0. 1MPa)时，在 900~1000℃温度下自燃迟滞期大大缩短。表 2-14 列举了若干烃类和燃料在空气中的自燃点和自燃迟滞期数据。

表 2-14 在大气压力下烃类和燃料在空气中的自燃点和自燃迟滞期

燃料	自燃点/℃	自燃迟滞期/s	燃料	自燃点/℃	自燃迟滞期/s
乙烷	515	10	正庚烷	223	101
正丁烷	405	6	正辛烷	220	132
正戊烷	287	10	正壬烷	206	130
正己烷	234	57	异辛烷	418	27
正癸烷	208	124	蒽	540	17
正十六烷	205	141	煤油	229	210
环己烷	200	206	航空汽油 100/130	440	—
苯	562	32	JP-1	228	120
甲苯	536	72	JP-3	238	187
间二甲苯	528	61	JP-4	242	185
萘	526	18			
α-甲基萘	529	23			

2.4.2.4 蒸发度和雾化质量

影响喷气燃料启动性的基本性质是蒸发性和雾化质量。发动机启动的容易程度取决于燃料的蒸发性，通常以10%的馏出温度表示。涡轮喷气发动机使用的多数煤油型燃料的10%馏出温度为175~210℃。10%馏出温度越低，发动机越容易启动，供油压力也能随之降低。图2-12的数据表明，燃料10%馏出温度下降，允许燃料和空气所需的压力下降，使发动机比较容易启动。例如：使用10%馏出温度为70℃的宽馏分型喷气燃料，发动机在环境温度为-55℃时也能容易启动；使用10%馏出温度为150~190℃的燃料时，在-40℃温度下发动机启动就有困难；如使用10%馏出温度高达200℃的燃料，发动机只能在室温启动。

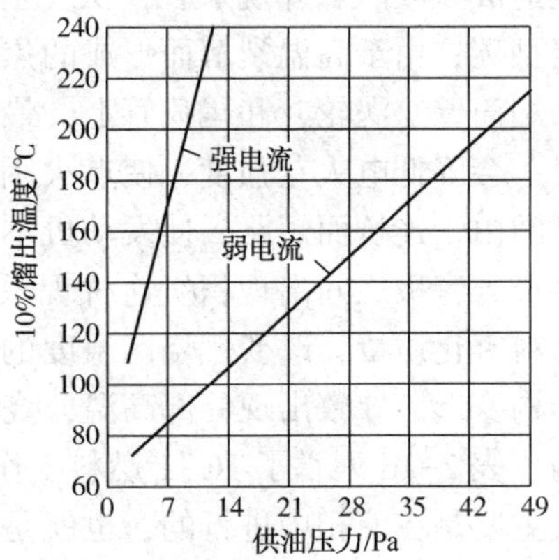

图2-12 燃料10%馏出温度对发动机启动的影响（空气消耗0.2kg/s，空气温度-30℃）

燃料的10%馏出温度同燃料蒸气的分子量有对应关系。用下式还可以从燃料10%馏出温度计算出平衡条件下汽油和喷气燃料的着火温度极限：

$$t_L = 0.67t_{10\%} - 134 \tag{2-30}$$

$$t_R = 0.78t_{10\%} - 100 \tag{2-31}$$

式中，$t_{10\%}$ 为恩氏蒸馏10%馏出温度，℉；t_L 和 t_R 分别为燃料的着火温度下限(贫油)和着火温度上限(富油)，℉。

2.4.3 生炭性

喷气燃料的生炭性是表示燃料在发动机燃烧时生成积炭的倾向。燃料在燃烧时含碳物质转化为炭黑的机理，一般来自链状分枝反应或聚合反应理论。链状分枝反应是指基核生成的分枝链状反应，是基核向固相晶核转变，而晶核又因烃类在其表面的多相分解而进一步增加。聚合反应的理论认为，甲烷的火焰中也发现有乙炔生成，当达到最大浓度后，乙炔转变成单环、多环芳烃和聚乙炔。由此产生的芳烃以及喷气燃料本身含有的芳烃，还有进一步转化的问题。在相应条件下，会出现聚合反应，首先生成分子量约500的大分子烃，然后出现炭黑颗粒。总而言之，积炭是烃类燃料在燃烧室部件灼热的表面上裂化、氧化以及随后的缩合脱氢过程的产物，其中组成主要包括沥青质、羟基酸、碳沥青质、焦油沥青质以及其他化合物。燃料蒸气分子量 M_T 同 $t_{30\%}$ 馏出温度的关系见图2-13。

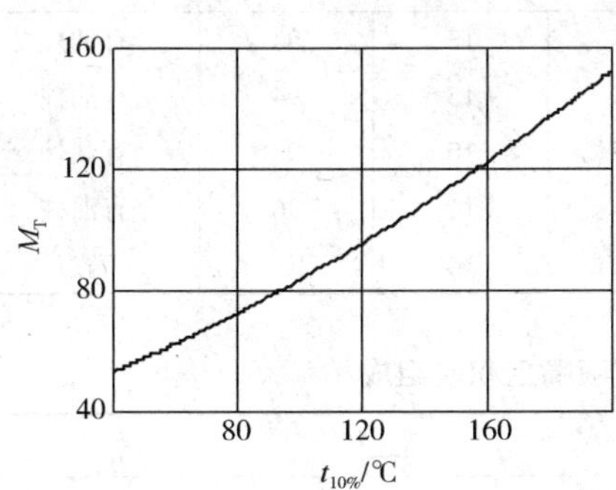

图2-13 燃料蒸气分子量 M_T 同 $t_{30\%}$ 馏出温度的关系

在喷气燃料规格中，能反映生炭性的指标有无烟火焰高度、辉光值、芳烃含量、萘含量和氢含量。在整个燃烧系统中，许多重要部件都可能出现积炭或炭粒，甚至由此引发故障，严重的还可能造成事故。从外观来看，积炭主要分两种：由于燃烧不完全形成的烟点状积炭，亦称无定型碳；由于高温裂解而形成的焦炭，为石墨结构。这些积炭常分布在启动电火点、喷嘴、火焰筒壁、涡轮叶和尾喷管上，最后还可能有一部分随燃气排出。当启动电嘴上积炭增加时，会降低电火花强度，使点火困难，延迟发动机启动时间；若积炭严重，甚至会发生电极间由于连桥而短路，使发动机不能启动。我国涡喷-5 发动机试车时，曾发生点火器中心电极与旁极之间出现积炭连桥现象。当喷嘴上积炭增加时，能使喷嘴喷油角度改变，降低燃料雾化质量，改变燃烧区温度的分布，影响发动机正常工作，严重时还能使焰锋和火焰结构变形，导致出现局部高温，烧坏火焰筒。表 2-15 显示了喷嘴积炭对燃料雾化质量的影响。表 2-16 列举了 TC-1 燃料工作 50 小时后喷嘴积炭的组成。积炭的成分说明，积炭的生成主要是在液相中进行的，也就是在燃料液滴尚未完全蒸发时进行的。当燃料液滴气化并燃烧时，主要产生氧化型产物。温度上升，加速了燃料液滴的芳烃缩合过程，结果积炭增加。当气温下降时，液相缩合过程变慢，燃料蒸发和燃烧而不产生积炭。

表 2-15　带有积炭的工作喷嘴的流体动力性能

喷嘴编号	启动油路内燃料的压力（1.0±0.01）MPa				两个油路内燃料的压力（3.0±0.03）MPa			
	耗油量/（L/h）	不均匀性/%	喷雾角度/（°）	喷雾质量与标准油比较	耗油量/（L/h）	不均匀性/%	喷雾角度/（°）	喷雾质量与标准油比较
技术条件标准	23～25	±15	70～80	满意	597～613	±15	90～100	满意
T-1 燃料								
5H-817	25	37	78	满意	601	14	92	有油柱
5H-811	24.7	34	87	有油柱	606	12	100	有油柱
5H-692	25	49	84	满意	598	12	96	有油柱
5H-702	24.4	27	92	有油柱	603	14	91	满意
5H-737	25	22	90	满意	598	16	96	有油柱
5H-150	25	24	78	满意	611	10	96	有油柱
TC-1 燃料								
Л-408	23.5	17	83	满意	615	13	94	有油柱
И-209	24.2	27	82	满意	618	15	94	有油柱
M-669	23.4	32	81	满意	615	10	96	有油柱
И-745	29.7	16	83	满意	610	11	96	有油柱
И-705	23.5	13	80	满意	612	14	107	满意

表 2-16　发动机用 TC-1 燃料工作 50h 喷嘴上积炭组成

指标	运输机	高速机	
	No.1 发动机	No.1 发动机	No.2 发动机
积炭的灰分/%	1.12	0.4	0.8
积炭的元素组成/%			
C	86.60	91.20	92.45

续表

指标	运输机	高速机	
	No.1 发动机	No.1 发动机	No.2 发动机
H	1.65	1.54	1.84
S	0.17	0.81	0.72
N	0.85	1.52	0.88
O	10.25	4.85	4.34
积炭灰分的元素组成/%			
Fe	16.4	24.2	18.4
Si	6.13	4.34	5.31
Ca	2.34	4.85	3.28
Mg	1.1	0.6	0.87
Al	5.72	1.6	5.27
Na	1.57	0.25	0.94
Zn	3.51	1.51	2.48
Cu	0.23	0.5	0.37
Pb	0	0.4	0.3
Sn	0	0	0
Ni	0.83	1.4	1.27
Co	0	0	0.3
Ti	0.9	0.3	0.6
Cn	0.9	0.02	0.45
Mn	0	0	0.3

喷嘴积炭导致燃料雾化质量下降，导致火焰结构和焰锋变形而使火舌位移，最后导致火焰筒壁产生积炭。积炭影响火焰筒壁正常冷却。积炭通常沉积于初级空气进口部分的空气导入孔的周围。火焰筒壁局部产生积炭，造成筒壁产生很大的局部温度梯度而出现局部应力，最后可能造成火焰筒翘曲甚至破裂。

燃料在燃烧过程中，火焰筒壁的积炭有可能脱落，并随燃烧后的气体进入涡轮导向器，使涡轮叶片受到冲击和侵蚀。燃烧后的气体从尾喷管排出时可能出现排烟现象，这说明气体中炭粒浓度已相当大。由此不难看出，喷气燃料在整个燃烧系统中所表现的生炭性、光辐射和排烟等现象，都是互相关联的，而且是连续发生的，其中生炭性占主导地位。

纵观燃烧室的运作情况，喷气燃料的生炭性与一系列因素有关，其中有外部的因素，也有自身的原因。所谓外部因素，指的是发动机，特别是燃烧室的设计结构和使用条件，把两者概括起来就是燃料的燃烧条件。随着飞机涡轮发动机的发展，先进的设计可以使发动机对燃料生炭性的敏感程度大大下降，有可能逐步缓解或消除燃料生炭性带来的危害，并为燃烧馏分更重的未来燃料开辟道路。外部因素可归纳为几个方面：发动机工作时间；燃料的雾化质量；进行燃烧的过量空气及其压力；燃料和空气的温度；燃烧室结构等。

显然，在燃烧过程中，炭的积累是需要时间的。表 2-17 和表 2-18 分别列举了发动机工作时间对不同部位的炭沉积的数量和组成的影响。喷气燃料燃烧不完全，是产生积炭和排烟现象的重要原因之一，因而这些现象都与空气剩余系数 a 值有关。同样，燃料的雾化质量也会影响其生炭性和生烟倾向。以此类推，燃烧室压力、燃料和空气温度，对生烟倾向也有直接影响。早在20世纪70年代，美国已大力开展节能发动机的研究，为了明显提高发动机效率，必须提高燃烧室的进口压力和温度。前面已经指出，压力和温度的提高将产生更多的炭，它们之间实际上存在线性关系。对此，新型的节能发动机采用了以下新技术，以减弱喷气燃料的生炭性。

表 2-17　用 T-1 燃料燃烧室积炭的增长情况

发动机	在下列时间积炭的生成量/g				
	20h	40h	60h	80h	100h
PД-45 发动机：火焰筒	1.0	2.0	3.5	7.5	—
喷嘴	0.1	0.2	0.3	0.4	0.5
BK-1 发动机：火焰筒	0.8	1.5	2.5	4.0	6.3
喷嘴	0.2	0.3	0.4	0.5	0.6

表 2-18　PД-3M-500 发动机中积炭的化学组成与工作时间的关系

发动机工作时间/h	火焰筒积炭量/g	积炭的化学组成/%			
		中性胶质及油	沥青质	炭青烯和炭青质	灰分
2	9.6	20.37	0.58	78.66	0.40
123	29.5	26.67	0.36	72.69	0.35
198	41.5	27.91	0.23	71.52	0.34
200	56.5	22.63	0.40	76.75	0.32
400	100.8	24.40	0.29	75.02	0.29
600	183.6	24.10	0.30	75.04	0.20
800	371.2	4.56	0.29	94.70	0.45

设计新型的燃料主喷嘴和辅助喷嘴，对燃料和燃料-空气混合气实行预热和预混合，目的是明显地改善燃料的雾化质量，确保燃料燃烧完全，以防止产生过多的炭粒。对火焰筒壁采用耐热涂层(如陶瓷)和先进的冷却技术，使筒壁在发动机大功率运转时不会过热，这是避免产生大量积炭的有效方法之一。

设计分级燃烧的燃烧室。通常的燃烧室是在一个火焰筒内完成燃烧过程的。通过空气产生的紊流可以把初级燃烧区来不及燃烧的燃料再次燃烧，但效果并不十分理想。新设计的燃烧室把燃烧区截然分成两个部分：或首尾相接(如 JT9D 发动机的 Vorbix 燃烧室)，或套筒式(如 CF6-50 发动机的双环燃烧室)。这种设计可以使燃料的完全燃烧达到前所未有的水平，由此大大降低发动机对燃料生炭性的敏感程度。当然，节能发动机的出现，在现阶段只是明显地降低燃料消耗；从长远来看，更新型的节能发动机是为了使用重质馏分(如柴油馏分)铺平道路。由此不难看出，改进发动机设计，其重要内容之一就是改善燃料的燃烧条件，这是解决喷气燃料生炭性问题的最有效方法。

然而，发动机的完善是一个不断发展的长过程，比较新型的发动机即便研制成功，推广使用也需要时间。就现阶段而言，我们还是要重视足以影响燃料生炭性的内部因素。在有条件的情况下，可以通过改进加工工艺或调整组分配来降低喷气燃料的生炭性。

影响喷气燃料生炭性的内部因素主要有两方面：燃料的物理性质和组分。从喷气资料的物理性质来看，与生炭性直接有关的有密度。黏度和馏出温度。实际上这些指标在不同程度上都反映了燃料的蒸发性，而生炭性是随蒸发性的降低而增大的，原因是蒸发性直接影响燃料的雾化质量和燃烧的完全性；而燃烧不完全，正是积炭形成的原因之一。除此之外，随着燃料中胶质和硫含量的提高，其生炭性也随着提高。喷气燃料的馏出温度特别是终馏点(或85%馏出温度)对燃料生炭性的影响，实际上也反映了燃料烃组成与生炭性的关系。一般来说，喷气燃料的生炭性按以下烃组成递减：双环芳烃>单环芳烃>环烷烃>烯烃>烷烃。表2-19列举了几种烃的积炭数据。各类烃的生炭性之所以有较大区别，关键在于组成的C/H比：此值越高，生炭性越高。因此，从根本上说，喷气燃料的生炭性与氢含量关系极大，氢含量越小，生炭性越高。喷气燃料氢含量对火焰筒使用寿命存在着较大影响。前面已经提到，在燃烧室产生的炭粒和积炭，从两方面影响火焰筒的使用寿命：一是积炭妨碍火焰筒壁导热，也就是影响冷却效果，容易产生局部高温；二是炭粒产生的辐射热，加重了火焰筒的热负荷，结果不可避免地要降低火焰筒的使用寿命。不同的烃类生炭性的显著差别，自然也要反映到喷气燃料的类别上来。表2-20和表2-21分别列举了我国和苏联的喷气燃料的生炭性数据，显示了不同类别的喷气燃料生炭性的差异。这些差异说明，通过组分的调和和加工工艺的改进，喷气燃料的生炭性是可以降低的。

表2-19 几种烃的炭沉积

空气剩余系数 a	积炭/(kg/m³)		
	烷烃-环烷烃	单环芳烃	双环芳烃
1.0	21	140	220
1.5	18	115	180
2.0	10	85	160
2.5	8	70	150

表2-20 我国喷气燃料的生炭性及有关理化性质

牌号	炼厂(原油或加工工艺)	理化性质						生炭性				
		相对密度/ d_4^{20}	黏度(20℃)/(mm²/s)	平均沸点/℃	碳氢比	芳烃含量/%	双环芳烃/%	烟点/mm	生烟倾向/mm⁻¹	生炭因子	辉光值	相对生炭性
RP-1	胜利(胜利)	0.7867	1.31	179.0	6.18	15.3	0.9	27	11.85	315	58	1.36
	天津(大港)	0.7899	1.31	182.3	6.23	14.2	1.2	25	12.80	317	49	1.21
	荆门(五七)	0.7803	1.27	179.0	6.13	14.7	<0.2	27	11.85	305	54	1.08
	六厂(盘锦)	0.7970	1.31	180.0	6.41	16.4	1.3	21	15.24	335	41	1.43
	独炼(新疆)	0.7823	1.47	184.8	6.06	6.1	0.6	29	11.03	309	70	1.10
	兰炼(新疆)	0.7872	1.54	187.5	6.13	6.4	0.6	30	10.67	311	67	1.08

续表

牌号	炼厂（原油或加工工艺）	理化性质						生炭性				
		相对密度/d_4^{20}	黏度(20℃)/(mm²/s)	平均沸点/℃	碳氢比	芳烃含量/%	双环芳烃/%	烟点/mm	生烟倾向/mm^{-1}	生炭因子	辉光值	相对生炭性
RP-2	大庆（大庆）	0.7766	1.41	183.3	5.95	7.2	1.2	35	9.14	289	76	1.00
	玉门（玉门）	0.7803	1.44	186.2	6.15	8.6	1.2	31	10.32	310	65	1.17
	南京（混合）	0.7870	1.46	185.7	6.12	8.8	1.0	32	10.00	309	67	1.05
	荆门（南阳）	0.7799	1.37	183.0	6.12	10.4	1.3	30	10.67	308	60	1.19
	茂名（加氢）	0.7963	1.50	188.3	6.28	14.9	1.2	26	12.31	326	42	1.63
	茂名（醋酸洗）	0.7835	1.47	186.75	6.13	9.3	1.0	30	10.67	309	69	1.35
	东炼（脱蜡油）	0.8024	2.02	208.3	6.15	9.3	1.1	28	11.43	322	59	1.48
	七厂（大庆）	0.7795	1.46	187.7	6.00	6.8	1.3	36	8.89	301	72	1.07
	南京（脱蜡油）	0.8193	2.08	209.8	6.14	14.9	0.1	26	12.31	324	51	1.95
RP-4	三厂（大庆）	0.776	1.27	178.0	5.90	7.7	1.9	35	9.14	276	644	0.85

表 2-21　涡轮发动机模拟燃烧室的炭沉积

燃料	20℃运动黏度/(mm²/s)	喷嘴出口处燃料温度/℃	喷嘴出口处燃料黏度/(mm²/s)	积炭重量/g	
				燃料不加温	燃料加温
T-2	1.10	24	1.02	0.415	0.460
TC-1	1.30	38	1.02	0.558	0.460
T-1	1.57	53	1.02	0.680	0.520

2.4.4　气相高温腐蚀性

燃料在燃烧室燃烧后，燃气所到之处，都呈现高温状态。由此引发了几种原因各异的、对发动机金属构件(如火焰筒、涡轮叶片等)的腐蚀现象。

首先是高温氧化腐蚀。在灼热的气流中，存在大量的剩余空气，其中氧的含量要比燃烧产物的氧含量几乎高出一倍(空气中氧占21%体积，燃烧产物氧占10%~14%)，金属的高温氧化不可避免，无论是镍铬合金或铁基合金都可能发生。这种高温氧化造成的腐蚀是燃烧条件造成的，它与喷气燃料的品种关系不大。对镍铬合金来说，氧化腐蚀的结果是金属表面出现不规则的非圆形坑点，或平底圆形坑点，或片状剥皮等现象。通过金相分析，可以看到暗灰色桥枝状氧化结构，没有白带区的渗碳层。氧化腐蚀主要生成氧化物如Cr_2O_2、NiO和类晶石$NiO \cdot Cr_2O_2$，火焰筒失重不多。

燃烧过程所产生的燃气对发动机金属结构材料的作用是一个十分复杂的过程，是一种不容易解释清楚的物理-化学反应。特别是考虑到它已超出了航空油料应用的范畴，在这里不展开叙述。下面着重介绍与喷气燃料组成有关的气相高温腐蚀：渗碳腐蚀和硫化腐蚀。从实际情况出发，也为了叙述方便，火焰筒金属材料只限于镍铬合金。

2.4.4.1　碳化和渗碳腐蚀

碳化腐蚀是指金属材料在燃气的高温作用下出现轻度凹凸不平或剥落的现象，是火焰筒常见的故障。通过金相分析可以看到，大量碳化物充满晶界，无白带区，试件不失重或失重很少。

渗碳腐蚀亦称烧蚀。渗碳是碳化的一种特殊形式，它不仅发生在金属表面，而且在条件具备时不断向金属晶体的纵深发展。发生烧蚀的镍铬合金(如19-435)，腐蚀处呈深圆坑，圆坑上积长有毛状碳(结晶型)。随着作用时间延长，麻坑逐渐扩大加深，严重时连成一片，甚至腐蚀穿透火焰筒壁。金相分析表明，腐蚀表层为白带区；厚度为40μm，为富镍区，Ni/Cr比为原合金的2~3倍，有铬的碳化物分散其中；白带区下层为黑色带，分布有铬的各种碳化物；毛状碳属石墨碳，其中含Ni、NiO、Cr_2O_3和不同价的碳化铬。

从20世纪50年代中期开始，我国先后多次发生火焰筒烧蚀的故障，有关单位为此开展了大量的研究工作，其中包括镍铬合金在高温燃气气氛下产生烧蚀的作用机理。有的研究单位认为，镍铬合金的烧蚀表现为外逸型腐蚀，它必须有一氧化碳和烃分子的共同作用，而烧蚀的轻重程度随二者的相对组成和温度的不同呈有规律的变化。这种外逸型腐蚀分两步进行：

第一步，一氧化碳与镍铬合金作用，使其中的铬氧化成三氧化二铬，同时生成的碳原子也夹杂其中，使受选择性氧化后的合金表面不能形成完整的连续性膜而出现裂隙，从而造成合金表面晶格的破坏。第二步，被一氧化碳作用后的合金表面，由于铬被氧化，使镍析出，镍的晶面有利于烃分子分解而生成结晶型碳(催化作用)。由于一氧化碳和烃分子的交替作用，炭粒在微细裂隙中积累和向上成长，遂使被破坏的金属随炭定向生长而成毛状外逸，而毛状周围被炭覆盖。因此，伴随着烧蚀的产生，一定有毛状炭产出。当燃气组成和温度均一时，产生的腐蚀也比较均匀；在燃气组成和温度不均一的情况下，则形成局部片状或块状腐蚀。还有的研究单位认为，镍铬合金的烧蚀大体按下列步骤进行：

在合金表面的活性中心部位，首先发生一氧化碳和烃分子的催化分解产生活泼碳C，即

$$2CO \xrightarrow[Ni]{\triangle} C^{*} + CO_2$$

$$CH_4 \xrightarrow[Ni]{\triangle} C^* + 2H_2$$

活泼 C^* 与金属铬极易发生化学反应生成碳化铬：

$$C^* + Cr \xrightarrow{\triangle} Cr_3C_6,\ Cr_3C_3,\ Cr_3C_2$$

由于碳化铬的生成，部分原与铬结成合金的镍被释放而成为自由的元素镍，使合金基体呈富镍状态；适宜的烃类分子被吸附在镍的适宜晶面上，发生脱氢石墨化的作用；在石墨晶体的成长过程中，金属镍脱离合金基体。上述过程连续进行下去，金属镍以石墨夹杂物的形式逐渐粉化耗损，而铬及其碳化物也同时被裹离合金基体。

我国多次发生镍铬合金的火焰筒烧蚀，其主要原因是我国喷气燃料硫含量偏低(<0.09%)。我国的许多研究资料证明，在含硫量偏低的喷气燃料中加入定量的硫化物，可以防止高温燃气对镍铬合金的烧蚀。硫的作用主要是在合金表面生成保护膜，并使金属中毒，使腐蚀反应难以进行，从而保护了镍铬合金。苏联常用的喷气燃料硫含量较高，不存在烧蚀问题。但在使用加氢脱硫燃料时，ЭИ-435 合金的火焰筒同样出现烧蚀。在 20 世纪 50~60 年代，英国先后在达特、苔茵等型号发动机的涡轮叶片发现过烧蚀，其中以 100 号镍铬合金材料腐蚀最严重。显然，如火焰筒或其他结构改用铁基合金，则不会出现烧蚀问题。

2.4.4.2 硫化腐蚀

硫化腐蚀是由于硫化物燃烧造成的，一般是在使用高硫含量(>0.75%)的喷气燃料时发生。硫化物腐蚀外观呈不规则剥落(如火焰筒起泡并呈鱼鳞片状)，并附瘤状物。试件不失重，反而加重。金相分析表明，这些硫化物呈灰色，主要成分是 $Ni\text{-}Ni_3S_2$、CrS 和 NiS_2。当发动机停车后，硫的氧化物同大气中的水汽形成硫酸，产生电化学腐蚀。

喷气燃料中如含有一定量的钒、钼、钠等化合物，同样会引起燃气对金属的腐蚀。燃料中钒含量增大会加重镍铬合金的燃气高温腐蚀。含钒燃料燃烧时，在过量空气的条件下，钒的低氧化物变成了 V_2O_5，当它与金属表面的氧化薄膜接触时，能生成易熔的化合物，对金属起腐蚀作用。钼的化合物燃烧时，生成高氧化物 MoO_2，这也是对金属有腐蚀作用的易熔化合物。喷气燃料中的钠可能来自海洋条件和燃料酸碱清洗时。钠的化合物能大大提高钒的腐蚀能力。例如在 650~800℃时，当 Na_2O 同 V_2O_5 接触时能生成低熔点的钒酸盐 $NaVO_3$、$Na_4V_2O_7$、Na_3VO_4，以及有氧钒根的钒酸盐络合物。这种低熔点的钒酸盐能对氧化薄膜起助熔作用，并因此加速金属的腐蚀过程。当然，一般喷气燃料的钒、钼、钠含量都很低，不足以引起金属的燃气高温腐蚀。但苏联航空油料的综合鉴定法中，还包括了钒、钼等金属的含量测定法，主要是考虑新油源和新工艺可能带来的新问题，防止这些金属的化合物在喷气燃料中达到危险的浓度。

以上大体概括了燃烧产物对金属材料的高温腐蚀性。这种腐蚀性也可以通过金属试件的失重或耐热性来表示，这是苏联采用的方法。金属耐热性的单位是 $g/(m^2 \cdot h)$，显然，重量损失越少，耐热性越高。

前面已经指出，直接影响金属耐热性的因素是燃料中的硫含量。苏联航空材料研究院的研究表明，当燃料的硫含量>0.73%时就会出现硫化体腐蚀。金属的耐热性还与燃气流速

w有关。燃气流速的影响表现在两方面：一是化学腐蚀，这取决于金属与燃气粒子持续作用的时间，流速增大，化学腐蚀随之减弱；二是流速引起的风蚀，流速越大，风蚀越强。从燃气高温腐蚀的反应速度来看，燃气温度越高，金属失重越大。缓解或明显降低燃气的高温腐蚀性，通常采取以下三种方法。一是使用耐热性更高的金属材料(如铁基合金等)以取代镍铬合金，此法许多国家早已采用。二是使用抗烧蚀添加剂，其中包括能提高燃料硫含量的添加剂。三是对现有的镍铬合金构件的表面做渗铝工艺处理以提高其防腐性。渗铝和涂瓷都是防止燃气高温腐蚀的有效方法。

[习题]

1. 四冲程汽油发动机的四个工作过程包括哪些？使用的燃料牌号有哪些？

2. 喷气燃料属于轻质石油产品，是________发动机燃料的简称，又称航空________，主要由原油蒸馏的________馏分经精制加工。

3. 对比分析涡轮发动机与活塞式发动机在工作原理、性能特点和用途方面的差别。

第3章　航空燃油

3.1　航空活塞式发动机燃料

航空活塞式发动机燃料又名航空汽油。主要成分为 $C_5 \sim C_{12}$ 脂肪烃和环烷烃类，以及一定量芳香烃，主要含有催化裂化汽油的精制组分，并添加适量的异丙苯、烷基化汽油、工业异辛烷、异戊烷和四乙基铅，以及十万分之几的抗氧剂，有时还加入少量腐蚀抑制剂及少量油溶性染料。航空活塞式发动机燃料是一种用于飞机的高辛烷值燃料，曾经使用于赛车中，具有足够低的冰点(-60℃以下)和较高的发热量，以及良好的蒸发性和足够的抗爆性，只用于往复式发动机的飞机上，喷气式飞机和涡轮螺旋桨式飞机则使用喷气燃料。

3.1.1　航空活塞式发动机燃料的性质

航空汽油只用于航空活塞式发动机的飞机上，喷气式飞机和涡轮螺旋桨式飞机则使用喷气燃料。航空活塞式发动机与一般汽车发动机工作原理相同，只是功率较大，自重轻一些，因而对航空汽油的质量要求和车用汽油有类似之处。根据发动机的工作条件，航空活塞式发动机燃料应具备以下使用性能：

① 适当的蒸发性能和可靠的燃料供给性能；

② 燃烧时没有爆震、噪声和早燃现象；

③ 良好的抗氧化安定性；

④ 不含水分和机械杂质，对发动机和金属设备没有腐蚀作用；

⑤ 排出的污染物少。

此外还有一些其他要求，其中燃烧性能尤为重要。

3.1.1.1　蒸发性

(1) 性能要求。在一定温度下，汽油由液体状态转化为气体状态的性能，叫作汽油的蒸发性，表示汽油在汽化器中蒸发的难易程度。

汽油在发动机气缸中的燃烧，需由液态通过汽化器转变为气态，并与空气按一定比例混合后进入燃烧室燃烧。汽油在汽化器中的蒸发完全程度及与空气混合的均匀程度，都与汽油的蒸发性能有关，如果汽油的蒸发性能太强，汽油在到达汽化器前的供油管路中就会蒸发，形成气阻，使汽油不能顺利进入汽化器，严重时会中断供油，使发动机停止工作。气阻现象对飞行用航空汽油有特殊意义。如果汽油含重组分过多，蒸发性太差也是不行的。汽油中不易蒸发的重质部分，在混合气中呈液滴状，液滴易附着在导管壁上形成液膜，慢慢流入气缸中。这样使得混合气中汽油含量减少，组成分布不均匀，导致各个气缸中混合气组成不同，发动机运转不稳定。液膜流入气缸后，会冲去气缸壁上的润滑油，并流入润滑油箱，稀释了润滑油，导致发动机磨损加剧、功率下降、燃料消耗量增大。

因此，汽油的蒸发性能直接影响汽油的燃烧速度和燃烧完全程度，从而影响发动机的功率和经济性。由于在发动机中形成混合气的时间极短，因此要求航空汽油具有良好的蒸发性，保证发动机在各种条件下启动容易，加速迅速，燃烧完全。但蒸发性又不宜太好，否则会造成航空汽油在贮存中损耗加大。

(2) 质量指标。航空汽油的蒸发性能由馏程和饱和蒸气压指标来评定。

① 馏程：馏程是指油品在规定条件下蒸馏，从初馏点到终馏点的温度范围。

航空汽油的馏程能大体表示该油品的沸点范围和蒸发性能。通常，航空汽油的馏程用初馏点、10%、40%、50%、90%的馏出温度、终馏点、残留量和损失量等来表示。各点温度反映了不同条件下航空汽油的蒸发性能与航空汽油使用性能关系十分密切。其主要蒸发温度的意义如下：

航空汽油的初馏点和10%馏出温度（*T*10）：判断汽油中轻组分的含量，它反映发动机燃料的启动性能和形成气阻的倾向。其值越低，则表明汽油中所含低沸点组分越多，蒸发性越强，启动性越好，在低温下也具有足够的挥发性以形成可燃混合气而易于启动。但是也不能过低，否则轻组分过多，在炎热的夏季或低大气压下工作时，易于在输油管道汽化形成气泡而影响油品的正常输送，即产生气阻。我国航空汽油规格10%馏出温度不得高于80℃。表3-1和表3-2列出了10%馏出温度与发动机启动时间、启动耗油量和最低启动气温间的关系。如果10%馏出温度过低，就容易出现气阻现象。表3-3列出汽油10%馏出温度与产生气阻的油温间的关系。这对航空汽油尤为重要，因而航空汽油75号、95号不仅规定10%馏出温度以保证启动性能，同时还规定初馏点不能低于40℃以保证不产生气阻。

表3-1　航空汽油10%馏出温度对发动机启动时间和启动油耗量的影响

大气和发动机的温度/℃	具有以下10%馏出温度的汽油的启动时间/s		具有以下10%馏出温度的汽油的启动时的耗油量/mL	
	79℃	72℃	79℃	72℃
0	10.5	9.4	10	8.7
-6	45	29	48	30
-16	515	225	698	399

表3-2　汽油10%馏出温度与保证发动机冷启动最低启动气温间的关系

10%馏出温度/℃	48	59	64	68	75	77	86
大气温度/℃	-27~-26	-22~-21	-19~-18	-17~-16	-13~-12	-12~-11	-8~-7

表3-3　汽油10%馏出温度与形成气阻时油温间的关系

汽油10%馏出温度/℃	40	50	60	70	80
开始产生气阻时的油温/℃	-13	7	27	47	67

50%馏出温度（*T*50）：表示汽油的平均蒸发性能，它直接影响发动机启动后加速性能和变速性能。冷发动机经预热，方能转入正常运转。在预热阶段因进气管温度低，汽油大部分以液膜状进入气缸，导致燃料不完全，并且稀释润滑油。汽油的50%馏出温度低，其轻组分较多，在正常温度下可以迅速蒸发，使得可燃气体混合均匀，从而能缩短汽油机的预热时间，燃料耗量、润滑油的稀释程度和发动机磨损就越低。表3-4中的数据说明航空汽油50%馏出温度对发动机预热时间的影响。

表3-4　汽油50%馏出温度对发动机预热时间的影响

汽油50%馏出温度/℃	发动机预热时间/min
104	10
127	15
148	大于28

航空汽油50%馏出温度的高低还直接影响发动机的加速性及工作稳定性。发动机加速时需开大油门，增加混合气浓度和进气量，50%馏出温度低，发动机的加速性和稳定性就好。如果50%馏出温度过高，当发动机需要由低速转换为高速，供油量急剧增加时，部分汽油将来不及充分汽化，导致燃烧不完全，使发动机在加速初期不能发出需要的功率，出现功率反而降低的情况，严重时甚至会突然熄火。因此，航空汽油规定50%馏出温度不得大于105℃。

90%馏出温度（*T*90）和终馏点（或干点）：表示汽油中重组分（高沸点组分）含量的多少，决定着汽油在气缸中蒸发的完全程度。若90%馏出温度（*T*90）和终馏点温度过高，说明汽油中含有重质组分过多，不易保证汽油在使用条件下完全蒸发和完全燃烧。混合气中有一些悬浮的油滴进入燃烧室，这些没有被燃烧的油滴形成液膜流入气缸后，会沿气缸和缸壁间的间隙进入曲轴箱，使气缸和缸壁间的润滑油被冲洗掉，从而使得气缸的密封性下降，气缸的最大压力下降，发动机的输出功率减小，发动机的功率和经济性下降。

气缸和缸壁间的润滑油被冲洗掉后，气缸和缸壁间的磨损相应增大。液膜进入曲轴箱，对润滑油产生稀释作用，使润滑油黏度下降。气缸和缸壁间的密封作用是靠润滑油来实现的，润滑油黏度下降，势必造成润滑油从摩擦部位的流失增加，润滑油的密封性随之下降；此外，润滑油黏度下降，还会使润滑油的润滑性下降，发动机运动部件的磨损增大，黏度小的润滑油易于窜入燃烧室被烧掉，因而润滑油消耗量随之加大。总之，液膜的产生会导致耗油率上升，输出功率下降，气缸积炭增多，使得排气冒黑烟，运动部件的磨损增大。汽油终馏点与耗油量、活塞磨损的关系如表3-5所示。数据表明，汽油终馏点温度高于205℃时，发动机马力显著降低，并产生爆震，使磨损增加。因此，汽油质量指标中对90%馏出温度和终馏点都做了相应规定。航空汽油75号、95号规定90%馏出温度不高于145℃，终馏点温度不高于180℃；100号规定90%馏出温度不高于135℃，终馏点温度不高于170℃。

表 3-5　汽油终馏点与耗油量、活塞磨损的关系

汽油终馏点/℃	175	200	225	250
活塞磨损/%	97	100	200	500
汽油消耗量/%	98	100	107	140

残留量：反映汽油中重质馏分和在贮存过程中氧化生成胶质物质的含量。这些物质会增加气缸内结焦量或粘在气门和电喷喷嘴上，影响发动机的正常使用。因此，残留量要有一定的限制，不允许过多。航空汽油限制残留量不大于 1.5%(体积分数)。

另外，航空汽油在正常储存中，由于轻质组分蒸发，其初馏点和 10%馏出温度会升高，如果燃料的初馏点和 10%馏出温度降低，则说明该燃料中混入了轻质燃料。同理，燃料的 90%馏出温度和终馏点显著升高，则说明该燃料中混入了重质燃料。

② 饱和蒸气压：在一定的温度下，某物质处于气液平衡两相状态时的压力称为饱和蒸气压，简称蒸气压。

它是汽油蒸发达到平衡后汽油蒸气对容器器壁产生的压力，用来衡量汽油在汽油机燃料供给系统中是否易于产生气阻、评价其汽化性能、启动性能的指标，同时还可相对地衡量汽油在储存运输中的损耗倾向。蒸气压过大的汽油，在炎热的夏天或高原地区使用时，易形成气阻而影响正常供油。飞机起飞时，由于飞行高度增加，大气压力迅速降低，引起汽油沸点也很快降低，而汽油温度下降较慢，从而造成导油管中出现气阻而中断供油的恶性事故，因而航空汽油质量标准规定了严格的蒸气压标准(28~49kPa)。我国为了既达到增加汽油产量，又满足减少“气阻”的发生，按不同使用季节规定相应的蒸气压标准。在夏季，特别是在炎热的地区，用桶储存高蒸气压汽油时，要采取降温措施，最好在库内存放，以防增大损耗和油桶被蒸气胀裂；还采取改善进油管道的布置、减少输油管的弯角、提高油泵压力等方法。

汽油的饱和蒸气压越大，蒸发性越强，产生气阻的起始温度越低，容易汽化，利于发动机冷启动，效率高，油耗低；但蒸气压过大，容易使汽油在输油管中过早汽化产生气阻而不能通畅供油，蒸发损耗以及火灾危险性也越大。表 3-6 中介绍了大气温度与汽油不会产生气阻的最高蒸气压之间的关系。

表 3-6　大气温度与汽油不产生“气阻”的饱和蒸气压的关系

大气温度/℃	10	16	22	28	33	38	44	49
不产生“气阻”的最高蒸气压/kPa	97	84	76	69	56	48	41	36

显然，随着大气温度的升高，只有控制汽油保持较低的蒸气压，才能保证汽油机供油系统不发生气阻，这与启动性能要求是矛盾的。

3.1.1.2　抗爆性

(1) 性能要求。内燃机的热功效率与它的压缩比直接有关。随着内燃机压缩比增大，内燃机的平均指示压力增高，燃料消耗率降低，即压缩比大的发动机，其功率和经济性好。表 3-7 表明了这一关系。但提高汽油机压缩比受到制造发动机的材质和汽油抗爆性的限制。

表 3-7　表汽油机压缩比与功率和耗油率的关系

压缩比	功率/%	耗油率/%
6.0	100	100
7.0	108	93
8.0	114	88
9.0	118	85
10.0	120	82

有的汽油在低压缩比汽油机中能够正常工作，但在高压缩比汽油机中，会出现气缸壁温度猛烈升高，发出金属敲击声，排出大量黑色烟雾状废气，发动机功率下降，耗油率增加，严重时出现气缸零件烧坏、轴承震裂等问题，这一现象称为爆震。此时，汽油机的压缩比虽高，其热效率非但未提高，反而有所下降，其原因是汽油的抗爆性太差。具有良好抗爆性的汽油，即使在高压缩比的汽油机中工作，也不会产生爆震现象。因此，不同压缩比的汽油机，必须使用抗爆性与其相匹配的汽油，才不会出现爆震。

汽油机压缩比与汽油辛烷值有关。当发动机的压缩比增大时，所需汽油的辛烷值也随之增加。一般来说，发动机压缩比增加 1 个单位，相当于需要提高燃料的辛烷值 1~6 个单位。

① 产生爆震燃烧的原因。汽油机的爆震是由于汽油的不正常燃烧所引起的，它发生在燃烧过程的后期。汽油机产生爆震燃烧的根本原因是未燃混合气产生自燃。汽油在汽油机中正常燃烧时，汽油先在进气道中形成可燃混合气，进入气缸后，被炽热的气缸壁和活塞头加热，加上活塞从下止点向上止点运动，体积不断缩小，可燃混合气被压缩而使温度达到 200℃以上，混合气中的烃类被氧化，形成过氧化物；当火花塞发出电火花后，火花塞周围的烃类因受热使得过氧化物积累速度加快；当过氧化物含量达到一定程度时，开始迅速燃烧，出现火焰，火焰呈球面并以 20~40m/s 的正常速度向前推进；燃烧产物向前膨胀时，未燃气体受压缩，并受到火焰辐射，温度迅速上升，过氧化物积累速度也加快，当焰峰到达时开始燃烧。正常燃烧时，火焰传播速度大致不变，燃烧平稳，气缸内温度、压力均衡上升。

在燃烧过程中，如果在火焰尚未达到的区域中过氧化物含量过高，温度已超过烃类的自燃点时，未燃气体中出现多个燃烧中心，开始自燃，使得火焰传播速度(爆震冲击波)突增到 1000m/s 以上。此时，火焰以爆炸形式进行，温度和压力急剧上升，气缸中瞬间压力为正常的 2~4 倍，瞬间局部温度有时可达 3000℃。燃烧膨胀的气体撞击活塞头和气缸壁，如同锤子猛烈敲击而发出金属撞击声，严重时会毁坏发动机的零件。同时，由于火焰传播速度太快，有些部位的燃料来不及完全燃烧而被排出，以致排气管冒黑烟，这就是爆震现象。

由此可见，汽油机发生爆震主要与汽油性质有关。如果汽油很易氧化，形成的过氧化物不易分解，自燃点很低，就比较容易产生爆震现象；反之，如果汽油不易氧化或形成的过氧化物容易分解而不易积聚或自燃点很高，则爆震现象不易发生。另外，汽油机压缩比过大，汽缸温度过高，也容易引起爆震现象。

② 爆震燃烧的危害。汽油机在正常燃烧时，燃烧室的最高温度为1800~2000℃，最大压力2940~3920kPa，火焰传播速度15~35m/s；而在爆震燃烧时，燃烧室的最高温度为2000~2500℃，瞬间压力可高达9800kPa，爆震冲击波的传播速度高达1300~2300m/s。由于爆震燃烧时的温度、压力及冲击波的传播速度都远高于正常燃烧，因此爆震燃烧会带来如下危害：

损坏机械：由于爆震燃烧产生的最大压力高出正常燃烧的2倍，发动机曲轴等动力传输系统承受的压力相应增大，容易导致机械的损坏；此外，爆震燃烧产生的冲击波在气缸内来回撞击气缸，使发动机出现振动也容易损坏机械。

燃料消耗增加：爆震燃烧产生的高温会导致燃料燃烧产物的裂解，如CO_2裂解为O_2和游离C，裂解产物在排气行程中来不及燃烧而被排出气缸，从而使得燃料消耗增加。

发动机输出功率下降：爆震燃烧产生的冲击波尽管压力很大，但它属瞬时冲击压，不能被发动机用于做功；相反，由于冲击波在气缸内来回撞击缸壁，反而会使发动机出现振动而消耗动力，发动机输出功率相应下降。发动机出现轻微爆震，其输出功率下降1%~2%；发动机出现中等爆震，其输出功率下降4%~5%；发动机出现强烈爆震，其输出功率下降10%。

排气冒黑烟：发动机爆震燃烧的高温裂解产物游离碳，在排气行程中来不及燃烧就被排出气缸，这不仅会导致燃料消耗增加，而且还会造成对环境的污染。

③ 影响汽油抗爆性的因素。汽油抗爆性的好坏与其化学组成和馏分组成有关。

汽油化学组成：汽油化学组成的差别是造成汽油抗爆性不同的主要原因。汽油的抗爆性主要由其烃类组成和各类烃分子的化学结构决定。组成汽油的烃主要是含5~11个碳原子的烷烃、环烷烃、芳香烃和烯烃。由于各类烃的热氧化安定性不同，开始氧化的温度和自燃点有差别，所以辛烷值也不相同。表3-8中列出了碳原子个数相同的几类烃的抗爆性，对于碳原子数相同、相对分子质量相近的烃类的辛烷值：正构烷烃<环烷烃、烯烃<芳香烃和异构烷烃；对于同一族的烃类，相对分子质量越大，辛烷值越低。如芳香烃由于其分子结构中含有苯环，结构紧凑，热氧化安定性好，开始氧化和自燃的温度最高，所以其抗爆性最好，辛烷值多数都在100左右，且变化范围不大。

表3-8　碳原子个数相同的几类烃的抗爆性比较

烃类名称	化合物名称	分子式	结构式	MON	结论
芳香烃	苯	C_6H_6	（苯环）	108	最高
	甲苯	C_7H_8	（苯环）—CH_3	104	
异构烷烃	2，3-二甲基丁烷	C_6H_{14}	C—C(C)—C(C)—C	95	较高
	2，3-二甲基戊烷	C_7H_{16}	C—C(C)—C(C)—C—C	84	

续表

烃类名称	化合物名称	分子式	结构式	MON	结论
环烷烃	环己烷	C_6H_{12}	（环己烷结构）	77	居中
	甲基环己烷	C_7H_{14}	（甲基环己烷结构）	71	
烯烃	己烯-1	C_6H_{12}	C═C—C—C—C—C	80	较低
	庚烯-1	C_7H_{14}	C═C—C—C—C—C—C	54	
正构烷烃	正己烷	C_6H_{14}	C—C—C—C—C—C	26	最低
	正庚烷	C_7H_{16}	C—C—C—C—C—C—C	0	

汽油的族组成不同，其抗爆性差别很大。那么，为什么不同族烃类其辛烷值差别如此之大呢？根据烃类氧化连锁反应学说可知，不同烃类辛烷值的差别是由各族烃的氧化特点不同造成的。正构烷烃所生成的过氧化物容易分解成两个新自由基，因而过氧化物积累速度快，易自燃；芳香烃和高度分支的异构烷烃所形成的过氧化物分解时不易形成新自由基；而环烷烃介于两者之间。因而，烃类抗爆性以芳香烃和高度分支侧链的异构烷烃最好，环烷烃和烯烃次之，正构烷烃最差。

汽油馏分组成：表 3-9 列出了不同碳原子数正构烷烃的沸点和辛烷值关系。表中数据表明，在同一类烃中，随分子中碳原子数的增加、沸点的升高，抗爆性变差；同一原油的汽油馏分越轻，辛烷值越高。因此，汽油在使用和储存过程中，轻组分的蒸发损失会引起汽油辛烷值的降低。

表 3-9　不同碳原子数正构烷烃的沸点和辛烷值的关系

正构烷烃中碳原子数	C_4	C_5	C_6	C_7	C_8
沸点/℃	-0.5	36.5	68.7	98.4	125.7
辛烷值(马达法)	90.5	61.9	26	0	-17

（2）质量指标。汽油的抗爆性是表示汽油燃烧性能的指标，是表明汽油在燃烧室内燃烧时抵抗爆震的能力。汽油在贫混合气状态下运行时的抗爆性用辛烷值来表示，在富混合气时的抗爆性用品度来衡量。所以车用汽油和航空汽油抗爆性的表示方法有所不同。

车用汽油的抗爆性用辛烷值来表示，辛烷值越高，抗爆性越好。航空汽油的抗爆性除用辛烷值表示外，同时还必须用品度来表示。这主要是因为辛烷值只能反映飞机在巡航时，发动机用贫混合气(过剩空气系数 $\alpha=0.8\sim1.0$)工作时的抗爆性。当飞机起飞、爬高或战斗时，为了得到最大功率，发动机必须用富混合气($\alpha=0.6\sim0.65$)工作，此时需要用品度来衡量汽油的抗爆性。

① 辛烷值(ON)。辛烷值是在规定的试验条件下与被测汽油抗爆性相同的标准燃料中所含异辛烷的体积分数。标准燃料由不同体积的异辛烷和正庚烷混配而成。异辛烷用作抗爆性优良的标准，辛烷值规定为 100；正庚烷用作抗爆性低的标准，辛烷值规定为 0。将两

者按不同体积比进行混配，就可以得到辛烷值0~100的各种标准燃料。

辛烷值测定是在标准试验条件下，把试油与已知辛烷值的标准燃料(参比燃料)在爆震试验机上进行比较，若爆震强度相当，则标准燃料中所含异辛烷的体积分数即为试油的辛烷值。依测定条件不同，主要有以下几种辛烷值。

研究法辛烷值(RON)：测定条件缓和，转速为600r/min，混合气为室温，不加热。这种辛烷值反映汽车在市区慢速行驶时汽油的抗爆性。

马达法辛烷值(MON)：测定条件较苛刻，发动机转速为900r/min，混合气温度149℃。它反映汽车在高速、重负荷条件下行驶时汽油的抗爆性。对同一种汽油，因马达法辛烷值测定条件比研究法辛烷值测定条件苛刻，马达法辛烷值低于研究法辛烷值5~10个单位，这个差数称为汽油的敏感性或敏感度。

道路法辛烷值：也称行车辛烷值，用汽车进行实测或在全功率试验台上模拟汽车在公路上行驶条件进行测定。道路辛烷值也可用马达法和研究法辛烷值按经验公式计算求得，马达法辛烷值和研究法辛烷值的平均值可近似地表示道路辛烷值。

汽车在道路上行驶时对汽油辛烷值的要求，不能单独用MON或RON来描述，目前采用抗爆指数这一指标来表示汽油的抗爆性能。

抗爆指数等于马达法辛烷值和研究法辛烷值的平均值，它是反映汽车在行驶过程中汽油的抗爆性指标的，又被称为平均实验辛烷值或辛烷值指数。抗爆指数越高，汽油的抗爆性越好。

$$ONI=\frac{MON+RON}{2} \tag{3-1}$$

式中，ONI为抗爆指数；MON为马达法辛烷值；RON为研究法辛烷值。

② 品度。品度值指的是以富油混合气工作时发出的最大功率(超过这一功率便出现爆震)与工业异辛烷所发出的最大功率之比，用百分数表示。燃料的品度值越高，表示该燃料在富油混合气工作条件下可发出的功率越高，抗爆性也越好。

我国航空汽油根据辛烷值不同分为75号、95号和100号3个牌号，采用“辛烷值/品度”表示，其代号分别为RH-75、RH-95/130和RH-100/130，分别表明其辛烷值不得低于75、95和100，后两种品度不低于130。75号航空汽油不要求品度，它只适用于初级教练机；95/130号航空汽油适用于运输机和直升机等中等负荷、高速航空活塞式发动机；100/130号适用于水上飞机和重负荷、高速度航空活塞式发动机。

(2) 提高汽油辛烷值的途径。目前，提高汽油辛烷值的方法主要有以下两种：

① 改变汽油的化学组分。提高辛烷值的根本措施是改变汽油的化学组成，增加高辛烷值的芳香烃和异构烷烃的含量。当碳原子数相同时，正构烷烃、正构烯烃易氧化，辛烷值低，使用含这类烃较多的汽油，易形成低自燃点的不稳定过氧化物，产生爆震现象；而异构烷烃、芳烃和环烷烃不易氧化，辛烷值高，自燃温度高，不易引起汽油机爆震。汽油中最理想的高辛烷值组分是异构烷烃，它不但辛烷值高，抗爆性能好，而且敏感性低，发动机运行稳定。

直馏汽油的辛烷值较低，仅为40~60，但经过二次加工后的同种原油，其辛烷值按催化裂化汽油、催化重整汽油、烷基化汽油的次序依次升高。这是由于催化裂化汽油含较多的烯烃、异构烯烃和芳烃，催化重整汽油含较多的芳烃，而烷基化汽油几乎是100%的异构烷烃。因此，可以通过与高辛烷值组分调和或经催化裂化、异构化、加氢裂化和催化重整等炼制过程生产出高辛烷值的汽油。

② 加入抗爆剂。加入抗爆剂是提高汽油辛烷值的常用方法，在禁止使用对环境污染严重的四乙基铅以后，近年来最多使用的是含氧化合物甲基叔丁基醚（MTBE）等，其中，MTBE对直馏汽油、催化裂化汽油、宽馏分重整汽油和烷基化汽油均有良好的调和效应。其调和辛烷值高于本身的净辛烷值（RON为117，MON为101），特别是直馏汽油和烷基化汽油调和效果最好，通常RON可分别达到133和130，MON可分别达到115和108。此外，MTBE还能提高汽油的氧含量，使其燃烧更充分，因而可减少CO等汽车尾气污染物的排放。

但是研究发现，MTBE能对地下水造成不可逆污染（自然条件下难降解），使水有难喝的味道，危害人类健康，因此部分国家已立法限期禁止使用MTBE，寻找MTBE的替代品是当务之急。

3.1.1.3 安定性

(1) 性能要求。汽油的氧化安定性是指汽油在常温下贮存或使用过程中，抵抗氧化生胶而保持自身性质不发生明显变化的能力。

汽油在长期储存中，会逐渐发生氧化。烃类的氧化反应是链反应，最初由少量活泼的烃因光照或受热发生分解，产生性质活泼的自由基。自由基极易与氧作用，生成一系列的氧化中间产物。最初的氧化产物主要是自由基和过氧化物，都能溶解在燃料中，因此看不出燃料有什么显著变化。进一步氧化会生成醇、醛、酮和酸性物质，使燃料的酸度有一定增加。随着反应的继续进行，一些物质经过聚合作用，就产生了胶质。胶质是一种相对分子质量很大的深褐色氧化产物，它也呈溶解状态，使燃料的颜色逐渐变深。随着氧化和聚合加深，胶质便越来越多，最后胶质便聚合成黏稠的胶状沉淀物。因此，氧化安定性良好的汽油，长期贮存也不易发生显著的质量变化。氧化安定性差的汽油，在贮存和使用过程中，容易发生氧化、缩合和聚合反应，生成酸性物质和胶状物质分子量很大，颜色为深褐色。所以，氧化安定性差的汽油在贮存和使用一定时间后，最明显的外观变化是汽油颜色变黄变深，并产生黏稠沉淀物（加有四乙基铅的汽油中还出现灰白色沉淀）的现象。应当注意的是，随着氧化的进行，实际胶质是持续增加的，而酸度往往是波动性增加的。

油品严重氧化会给使用带来很大危害。例如，在油罐中，会使新加入的燃料迅速变质，降低新油的储存期；在油箱、滤网、汽化器中形成黏稠的胶状物，会堵塞油路，严重时会影响供油量，降低发动机功率和经济性；沉积在火花塞上的胶质在高温下会形成积炭而引起短路，使发动机熄火；沉积在进气、排气阀门上会结焦，导致阀门关闭不严密，或积炭着火烧坏阀门；沉积在气缸盖和活塞上将形成片状积炭，造成气缸散热不良、温度升高，以致引起表面着火，增大爆震燃烧的倾向。氧化生成的酸性物质，会增强燃料腐蚀性，缩短发动机的寿命。总之，使用安定性差的汽油，会严重破坏发动机的正常工作，降低燃料的储存期。

(2) 影响汽油安定性的主要因素。燃料是否易于氧化，首先与其化学组成有关，其次温度、空气、金属、水分等外界条件对燃料的氧化也有很大影响，起加速氧化的作用。

① 汽油组成对其安定性的影响。汽油在储存中的氧化反应也属于自由基的链式反应。汽油中的不安定组分是汽油储存中变质的根本原因。燃料中各种烃在液相中抵抗氧化的能力各不相同，芳香烃、烷烃、环烷烃安定性好，在常温液相时均不易和空气中的氧反应，产生胶质的倾向小，储存中不易氧化变质。不饱和烃在常温液相时易和空气中的氧反应，是燃料氧化变质的主要原因。

汽油中最不安定的烃类是二烯烃、侧链上带双键的芳香烃和烯烃；非烃类中最不安定的是苯硫酚、吡咯等。这些组分存在于催化裂化汽油、热裂化汽油和焦化汽油等二次加工汽油中，含量不多，但用一般精制方法不易全部除净。它们不仅本身在常温下容易氧化，而且对油品的氧化链反应起引发剂作用，储存中容易氧化产生胶质和有机酸，因而危害很大。

二次加工汽油中含有百分之几的二烯烃和大量的烯烃。具有共轭双键的二烯烃在常温下很容易生产过氧化物，进而引发烯烃的氧化反应；二烯烃与苯硫酚共存时，异常活泼，极易引起反应。苯硫醇在焦化汽油和催化汽油中的含量仅为万分之几到十万分之几，但它在常温下能分解生成自由基，活性极强，引发烯烃也在常温下快速氧化。苯硫酚自身在氧化反应初期生成自由基，活性极强，引发的氧化链反应却继续进行下去。例如，某焦化汽油中含苯硫酚为0.0091%(质量分数)，取样后在常温下仅0.5h就分掉一半，4h后已全部分解，可是它所引发的氧化链反应却越来越严重地进行下去。例如，甲基苯硫酚与苯乙烯共存时，苯乙烯生成胶质的速度增大15倍，所生成的氧化产物对烃类氧化反应还有催化作用，更加速了汽油的生胶过程。

催化裂化汽油和焦化汽油中含有微量酚类。酚本身能在空气中氧化，颜色逐渐由红色变为深褐色。汽油在储存过程中，不安定的烃类所氧化生成的醛、酮类氧化物，与酚类能起到缩合反应，生成树脂状的深色不可溶物质。

除了不饱和烃对燃料安定性有不利影响外，含硫或含氮的化合物也能引起燃料变色或变质(产生胶质或沉淀)而降低燃料安定性。

② 储存条件对汽油安定性的影响。汽油储存过程中的安定性受外界影响很大，是燃料氧化的外因。同一汽油在不同外界条件下，其实际胶质的增长速度有显著的差别。影响汽油安定性的外界条件主要有储罐空间的氧浓度、大气温度、金属催化作用、光照和水分等。

储罐空间的氧浓度

汽油能溶解一定的氧气，溶解的氧促使汽油氧化，所以，储存过程中汽油的胶质生成量与储罐空间中气体的氧浓度密切相关。例如，用浮顶油罐储存某种汽油，经16周以后，储罐空间中氧浓度近似为零，此时汽油实际胶质为9mg/100mL；而同一汽油储存在有呼吸阀的油罐中，油罐上层空间的氧浓度经常保持在7%(体积分数)以上，经16周后，汽油实际胶质达17mg/100mL，比浮顶油罐储存汽油的实际胶质大一倍；继续储存到32周以后，实际胶质增加到106mg/100mL。因此汽油在储存中应尽量隔绝空气。有的汽油在长期储存中采用以氮气置换油罐空间中空气的措施，氮气还具有置换汽油中溶解氧的作用，使汽油储存期可达10年以上。在一般储存条件下，难以做到油罐充氮，为了减少空间氧浓度，应尽量减少储罐呼吸次数，储罐应装到最大安全容量，以减少油面上方空间的容积，也可以采用相对密封等措施。

大气温度

储存温度对汽油氧化速度和四乙基铅分解速度影响很大。当温度升高时，燃料的氧化速度加快。氧化过程是化学反应，一般化学反应都随温度的升高而加速。实验表明，温度每升高 10℃，氧化生成胶质速度增加 2.4~2.6 倍。地面油罐每经历一个夏季，所储汽油质量明显下降。其原因是气温高，更重要的是夏季日夜温差大，容易发生“小呼吸”。燃料表面积大，容器剩余空间大，大小呼吸次数多等，都促使燃料与空气接触的机会增多，储罐呼吸量增加，使储罐空间具有较高的氧浓度，加速了氧化反应过程。为了减少气温的影响，常采用洞库或半地下库储存汽油。洞库常年气温变化很少，日夜温差也小，通常油温能保持在 10~15℃，从而减少了因温差引起的油罐呼吸作用。为减少与空气接触的机会，减缓燃料的氧化，储油容器应盛装至安全容量，并减少倒装次数。

金属催化作用

汽油在储存、运输和使用过程中不可避免地与各种金属接触，很多金属对汽油氧化有明显的催化加速作用，使氧化速度加快。不同金属的催化作用也不同，其中以铜的催化作用最大，据文献记载，铜能使汽油胶质生成量增大 6 倍。金属对汽油催化作用的强弱顺序依次为铜、铅、锌、铝、铁、锰，这些金属在汽油中的浓度达到 $0.1\times10^{-6}\sim1\times10^{-6}$ mol/L 时，就具有催化作用，而铜的浓度超过 0.01×10^{-6} mol/L 时，就会对汽油的安定性有危害。炼油厂用铜质采样器所取汽油的实际胶质明显高于非铜采样器所取油样，特别是含硫原油所生产的汽油对铜最为敏感。如果汽油中含有腐蚀性酸或碱，并与水和金属共存，则大大增加了金属离子的浓度，从而加剧了金属的催化氧化作用。据研究表明，油箱内没有涂环氧树脂清漆的，由于铜、铅的催化作用，在同样条件下，实际胶质增大 46~55 倍。可见，金属对汽油氧化的催化作用是很大的。

光照

光线本身是一种能量，照射燃料会加速燃料的分解，因此，光照对氧化有加速作用。汽油在阳光照射下，吸收能量，烃类分子被活化，开始新的氧化链反应，其中，以紫外光的影响最大。一些车用汽油中加有甲基环戊二烯三羰基锰(MMT)抗爆剂，MMT 受光照同样会分解生成沉淀，并引发氧化链反应。

航空活塞式发动机燃料中烯烃很少，但加有四乙基铅，四乙基铅受光照很容易分解，不仅产生灰白色的沉淀，同时分解产生自由基引发烃类的氧化链反应。

水分

水分存在也会加速燃料氧化。抗氧防胶剂在水中有一定的溶解度，有水存在时，水能将燃料中的抗氧防胶剂抽提出来，降低燃料的安定性，促进胶质、酸度增长。表 3-10 是某汽油在无水和有水条件下储存时，胶质的变化情况。可见，水分对胶质的增长影响极大。

表 3-10　水分对汽油生成胶质的影响

储存条件	储存中汽油的胶质/(mg/100mL)			
	初始	1 个月后	3 个月后	6 个月后
无水时	4	4	6	8
有水时	4	6	11	22

目前，根据不同油料的氧化安定性好坏，分别给不同油料规定了储存期，在正常储存期内，一般不会出现严重的氧化变质。但不同炼油厂、不同批次的油料安定性各不相同，储存条件也千差万别。因此，即使在储存期内也可能出现严重氧化变质的情况，定期化验对确保燃料质量至关重要。

(2) 质量指标。由于汽油氧化变质与油中存在的不饱和烃和非烃类化合物有关，氧化反应经历一定的过程，结果生成胶质。因而，用不饱和烃含量、硫含量、氧化难易和胶质含量等表示汽油安定性的优劣。评定汽油安定性的指标有实际胶质、氧化安定性、酸度等，一般以实际胶质和氧化安定性为主。具体有以下四个指标。

① 实质胶质。汽油在储存和使用过程中形成黏稠、不易挥发的褐色胶状物质称为胶质。根据溶解度的不同，胶质可分为三种类型：不溶性胶质或称沉渣，它在汽油中形成沉淀，可用过滤方法分离出来；可溶性胶质，它以溶解状态存在于汽油中，但可通过蒸发的方法使其作为不挥发物质残留下来，实际胶质法测定的就是这种物质；黏附胶质，其特点是黏附在容器壁上，并且不溶于有机溶剂。以上三种胶质合称为总胶质。实际胶质主要指第二类胶质，此外还包括测试过程中产生的胶质。

实际胶质是指在实验条件下测得的汽油蒸发残留物中不溶于正庚烷的部分，用 mg/100mL 表示，是液体燃料在储存过程中抗氧化安定性的重要质量控制指标之一，用以评定燃料使用时在发动机中(进气管和进气阀上)生成胶质的倾向、裂化汽油抗爆性变差的趋势，因为随实际胶质的增高，裂化汽油辛烷值相应降低。实际胶质也是发动机燃料贮存的重要指标，据此可判断其能否使用和继续贮存，因此应定期测定实际胶质。航空汽油质量指标要求实际胶质不大于 3mg/100mL。

② 氧化安定性。航空燃料的氧化安定性用潜在残渣法，其测试结果可用于预示该燃料油的贮存安定性。在这些试验中，燃料形成胶质及沉淀物的倾向性和在不同贮存条件下胶质和沉淀物形成的现场性能(现场性能变化可以非常大)相关联。航空汽油质量指标要求潜在胶质含量不大于 6mg/100mL，另外，95 号和 100 号航空汽油要求显见铅沉淀不大于 3mg/100mL。

③ 硫含量。汽油中的硫化物易氧化，促使油品变质，并会引起设备腐蚀等问题。燃料油燃烧后，“非活性硫”也可以转化为“活性硫”，即全部硫化物均具有潜在的腐蚀性，因此，必须限制汽油中的硫含量。航空汽油规定硫含量(质量分数)不大于 0.05%。

④ 酸度。成品汽油中所含有机酸极少，其酸度通常接近零。但在储存和使用中，由于汽油中不安定组分氧化而生成过氧化物，过氧化物分解，部分生成有机酸，因而，汽油储存中酸度的增长是汽油变质的一个重要标志。所以，酸度也是一个表示汽油安定性的重要质量标准。航空汽油规定酸度(以 KOH 计)不大于 1.0mg/g。

(3) 改进安定性的方法。汽油的氧化变质取决于汽油的化学组成，同时又为各种外界条件所加速。采用降低储油温度、减少温差变化、降低储罐空间氧浓度、避免与金属接触和避光储存等措施可以延缓汽油的变质，但不能解决根本问题，而选用不同精制方法除去汽油中不安定组分的根治方法又很难完全实现，所以，通常采用的较经济的方法是适当精制汽油，以除去不安定组分，然后加入添加剂来改进汽油的安定性。

汽油中一般同时加入几种作用不同的添加剂，它们彼此相互补充，表现出一种总的稳定效能，并能减少添加剂的总用量。二次加工汽油中加入的添加剂通常有抗氧剂和金属钝化剂。

① 抗氧剂。汽油中常用的抗氧剂是2，6-二叔丁基对甲酚(代号为T501)、*N*，*N*-二仲丁基对苯二胺(又名5号防胶剂)。

作用机理：抗氧剂的作用机理是与自由基作用，中断链反应。抗氧剂本身易提供活泼氢原子，该氢原子与自由基反应生成较稳定的分子，同时产生能量很小的抗氧剂自由基。由于该自由基能量很小，不足以产生新的自由基，从而使得烃类氧化链反应中断，抑制了烃类的氧化。

注意事项：加了抗氧剂的燃料能延长储存期，但由于抗氧剂在储存中会被逐渐消耗掉，因而不能无限期延长储存期。抗氧剂微溶于水，储存中应防止水分进入。

② 金属钝化剂。汽油中常用的金属钝化剂是*N*，*N*-二亚水杨酸-1,2-丙二胺(代号为T1201)。

作用机理：金属钝化剂的作用机理是屏蔽金属离子。金属能吸附并分解燃料中的抗氧剂，促进燃料氧化，而金属钝化剂能与具有氧化催化效应的可溶性金属离子生成络合物，使金属失去吸附和分解抗氧剂的活性，达到提高汽油氧化安定性的目的。这类添加剂加入的时间对添加效果影响很大。一般在油品精制后，尚未与空气接触的情况下加入效果最好。当汽油已与空气接触，不安定组分已开始氧化后再加入添加剂，则加入量需大大增加，有的甚至无效。

注意事项：金属钝化剂本身无抗氧作用，它只能与抗氧剂一同使用，提高抗氧剂的抗氧效果，减少其用量。

此外，采取降低贮存温度、减少温差变化、避免与金属接触和避光贮存均能延缓汽油变质。

3.1.1.4 腐蚀性

(1) 性能要求。汽油在运输、贮存和使用过程中，不可避免地要与各种金属接触。在此过程中，对所接触的运输设备、贮油容器和发动机零部件等造成破坏的能力，称为汽油的腐蚀性。为保证汽油机和储运设备正常工作并延长其使用寿命，要求汽油对金属没有腐蚀性。

(2) 引起汽油腐蚀性的原因。汽油中的烃类并不腐蚀金属，汽油对金属的腐蚀主要是由活性硫化物、水溶性酸或碱、有机酸等非烃类杂质所造成的。

① 硫及硫的化合物。汽油中的硫及硫的化合物，通常有元素硫、活性硫化物和非活性硫化物三类。元素硫在汽油中是以游离状态存在的，它对金属的腐蚀性非常强烈，在常温下，元素硫就可以与金属铜发生化学反应，从而使铜被腐蚀。在高温条件下，元素硫可以与铁发生化学反应，其结果是使铁质零件过早失效。如在温度超过150℃时的条件下，硫还可以与某些烃类发生化学反应，生成具有强烈腐蚀性的硫化氢。活性硫化物是指能够直接腐蚀金属的硫化物。它的种类较多，如硫化氢、硫醇、二氧化硫、三氧化硫和硫酸等。原油中一般是不含硫化氢的，但在炼油过程中由于某些化学反应就生成了硫化氢，它微溶于汽油。硫化氢对大多数常用金属都有着强烈的腐蚀性，因而汽油中是不允许其存在的。

汽油中含有的全部硫化物都可认为具有潜在的腐蚀性。汽油在发动机中燃烧后，硫化物全部转化成 SO_2 和 SO_3，它们也可以由油品在硫酸精制等加工过程中由一些硫酸分解产生。它们对金属都有强烈的腐蚀作用，它们与排气管中的凝结水相遇，形成强腐蚀性的亚硫酸和硫酸；SO_2 和 SO_3 还可能顺气缸壁渗入曲轴箱，进入润滑油，遇水化合而腐蚀润滑系统。

非活性硫化物是指不直接对金属起腐蚀作用的硫化物，如硫酸、二硫化物和噻吩等。由于它们的化学性质不活泼，所以不直接腐蚀金属。但它们在汽油发动机中燃烧后，都会生成二氧化硫和三氧化硫，不仅污染大气，腐蚀气缸和活塞并增大磨损，而且窜入曲轴箱遇冷凝水后会生成亚硫酸和硫酸，既腐蚀零件，又使汽油机油中的某些组分被磺化或硝化，生成具有强烈腐蚀作用的磺酸、酸性硫酸及胶状物质，造成汽油机油过早失效。

② 水溶性酸或碱。汽油中的水溶性酸碱主要是无机酸和无机碱。水溶性酸是指能够溶于水的酸和低分子有机酸，如硫酸、盐酸以及甲酸、乙酸和丙酸等；水溶性碱是指能够溶于水的碱，如氢氧化钠、氢氧化钾和碳酸钠等。原油中是不含水溶性酸或碱的，但原油在炼制过程和成品油在输转、贮存过程中，就可能使石油产品中残留水溶性酸或碱。或者由于石油产品贮存时间过长或保管不善，烃类被氧化也会生成少量能溶于水的小分子有机酸，导致出现水溶性酸。水溶性酸的化学性质活泼，几乎能与各种金属直接发生化学反应生成盐类而引起金属腐蚀。水溶性碱能对铝产生腐蚀作用，生成氢氧化铝的胶体物质，堵塞油道和喷油装置。水溶性酸或水溶性碱除了对金属有腐蚀作用外，还能促使汽油中的各种烃氧化、分解和胶化。因此，航空汽油中绝对不允许存在水溶性酸或碱。

③ 有机酸。汽油中的有机酸主要是指汽油在贮存和使用过程中，由于汽油中的不安定组分氧化变质而生成的一些酸性物质，包括精制时残余的和氧化生成的酸性物质，主要有环烷酸、脂肪酸、酚类及硫酚等。汽油中有机酸的数量随原料与油品的精制程度而变化，以及随汽油贮存时间的延长而增加，在汽油中数量可以达到很大。有机酸分子越小，它的腐蚀程度越大，其中有一部分能溶于水，因此，若汽油含微量水分或储罐中有积水时，水层中聚集的酸可以达到一定的浓度，对金属可产生强烈的电化腐蚀。所以，储存液体燃料时，要尽量避免水分的混入。

表 3-11 列出汽油酸度、胶质和金属铅被腐蚀的关系。腐蚀程度用每 $100cm^2$ 铅表面上被腐蚀而损失掉的铅的克数来表示。表中数据表明，随储存时间增长，酸度和胶质迅速增加，对金属腐蚀也日趋严重。

表 3-11 汽油储存时间与酸度、胶质和金属被腐蚀程度的关系

储存时间/d	酸度/(mgKOH/100mL)	胶质/(mg/100mL)	腐蚀程度(铅损失)/($g/100cm^2$)
538	4	124	0.55
528	9	178	1.1
538	11	203	1.6
535	21	325	2.6
710	208	1000	13.2

腐蚀作用不但会使机械设备受到损坏，影响使用寿命，而且由于金属被腐蚀后多生成不溶于油品的固体杂质，所以还会影响油品的洁净度和安定性，从而给贮存、运输和使用带来更多的危害。例如，腐蚀残渣会堵塞过滤器和喷嘴，并促进胶质和残炭的生成。此外，水溶性酸或碱还能与大气中的水分、氧气相互作用，在受热时会逐渐引起油品特别是催化油品氧化，生成胶质。

(3) 质量指标。评定汽油腐蚀性的质量指标有铜片腐蚀、硫含量、酸度和水溶性酸或碱等。

① 铜片腐蚀。铜片腐蚀是定性检验油品有无“活性硫”的试验，用以评定油品对金属铜腐蚀性的简单方法。通过铜片试验，可以判断油品是否含有活性硫，预测油品在储运和使用时对金属铜的腐蚀性。航空汽油的铜片腐蚀结果要求不大于 1 级。

② 硫含量。硫含量是检测燃料中的硫及其衍生物含量的总硫量(活性硫化物和非活性硫化物之和)，以质量分数表示。由于航空汽油要求铜片腐蚀试验合格，因而硫含量主要检测的是非活性硫化物。

③ 水溶性酸或碱。水溶性酸或碱试验属于定性分析试验，是检测燃料中是否有溶于水的无机酸、低分子有机酸或无机碱，用以判断油品在酸碱精制过程中是否水洗完全。因这些组分会对金属产生强烈腐蚀，检测结果对保证发动机正常工作、延长使用寿命及防止油品安定性下降等具有实际意义。航空汽油要求不含水溶性酸、碱，凡水溶性酸或碱检验不合格的油品均不能按成品出厂。

3.1.1.5 洁净性

(1) 性能要求。航空汽油中的水分和机械杂质通常都是在贮存、运输、加注和使用过程中混入的，因而在储运、加油等过程中，必须十分重视，严防混入水分和机械杂质。

汽油中若含有机械杂质，会使过滤器、喷嘴、阀等堵塞，影响甚至中断供油。机械杂质还会造成精密零件的磨损。目前汽油机采用电脑控制喷油，特别是采用缸内喷油技术的电喷汽油机高压油泵和喷油器都是很精密的部件，如被机械杂质磨划而引起的划痕，都会使工作性能严重恶化。同时，机械杂质还会引起柱塞和喷油器中的喷针卡死、出油阀关闭不严和喷嘴上的喷孔堵塞等恶劣的后果。

汽油中的水分有些是炼制过程带入的，而更多的是在储运和使用过程中受到外界污染而混入的。汽油含水主要破坏其低温流动性和燃料燃烧性。水的密度大于汽油，因此沉降分离出来的游离水可停留在油路的弯曲处或滤清器中，引起供油不连续；当温度低于水的凝点时，水就会凝聚结冰，形成冰粒，引起油路堵塞，导致发动机无法正常工作。水分的存在还会加速燃料的氧化，影响贮存安定性，原因是水能溶解新加入的抗氧化防胶剂，并将其从燃料中抽提出来，使其失去抗氧化作用。水分还会带入可溶性的盐类从而增加灰分，引起积炭增加，加剧机件腐蚀、磨损。另外，水分还会大大促进硫的燃烧产物对于气缸、活塞等引起酸腐蚀作用。

(2) 质量指标。机械杂质和水分是评价航空汽油清洁性的两项重要质量指标。另外，航空燃料水反应试验是检测喷气燃料和航空汽油洁净性指标的一个重要方法。

① 机械杂质和水。机械杂质是指存在于油品中所有不溶于规定溶剂的沉淀或悬浮状物质。汽油中的机械杂质主要有沙子、尘土、铁锈、铁屑等。航空汽油中不允许含有机械杂

质和水。

② 水反应。测定航空汽油的水反应，测试结果中水反应体积的变化表明燃料中存在着水溶性组分(如醇类)。航空汽油质量指标要求水反应中体积变化不大于±2mL。

3.1.1.6　其他指标

(1) 四乙基铅含量。航空汽油挥发性比车用汽油低，较不容易汽化。今天的航空汽油与20世纪50年代和60年代初推出时没有大分别，除75号航空汽油，其他标号航空汽油仍然靠添加高毒性的四乙基铅(Tetraethyl lead，TEL)来增加辛烷值。四乙基铅的化学式为$Pb(C_2H_5)_4$，分子量是323.44，无色油状液体，有芳香气味，剧毒，沸点约195℃(分解)，不溶于水、稀酸和碱溶液，溶于有机溶剂，易燃，遇明火、高热能引起燃料爆炸，遇水或受热分解放出有毒的腐蚀性气体，燃烧分解产物为CO、CO_2等，主要由氯乙烷与铅钠合金作用而成。此添加物早于20世纪80年代就从车用汽油中消失。

四乙基铅主要通过吸入、食入、经皮肤吸收而影响人们的健康。它为剧毒的神经毒物，易侵犯中枢神经系统。急性中毒初期症状有睡眠障碍、全身无力、情绪不稳、植物神经功能紊乱，往往有血压、体温、脉率低现象等。严重者发生中毒性脑病，出现精神异常、昏迷、抽搐等，可有心脏和呼吸功能障碍，高浓度下可立即死亡。慢性中毒主要表现为神经衰弱综合征和植物神经功能紊乱，可导致脑电图异常。国家对四乙基铅标准限定值要求：地表水环境质量标准(集中式生活饮用水地表水源地)(GB 3838—2002)中的标准限值为0.0001mg/L，工业场所有害因素职业接触限值(GBZ 2.1—2007/GBZ 2.2—2007)中的规定是时间加权平均容许浓度0.02mg/m^3。

四乙基铅常常在生产中作为抗爆剂被添加。发动机长期使用这种高含铅的航空汽油，会提高对燃料辛烷值的要求，缩短火花塞寿命，对滑油系统会造成不利影响，会产生高燃点的固态铅氧化物，此类铅氧化物会堆积在气缸壁内严重影响飞行安全。而且，四乙基铅及其燃烧后的生成物是剧毒物质，含铅的尾气排放到空气中，会污染环境，进入人体，会引起幻视、幻听，干扰人体新陈代谢活动，严重时甚至使人昏迷乃至死亡。而作为清洁剂被添加的二溴磷，虽然可以避免铅氧化物堆积在气缸壁上，但它对臭氧层破坏巨大，具有致癌性，两者均会对人体以及环境(空气、水、土壤)造成危害。鉴于此，1996年美国环境保护局发布了禁止公路交通工具使用含铅汽油的禁令，但由于没有足够可靠的无铅产品替代，航空汽油含铅问题到目前暂时未受制约。目前，美国通航每年的铅排放量约为700吨，占铅污染总量的40%，是金属行业的近1倍，制造行业的近3倍。严重的铅污染显然已经越来越引起各类环保组织以及人们的不满。因此，美国联邦航空管理局要求，到2018年大部分通用机队要使用无铅燃油，替代现有的100号航空汽油。然而，无铅航空汽油也必将对炼油厂提出更高、更苛刻的生产运输要求。

① 质量指标。四乙基铅含量可以用每加仑汽油含有千分之一公升(cc)为单位表示。最大的铅含量是体积比约为1∶630，即在每加仑汽油中，加入6cc的四乙基铅。

航空汽油80/871每加仑最大含铅量为0.5g，只用于压缩比非常低的引擎。

航空汽油100/130是一种高辛烷值的航空汽油，每加仑最大含铅量为4克。

100LL(Low Lead，低含铅量)就是用于取代100/130的。100LL每加仑最大含铅量为

2g，是现今最常用的航空汽油。

现行国产95号、100号航空汽油的生产由于含铅量过高，而导致使用过程中存在安全及环境隐患。目前，航空汽油的质量要求95号四乙基铅含量不大于3.2g/kg，100号不大于2.4g/kg。

（2）芳烃含量。航空汽油中烃类组成数据是产品的一个重要指标，也是石油炼制和石油加工过程不可缺少的基础数据。其中，芳烃是具有较高辛烷值和热值的汽油调和组分，但其碳氢比较高，燃烧时易生成沉淀物，会增加 NO_x、VOC及CO的排放。同时随芳烃含量增高，汽油尾气中致癌物苯含量也增多。

近年来，随着环保要求的不断深入，我国航空汽油75号要求控制芳烃含量不大于30%（体积分数），95号要求芳烃含量不大于35%（体积分数）这既考虑了减少排放有害污染物的要求，又照顾到维持辛烷值达到必要的水平。

3.1.2 航空活塞式发动机燃料的牌号与使用

我国的航空活塞式发动机燃料按马达辛烷值的不同分为75号、95号和100号三个牌号，其代号分别为RH-75、RH-95/130和RH-100/130。其中，R代表石油燃料，H代表航空汽油，130代表品度值。

航空活塞式发动机燃料以最大含铅量分为几个等级。由于四乙基铅是一种昂贵的添加物，通常只添加很少分量到航空汽油内以达到要求的辛烷值，所以航空汽油的含铅量通常都比最大含铅量低。在过往，还有其他种类的航空活塞式发动机燃料，尤其是军用的类型，例如115/145。航空汽油的辛烷值，一般不能与汽车用汽油比较，因为航空汽油的辛烷值，是以一台完全不同的测试发动机与测试方法来厘定的。第一个（数值较低的）数字是“贫气混合气辛烷值”，而第二个较高的数值被称为“富气混合气辛烷值”（“贫”与“富”，指的是航空汽油在混合气中所占的比例）。相对之下，汽车用汽油的辛烷值，一般标示成“抗爆震指数”，是以“研究值”与“汽车发动机测试值”两者取平均而得的。

3.1.2.1 航空活塞式发动机燃料用途及特性分析

航空活塞式发动机燃料有几种牌号。一种为95号（95/130，即汽油-空气贫混合物在巡航条件下的马达法辛烷值为95MON，汽油-空气富混合物在起飞时的品度值为130），其中含有四乙基铅，主要用于有增压器的大型航空活塞式发动机。另一种为75号，水白色（马达法辛烷值为75MON），无铅汽油，主要用于无增压器的小型活塞式航空发动机。75号燃料由催化裂化或催化重整生产的高辛烷值汽油馏分加高辛烷值组分、少量抗爆剂、抗氧剂调合而成。抗爆性能高。

中国航空活塞式发动机燃料主要含有催化裂化汽油的精制组分，并添加适量的异丙苯、烷基化汽油、工业异辛烷、异戊烷和四乙基铅，以及十万分之几的抗氧剂，有时还加入少量腐蚀抑制剂及少量油溶性染料。汽油颜色因染料而异。还有100号的，马达法辛烷值为98.6MON，品度值不小于130，也含有四乙基铅。为方便飞行员分辨不同种类的航空汽油，航空汽油会加入染料。80/87是红色，100/130是绿色，而100LL是蓝色。喷气燃料，例如JET A1，本身是无色或草黄色的，而且不加染料。

航空活塞式发动机燃料产品标记为：牌号+航空活塞式发动机燃料，例如：100 号航空活塞式发动机燃料。航空活塞式发动机燃料主要区别是抗爆性不同。选用时，重负荷、高速度的飞机，应选用抗爆性好的航空活塞式发动机燃料；轻负荷、低速度的飞机，选用抗爆性稍差的航空活塞式发动机燃料。因此，75 号航空活塞式发动机燃料的辛烷值低、抗爆性差，适用于轻负荷、低速度的初教-6 等飞机，其他活塞式飞机均使用 95 号航空活塞式发动机燃料。100 号适用于水上飞机和重负荷、高速度航空活塞式发动机。

航空活塞式发动机燃料中含四乙基铅多，会在气缸内产生铅沉积，增加大气污染，产生一系列的有害影响。所以，高辛烷值的航空活塞式发动机燃料是不宜在汽车上使用的。

航空活塞式发动机燃料的产品规范见表 8-7。

3.2　喷气燃料

喷气燃料是石油产品之一，英文名称 Jet fuel，别名航空煤油，主要由不同馏分的烃类化合物组成。喷气燃料密度适宜，热值高，燃烧性能好，能迅速、稳定、连续、完全燃烧，且燃烧区域小，积炭量少，不易结焦；低温流动性好，能满足寒冷低温地区和高空飞行对油品流动性的要求；热安定性和抗氧化安定性好，可以满足超音速高空飞行的需要；洁净度高，无机械杂质及水分等有害物质，硫含量尤其是硫醇性硫含量低，对机件腐蚀小。

喷气燃料适用于燃气涡轮发动机和冲压发动机使用，用于超音速飞行器。

喷气燃料多采用一次通过部分转化的工艺，加工过程中采用共凝胶型催化剂，催化剂量装填多，分子筛含量少，芳烃饱和能力强，使得油品具有密度大、烟点高、热值高、芳烃低的特点。除喷气燃料外，各国还在研究合成烃燃料和其他高能燃料，但尚未获得广泛使用。

3.2.1　喷气燃料的性质

3.2.1.1　喷气燃料的燃烧性

喷气燃料需要有良好的燃烧性能，即它的热值要高，燃烧要稳定，不因工作条件变化而熄火，一旦高空熄火后容易再启动，燃烧要完全，产生积炭要少。

喷气燃料燃烧时，首要的是易于启动和燃烧稳定，其次是要求燃烧完全。喷气燃料的启动性取决于燃料的自燃点、着火延滞期、燃烧极限、燃料的蒸发性能以及黏度等。燃烧的完全程度一方面受进气压力、进气温度和飞行高度等条件的影响，另一方面也受燃料的黏度、蒸发性和化学组成的影响。

燃料的黏度与其雾化的质量有直接的关系，雾化程度越好，越能加快可燃混合气的形成，有利于燃烧的稳定和安全。馏分较轻、蒸发性较好的喷气燃料，能够快速与空气形成可燃混合气，相应燃烧完全度较高。各种烃类的燃烧完全度高低顺序如下：正构烷烃>异构烷烃>单环环烷烃>双环环烷烃>单环芳香烃>双环芳香烃。

(1) 性能要求。活塞式发动机和喷气发动机的主要差别是，活塞式发动机机内燃烧是间歇的，而喷气式发动机机内燃烧是连续的。因此，两种类型的发动机对燃料提出不同的燃烧性质需求。对于活塞式发动机，燃料的供应、燃烧间歇进行，精确控制燃烧时间对提高发动机性能至关重要。但是喷气式发动机是在高空、低温和低压条件下将燃料的热能转变为燃气动能的动力机械。这种发动机没有气缸，工作时燃料在压力下连续喷入高速的空气流中，并迅速雾化，一经点燃(启动时先由电火花引燃喷出的汽油，再喷入喷气燃料)便连续燃烧，所以能否精确控制燃烧时间影响不大。

在喷气发动机机内燃烧过程中，雾化后没有汽化的喷气燃料液滴在燃烧过程中首先生成细小的炭粒，这些炭粒穿越燃烧室火焰的过程中可在合适的温度和氧分压条件下完全燃烧。但这些颗粒物在燃烧室内的高温高压下燃烧时会变得白炽发光，产生大量的红外辐射。发动机燃烧室边壁吸收部分红外辐射就增加了燃烧室总吸热量，而较高的燃烧室器壁温度和火焰局部热点将加速涡轮发动机的损坏。即使这些炭粒在穿越火焰的过程中没有燃烧完，这些炭粒击打涡轮叶片和定子也会产生侵蚀，破坏叶片和定子，降低发动机整体寿命。同时在喷气发动机燃烧室器壁上的炭沉积可导致稀释空气流量，降低甚至堵塞孔道，干扰燃烧产物的流型，降低发动机效率。

发动机工作原理的特殊性，决定其对燃料燃烧性能要求的特殊性。为使发动机正常工作，必须保证喷气燃料在任何情况均能连续、平稳、迅速和完全地燃烧。

(2) 质量指标。喷气燃料应具有良好燃烧性能，即热值高、密度大、燃烧迅速而完全、不产生积炭和有害物质等。评定喷气燃料燃烧性能的指标有净热值、烟点、萘系烃含量、辉光值等。

① 净热值。热值表示喷气燃料的能量性质。喷气燃料的热值越高，耗油率越低，续航能力越强。发动机是将燃料中的化学能转化为动能和热能的机器，其技术水平的核心是动能的转化率。航空涡轮燃料中的化学能通过燃烧转化为机械能和热能来驱动飞机涡轮发动机，进而推动飞机前进。在绝大部分飞机中，为了符合空气动力学，机内空间都是有限的和非常宝贵的，因此单位数量的航空涡轮燃料所含的能量非常关键。

喷气燃料的能量含量有两种表达方式：能量密度(单位质量燃油所含能量)和能量容积(单位体积所含能量)，或称为质量热值和体积热值。

单位质量燃料完全燃烧时所放出的热量，称为质量热值，单位为 kJ/kg。喷气燃料主要由碳氢化合物组成，完全燃烧后生成 CO_2 和 H_2O。按生成水的状态不同，质量热值又分为高热值和低热值。高热值又称为总热值，它是指燃料燃烧生成的水蒸气被全部冷凝成液态水时的热值；低热值又称为净热值，它与高热值的区别在于燃烧生成的水是以蒸汽状态存在的。若燃料不含水分，则高低热值之差即为相同温度下水的蒸发潜热。

氢的热值比碳高，因此在各族烃中，氢碳比(H/C)最高的烷烃热值最高，氢碳比最低的芳烃热值最低，而环烷烃、烯烃的热值居中。体积发热量为喷气燃料的能量特性，是指单位体积燃料完全燃烧时释放的净热量，为燃料的质量发热量与其密度的乘积。严格来说，它对用于导弹(冲压导弹和巡航导弹)的石油燃料才有决定意义。体积发热量对飞行器的航程有重要意义，其值大表示航程远。提高燃料密度是增大其体积发热量最有效的途径，例如：密度为 845kg/m^3(体积发热量约 36×10^3MJ/m^3)的燃料与密度为 780kg/m^3(体积发热量约为 33×10^3MJ/m^3)的燃料相比，在同样载油体积条件下，可使飞行器多载约 9%的能量。

由于各种烃类的能量含量各不相同，喷气燃料的烃类组成对其能量含量有一定影响。

由于烃类的族组成与密度直接相关，所以这种影响常常可以用喷气燃料的密度来预测。一般来说，密度小的喷气燃料能量密度较高，密度大的喷气燃料能量容积较高。从表 3-12 可以看出，不同类型燃料的能量含量和能量密度的差别。

表 3-12 典型航空涡轮燃料能量含量和能量密度

名称		15℃(60℉)下的典型密度		典型能量含量			
燃料				能量密度		能量容积	
航空汽油		g/mL	lb/US. gal	MJ/kg	Btu/lb	MJ/L	Btu/gal
		0.715	5.97	43. 71	18800	31.00	112500
喷气燃料	宽馏分	0.762	6.36	43.54	18720	33.18	119000
	煤油型	0.81	6. 76	43.28	18610	35.06	125800

不同的烃类组成能量含量和能量密度略有差别，这就带来一个问题：对于航空燃料来说，究竟是高密度高能量容积好，还是低密度高能量密度的燃料较好？由于大多数军用飞机都是在满载油料的情况下起飞的，答案显而易见。较高能量容积的燃料可以使固定体积的油箱内装载的喷气燃料能量最大化，从而可以提供更大的航程和更长的滞空时间。

但是对于民航公司，答案就不那么明显了。除了计划飞行航程接近所使用民航飞机极限航程的情况外，大部分的民航飞机在起飞时油料只是部分加满。民航飞机只是携带足够飞到目的地再加上足够安全系数的油料。对于这种情况，究竟是使用低密度高能量密度的喷气燃料以减少油料总质量好，还是加注相同体积高密度高能量容积的油料，以便让航程增加值补偿增加的质量更好？这些变量的关系非常复杂，可能经济上的差别不大。从表 3-12 可以看出，两种典型油料的能量密度相差 0.6%，但能量容积却相差 5.6%。所以在大多数情况下，民航公司实际做法与“装满油箱”的做法相同：采用高密度高能量容积的油料更好。民航用 3 号喷气燃料的净热值要求不小于 42.8MJ/kg。

② 烟点：在规定的条件下，试样在标准灯具中燃料时，不冒黑烟火焰的最大高度，又称无烟火焰高度，单位为 mm。

烟点是煤油类产品的一项重要指标，无烟火焰的高度值大，表明芳烃含量低，燃烧的清净性好。烟点一般值在 22~28mm，它是控制喷气燃料积炭性能的规格指标。喷气燃料在发动机内生成积炭倾向与喷气燃料烟点的高低密切相关，烟点越低，生成积炭越多(见表3-13)。

表 3-13 喷气燃料烟点与生成积炭的关系

烟点/mm	12	18	21	23	26	30	43
积炭质量/g	7.5	4.8	3.2	1.8	1.6	0.5	0.4

烟点与油品组成的关系，就是积炭与组成的关系。一般烃类的氢碳比越小，无烟火焰高度越低，生成积炭的倾向越大。各种烃类生成积炭的倾向为：双环芳烃>单环芳烃>带侧链芳烃>环烷烃>烯烃>烷烃。喷气燃料含芳烃越多，无烟火焰高度越低，燃烧时生成的炭粒越多，火焰明亮度越大，易引起燃烧室接受辐射过多而超温，致使生成积炭倾向增大；

燃烧馏分越重，无烟火焰高度越低，生成积炭的倾向也越大。

积炭的存在危害发动机的正常运行。例如，喷嘴上的积炭，破坏燃料雾化状态，恶化燃烧状况，加速火焰筒壁积炭的生成，易引起局部过热，导致筒壁变形，甚至产生裂纹，脱落的积炭可随燃气进入燃气涡轮，损伤涡轮叶片。点火器电极的积炭，会使电极“连桥”而短路，无法点火启动。未完全燃烧的炭粒还可能导致发动机排放明烟。对于特定航空发动机来说，燃料组成可以影响排放，但排烟主要由发动机设计结构及其操作条件决定。燃料和空气混合越均匀，燃烧越彻底，炭粒就越少。在喷气发动机刚刚诞生后的十几年内，偶尔会发生飞机冒黑烟的现象，到20世纪末期，发动机由于在设计上增强了燃料和空气的混合，飞机排烟的情况几乎绝迹。为保证喷气燃料正常燃烧，避免积炭形成，我国3号喷气燃料均要求烟点不小于25mm。

③ 萘系烃含量。萘系烃包含萘及其同系物。含有较高芳烃含量的喷气燃料，特别是萘系烃含量高的燃料，易于生成较多炭粒，同时生成的炭粒直径较大。而炭粒直径越大，穿越发动机燃烧室内火焰完全燃烧所需时间越长。

萘系烃燃烧完全程度差，对烟点影响大，更容易形成积炭。因此，喷气燃料规格指标中除限制烟点外，还限制有害组分萘系烃含量，3号喷气燃料要求其体积分数不大于3.0%。另外，芳烃含量(体积分数)不大于20.0%，对于民用航空燃料的芳烃含量(体积分数)规定不大于25.0%，烯烃含量(体积分数)不大于5.0%。

④ 辉光值。辉光值是在可见光谱的黄绿带内于固定火焰辐射强度下，火焰温度升高的相对值。辉光值表示喷气燃料燃烧时火焰辐射强度，用以评定燃料生成积炭的倾向。喷气式发动机燃烧室壁上积炭的生成与火焰辐射强度密切相关，辉光值越高，表示燃料燃烧时火焰的辐射强度越低，燃烧时生成积炭的倾向越小。为减少积炭的生成，喷气燃料的辉光值要求不低于45。辉光值与燃料化学组成有关，当烃类碳原子数相同时，各类烃的辉光值大小次序为：正构烷烃>异构烷烃>环烷烃>烯烃>芳烃。含芳烃多的燃料，燃烧后生成炭粒较多，火焰亮度大，热辐射强度高，当达到同样辐射强度时，火焰温升小，其辉光值也小；反之，生炭性弱的燃料，热辐射强度小，当达到同样辐射强度时，火焰温升大，辉光值较大。环烷烃辉光值大，生成积炭倾向小，兼顾其他性能应是喷气燃料的理想组分；而烯烃、芳烃的辉光值小，生成积炭倾向最大，必须限制其含量。由于辉光值与烟点有很好的对应关系，GB 6537—2018《3号喷气燃料》已取消了辉光值指标。

3.2.1.2 喷气燃料的安定性

喷气燃料的安定性包括储存安定性和热安定性。喷气燃料在储存过程中容易变化的指标有胶质、总酸值和颜色等。喷气燃料中含有少量的不安定组分，如烯烃、带不饱和侧链的芳香烃以及非烃等，导致胶质和酸度随储存时间的延长而增加。储存条件对喷气燃料的质量变化有很大的影响，其中最重要的是温度。

当飞机飞行时，由于与空气摩擦生热，飞机的表面温度上升，油箱内燃料的温度也上升，可达100℃以上，因此就要求喷气燃料必须具有良好的热安定性。

(1) 性能要求。为满足国防需要，喷气燃料要求其具有良好的贮存安定性，保证在长期贮存中不氧化生胶及引起颜色变化。因此，喷气燃料的安定性包括促使燃料性质变差的因素，包括时间(储存安定性)和发动机中的高温等环境导致燃料抵抗热和氧气的作用而保持自身性质不发生永久性变化的能力(热安定性)。

① 储存安定性。对于民用喷气燃料来说，大部分的燃料在生产销售后，很快就会消耗掉，所以喷气燃料的储存安定性一般不是问题。但储存安定性对军队来说则比较麻烦，因为军队通常储备战备油料，储存期较长，最多可达几十年。对于喷气燃料消耗较少的小机场来说同样存在这个问题，一次运送的喷气燃料可能需要较长时间才能全部加注到飞机中。在正常情况下，炼油厂生产、储存和调和出厂的喷气燃料可保持稳定一年以上。如果喷气燃料储存更长时间，或者储存和输转处理不正确，则在使用前应当进行定向分析测试或全分析，以保证其满足规格要求的所有指标。

喷气燃料中各种组分在储存条件下发生化学反应的难易程度不同，所以燃料组成影响储存安定性，尤其是其中含杂原子的组分影响更大。储存条件也影响储存安定性，环境温度高，则油料中不稳定组分发生化学反应的速度快、范围大。由于燃料变质反应中部分是氧化反应，而氧化反应需要不稳定组分和氧两个反应物，所以加入抗氧剂可提高燃料的储存安定性。储存条件对喷气燃料的质量变化有很大影响，其中最重要的是温度。当温度升高时，燃料氧化的速度加快，使胶质增多及酸度增大，同时也使燃料的颜色变深。此外，与空气的接触、与金属表面的接触以及水分的存在，都能促进喷气燃料氧化变质。

② 热安定性。喷气燃料在超音速飞机中工作时，由于空气动力加热，可使飞机表面温度上升。例如，当环境温度为-56℃，飞机在18km高空以2.2Ma速度飞行时，表面温度达到150~200℃，油箱温度高达85℃；若飞行速度为3Ma，油箱温度能达110℃。由于燃料同时用于冷却润滑油、液压油和座舱空气，所以会导致燃料温度进一步升高。在这样高的温度下，燃料中的不安定组分会发生一连串的化学反应，部分是氧化反应，反应初步产物是氢氧化物和过氧化物，这些产物不溶于燃料本身，但会影响和缩短燃料系统合成橡胶的寿命。副反应则形成可溶性胶质和不可溶颗粒沉淀物。这些氧化生成胶质和沉渣数量虽然不多，但对飞机发动机的危害甚大。这些胶质和颗粒物可在飞机的如下部位沉积：

a. 燃油过滤器，增加过滤器压力降，减少燃料流动；

b. 燃料喷嘴，干扰喷雾形态，导致燃烧器缸体和叶片等部件热蚀；

c. 发动机主要控制系统，干扰燃料流动和发动机系统控制；

d. 热交换器，降低热传递效率，减少燃料流动。

胶质沉积在热交换器表面上，导致冷却效率降低沉积在过滤器和喷嘴上，则会使过滤器和喷嘴堵塞，并使喷油嘴压力降增大，喷射的燃料分配不均，供油量下降，引起燃烧不完全，甚至中断等。这些沉积不仅导致飞机操作出现问题，增加维护费用，而且会大大降低飞机的安全系数。因此，对于长期以2Ma速度飞行的飞机，要求具有良好的热安定性。

喷气燃料的热安定性主要取决于其化学组成。研究表明，喷气燃料中的饱和烃生成的沉淀物很少，而加入芳香烃后沉淀物就成十倍地增多；而燃料中的胶质和含硫化合物也会使其热安定性显著变差，使产生的沉淀物量增加。为提高喷气燃料的热安定性，燃料中应尽量减少非烃类和不饱和烃类的含量，限制多环芳香烃的环烷烃的含量。同时，也可以在炼油厂加工过程中，在燃料尚未与空气接触前加入抗氧化添加剂、金属钝化剂等，以减少热氧化沉渣的生成。

（2）质量指标。喷气燃料在飞行中还作为发动机和机体的热交换介质，工作环境温度较地面环境温度高，因此油品的热安定性是喷气燃料最重要的性质之一。喷气燃料在储存过程中容易变化的质量指标有胶质、总酸值及颜色等。胶质和酸度增加的原因是其中含有少量不安定的成分，如烯烃、带不饱和侧链的芳香烃以及非烃等。3号喷气燃料要求热安定性（2.5h，260℃）压力降不大于3.3kPa，管壁评级小于3，且无孔雀蓝色或异常沉淀物。实际胶质含量不大于7mg/100mL。

3.2.1.3 喷气燃料的低温性能

喷气燃料的低温性能是指在低温下燃料在飞机的燃料系统中能够顺利地泵送和过滤，即不能因产生烃类结晶体或所含水分结冰而堵塞过滤器，影响供油。喷气燃料的低温性能是用冰点来表示的，冰点是燃料出现结晶后，再升高温度至原来的结晶消失时的最低温度（按GB 2430测定）。

（1）性能要求。流动性是一个总的涉及物质流动能力的术语，而且不是一个有明确定义的物理性质。喷气燃料在飞机机体内并不是完全静止不动的，它还承担着换热流体和润滑剂等附带功能，所以油料必须能在地面和飞行状态下自由地从机翼燃料箱通过飞机燃油系统流动到发动机和其他相关附属设备。因此，喷气燃料在飞机燃料系统中于低温下能否顺利地用泵输送和通过过滤器，保证正常供油的性能称为低温性能。

在冬季极地航线的巡航高度以及一些高寒地区的地面，喷气燃料都会暴露在非常寒冷的气温中。喷气燃料必须保证在这种极限低温下具有一定的流动性，否则喷气发动机燃油供应将会达不到指定要求，甚至完全停止流动。燃料中含有的微量水分，在低温下会形成冰晶，造成过滤器堵塞、供油不畅等问题。燃料中的水分除来自储运、保管、使用中管理不善而裸露的雨雪外，主要是因为烃类具有溶水性，它会从空气中吸收水分，使无水的燃料“自动”地含有微量水分。

为了改善喷气燃料的低温性能，可采用热空气加热燃料和过滤器，或用润滑油预热燃料的方法，以防止冰晶析出；在冬季气温低于0℃的地区，可以用冷冻过滤的方法，即把油温较高的燃料用泵送到露天小油罐中，利用低于0℃的气温将油冷冻24h，油中水分就会形成冰晶，然后将其过滤除去。处理后的燃料应立即密闭注入飞机油箱中使用，否则在较高温度下与空气接触，会重新融入水分。

在喷气燃料中加入防冰添加剂也是有效防止冰晶析出的简便方法。常用的防冰添加剂有醇和醚类，它们有很好的溶水性，但在低温时不会析出水分，也就不会出现冰晶。

（2）质量指标。流动性用冰点和低温黏度来控制，要求低温流动性能好，在低温状态下，冰点低、低温黏度小，不应因析出烃结晶体和冰结晶体而堵塞过滤器，以保证燃料具有良好的低温泵送性和过滤性。

① 冰点。冰点是燃料低温性能的重要指标之一，指燃料在冷却时形成烃类结晶而在温度升高时又消失的温度，在大多数国家的喷气燃料规格中采用。喷气燃料要求冰点低，对高空长时间飞行用的燃料应低于-50℃（短时间飞行的可不高于-40℃）。还有与冰点的作用相同但定义不同的结晶点，它指燃料冷却时最初出现烃类结晶时的温度，在结晶点时油品仍处于可流动的液体状态，一般比冰点的测定值低1~3℃，为苏联及东欧各国采用。由于喷气燃料由成千上万种烃类组成，每一种烃类都有不同的凝固点，所以喷气燃料液体不会

像水一样在某一温度下完全凝固。当喷气燃料冷凝时，冰点最高的烃类首先凝固，形成细微的蜡结晶。进一步降低油料的温度，冰点更低的烃类也开始凝固析出。这时，油料就从均相液体逐渐变成了含有短类(蜡)晶体的悬浊液。温度进一步下降，油料变成油料和烃类晶体的泥状物，最后成为近似固体的块状物。石油馏分的冰点定义为含有蜡结晶的油料受热时，最后蜡结晶溶化的温度。因此，石油燃料的冰点比其完全凝固的温度高很多。

喷气式发动机燃料系统中出现最低油温的部位是直接与冷空气接触的副油箱，其温度的高低直接受地面温度和高空低温气层飞行时间的影响。在高空环境下，喷气燃料出现结晶，会堵塞发动机燃料系统的滤清器或管路，使燃料不能顺利泵送，供油不足，甚至中断，这是相当危险的，因此，3 号喷气燃料要求冰点不高于-47℃。

影响冰点的主要因素是燃料的化学组成和溶水性。当碳原子数相同时，正构烷烃、对称短侧链单环芳烃、双环芳烃的冰点最高，含有侧链环烷烃及异构烷烃则较低。在同类烃中，随相对分子质量的增大，其冰点逐渐升高。因而由石蜡基原油(如大庆原油)生产的直馏喷气燃料，其冰点只能达到-50℃，而中间基原油(如克拉玛依原油)则可以生产冰点低于-60℃的直馏喷气燃料。

油品含水可使冰点显著升高，原因是在低温下油品溶解的微量水分可呈细小冰晶析出，而细小的冰晶可作为烃类结晶晶核，使高熔点烃类迅速形成大的结晶。燃料中的水分除来自储运、保管、使用中管理不善而裸露的雨雪外，主要是因为烃类具有溶水性，它会从空气中吸收水分，使无水的燃料“自动”地含有微量水分。油品中溶解水的多少与空气湿度、温度和化学组成有关。空气湿度越大，燃料吸水越快，吸水量越多，直至饱和；若温度降低，油品对水的溶解度减小，会有少量游离水析出，沉积于罐底，随温度升降变化次数的增多，积水量将逐渐增加；各种烃的溶水性由大到小的顺序依次是：芳烃、烯烃、烷烃。因此，从降低冰点来考虑，喷气燃料也应限制芳烃含量。

② 运动黏度。黏度测量的是流体在重力或机械压力下流动的阻力。“稀”的流体，像水或者汽油，黏度较低；“稠”的流体，像蜂蜜或者发动机油，黏度较高。黏度与温度关系较大，温度下降，液体的黏度增加。黏度对喷气式发动机燃料的雾化、供油量和燃油泵润滑等有着重要的影响。喷气燃料在高压下通过发动机喷嘴雾化喷入涡轮发动机燃烧室燃烧。压力数值和喷嘴结构被设计成能将喷气燃料雾化成细小油滴，以便与空气混合时能迅速汽化。喷气燃料的黏度影响喷出燃料的雾化形态和油滴粒径分布，而粒径较大油滴在燃烧室易于形成前文所述的炭粒和明烟。同时，当喷气燃料黏度太大时，喷气发动机空中熄火后也难以重新点火，这一点对军用飞机尤其重要。因此，喷气燃料规格必须有黏度上限。

由于喷气燃料本身又是燃油泵的润滑剂，若燃料黏度过低，将会增大油泵的磨损；黏度过大则会降低燃料流动性，减少发动机供油量。喷气燃料的黏度还影响机体内燃油系统管线的压降。显然，黏度越高，管线压降越大，保持燃油恒定流速的情况下燃油泵工作状态越苛刻。喷气燃料黏度还会影响飞机燃油控制系统的操作。

对燃料雾化的影响是：黏度过大，喷射锥角小，射程远，液滴大，雾化不良，蒸发慢，燃烧不均匀、不完全，发动机功率降低，同时燃烧不完全的气体进入燃气涡轮后，易继续燃烧损坏涡轮叶片，缩短发动机使用寿命；黏度过小，喷射锥角大，射程近，燃烧区域宽而短，易引起火焰筒局部过热，烧坏火焰筒。3 号喷气燃料质量标准要求 20℃ 运动黏度不小于 1.25mm²/s，-20℃运动黏度不小于 8.0mm²/s。但对于民用航空燃料，20℃的黏度指标不作要求。

3.2.1.4 喷气燃料的腐蚀性

喷气燃料的腐蚀性分为液相腐蚀和气相腐蚀两类。液相腐蚀是指喷气燃料对储运设备和发动机燃料系统产生的腐蚀；气相腐蚀是指喷气燃料在燃烧过程中对燃烧室内的火焰筒有烧蚀现象，并且燃烧产物对涡轮机尾气喷管等也有腐蚀。

喷气燃料质量标准中除规定了总酸值、硫含量、硫醇硫含量和铜片腐蚀等指标外，还增加了银片腐蚀试验。

(1) 性能要求。喷气燃料的腐蚀性对发动机工作的可靠性和使用寿命有很大的影响。喷气燃料由许多物质组成，大部分烃类组分没有腐蚀性，但少数组分能在室温下与常见金属发生轻微的化学反应。喷气燃料在流动和使用过程中要求不能腐蚀相关系统，特别是飞机的燃料系统。一般来说，油箱是铝制的，少数机内燃油系统也有钢材和其他金属。同时，飞机油箱可能还有密封剂或涂层，燃油系统的其他部分还有合成橡胶作为密封件等。因此，发动机和机身制造商在批准一种物质用于燃油系统前，必须进行大量的燃油匹配性测试。

喷气燃料的腐蚀作用表现在气相和液相两方面。燃料中的烃类在液态时并无腐蚀作用，对金属的腐蚀作用主要由酸性物质、微量硫化氢、硫醇及二硫化物等含硫化合物所引起。主要是对油泵等精密部件(如燃料泵调节装置，是一个间隙小、转速高的精密部件)的腐蚀和燃气高温气相腐蚀。高温气相腐蚀又称为烧蚀，其主要部位是燃烧室及燃气涡轮，表现为腐蚀表面被烧成麻坑状或表层起泡并呈鳞片状剥落。因此，喷气燃料要求腐蚀性小。

(2) 质量指标。在喷气燃料中可能存在的腐蚀性化合物包括有机酸和硫醇等，燃油规格给这些化合物都设置了上限。硫醇是“活性硫”之一，多存在于直馏产品中。低沸点硫醇气味难闻，它不仅对金属产生腐蚀，还会使燃料产生恶臭，腐蚀性强。温度升高时，其腐蚀作用会随之增大，同时还能与油品中其他组分一起氧化，降低油品安定性。因此，硫醇硫含量是评价燃料使用性能的重要指标，对判断油品气味及其对燃料系统金属和橡胶部件的腐蚀性具有实际意义。

除了生产过程中的腐蚀性化合物，后期燃油流通系统中微生物繁殖副产物也可能有腐蚀性。另外，有数据表明，喷气燃料中痕量的钠、钾和其他碱金属杂原子虽然不会对机内燃料系统产生腐蚀，但其高温燃烧产物却可能对发动机的涡轮部分造成腐蚀。

评定喷气燃料腐蚀性的指标有铜片腐蚀、银片腐蚀、总硫含量、硫醇硫含量或博士试验、总酸值等。3 号喷气燃料质量标准中要求总酸值不大于 0.015mgKOH/g，总硫含量(质量分数)不大于 0.20%，硫醇性硫(质量分数)含量不大于 0.0020%，铜片腐蚀(100℃，2h)不大于 1 级。

由于西方国家对飞机发动机和油料系统的材料进行了改进和优化，所以西方航空设计规范中都规定：燃油系统不准使用有色金属银部件，因此美国 ASTM D1655、英国 DEFSTAN 91-91(DERD 2494)煤油型喷气燃料规格中现均无银片腐蚀要求。国内民用飞机大多采用西方进口，即使自己生产的民用飞机，发动机均从西方三大发动机公司(GE、Rolls-Royce 和 Pratt&Whitney)进口。我国民航局适航司对国内民航飞机发动机使用状况进行调查后，批准民用航空飞机使用符合 Jet A-1 规格要求的燃料，所以 2006 年修订的 3 号喷气燃料标准中，对民用喷气燃料取消了银片腐蚀指标的要求。

3.2.1.5 喷气燃料的洁净度

喷气发动机燃料系统机件的精密度很高，因而即使是细微的颗粒物质也能够造成燃料系统的故障。引起燃料脏污的物质主要是水、表面活性物质、固体杂质和微生物。国外一些喷气燃料的标准中规定，每升燃料中的固体微粒不应多于1mg，微粒直径不得超过5μm。

(1) 性能要求。喷气燃料的洁净度已经成为影响飞行安全的极重要因素之一。引起燃料洁净度下降的主要物质有水分、固体杂质、表面活性物质以及细菌等。

① 水：喷气燃料中的水以三种状态存在：溶解水、游离水和乳化水。喷气燃料中水分过多会增加燃料腐蚀性，恶化低温性能，还会破坏燃料的润滑性，增大磨损，严重时会卡死油泵的柱塞，甚至会使发动机熄火。

精制良好的烃类燃料一般不含水分，但在贮存、运输和加注过程中都可能由于各种原因而混入水分。例如，油轮的油仓中残余的压仓水未排尽；输油管线中，槽车中以及装油容器中残留水分；由于贮油容器密封不良，或在加注过程中雨雪冰霜落入，均可使燃料中混入水分。

除上述情况外，烃类燃料本身对于水有一定的溶解度。燃料馏分越轻、温度越高或芳香烃含量越大，燃料对水的溶解度越大。空气中湿度增大时，燃料中溶解度也相应增加。当温度降低，水在燃料中的溶解度下降时，过饱和的水分就从燃料中析出。析出的水滴悬浮于油中称为悬浮水。如果析出的水滴聚集成大水滴，则会从油中沉降下来，形成游离水。气温骤降，空气中凝结的水落入油中也会产生悬浮水或游离水。溶解水聚集成游离水析出，在较低温度下可形成冰晶堵塞燃油系统低压燃油过滤器，而影响发动机供油。在飞机机翼油箱中形成的游离水很难被排出，而且在适宜的气候条件下，这些游离水常常滋生微生物造成油箱腐蚀。在地面贮罐中，由于油温发生变化，溶解水变成游离水析出时，如果不及时排放，也很容易滋生细菌。带水燃料通过过滤分离器时，会使过滤分离效果降低。同时，燃料中溶解水变成游离水析出后，能促进金属材料的电化学腐蚀，尤其是钢制零部件的腐蚀。

悬浮水的颗粒直径通常在1~100μm，当悬浮水含量低于0.003%(质量分数，即30μg/g)时，肉眼不易看见，燃料仍然透明，超过这个量就会逐步出现浑浊现象。

② 固体污染物：喷气燃料在储运、使用过程中，由外界混入的固体杂质主要有尘沙、纤维和腐蚀产生的黑色 Fe_3O_4 等。较大的固体杂质直径可达0.01~0.1mm。

这些固体污染物主要有两种组分：①固态无机杂质，包括铁的腐蚀产物和矿物质，这种杂质含有Si、Ca、Mg、Al和Na的化合物；②有机杂质，包括有固态植物遗体和胶体物质，一般占总杂质的22%~30%(质量分数)。飞机的燃料系统都能够在一定程度上容忍微小机械杂质颗粒的污染，但较大的固体颗粒必须去除。苏联认为机械杂质不得超过30μm，并称小于30μm的机械杂质为微小颗粒。西方国家把喷气燃料中沉积物分为粗沉积物和细沉积物，粗沉积物粒度大10μm，细沉积物粒度小于10μm。固体喷气燃料内的固体污染物能够造成下列情况：

a. 喷油嘴和高压油泵之类的精密部件被堵塞和卡滞；

b. 燃料系统中组合件的内沉积物增加，会堵塞油路，减少喷油量；

c. 燃料系统组合件和零件的机械磨损增大，使涡轮所受压力不均，严重时会使发动机涡轮叶片根部出现裂纹，甚至折断；

d. 在高温区，可催化燃料的氧化反应，燃料设备的腐蚀增强；

e. 在燃料加注时，静电蓄积增多。

根据文献介绍，人的肉眼可以看到的斑点或固体颗粒大小约为40μm或更大。在航空油料的各个环节都保留样品，一般采用玻璃瓶储藏。圆柱状的玻璃瓶有放大效应，一般放大2~3倍，所以人的肉眼可以在阳光下看到10μm左右的固体颗粒。对于大于10μm的粗沉积物，适当的过滤均可去除，而小于10μm的沉积物，98%可以通过合适的沉降、过滤和离心分离去除。肉眼一般看不到单个细小的沉积物颗粒，但能够观察到含沉积物颗粒的样品呈闪烁状或轻微的烟雾。一般认为，如果1L燃料中含有10~80μm大小的固体粒子1mg时，就会引起燃油系统发生故障；如果1L燃料中含有10μm以下的固体微粒超过3mg时，则有发生故障的可能，所以几乎所有的喷气燃料规格都规定喷气燃料中的固体微粒含量不得超过1mg/L。

③ 表面活性物质：表面活性物质是分子中同时具有亲水基团和亲油基团的一些有机物，这些物质能使油水界面的液体表面张力急剧降低。喷气燃料中的表面活性物质含量很少，如果燃料中含有表面活性物质，就会增强油水乳化现象，使油中的水分不易分离出去。因此，这种痕迹量的物质对燃料的影响很大。

喷气燃料中的表面活性物质有的是燃料中天然就有的，如环烷酸或胺类；有的是在精制过程中产生的，如燃料经酸、碱处理后残留的环烷酸盐、磺酸或磺酸盐。近年来，为了解决炼制含硫原油的设备腐蚀问题，有时在炼油设备中加入缓蚀剂。各种缓蚀剂大多是一些表面活性剂，如脂肪族酰胺、氯代烷基吡啶、聚酰胺等。

燃料中的表面活性物质的含量达到0.00005%到0.00015%时，燃料中的游离水就难以分离干净，同时会促使一些固体微粒和水分等杂质聚集在过滤器上，使过滤器的使用周期下降4/5，影响过滤，甚至还会影响过滤器正常供油。即使活性物质含量只有1μg/g，也可以使过滤器的使用周期降低到原来的1/5。表面活性物质还会形成黑色或绿色的黏液，这些黏液有时可从管线放出的燃料中看到。

燃料中含有磺酸钠和环烷酸钠时，可用水洗或白土吸附的办法处理。充分的水洗可使燃料中表面活性物质浓度降低到0.1μg/g以下，白土精制也能使磺酸盐降到0.1μg/g以下。水洗时必须注意水的质量。水本身不清洁时，洗后燃料的洁净度会受到影响，曾发现将含有较多Ca^{2+}、Mg^{2+}的水改用软化水来洗涤燃料，可减少喷气燃料中的白色絮状物。

④ 微生物：喷气燃料在一定条件下，特别是在有水存在的条件下，会滋长多种颜色的菌丝体絮状物，这些物质总称微生物杂质。

微生物在喷气发动机燃料系统中危害很大，它们的生命活动会产生有机酸和其他代谢物进而引起生物化学腐蚀。微生物遗体、代谢物和腐蚀产物又很容易呈黏稠状从而堵塞过滤器、金属滤网和其他细小孔隙，严重影响供油，并使油量表不准确。美国舰载飞机曾发生过微生物堵塞过滤器的事故。细菌还能使油料容器的内涂层变得松软，加速金属表面的腐蚀。这些微生物以燃料(主要是直链烷烃)为食物，排泄二氧化碳、醇、酯、有机酸等产物。这些产物中，有的物质具有表面活性，有的则对燃料系统有腐蚀性。

根据研究，微生物在喷气燃料中的生长，大多数需要有水的环境。由于喷气燃料具有一定的吸水性，往往含有悬浮水和游离水，因而微生物容易在喷气燃料中滋长。微生物一般生长在燃料与水的界面处，适应的温度范围较宽，其最佳生长温度为25~35℃，若有铁锈与污渣存在，微生物的繁殖会更快。如果燃料中没有游离水，微生物就处于休眠状态，不能繁殖，因而没有明显的危害。

微生物的问题，在我国大部分地区的喷气燃料生产环节还不明显，只有南方少数炼厂零星出现，如2009年中海油惠州炼厂喷气燃料中出现大量头皮屑状物质等。历史上在飞机加注后也曾经有过微生物污染的记载，如三叉戟客机上的油量表失灵及在油箱中的油水分界面发现蘑菇状物质，可能是微生物污染，也可能是由于飞机油箱中放置的抑制微生物滋长的化学品年久失效，未及时更换所致。

对于微生物繁殖来说，除了食物(燃油)和水，它还需要特定的元素作为养分。但是一般石油馏分生产出的喷气燃料可以提供大部分微生物生长所需元素，只有磷是唯一一个可以限制微生物生长的元素。在喷气燃料中，两类微生物都可能滋生。一类是厌氧细菌，即熟知的食硫酸盐菌(简称SRB)，其生存在贮油罐底水相中，从燃料中摄取硫为营养，放出H_2S，从而造成腐蚀。这一类细菌污染主要发生在周转慢、罐底水经常排不干净的贮罐中，其中的水失去氧而使罐内系统成为厌氧菌繁殖的场所。针对这类细菌污染，只要改进储罐形状并加强巡检，每天按时排放罐底存水，直至将油水界面处的黏质物和泡沫都排尽，就可以防止细菌滋生。另一类是需氧真菌的污染，最普通的为树脂接枝霉菌，它们源于中、近东地区，那儿的贮油罐温度为35~40℃，非常适宜真菌繁殖。据报道，用微生物培养的方法发现喷气燃料中最常见的细菌是树脂接枝霉菌。此外，还有出芽茵霉、土孢霉和酵母菌、黑曲霉、青霉等共百余种细菌出现。

影响微生物生长的因素和微生物生长控制可以参考ASTM 6469《燃油和燃油系统微生物污染导则》。国际航空运输协会对航空油料洁净性和燃料质量管理也有相应具体要求。

(2) 质量指标。为保持喷气燃料的洁净度，除了在炼油厂加工中应完全脱除水分、碱、机械杂质等以外，在储运和使用过程中要精心管理，注意在收发、运输、加注各个环节中杜绝水分、固体颗粒杂质混入油中，才能有效防止燃料中污染物的形成和凝聚。

评价喷气燃料洁净性的指标有水反应、固体颗粒污染物含量、外观、机械杂质和水分、水分离指数等方法。3号喷气燃料质量标准要求水反应界面情况不大于1b级，分离程度不大于2级，GB 6537—2018《3号喷气燃料》对于民用航空燃料已取消水反应指标。水分离指数未加抗静电剂不小于85，加入抗静电剂不小于70，固体颗粒污染物含量不大于1.0mg/L。

3.2.1.6 喷气燃料的导电性

喷气发动机的耗油量很大，在机场往往采用高速加油。在泵送燃料时，由于摩擦，会在油面产生和积累大量的静电荷，其电势可达数千伏甚至上万伏。这样，到一定程度就会产生火花放电，如果遇到可燃混合气，就会引起爆炸、起火。

影响静电荷积累的因素有很多，其中之一就是燃料本身的电导率。电导率小的燃料，在相同的条件下，静电荷的消失慢而积累快；反之，电导率大的燃料，静电荷消失速度快而不易积累。研究表明，当燃料的电导率大于$50\times10^{-12}\Omega^{-1}\cdot m^{-1}$时，就足以保证安全。

(1) 性能要求。物理性质不同的两个物质接触面相互运动时可以产生静电荷，例如，燃油流过管线、阀门、软管或细滤清器的情况下，而静电消散的速率同液体的导电能力成正比。喷气燃料由多种烃类组成，纯烃类电导率很低，喷气燃料的导电性略高，因为喷气燃料中含有痕量的可电离化合物，例如水、酚和环烷酸等。当飞机燃油系统快速过滤或泵送喷气燃料这样的弱电导率介质时，静电产生的速度可能远比其扩散的速度快。当累计的电荷电压超过液体上方空气的电离能时，液体表面上方就可能会产生火花。如果液体易燃易爆，且液体上方蒸汽和空气的组成又在可燃范围内时，火花就会引起着大爆炸。

另外，喷气发动机的耗油量很大，为节省注油时间，机场采用高速加油。在加油操作时，喷气燃料与管道、容器、注油设备之间发生剧烈的摩擦，会产生大量的静电荷，且注油速度越快，产生的静电荷数量越多。烃类燃料是电的绝缘体，电导率很低，且燃料越纯净，其电导率就越低。因此高速注油时，摩擦产生的静电荷就会聚集起来，其静电势可达到数千甚至数万伏，很可能引起火花放电，此时如遇到可燃性混合气体，就会引发火灾。

为防止静电引起的着火和爆炸等安全事故，油料处理系统在设计时就必须考虑一系列的防静电措施，如油料接触空气前接地、规定泵送油料最高限速、加入静电分散剂缩短电荷分散时间等。其中，加入抗静电添加剂，是防止喷气燃料静电着火的最有效的措施。

世界各国的喷气燃料和国际上 Jet A-1 等民用喷气燃料规格都要求加入添加剂来增加油料的电导率，我国 GB 6537 也规定了喷气燃料的电导率范围。增加电导率的添加剂称为抗静电剂或静电分散剂，有静电风险的储运系统应在喷气燃料中加入添加剂来减少电荷累计。本质上，抗静电剂并没有阻止静电荷生成，而是增加了油料电导率，使电荷扩散加快。常用的抗静电添加剂是有机酸金属盐类，如国产的抗静电添加剂由烷基水杨酸铬、丁二酸二异辛酯磺酸钙和“603”无灰清净分散剂三种成分组成。但是，虽然喷气燃料加有抗静电添加剂，其电导率仍会随时间延长而衰减，环境和气温的变化、输转、装运也会影响油品的电导率。因此，要定期检测电导率，电导率低于 50pS/m 时，要求加入抗静电添加剂，以避免发生静电失火。

(2) 质量指标。油品的导电性用电导率(CU)来表示，1CU = 1 皮西门子/米(1pS/m) = $1\times10^{-12}\Omega^{-1}\cdot m^{-1}$。各种喷气燃料的电导率变化较大，范围从小于 1CU 到 20CU。为了有一个直观的印象，实验室去离子水的电导率大约 10^7CU。它是评价油品静电着火性的指标，通过电导率的测量可监测喷气燃料含抗静电添加剂的含量。

喷气式发动机耗油量很大，当采用高速加油时，燃油因与管道、容器、注油设备等发生剧烈摩擦，会产生大量静电荷积聚，易引起火花放电，造成火灾。国产 3 号喷气燃料要求电导率为 50~600pS/m，燃料离厂时一般要求大于 150pS/m(20℃)。

3.2.1.7 喷气燃料的润滑性

在喷气发动机中，燃料泵的润滑依靠的是其泵送的燃料。当喷气燃料的润滑性能不足时，燃料泵的磨损就会增大，这不仅会降低油泵的使用寿命，而且会影响油泵的正常工作，引起发动机运转失常等故障，威胁飞行安全。

燃料的润滑性是由其化学组成决定的。喷气燃料中组分的润滑性能如下：非烃化合物>多环芳香烃>单环芳香烃>环烷烃>烷烃。

(1) 性能要求。润滑性是物质减少相对运动的两个固体表面产生摩擦的能力，同时也是表征其作为润滑剂的能力。喷气燃料必须有一定程度的润滑性，因为现代喷气发动机都使用喷气燃料给燃料泵和某些流量控制元件润滑。

润滑的机理分两种：流体动力润滑和边界润滑。在流体动力润滑过程中，一层由液体润滑剂构成的膜，分开了相对运动的固体表面，使其免于相互接触。黏度较高的液体比低黏度的液体更容易形成液膜，因此流体动力润滑性更好。但在世界各国的喷气燃料规格中一般都不设立黏度下限指标，原因是石油烃类馏程指标与黏度指标正相关，所以馏程指标就成了黏度的替代品，相当于设立了流体动力润滑的大致范围。现代喷气发动机都使用常规黏度范围的喷气燃料，一般来说，典型的喷气燃料已经可以提供足够的流体动力润滑。

喷气发动机的高压油泵运转时，既有滑动摩擦，又有滚动摩擦，且摩擦表面温度、压力都很高。在如此苛刻的条件下，要保证摩擦表面可靠的润滑，主要依靠燃料中带极性的非烃类化合物，如环烷酸、酚类以及某些含硫和含氮化合物。这些物质具有较强的极性，容易吸附在金属表面，形成牢靠的油膜，从而有效地降低金属间的摩擦和磨损。烃类的极性很弱，难以保持润滑。但上述非烃类的存在影响喷气燃料的热安定性，因此通常采用精制的方法除去燃料中的非烃类化合物以保证燃料的热安定性，然后加入少量的抗磨添加剂，以提高燃料的润滑性能。这类添加剂能在金属表面形成一层对水无渗透性的吸附膜，同时具有防腐和抗磨作用。

直馏喷气燃料都是好的边界摩擦改进剂。其边界润滑性能不是来源于构成喷气燃料绝大多数的普通烃类物质，而是来源于所含的微量杂原子化合物，如含氧、氮和硫的杂原子化合物。对于深度加氢裂化后边界润滑性变差的喷气燃料，通常添加仅 0.01mg/g 左右的润滑性改进剂就可以使其边界润滑性满足使用要求，这就证明主要是微量物质在起边界润滑改进作用。

（2）质量指标。随着国际上环保的压力越来越大，为了满足环保的要求，炼油厂频繁使用加氢脱硫脱芳的高压加氢工艺过程。这些中压和高压加氢工艺可以脱除原油天然自带的可以提供喷气燃料边界润滑性的杂原子化合物，使产品的边界润滑性变差。然而加氢裂化工艺生产的低硫或低芳喷气燃料却不一定边界润滑性就差，数据显示，有相似硫含量和芳烃含量的喷气燃料边界润滑性可以大相径庭。所以，通过喷气燃料表观物理或化学性质不能准确预测喷气燃料的边界润滑性，它只能通过特殊设计的仪器来检测。3 号喷气燃料质量标准要求润滑性磨痕直径 WSG 不大于 0.65mm，民用喷气燃料要求 WSG 不大于 0.85mm。

3.2.1.8 颜色（色度）

直馏石油产品的颜色主要是其含有强染色能力的中性胶质所致。油品精制不好或贮存安定性较差，都可以使油品含有或产生一定的胶质。因此，根据油品颜色的深浅可以判断其精制程度和贮存安定性好差。

军用喷气燃料颜色指标赛波特颜色不小于+25，这是因为和平时期军用喷气燃料储存时间较长，所以更强调喷气燃料的储存安定性。对于民用航空燃料，参照国际上民用航空燃料的要求，在表注中规定用于民用航空燃料时从炼油厂输送到客户，输送过程中的颜色变化不允许超出以下要求：初始赛波特颜色大于+25，变化不大于 8；初始赛波特颜色在 15~25，变化不大于 5；初始赛波特颜色小于 15 时，变化不大于 3。

喷气燃料颜色的测定按 GB/T 3555—1992《石油产品赛波特颜色测定法（赛波特比色法）》进行。其测点原理采用目视比色法，即将不同液面高度的试样与对应的标准色板相比较，当试样颜色与标准色板相同时，便可查得对应的赛波特色号。赛波特色度范围为+30~-16，试样颜色越深，色号数字越小。

3.2.2 喷气燃料的品种与牌号

目前，除3号喷气燃料而外，还有一些特殊的喷气燃料，如大比重喷气燃料、高闪点喷气燃料、海军多用途燃料等。我国的喷气燃料中，1号喷气燃料适用于寒冷地区，2号、3号喷气燃料适用于一般地区，其中1号、2号喷气燃料已于20世纪90年代完全停产，目前只有3号喷气燃料用途最广。4号喷气燃料为宽馏分型，轻馏分较多，有利于启动点火，但不宜于炎热地区，属战备型燃料，平时不生产。5号喷气燃料为高闪点喷气燃料，用于舰载飞机(见表3-14)。

现行最常用的航空涡轮燃料是以煤油为基础的JET A-1，并根据国际标准规格生产。在美国，另有一种型号为JET A的航空涡轮燃料。两者的区别是，JET A-1的冰点指标为不高于-47℃，而JET A的冰点指标为不高于-40℃。另一种常用的民用航空涡轮燃料是JET B，这是一种以石脑油与煤油混合配方制成的宽馏分燃料，主要是为改善寒冷天气下的性能而制的。不过，JET B航空涡轮燃料的闪点较低，处理时的危险性较大，因此只有在寒冷天气而有绝对需要时才会使用。

表3-14 我国各牌号喷气燃料及主要用途

牌号	代号	类型	主要用途
1号喷气燃料	RP-1	煤油型	民航机、军用机，20世纪80年代停产
2号喷气燃料	RP-2	煤油型	民航机、军用机，20世纪90年代停产
3号喷气燃料	RP-3	煤油型	民航机、军用机通用
4号喷气燃料	RP-4	宽馏分型	备用燃料，平时不生产
5号喷气燃料	RP-5	重煤油型	舰载飞机用
6号喷气燃料	RP-6	重煤油型	军用喷气燃料

[习题]

1. 根据航空活塞式发动机的工作条件，航空活塞式发动机燃料应具备哪些性质和性能？它们对发动机有什么影响？

2. 根据航空涡轮发动机的工作条件，喷气燃料应具备哪些性质和性能？它们对发动机有什么影响？

3. 分析喷气燃料中水含量与发动机运行的关系，其对飞行安全的影响。列举1~2个相关事故案例。

4. 改善喷气燃料低温性能的方法有哪些？

第4章　航空润滑油与特种液

航空润滑油与特种液指除航空燃油以外的航空油料，包括航空润滑油、航空润滑脂和航空特种液。航空润滑油主要包括航空发动机润滑油、液压油、仪表油和防锈油等。其中，航空发动机润滑油是飞机发动机转子轴承、传动齿轮、减速器传动齿轮等主要传动机构的润滑散热介质；液压油是飞机液压传动系统的工作介质；仪表油用于各种飞机指示仪表、陀螺仪表、计时仪器、微电机轴承及其他各种摩擦结点的润滑。润滑脂用于飞机操纵系统、军械滑动部件、小功率航空电机、仪表及各种滚动和滑动摩擦件，起润滑、密封、减震和防腐蚀等作用。特种液包括防冻液、防冰液和制动液等。航空润滑油与特种液的性质性能直接关系到飞机动力和传动系统的正常工作和飞行安全。

4.1　航空润滑油

按照润滑剂的物理状态，航空润滑油可分为液体润滑剂、半固体润滑剂、固体润滑剂和气体润滑剂四大类，每类各有其性能特点和适用范围。

液体润滑剂是用量最大、品种最多的一类润滑材料，按基础液种类可分为矿物润滑油、合成润滑油、动植物油和水基液体等。液体润滑剂的特点具有较宽的黏度范围，为在不同的负荷、速度和温度等工况条件下工作的运动部件提供了较宽的选择。

矿物润滑油是目前使用量最大的一种液体润滑剂，占润滑油总产量的大部分，一般是由矿物基础油加入添加剂调和而成。早年间的矿物润滑油不含添加剂，近几十年来为大幅度改善润滑油的性能，普遍添加不同的添加剂，不含添加剂的润滑油逐步被淘汰。添加剂的用量虽不大，但效果却十分显著，如在汽轮机油中加入少量的抗氧化剂即可使其寿命由几百小时提高到数千小时。通常加入的添加剂有清净分散剂、抗氧剂、防腐蚀剂、黏度指数改进剂、油性剂、极压抗磨剂、抗泡剂和抗乳化剂等。

合成润滑油是通过化学合成的方法制备的润滑油。合成润滑油的研发是从第二次世界大战开始的，当时缺乏石油资源的德国和日本为满足战争的紧迫需要，不惜成本开发了这类产品，但由于合成润滑油的成本比矿物润滑油高得多，所以目前仍只限于在矿物润滑油不能满足使用要求的某些特殊润滑条件下使用。但随着化学工业的发展，合成润滑油的价格已逐渐下降。通过与矿物润滑油混用并加入添加剂可以显著提高各类成品润滑油的多种性能，生产出高性能、长寿命的高级润滑油，因此合成润滑油应用范围越来越广。

动植物油是人类使用最早的润滑剂。作为润滑剂的动植物油脂主要有植物油如菜籽油、蓖麻油、花生油、葵花籽油等，其优点是油性好、生物降解性好，缺点是氧化安定性和热稳定性较差，低温性能也不够好，目前仍作为某些金属切削液的重要组分。随着石油资源的逐渐短缺和环保要求的日益严格，人们又重新开始重视动植物油脂作为润滑材料的开发应用，并希望通过化学方法改善它的热氧化安定性和低温性能，使其成为未来替代矿物润滑油的重要润滑材料。

水基液体是含水的润滑剂，有溶液型和乳化型两类。由水、油、乳化剂及添加剂组成的乳化液有水包油和油包水两种形式。由于水具有无毒、不燃、不污染环境、价格低、来源丰富、贮运方便的优点，作为润滑油成分又有冷却性能好、抗氧化安定性好等特点，用水代替油使用不仅可以节约能源，而且使用安全，有利保护环境。但水作为润滑剂有表面张力大、黏度低、润滑性能差、摩擦系数大、倾点高、冻结后膨胀、使用温度范围窄、易腐败变质、易使金属锈蚀等缺点，因此使用范围受到限制。目前，乳化液主要用于液压油及金属加工油液。水包油型水基液压油最早作为耐燃液压油，大量用于冶金和矿山机械，目前作为液压油已广泛用于冶金、矿山、玻璃、陶瓷、塑料、纤维等行业的机械上。乳化气缸油也大量用于船舶机械及火车上。由于乳化液具有良好的冷却性能而被广泛用作切削、研磨、压延、冲压、拉拔等作为金属加工油液。

半固体润滑剂一般指润滑脂，是在常温常压下呈半流动状态，并且具有胶体结构的润滑材料。按使用稠化剂种类，润滑脂分为皂基脂、烃基脂、无机脂和有机脂四类。其中，皂基脂中的锂基脂具有多方面的优良性能，因而使用量最大，先进工业国家中锂基脂的产量一般占润滑脂总产量的60%以上。

虽然目前使用的润滑剂主要是液体状态的润滑油，但在某些情况下也需使用半固体状态的润滑脂。润滑脂是具有良好润滑性能的矿物润滑油或合成润滑油与具有良好亲油性的碱土金属皂类、膨润土、硅胶脂、有机高分子聚合物等稠化剂形成的具有安定网架结构胶体的半固体润滑剂。在一些特殊条件下要求使用润滑脂做润滑剂，如某些开放式的润滑部位要求有良好的黏附性，才不致使润滑剂流失或滴落；在有尘埃、水分或有害气体侵蚀的情况下，要求有良好的密封性、防护性和防腐蚀性；由于运转条件限制要求长期不换润滑剂的摩擦部位，以及摩擦部位的温度和速度变化范围很大的机械，往往需要使用耐负荷能力强的润滑脂。由于润滑脂比润滑油摩擦阻力小，可节约能源，有耐用寿命长、适应面广的特点，而且维护管理方便、操作简单，因此得到广泛应用。虽然润滑脂只占润滑剂总产量的2%左右，但在润滑中起的作用很大，大约90%的滚动轴承是用润滑脂润滑的。而且大约43%的滚动轴承失效是由于润滑不适当造成的，因此改善润滑脂的质量和产品的构成是一个重要任务。润滑脂的缺点是流动性小、散热性差，高温下易产生相变、分解。

固体润滑剂是随着科学技术不断发展，为解决一些极端状态下的润滑需要而出现的一类新型润滑剂。由于固体润滑剂具有耐高温、耐低温、抗辐射、抗腐蚀、不污染环境等优点，因此主要用于宇航工程等高温、低温、高真空、强辐射、高化学腐蚀的特殊条件的润滑上，特别适合于给油不方便、装拆困难的场合。固体润滑剂的缺点是摩擦系数较高，冷却散热性能差。固体润滑剂的润滑作用主要有三种类型：一种是能在摩擦表面形成固体润滑膜，它的润滑机理与边界润滑相似；第二种是软金属固体润滑剂，它是利用软金属抗剪切强度低的特点起到润滑作用的；第三种是石墨，具有层状结构的物质利用其结构特点起到润滑作用。最常用的固体润滑剂有二硫化钼、石墨和聚四氟乙烯。

气体也是一种流体，同样符合流体润滑的物理规律，因此在一定条件下气体也可以像液体一样成为润滑剂。气体润滑剂的优点是摩擦系数小，在高速下产生摩擦热少，温升低，运转灵活，工作温度范围广，形成的润滑膜比液体薄，气体支承能保持较小间隙，在高速支承中容易保持较高的回转精度，在放射性和其他特殊环境中也能保持正常工作，而且能在润滑表面普遍分布，不会产生局部热斑，不存在密封、堵塞和污染等问题。气体润滑剂在润滑剂的总产量中占的比例很小。

4.1.1 航空发动机润滑油

航空发动机润滑油是指各种类型飞机发动机所需的润滑油。航空发动机润滑油按用途可分为航空活塞式发动机润滑油和航空涡轮发动机润滑油。随着航空工业的发展，航空发动机润滑油的工作温度越来越高，因而要求航空发动机润滑油的质量不断提高。在飞机发动机系统、操纵传动系统的工作运转过程中，常因油液选型错误、油液质量问题、油液污染变质、油液理化性能劣化等问题导致润滑不良，造成摩擦系统异常磨损。

4.1.1.1 品种与牌号

航空发动机因工作载荷、使用环境等不同，需要使用不同种类的润滑油。从润滑油的发展过程和组成类型来看，润滑油主要有矿物润滑油和合成润滑油。矿物润滑油是从石油中提炼生产出来的，而合成润滑油是通过合成方法得到的。早期的航空发动机润滑油由于飞机的飞行速度不高，没有遇到空气动力加热的问题，润滑油的工作温度不高，因此石油基润滑油就足够满足发动机的使用要求。随着航空工业的发展，飞机的飞行速度越来越快，当速度超过声速以后，由于气动加热的影响，润滑油的工作温度就超过了普通石油基能够承受的极限，而必须使用合成润滑油。

(1) 航空活塞式发动机润滑油。航空活塞式发动机润滑油系统由油箱、进油泵、油滤、收油池、泡沫消除器与散热器组成。航空活塞式发动机润滑油主要是用来润滑和冷却发动机的气缸、活塞、曲轴连杆机构、螺旋桨减速器及附件传动机构等的摩擦表面；对活塞和气缸之间的间隙还有密封作用，能防止气体窜入曲轴箱；还有清洗和防锈作用。航空活塞式发动机润滑油的润滑方式主要为泼溅润滑与压力润滑。航空活塞式发动机润滑系统的工作温度较高，因此润滑油必须具有良好的热氧化安定性；发动机摩擦面的工作负荷很高，航空活塞式发动机曲轴主轴承的负荷可达100kN，因此润滑油必须具有承受高负荷的能力；当飞机做高空、高速飞行时，润滑系统处于高温、低压状态，要求润滑油具有低挥发性，以减少高空蒸发损失；在寒冷地区，润滑油温度降到很低时仍应能保持良好的流动性。此外，润滑油应与系统中的金属和橡胶等非金属材料有良好的相容性，并且积炭倾向性小、清净分散性能良好。通常，汽车发动机润滑油工作温度在100℃左右，最高达到150℃，且工作条件缓和，其性能达不到航空活塞式发动机的要求。

我军常用的航空活塞式发动机润滑油执行GJB 1219A—2009《航空活塞式发动机润滑油规范》。而在民用航空领域，常用的航空活塞式发动机润滑油执行标准有国际汽车工程师协会发布的SAE J1966和SAE J1899。

(2) 航空涡轮发动机润滑油。航空涡轮发动机润滑油分为涡轮喷气发动机润滑油、涡轮风扇发动机润滑油、涡轮螺旋桨发动机润滑油、涡轮轴发动机润滑油四类。

① 涡轮喷气发动机润滑油。涡轮喷气发动机润滑油主要用于润滑和冷却发动机转子轴承及附件传动机的齿轮及轴承。在这些机件中，发动机的转子轴承工作条件最苛刻，其负

荷大、转速高、工作温度高。当飞行速度 $M>2$ 时，由于气动加热使飞机蒙皮温度迅速升高，轴承和润滑油温度也随之升高。在苛刻条件下，矿物基烃类润滑油已不能满足使用要求，而酯类油在飞行速度 $M=3$ 时仍能使用。但当 $M=4$ 时，可供选择的润滑剂目前只有氟醚油、氟硅烷和聚苯醚等。

② 涡轮风扇发动机润滑油。目前，我军新型歼击机，如苏-27、苏-30、歼-10、歼-11 和歼轰-7 均使用涡轮风扇发动机作为动力装置；飞行速度接近音速（$M=0.8\sim0.9$）的轰炸机和运输机，也采用涡轮风扇发动机作为动力装置。涡轮风扇发动机润滑系统的组成、工作原理以及润滑的部件与涡轮喷气发动机基本相同。涡轮风扇发动机润滑油由酯类油生产。

③ 涡轮螺旋桨发动机润滑油。涡轮螺旋桨发动机较之涡轮喷气发动机有较好的经济性，普遍用在各种运输机上。涡轮螺旋桨发动机的涡轮压气机和减速器均使用一个共用的润滑系统，要求润滑油既能保证涡轮易于启动，又能保证减速器的传动齿轮可靠润滑，并且作为控制、调整系统中的工作液体。因而，要求润滑油要有较大的黏度和良好的油性。涡轮螺旋桨发动机润滑油由酯类油生产。

④ 涡轮轴发动机润滑油。涡轮轴发动机主要用于直升机，用于润滑和冷却发动机压气机、涡轮轴承及主减速器。

我国军民飞机常用的航空发动机润滑油见表 4-1。

表 4-1　军民飞机常用航空发动机润滑油一览表

油料牌号/名称	执行标准	用途
8B 航空喷气机润滑油	GB 439—1990	用于涡喷-6 以下发动机的润滑，适用机型为强-5、歼-6、轰-6、图-154、伊尔-76、水轰-5 等飞机
4109 号合成航空润滑油	GJB 135A—1998	用于航空喷气发动机的润滑，适用机型为歼-7B 型以上、歼-8 各型飞机、雅克-42、云雀直升机的发动机
4050 航空涡轮发动机用润滑油	GJB 1263—1991	用于航空涡轮风扇发动机及直升机传动系统的润滑，适用机型为超黄蜂直升机和歼轰-7 发动机
926 号航空润滑油	GJB 3460—1998	用于米-8、米-17、米-171 直升机涡轮轴，航空发动机及主轴减速器以及教-8 飞机空气启动机
航空活塞式发动机润滑油	GB 440—1977（1988）	用于活塞式航空发动机的润滑系统的润滑，可代替 20 号航空润滑油。适用机型为初教-6、运-5 等飞机
飞马Ⅱ号、AeroShell Turbine Oil 500、Eastman Turbo oil 2380	MIL-L-23699G SAE AS5780D	被推荐用于涡轮喷气发动机、涡轮风扇发动机、涡轮螺旋桨发动机、涡轮轴（直升机）发动机等民用和军用航空燃气轮发动机，也适用于工业和船用的航空型燃气轮机发动机，如 CFM56-3C、GE90、PW4000、V2500 等发动机及 APU
SAE 20W-50	SAE J1966 MIL-L-6082E	不含添加剂，在通用航空活塞式发动机前 50h 磨合时使用
SAE W15W-50	SAE J1899—2011 MIL-L-22851D	含无灰清洁分散剂，在通用航空活塞式发动机磨合 50h 后使用

我军常用的航空涡轮发动机润滑油主要有8B航空喷气机润滑油(GB 439—1990)、4109号合成航空润滑油(GJB 135A—1998)、4050航空涡轮发动机用润滑油(GJB 1263—1991)、4104号合成航空润滑油(SH 0460—1992)和926号航空润滑油(GJB 3460—1998)等。可以看出，我国军用航空润滑油的标准更新较为缓慢。

我国民用航空发动机润滑油大多执行美军年标和国际汽车工程师协会标准，且民用航空发动机润滑油更新频率相对较高。例如，我国4050航空涡轮发动机用润滑油(GJB 1263—1991)与美军军标MIL-L-23699C相当。从标准体系的传承性来看，美军的MIL-L-23699标准已经发展到了2014年发布的G版，而我国的GJB 1263现在仍是沿用20世纪90年代初的标准，导致两者之间也存在较大的差异。为满足民用航空对长周期、通用性、发动机油批量生产以及生产过程实施监控的要求，国际汽车工程师协会(SAE)把MIL-PRF-23699F规格发展成SAE AS5780A《航空燃气涡轮发动机润滑油规格》，包括标准型和高温稳定性两个等级。该标准在民用航空领域得到了广泛的应用，并载于2018年发布的最新版SAE AS5780D。

可以看出，我国军用航空发动机润滑油基本实现了自给自足，但由于民用航空业的特殊性，国外品牌的航空发动机润滑油产品几乎垄断了整个行业。为了满足我国民用航空的需求，我国民航局制定发布了相关标准规范，以促进国产民用发动机润滑油的发展，包括MH T 6084—2012《航空燃气涡轮发动机润滑油技术规范》和CTSO-2C704《民用航空发动机润滑油(试行)》等。

4.1.1.2 工作条件

航空发动机工作时，压气机将空气增压并输送到燃烧室，与燃料混合燃烧后形成高温、高压燃气驱动涡轮做功，带动同轴的压气机及其附件工作。发动机润滑系统多采用密闭式压力循环润滑，主要润滑部位为前、中、后多个滚动轴承及附件传动装置内的各齿轮、轴承等。润滑系统主要由滑油箱、进油泵、滑油滤、滑油喷嘴、回油泵、滑油散热器等组成。润滑油的工作特点主要包括以下几点。

(1) 温度高。航空发动机润滑系统的温度随着飞行速度的增加而提高。现代超声速飞机，轴承(滚动轴承)最高温度达到300~400℃，并且涡轮的输出功率高，润滑系统容量有限，发动机的输出功率与润滑油量比值非常高，使得涡轮轴承的润滑油达到了100~200℃以上的高温(见表4-2)。

表4-2 润滑系统温度与飞机速度的关系

部位	亚声速	声速	超声速
涡轮轴承	175℃	175~300℃	300~400℃
润滑油	90℃	90~150℃	150~200℃

正常工作时，润滑油处于循环状态，在润滑系统油路中高速流动，润滑油在涡轮轴承处的停留时间非常短。但当发动机停车后，润滑油停留在轴承处，同时冷却装置停止工作，致使轴承温度上升，滞留在轴承处的润滑油温度可达到200~300℃，直至轴承慢慢地自然

冷却。这样，停留在轴承表面的润滑油更易蒸发和氧化变质。

（2）循环周期快。涡轮发动机的转子轴承转速达 10000r/min 以上，产生的摩擦热依靠润滑油不断循环而导出。比如，某航空发动机各轴承润滑油的流量分配情况大致是：压缩机前轴承为 1~5L/min，后轴承为 3~13L/min，而涡轮轴承由于接近高温燃气，所以达到 7~20L/min，而发动机滑油箱的容量是有限的，许多军用发动机的滑油箱容积不足 20L。由此可见，滑油箱容量小，润滑油循环周期快，容易氧化变质，这就要求润滑油应具有很好的流动性，否则就不能满足高速循环下的冷却要求。

（3）载荷大。发动机附件机匣减速器齿轮的应力达 1000~150MPa，剪应力达 4000~6000MHIP。所以，润滑油不仅要满足轴承的润滑要求，同时还应满足减速器齿轮的润滑要求。

（4）接触材料种类多。润滑油在工作中，要与铁、铜、铬、镁、铝、银、钛、镍、铅、钼等金属材料和丁腈橡胶、硅橡胶、氟橡胶、氯丁橡胶等非金属材料接触。

（5）易与空气混合。航空发动机润滑油虽然不直接与燃烧气体接触，但容易与空气混合，产生泡沫。轴承是通过滑油喷嘴供油润滑的，润滑油在快速循环的情况下，特别是喷溅时，使润滑油强烈地与空气混合，产生泡沫。

4.1.1.3 性能要求

由于发动机润滑油工作环境具有高速度、高强度、大功率和工作条件苛刻的特点，这对润滑油本身的性质有着严格的要求。在长期应用实践中，总结出飞机使用的航空润滑油应具备如下性质：良好的润滑性、流动性、抗氧化安定性、无腐蚀性、抗泡沫性以及无水分、灰沙等杂质。

（1）黏度与黏温特性。黏度源于液体的内摩擦。当油液受到外力作用而发生流动时，由于分子间的相互作用力和液体与固体壁面之间的附着力，液体内部出现不同运动速度的液体层。相邻液层间因运动速度不同而产生摩擦阻力的性质就叫作液体的黏度，从宏观上讲，即人们通常感觉的“液体的稀稠程度”。

黏度是发动机选择润滑油的一项重要指标，它影响润滑系统中油的流动状况、摩擦部件的润滑效果、发动机低温启动性和系统泄漏等使用性能。润滑油的润滑效果在厚油层状态下，黏度起主要作用。油的黏度越大，轴承转速越高，油楔压力越高，则越容易形成流体动压润滑。但是，黏度过大，增大摩擦副运动阻力，又会影响油液流动速度和散热。所以，在日常飞机油液监测过程中，有必要对油品黏度进行检测，这是判断润滑状态、确定是否换油的重要依据。

通常在工作温度高、载荷大时选用高黏度润滑油，反之选用低黏度油。润滑油工作时，由于受摩擦生热和燃料产生热的影响，其工作环境温度很高；当发动机不工作时，尤其在冬天，飞机零部件的温度又特别低，这就要求润滑油黏度受温度的影响较小。所以，润滑油工作温度范围非常宽，这就要求润滑油黏度随温度的变化应尽可能小。

润滑油的黏度随着温度发生变化的性质称为黏温特性，黏温特性对润滑油的使用有重要意义。如果发动机润滑油的黏温特性不好，当温度低时，黏度过大，将增大机械的运动阻力，启动就会困难，而且在启动时润滑油不能迅速流到润滑部位，容易造成机械零件的局部异常磨损；当温度高时，润滑油黏度变小，难以形成足够厚度的润滑油膜，不能起到有效的抗磨作用，容易造成机械零件的摩擦面产生擦伤和胶合。因此，航空润滑油的黏温特性要好，即油品黏度随工作温度的变化越小越好。

(2) 油性。润滑油在金属表面形成吸附膜的性质称为油性。润滑油在金属表面形成的吸附膜厚度越大，强度越高，表明其油性越好。油性反映了润滑油在较高载荷和较低转速的苛刻条件下的润滑能力。油性的强弱与所含极性分子相关，它与极性分子的极性、分子的链长以及油中极性分子的含量都有一定关系。在一般情况下，吸附膜厚度随油品中极性分子链长的增加而增大。

在边界润滑条件下，为提高发动机润滑油的油性，需要增添如动植物油、油酸、硬脂酸等油性剂。凡是能使润滑油在摩擦面上形成定向吸附膜而改善摩擦性能，起到润滑作用的化合物均可视为油性剂。

(3) 极压性。润滑油在金属表面形成化学反应润滑膜的性质称为极压性。极压性反映油品在苛刻条件下的润滑能力。具有极压性的润滑油，可在非常苛刻的高温、高载荷工作条件下与金属作用，在摩擦表面形成反应膜层以起到降低摩擦阻力、减少磨损、保证机械润滑的作用。

若要使润滑油具有极压性，需要在油品中加入极压添加剂(极压抗磨剂)。润滑剂的极压添加剂通常是一些含活性成分的化合物，如含硫化合物、含氯化合物和含磷化合物等。它能和金属表面起化学反应生成化学反应膜，防止金属表面擦伤和熔焊。润滑油的润滑性能涉及黏度、油性和极压性三方面性质，黏度可用上述毛细管黏度计测定，而对于油性和极压性，由于涉及的影响因素很多，无法用简单的理化指标来表示，因此多采用四球摩擦试验机来试验评定。

(4) 低温流动性。由于润滑油的主要作用是降低零件表面的摩擦及磨损，这就要求摩擦表面能经常保持足够的润滑油，所以润滑油应具有良好的流动性。在低温条件下，润滑油的黏度会增大，甚至出现凝固情况，从而增加了摩擦部件供油的困难，所以保证低温下各摩擦部件能输送足够的润滑油意义更为重要。此外，从润滑油清洁作用和散热作用角度来讲，也要求润滑油具有良好的流动性。低温流动性主要涉及低温黏度以及凝点和倾点两方面因素。

润滑油低温下黏度增大对机械的供油、润滑及启动都带来了一系列的影响，如果低温下油品性能不好，出现凝固现象(由液态变为固态)，会引起发动机启动困难或造成异常磨损，因此，航空润滑油对低温条件下的性能指标有更高的要求，除低温黏度指标之外一般还应考虑凝点或倾点。凝点是指润滑油失去流动性时的温度。将润滑油在规定的试验条件下冷却，将样品试管倾斜45°，经1min后试样液面不移动的最高温度就是润滑油的凝点。倾点是指润滑油在规定的试验条件下冷却，能够流动的最低温度。

改善润滑油的低温性，除了生产中的脱蜡方法之外，更有效的方法是在润滑油中加入降凝剂和增黏剂。加入降凝剂可在一定范围内降低油品的凝点，加入增黏剂则可以改善油品的黏温性质。

(5) 抗氧化安定性。发动机润滑油绝大部分工作中会与空气接触，并处于较高的环境温度，加之受金属材料如铜、铁、铝的催化作用，因此，油品成分不可避免地会与空气中的氧发生化学反应造成黏度增高，酸值上升，生成漆状的胶膜、积炭和油泥，使润滑油工作效率快速降低，严重时将堵塞油路，所以要求航空润滑油具有较强的抗氧化能力和良好的清净分散性。

抗氧化安定性是指油液在加热和在金属的催化作用下，抵抗氧化变质的能力。为减少润滑油氧化造成的影响，目前所采取的措施除了在生产中通过精制加工除去不安定成分外，应用最多的方法是在油品中加入抗氧添加剂。

(6) 清净分散性。清净分散性是指将已氧化变质的积炭、油泥等产物从机械部件上清除的能力。在润滑油中加入抗氧添加剂可在一定程度上减缓油品的氧化。然而，在某些高温条件下工作的润滑油，其氧化现象则是难以避免的，产生的氧化沉积物主要有积炭、胶膜和油膜三种类型。为解决此问题，通常采用加入清净分散剂的方法。清净分散剂起分散、清净、增溶、中和的作用。

其中，分散作用是指清净分散剂能将胶膜与积炭等固体小颗粒加以吸附、分散在油中，防止它们聚集起来形成大颗粒而黏附于气缸上或者以沉淀物的形式沉积在金属表面和油池底部。清净作用是指清净分散剂对胶膜和积炭有很强的吸附性能，能将已经黏附在活塞上的胶膜与积炭洗涤下来而分散在油中。分散和清净两种作用不能截然分开。增溶就是本来不能溶解的溶质，由于加入少量添加剂而溶解的现象。中和作用是指使用的清净分散剂大多数呈碱性，因此在使用中能中和润滑油氧化所生成的酸，减少酸性物质对金属的腐蚀作用。

(7) 抗腐蚀性。腐蚀是指金属表面受周围介质的化学或电化学作用而被破坏的现象。腐蚀可分为化学腐蚀和电化学腐蚀。为使润滑油在机械中能起到良好的保护作用，除了要求润滑油在金属表面能形成致密的吸附油层，有效阻止外部腐蚀性介质与金属接触外，更重要的还要求润滑油本身不含腐蚀性成分，对金属没有腐蚀性，以保证机械不受损坏，尽量延长机械的使用寿命。

通常，润滑油对金属的腐蚀性是很小的。油品的主要成分烃类化合物对金属无腐蚀作用，而能造成金属腐蚀的成分通常是一些腐蚀性杂质和烃类氧化后的酸性物质。这些物质可能有有机酸、硫化物、无机酸和水分。对润滑油的腐蚀性主要用下列几种方法进行测定。

酸值是油品中酸性物质含量的指标，它是指中和1g润滑油中的酸性物质所消耗氢氧化钾的毫克数，以mgKOH/g表示。润滑油的酸值大小对润滑油的使用有很大的影响，酸值越大，表示润滑油中有机酸的含量越高，对机械零件的腐蚀也越强。一般要求润滑油的腐蚀性要尽量小，以免缩短机械寿命或影响力学性能，因此，要求新油中酸值不要超过一定数值。

为提高润滑油的防腐性，一般都添加有防锈剂和防腐蚀剂。防锈剂是一种油溶性的极性化合物，其分子中一端是极性很强的基团，与金属表面有很强的吸附力，另一端是疏水性基团，当防锈剂在金属表面形成紧密排列的保护层时，就可防止水等腐蚀介质与金属接触，起到防锈作用。防腐蚀剂是用来防止润滑油变质形成酸性物质，以及像极压添加剂那样能与金属发生反应的物质。防腐蚀剂的作用方式有两种，一种方式是与润滑油变质产生的物质发生反应，另一种方式是在金属表面形成防腐蚀保护膜。

(8) 抗泡性。飞机发动机润滑系统大多以循环方式进行润滑，润滑油在油系的作用下不断地流动和循环。当流动的润滑油与空气接触并受到激烈搅动时，就有可能将空气混入润滑油中并产生泡沫。这些泡沫若不能及时消除，会使得润滑油的冷却效果下降、管路产生气阻、润滑油供应不足、增大磨损、油箱溢油，甚至出现油泵抽空等故障。因此，润滑油应具有良好的抗泡性，在出现泡沫后能及时消除，以保证润滑油系统的正常工作。润滑油中泡沫来源主要有两个方面。一是润滑油中空气溶解量是随压力升高而增大的，当压力降低时，多余空气就会从润滑油中分离出来，以达到新的平衡，分离出来的空气被油膜包围，且油膜又不易破裂时，就会形成泡沫；二是润滑油与空气接触时的机械搅拌作用，空气被搅入润滑油中产生泡沫，如果产生的泡沫很多，且不容易消失，就可能对能量传递和供油产生不良影响，甚至发生故障。

影响润滑油抗泡性的因素主要有表面活性剂、温度和黏度等。表面活性剂能使润滑油产生较多稳定泡沫，因为表面活性剂会增大泡沫的强度，使气泡膜壁坚韧、不易破裂，因而形成稳定的泡沫。随着温度升高，气泡膜中的分子运动增强，相互之间吸力下降，泡沫容易破裂。在一定黏度范围内，润滑油起泡倾向和泡沫稳定性对其抗泡性的影响最大。黏度过大或过小都会使起泡倾向和泡沫稳定性降低。黏度小时，形成气泡膜的液体容易流失，气泡壁易于变薄，导致气泡破裂；黏度太大时，不易形成气泡，即使形成了气泡也难以浮到表面上来。

根据以上机理，提高润滑油抗泡性除升温、压力变化、离心分离、超声除气等机械方法外，还可添加抗泡剂。抗泡剂的表面活性大，能顶走泡沫中原来的起泡剂，但因其本身不能形成坚固的膜，使泡沫容易消除。

润滑油除了上述润滑性、流动性、抗氧化安定性、抗腐蚀性、抗泡性五大特性外，还有闪点、燃点、残炭、灰分、机械杂质和水分等指标要求。涡轮发动机和活塞式发动机润滑油性能指标见表 4-3 和表 4-4。

表 4-3 航空涡轮发动机润滑油/产品质量合格证(示例)

产品名称及牌号： 生产单位及地址： 生产日期：		CTOSA 号：2C704 产品 数量及 批号 ： 有效期：			
分析项目		指标要求		测试结果	试验方法
		SPC	HPC		
黏度/(mm^2/s)	40℃，不大于 -40℃，不小于	13000 23.0			ASTM D445
倾点/℃， 不高于		-54			ASTM D97 ASTM D5950
闪点/℃， 不低于		246			ASTM D92
总酸值 TAN/(mgKOH/g)，不大于		1.0			SAE ARP5088
泡沫特性：起泡体积/静置 1min 后泡沫体积/mL	程序Ⅰ，不大于 程序Ⅱ，不大于 程序Ⅲ，不大于	25/0[a] 25/0 25/0			ASTM D892
热腐蚀安定(274℃，96 h)	黏度变化率/% 总酸值变化/(mgKOH/g)，不大于 金属质量变化/(mg/cm^2)，不大于	±5.0 6.0 ±4.0			FED-STD-791，方法 3411

续表

产品名称及牌号：	CTOSA　号：2C704
生产单位及地址：	产品 数量及 批号 ：
生产日期：	有效期：

分析项目		指标要求		测试结果	试验方法
		SPC	HPC		
沉积物/(mg/L)，不大于		10			FED-STD791，方法 3010
灰分/(mg/L)，　不大于		1.0[b]			
氧化腐蚀安定性（204℃，72 h）	黏度变化率/%	5～+25	0～22.5		FED-STD-791，方法 5308 或 ASTM D4636 程序 2，并符合 SAEAS 5780D 或 MH/T 6084—2012 附录 B 要求
	总酸值变化/(mgKOH/g)不大于	3.0	2.0		
	沉积物/(mg/100mL)不大于	50	25		
	金属质量变化/(mg/cm ^{2})				
	钢，不大于	±0.2	±0.2		
	银，不大于	±0.2	±0.2		
	铝，不大于	±0.2	±0.2		
	镁，不大于	±0.2	±0.2		
	铜，不大于	±0.4	±0.4		
微量元素/(mg/kg)	Al，不大于	2	2		ICP 或其他等效方法
	Fe，不大于	2	2		
	Cr，不大于	2	2		
	Ag，不大于	1	1		
	Cu，不大于	1	1		
	Sn，不大于	4	4		
	Mg，不大于	2	2		
	Ni，不大于	2	2		
	Ti，不大于	2	2		
	Si，不大于	10	10		
	Pb，不大于	2	2		
	Mo，不大于	3	3		
	Zn，不大于	2	2		
HLPS 动态结焦(375 ℃，20h) /g,		5.0	0.6		SAE ARP5996
VPC 气相结焦(371 ℃)/18 h		报告	报告		SAE ARP5921

注释：

a. 体积是在通风条件下和放置 1min 之后进行测试；

b. 若沉积物质量≤1mg/L，可不测定灰分。

结论：	检验员： 审核员：	批准人： 适航审查人员/委任代表：

表 4-4　航空活塞发动机润滑油/产品质量合格证(示例)

产品名称及牌号：　　　　　　　　CTOSA 号：2C704
生产单位及地址：　　　　　　　　产品数量及批号 ：
生产日期：　　　　　　　　　　　有效期：

项目	多级油	黏度等级				检测结果	检测方法
		30	40	50	60		
运动黏度 100℃/(mm^2/s)	a	9.3~12.5	12.5~16.3	16.3~21.9	21.9~26.1		GB/T 265，ASTM D445
黏度指数	100	100	100	95	95		GB/T 1995[b] GB/T 2541 ASTM D2270
低温动力黏度/(mPa·s)	a	—	—	—	—		GB/T 6538 ASTM D5293
酸值/(mgKOH/g)不大于	1.0	1.0	1.0	1.0	1.0		GB/T 7304 ASTM D664
灰分(质量分数)/%不大于	0.011	0.011	0.011	0.011	0.011		GB/T 508 ASTM D482
闪点(开口)/℃，不低于	220	220	225	243	243		GB/T 3536 ASTM D92
倾点/℃，不高于	—	-24	-22	-18	-18		GB/T 3535[d] ASTM D97 ASTM D5949 ASTM D5950 ASTM D5985
泡沫特性/mL 程序 II 起泡体积 10min 后泡沫体积	 50 0	 50 0	 50 0	 50 0	 50 0		GB/T 12579 ASTM D 892
铜片腐蚀（100℃，3h)/级，不大于	1	1	1	1	1		GB/T 5096 ASTM D 130
痕量金属/(mg/kg)							GB/T 17476 ASTM D5185
铁(Fe)	5	5	5	5	5		
银(Ag)	2	2	2	2	2		
铝(Al)	7	7	7	7	7		
铬(Cr)	5	5	5	5	5		
铜(Cu)	3	3	3	3	3		
镁(Mg)	3	3	3	3	3		
钼(Mo)	4	4	4	4	4		
镍(Ni)	3	3	3	3	3		
铅(Pb)	5	5	5	5	5		
硅(Si)	25	25	25	25	25		
锡(Sn)	10	10	10	10	10		
钛(Ti)	2	2	2	2	2		
锌(Zn)	10	10	10	10	10		

续表

产品名称及牌号：　　CTOSA 号：2C704

生产单位及地址：　　产品数量及批号：

生产日期：　　有效期：

项目	多级油	黏度等级				检测结果	检测方法
		30	40	50	60		
硫含量[f](质量分数)/% 不大于	0.6	0.6	0.8	1.0	1.2		GB/T 17476 SH/T 0689[g] ASTM D129 ASTM D1552 ASTM D2622 ASTM D4951 ASTM D5185
运动黏度 40℃/(mm^2/s)	报告	报告	报告	报告	报告		GB/T 265 ASTM D445
密度(15℃)/(g/cm^3)	报告	报告	报告	报告	报告		SH/T 0604 ASTM D4052

a. 多级油应满足 GB/T 14906 或 SAE J 300 中对应级别的黏度要求；

b. 如有争议时，以 GB/T 1995 为准；

c. 采用 pH 11 终点法；

d. 如有争议时，以 GB/T 3535 为准；

e. 采用 GB/T 5096/ASTM D130 规定的方法进行试验，但试验温度应符合本表要求；

f. 硫：质量检验时，硫含量的质量百分数与性能检验结果的偏差 ≤±0. 15%；

g. 如有争议时，以 SH/T 0689 为准。

结论	检验员： 审核员：	批准人： 适航审查人员/委任代表：

4.1.2 航空液压油

液压传动是机械设备中常用的一种传动装置，是利用液体作为传动介质，利用液体的压力或动能来传递能量的系统。随着自动化技术的发展，液压传动和控制设备有了很大发展，不仅可节省人力，把人们从笨重的体力劳动中解放出来，而且对保证机械设备纠正操作和提高工作精密度起到重要作用。液压传动离不开液压介质，通常把液压介质分为两类：将利用液体压力能的液压系统所使用的液压介质称为液压油，利用液体动能的液压传动系统所用的介质称为液力传动油。

我国液压油目前采用的标准(GB/T 7631. 2—2003)是根据 ISO 6743-4：1999《润滑剂、工业用油和相关产品(L 类)的分类》第 4 部分 H 组(液压系统)用油分类标准制定的。该标准把液体传动系统用工作介质按系统中的工作性质分为流体静压系统和流体动力系统工作介质。我国采用国际通用的 ISO 3448 关于工业润滑油的黏度分级。分级方法是用 40℃运动黏度的某一中心值为黏度牌号，液压油共分为 10、15、22、32、46、68、100、150 共 8 个黏度级，见表 4-5。

表 4-5　液压油黏度等级(牌号)

黏度级(牌号)	40℃运动黏度/(mm^2/s)	ISO 黏度级
10	9. 00~11. 0	VG 10
15	13. 5~16. 5	VG 15
22	19. 8~24. 2	VG22
32	28. 8~35. 2	VG32
46	41. 4~50. 6	VG46
68	61. 2~74. 8	VG68
100	90. 0~110. 0	VG100
150	135~165	VG150

4. 1. 2. 1　品种与牌号

航空液压油主要用作航空液压系统传动机构的工作液，也是要求较高的各种液压机械的理想工作介质，具有良好的高低温性能、黏温性、抗剪切性、氧化安定性和液压传递性能，使用温度为-54℃~135℃。抗氧化安定性可满足各种新型飞机液压系统的使用要求。

自 20 世纪 50 年代以来，美国空军一直致力于先进航空液压油的研究。从石油基型到磷酸酯型，再到聚 α-烯烃(PAO)合成烃型，耐燃性的提高一直是促进新型航空液压油发展的主要驱动力。此外，由于环保意识的日益增强，液压油的生物降解性和低毒性也变得越来越重要，用航空液压油取代对环境危害较大的防锈液压油储存零件也成为趋势。未来，随着飞机性能的不断提高，高温液压油也成为发展方向。

目前，我军现用航空液压油主要有石油基的 10 号、12 号和 15 号航空液压油等 3 个品种牌号，代号分别为 YH-10、YH-12 和 YH-15。

4. 1. 2. 2　工作条件

(1) 工作压力高。飞机液压系统的工作压力很高，先进战斗机 ATF 的液压系统工作压力高达 56. 0MPa。飞机液压系统采用较高的操作压力能减少整个系统的质量和体积，如英法联合研制的“协和”超声速客机的液压系统采用 28MPa 的操作压力，使系统附件质量减轻 25%。同时，随着操作压力的增大，液压系统的密封性和金属部件的精密度也要相应提高。

(2) 工作温度宽。飞机液压系统的工作温度范围主要决定于飞机的飞行速度。飞行速度低于声速的飞机，液压系统的工作温度常在-60~100℃范围内。而超声速飞机由于气动加热的影响，温度要高得多。在不同飞行速度下，液压油的工作温度范围大致如表 4-6 所示。

表 4-6　不同飞行速度时液压油工作温度

飞行速度/Ma	液压油工作温度范围/℃
1	-54~130
2	-54~190
>2	0~250 或高于 250

(3) 附件构造精密。在液压系统中，有很多像伺服阀这样的精密附件。它们的阀芯和阀套之间的径向间隙为 1. 25~10μm。液压助力器内部的主副配油柱塞之间的间隙、副配油

柱塞与衬件之间的间隙为5~8μm，只有头发丝的1/20。如果有5~10μm大小的固体颗粒，就有可能使元件卡死。

(4) 接触材料多。液压系统的零件材料，特别是密封衬垫的材料，对选用哪一种液压油有很大影响。液压系统的导管是用不锈钢或者铝合金制成的，高压油泵及助力器的零件大部分为合金钢制成。各动作筒及减振器的密封衬垫由橡胶或皮革制成。

4.1.2.3 性能要求

无论从设计还是使用的角度来看，必须如实地把液压油看作是液压系统的组成部分，液压油对系统的从属地位是不言而喻的。为了使液压系统的各项性能得以充分发挥，液压油必须具备若干与液压系统相匹配的使用性能。

(1) 黏温性能。黏度是液压油的重要使用性能之一。在同样的工作压力下，液压油的黏度越大，液压系统执行部件的动作就越迟缓。但液压油的黏度过小也是不允许的，因为在高压下会造成泄漏。另外液压泵、控制阀和动作筒也要有适当的黏度进行润滑。由于液压系统的工作温度范围很宽，这就需要液压油有良好的黏温性和低温流动性。试验证明，-50℃时的运动黏度增大到6000mm^2/s时，起落架收放缓慢；达到20000mm^2/s时，起落架就不能收放。一般要求100℃的运动黏度不小于3mm^2/s。液压油在使用中黏度降低至某一界限值(如10号液压油50℃运动黏度低于8mm^2/s)时就不能再用。

(2) 氧化安定性。飞机液压系统的油温随飞行速度的增加而升高。温度是引起油品氧化的主要因素，特别是矿物质油，在高温下氧化，使酸值和黏度增大，产生沉淀，颜色发黑。许多超声速飞机的液压油工作温度常达100℃以上，有些超声速战斗机液压油温度甚至高达200℃以上，因此，用在超声速飞机上的液压油应有很好的氧化安定性。改善航空液压油的氧化安定性，除了提高基础油的质量之外，很重要的方面是选择有效的高温抗氧化剂。

(3) 洁净性。飞机液压系统的附件构造精密，间隙很小，如油泵柱塞与柱塞孔壁之间正常间隙只有0.01~0.02m，转子与分油盘的间隙只有约0.005mm，液压助力器主、副配油柱塞之间的间隙、副配油柱塞与衬筒之间的间隙仅0.005~0.008mm。如果液压油的洁净度不好，含有机械杂质和不溶性物质，不仅增加部件磨损，破坏密封，降低附件寿命，甚至会使系统出现严重故障而影响飞行安全。液压油如果含有水分，会引起金属部附件锈蚀，促进液压油挥发，甚至与液压油相互作用，加速氧化分解，产生沉淀和腐蚀性物质。因此，要求液压油有良好的洁净度。

(4) 剪切安定性。液压油在系统中长期工作会引起黏度降低。这种黏度损失，可分为两种情况。一是暂时性黏度损失，它是由于液压油在高压下通过一些附件(如节流装置)的小孔和缝隙时，承受机械剪切作用引起的。对于不加黏度指数改进剂的液压油，这种黏度损失不大，但对于加有黏度指数改进剂的液压油，由于黏度指数改进剂是一些高分子聚合物，在剪切作用下，这些长链聚合物分子在液体摩擦方向上发生形变和定向排列，使液压油的黏度降低。当剪切应力减小，分子定向排列现象消除而变得紊乱分布时，液压油的黏度又恢复。因此，这种黏度损失是暂时性的。另一种黏度损失是永久性的，主要是因为空穴作用。

通常用超声波振荡器进行液压油剪切安定性的评定，测定其经受剪切作用前后的黏度变化。一般要求黏度下降率不大于20%。

(5) 抗泡性。航空液压油能溶解一定量的空气，压力越大，溶解的空气量也越多。当系统的压力降低时，空气的溶解度下降，大量空气会释放出来，形成许多细小的泡沫。如果液压油的抗泡沫性不好，这些泡沫便不易消失，随着液压系统循环，遍及整个系统，从而造成不良后果。一是液压油本来是难以压缩的，但由于混有空气泡，其压缩性显著增大，使液压系统动力传递迟缓，甚至使液压系统的工作受到破坏；二是系统中的油泵和滑动部件是靠液压油润滑的，油中含有气泡，恶化了润滑条件；三是气泡的存在增加了液压油与空气的接触面积，加速液压油的氧化变质；四是泡沫的溢出增加了液压油的损耗。

(6) 橡胶相容性

液压油系统主要靠橡胶件密封，橡胶件浸油后若发生变形，变形过大及强度下降，均会导致密封失效，系统漏油。通常，丁腈橡胶与石油基液压油及合成烃液压油有很好的相容性，磷酸酯液压油系统必须采用乙丙橡胶密封件。

4.1.3 航空防锈油

防锈油是具有防锈功能的油溶剂，由油溶性缓蚀剂、基础油和辅助添加剂等组成。防锈油中常用的缓蚀剂有脂肪酸或环烷酸的碱土金属盐、环烷酸铅、环烷酸锌、石油磺酸钠、石油磺酸钡、石油磺酸钙、三油酸牛脂二胺、松香胺等。防锈油具有防锈性、锌溶解性、可洗性、油膜厚度、施工性、油品的黏度等。

按性能防锈油可分为指纹除去型防锈油、水稀释型防锈油、溶剂稀释型防锈油、防锈润滑两用油、封存防锈油、置换型防锈油、薄层油、防锈脂和气相防锈油等，按用途可分为工序间防锈油、长期封存防锈油、防锈机械油、防锈仪表油等，按其状态可分为液体防锈油、溶剂稀释型防锈油、防锈脂三类。航空防锈油有很多不同的型号，中航中特的航空防锈油产品有 f35、901、F201、20 号和 5 号封存防锈油。此外，还有 4209 号合成航空防锈油和 4250 号合成航空防锈油。常用的航空防锈油见表 4-7。

表 4-7 飞机常用的航空防锈油

油料名称	标准号	简要用途
8 号航空防锈润滑油	Q/SH 018.3202—1988	适用于使用 8B 航空喷气机润滑油的发动机长期封存和短期润滑
4209 号合成航空防锈润滑油	GJB 2377—1995	适用于使用 4109 号合成航空润滑油的发动机长期封存和短期润滑
4250 航空发动机封存润滑油	Q/SY 16068—1979	用于使用 4050 号航空涡轮发动机用润滑油的发动机的长期封存
20 号航空封存防锈油	YLB 02—1999	用于活塞式航空发动机的长期封存和短期润滑，适用机型为初教-6、运-5 等飞机

4.1.3.1 4209 号合成航空润滑防锈油

(1) 概述。4209 号合成航空防锈油是在 4109 号合成航空润滑油的基础上加入防锈剂制成的。它既有 4109 号润滑油的各种性能，又有良好的防锈性能，适用于涡轮喷气发动机长期封存和短期润滑。作为4109号润滑油的配套产品，可简化发动机的换油工序。使用温度为-50~175℃，短期可达200℃。

基本组成：酯类油，抗氧化、抗磨、抗腐蚀、防锈添加剂。

材料标准：GJB 2377—1995《飞机燃气涡轮发动机合成防锈油规范》。

应用概况：自1979年以来，已在多种涡轮喷气发动机上作短期试车及长期封存用。

(2) 性能

① 基本物理及化学性能见表4-8。

表4-8 4209号合成航空防锈油理化性能

项目	指标	实测值	试验方法
外观	—	淡黄色透明液体	目测
运动黏度/(mm^2/s)			GB/T 265
100℃	≥3.0	4.0	
50℃		12	
40℃	≥11.0	16.6	
38℃		17.9	
-40℃	≤4500	3520	
-54℃		24299	
闪点(开口)/℃	≥205	228	GB/T 3536
凝点/℃	≤-59	<-60	GB/T 3535
酸值/(mgKOH/g)	≤3.5	1.63	GB/T 7304
蒸发损失(204℃, 6.5h)/%	≤30	6.4	GB/T 7325
低温稳定性(-50℃)/(mm^2/s)			GB/T 1264.4
静置35min后	≤17000	13220	
静置3h后	≤17000	13208	
腐蚀和氧化安定性 (175℃, 72h, 83mL/min空气)			GJB 563
运动黏度(40℃)变化/%	-5~15	3.3	
酸值/(mgNaOH/g)	≤3.0	0.68	
金属质量变化/(mg/cm^2)			
15号钢	±0.2	无	
T2铜	±0.4	无	
LY12铝	±0.2	无	
MB2镁	±0.2	无	
1号银	±0.2	无	
腐蚀试验(232℃)			GJB 496
金属试片失重/(mg/cm^2)			
1号银	0.46	无	
T2铜	0.46	无	

② 橡胶相容性：不同牌号橡胶进入4209号防锈油中，经150℃、24h后的体积变化和质量变化(见表4-9)。按SH/T 0436方法，168h后NBR-H橡胶膨胀率为25.1%。

表 4-9　橡胶相容性

橡胶类型	牌号	体积变化/%	质量变化/%
丁腈橡胶	5250	1.9	0.95
	5870	21.4	18.4
	5073	24.8	19.0
硅橡胶	6141	10.9	5.6
氟橡胶	FX-2	7.4	2.9

③ 润滑油相容性 选用符合 MIL-L-7808 规格的 Turbo Nycol 160、4109 号润滑油及 HP-8 油作参考油，按 GJB 562 试验方法进行试验，混合油样清亮透明、均匀不浑浊，离心后沉淀物低于 0.005ML。

④ 308 轴承封存试验：用 4209 号防锈油封存 308 轴承 2.5 年后，轴承检查无锈蚀，封存 6 年后的检查结果列于表 4-10。除内外滚道有少量痕迹外，所有滚珠、保持架均光亮无腐蚀。

表 4-10　308 轴承封存试验要求

轴承部位	4209 号防锈油(7602 批)	
	新油封存 6 年	试车 30h 后封 6 年
保持架	光亮无腐蚀，1 号轴承保持器顶部有一光点	光亮无腐蚀
内外环	1 号轴承外环有 2 痕迹点，2 号轴承外环有 3 痕迹点	1 号轴承外环内侧有 1 痕迹点，内环内侧有 2 痕迹点
滚道	2 号轴承内滚道有 1 黑点	基本良好，光亮
滚珠	光亮无锈蚀	光亮无锈蚀

⑤ 发动机封存试验：用涡喷发动机进行长期封存试验，2 年后进行分解检查，未发现异常现象。对油样的分析检查结果表明，4209 号防锈油仍具有优良的氧化安定性和防锈性能。

⑥ 齿轮承载能力：在 IAE 齿轮试验机上，在转速 6000r/min、温度 110℃ 的试验条件下，测定的完全失效负荷为 3724N/cm。

⑦ 轴承试验：用 E-1032926Q5T2 轴承在 8508 型轴承试验机上，于 170~180℃ 实验条件下运转 15h，轴承无明显磨损和结焦现象，4209 号防锈油的化学性能变化不大。

⑧ 发动机台架试车：先后在 7 台涡轮喷气发动机上进行短期试车，其中某型发动机试车 51h(含 17h 热试车)，工作均正常。试验后，4209 号防锈油物理及化学性能变化很小，防锈性能良好。

⑨ 贮存安定性：4209 号防锈油在自然条件下贮存后的性能见表 4-11。

表 4-11　贮存安定性要求

性能	7901 批		7701 批		7601 批	
	出厂数据	贮存 4 年	出厂数据	贮存 5 年	出厂数据	贮存 7 年
包装形式	带盖玻璃瓶		铁桶密封		铁桶包装	开口贮存

续表

性能	7901 批		7701 批		7601 批	
	出厂数据	贮存 4 年	出厂数据	贮存 5 年	出厂数据	贮存 7 年
运动黏度/(mm^2/s)						
100℃	3.92	3.87	3.92	3.94	3.89	
50℃	12.0	11.9	12.0	11.9	12.0	12.1
-40℃	—	—	3200	3330	3320	3745
酸值/(mgKOH/g)	1.13	3.15	2.22	2.27	1.76	9.28
凝点/℃	<-60	<-60	<-60	<-60	<-60	<-60
闪点(开口)/℃	234	218	220	220	220	197
防锈试验[(49±1)℃，相对湿度 100%，10L/min 空气，45 号钢]						
通过时间/h	100	144	100	120	100	>144
黏度(50℃)变化/%	3.8		2.2	2.2	2.5	10
酸值/(mgNaOH/g)	0.44		0.51	0.67	0.51	1.49
金属质量变化/(mg/cm^2)						
钢	无	—	无	无	无	无
铜	无	—	无	无	无	无
铝	无	—	无	无	无	无
镁	无	—	无	无	无	-3.12
离心分离试验(2000r/min，30min)				清亮无沉淀		清亮无沉淀

4.1.3.2 4250 号合成航空润滑防锈油

(1) 概述。4250 号合成航空润滑防锈油是在 4050 号合成航空润滑油的基础上加入防锈剂制成的，是 4050 号油的配套产品。适用于 4050 号油为主润滑油的涡轮喷气、涡轮风扇及涡轮轴发动机部件生产工序间的防锈和检验试车用油，也可作长期封存防锈。使用温度为-40~200℃。

基本组成：新戊基多元醇酯、高温抗氧剂、抗腐蚀剂、抗磨剂和抗泡沫剂等。

材料标准：1992 年 6 月公布的《4250 航空发动机封存防锈油暂行技术标准》。

应用概况：用于涡轮轴发动机零件生产工序间的防锈。

(2) 性能：

① 物理学化学性能见表 4-12。

表 4-12 4250 号合成航空润滑防锈油理化性质

项目	指标	实测值	试验方法
外观	透明，无悬浮物和其他杂质	通过	目测

续表

项目	指标	实测值	试验方法
运动黏度/(mm^2/s)			GB/T 265
100℃	5.0~6.0	5.15	
-40℃	≤15000	10310	
闪点(开口)/℃	≥220	240	GB/T 3536
倾点/℃	≤-51	<-60	GB/T 3535
酸值/(mgKOH/g)	≤1.5	0.52	GB/T 7304
泡沫特性			GB/T 12579
吹气 5min 后/静置 1min 后泡沫体积/(mL/mL)			
24℃		10/0	
93℃		20/0	
24℃(93℃试验后)	—	10/0	
蒸发损失(204℃, 6.5h)/%	≤10	5.0	GB/T 7325
腐蚀和氧化安定性(175℃, 72h)			GJB 563
运动黏度(40℃)变化/%	5~25	7.4	
酸值变化/(mgNaOH/g)	≤3.0	0.44	
金属质量变化/(mg/cm^2)			
15 号钢	±0.2	无	
LY12 铝	±0.2	无	
2 号镁	±0.2	无	
T2 镧	±0.1	无	
湿热箱试验(49℃, 168h)	通过	通过	GB/T 2631

② 其他:

包装：用 3.5kg 小铁桶包装，每纸箱装 6 小桶，合计 21kg。

运输：按 SH 0164《石油产品包装、贮运及交货验收规则》进行。

贮存：按 SH 0164《石油产品包装、贮运及交货验收规则》进行。贮存在清洁干燥处，避开热源，防止日光直射。

技术安全：基本无毒，溅入眼内有轻度刺激，可用生理盐水冲洗。

4.2 航空润滑脂

4.2.1 概述

润滑脂由基础油、稠化剂及添加剂组成。基础油以矿物油为主，也有酯类油、醚类油、聚(烷撑)二醇、硅油、合成烃油、氟系列油等合成润滑油。稠化剂一般可以使用高级脂肪酸的锂皂、钙皂、铝皂等金属皂，高温下使用的高温脂的稠化剂可以使用各种复合皂以及聚脲化合物、亲油处理的膨润土等非皂基的稠化剂，也有聚四氟乙烯(polytetrafluoroethylene，PTFE)等高分子化合物。添加剂的使用与一般润滑油相同，根据需要可以添加抑制润滑脂氧化老化的抗氧剂，提高润滑性为目的的硫、磷化合物等的极压剂，高级脂肪酸、油脂等的油性剂(减摩剂)，二硫化钼、石墨等的固体润滑剂、防锈剂等。

通常，与润滑油润滑相比，润滑脂润滑有以下优点：由于是半固态附着在润滑部位，与润滑油相比不容易流失、飞散；润滑脂本身能起到密封作用，因此密封结构简单，即使开放系统也能使用；防止外部的灰尘、水分、腐蚀性气体等杂质侵入，防止磨损、锈蚀、腐蚀；运转时受到剪切而流动发挥润滑作用，停止时回到原来的半固体状态；即使在停止时也附着在润滑部位，防止生锈、腐蚀；容易维修，有利于使用在不能频繁点检、频繁供脂的场合；可以在比较宽的使用温度范围应用，即使在基础油倾点以下的温度也可以使机器启动；添加了固体润滑剂时，不用担心沉降和分离。

飞机上的润滑点多达数百个，其部件安装或维修时，使用的润滑脂产品可多达几十种，导致润滑脂产品库存多、使用错误率高、管理不便。美国通过对产品标准和技术规范的修订，将众多的航空润滑脂整合为满足大部分航空机械润滑要求的多用途润滑脂和高温润滑脂两大类。低温润滑脂多采用合成烃、合成油和酯类油作基础油，并加入稠化剂和添加剂制备而成。国内产品有飞机仪表脂、齿轮润滑脂及传动螺杆润滑脂等。

4.2.2 润滑脂牌号

润滑脂的牌号由锥入度的等级确定。锥入度(也称针入度)是在试验条件下，规定质量的标准圆锥体在5秒钟内刺入润滑脂中的深度，以0.1mm为单位。锥入度是表示润滑脂的稠度大小或软硬的尺度。锥入度越大，表示润滑脂越软；锥入度越小，表示润滑脂越硬。润滑脂的锥入度也和润滑油的黏度一样，随温度变化而变化，温度升高，锥入度增大；温度降低，锥入度减小。若搅拌超过60次测定的锥入度，称延长工作锥入度。通常，润滑脂的牌号就是以工作锥入度的等级来划分的，划分标准见表4-13。可以看出，绝大多数润滑脂呈半固体油膏状，但也有少数润滑脂呈液体或半液体状，因为它们含有构成润滑脂的组分，因而把它们归为润滑脂类，如防锈润滑脂等。

表4-13 润滑脂牌号与锥入度的关系

润滑脂牌号	锥入度(25℃)/0.1mm	状态
000	445~745	液状
00	400~430	半液状
0	355~385	非常软
1	310~340	很软
2	265~295	软
3	220~250	中软
4	175~205	硬
5	130~160	很硬
6	85~115	非常硬

我国航空润滑脂产品及名称仍较为复杂，有低温润滑脂、通用润滑脂、高温润滑脂和极压润滑脂，多用途、通用化和高性能将成为航空润滑脂的发展方向。国外产品有满足 MIL-G-23827C 和 XBS3-33 规范的壳牌 Aeroshell Grease 33、美孚 Mobil33 等，并广泛应用于波音、空客和美国军队的飞机上。我国在 20 世纪五六十年代，润滑脂产品以仿制苏联产品为主，到 20 世纪七八十年代，开始转向欧美体系，并研制出了符合 MIL-G-23827 规范的 7253 航空润滑脂，以及有昆仑 7007、7008 通用润滑脂。我国军用润滑脂的自主生产能力相对较强。但是，在民用航空方面，长期以来都被国外品牌垄断。

石科院于 2014 年完成了 7260 润滑脂的研制，该产品满足波音公司 XBS3-33 规范，通用性较强，有望成为国产大飞机配套用脂。

4.2.3　润滑脂的使用中的注意事项

(1) 不能混用润滑脂。在润滑脂的使用中，不同种类、不同牌号、不同生产厂家的润滑脂不要混用，避免不同化学成分和性质的油脂混在一起降低润滑脂的使用性能和寿命。例如，锂基脂中混入 10%左右的钠基脂，其滴点和耐用寿命明显下降。

新旧润滑脂也不能混合使用，即使是同一类型的润滑脂也不能混合使用。因为旧润滑脂内含有大量的有机酸和杂质，若与新润滑脂混合将加速其氧化变质，严重缩短新加润滑脂的使用寿命。所以在换润滑脂时，一定要在将零部件上的旧润滑脂清洗干净后，才可重新加入新的润滑脂。

(2) 不能用加入润滑油的方法使润滑脂变稀。有些修理工冬季使用润滑脂时，喜欢在原润滑脂中加入润滑油调稀。这种做法是错误的。因为润滑脂的结构是由稠化剂和基础油组成的胶体结构体系，稠化剂形成结构网络，将基础油吸附在网络中形成稳定的结构体系，稠化剂和基础油不会分离。若成脂以后再加入润滑油，虽然经过搅拌，但不能均匀地分散包含在网络中，使用时很容易分离出来流失，不利于润滑。如在冬季需用稠度小的润滑脂，可选用号数小的 1 号或 2 号润滑脂。

4.3　航空特种液

4.3.1　航空冷却液

4.3.1.1　航空冷却液概述

航空冷却液是用于飞机液冷系统和地面设备冷却系统的特种液体。随着装备自动化程度的提高，大量电子控制设备的引入，尤其是大功率雷达系统的发展，系统工作发热量增大，需要配备专门的冷却系统，如飞机的预警雷达液冷系统，地面设备的导弹发射、制导雷达、低空补盲雷达、三坐标雷达及指挥车冷却系统等。

国内外冷却液的主要成分是一致的，都是以乙二醇和水为主要成分，再添加防腐剂、防锈剂、缓蚀剂以及燃料等添加剂组成。航空工业主要有 40 号和 65 号两种牌号的冷却液，一般 40 号冷却液结晶点起点温度不高于-40℃，65 号冷却液结晶起点温度不高于-65℃，可根据需求选用。国外航空冷却液的标准主要有 ГОСТ28084-89、MIL-H-2207-A/B、MIL-A-46153。国内冷却液的研制和生产起步较晚，较具规模的是北京空军油料研究所生产的冷却液，标准为 YQB/KJ30-1998，该标准是由俄罗斯标准 ГОСТ159-52 进行国产化而来的。

4.3.3.2 65 号冷却

国内某型飞机机载设备液冷系统需要一种循环冷却液来带走系统所产生的热量，以保证系统运行正常，考虑该飞机的选用要求和实际状况，选用国内空军油料研究所生产的 65 号冷却液，标准为 YQB/KJ 30—1998，但该冷却液性能指标项目较少，不能全面反映冷却液的性能和体现设计指标。因此，对国标没有规定的项目则按俄罗斯现行标准 ГОСТ 28084—89 进行验证。

冰点是确定冷却液牌号标准的依据，不同的牌号冰点不同；馏分及折光率用于检验冷却液组分的性能；储备碱度的高低主要取决于添加剂的种类和含量，也是影响腐蚀及使用寿命的一项重要指标；泡沫度的控制是为了防止泡沫影响系统传热效率，进而影响设备正常工作；金属腐蚀及橡胶相容性是控制系统选材的参考指标。65 号冷却液与俄罗斯标准规定的性能对比结果见表 4-14。

表 4-14 国产冷却液与俄罗斯标准规定的性能对比

序号	项目	国产冷却液		ГОСТ 28084—89
		试验结果	试验方法	
1	外观	淡黄色透明液体	目测	均匀透明液体
2	密度(20℃)/(g/cm³)	1.0875	SH/T 0068	1.085~1.100
3	pH 值	8.5	SH/T 0069	7.5~11.0
4	冰点/℃	-65	SH/T 0090	不高于-65
5	馏分		GB 255	
	初馏点/℃	102		不低于 100
	150℃馏出量(*W*)/%	34.4		不大于 35
6	机械杂质/%	无	GB 511	无
7	折光率	1.4010	GB 614	—
8	储备碱度/mL	0.35	SH/T 0091	不小于 10
9	泡沫度(88℃)		SH/T 0066	
	泡沫体积/mL	15		不大于 30
	泡沫稳定时间/s	1.0		不大于 3
10	腐蚀/[g/(m²·昼夜)]		ГОСТ 28084	不大于
	T2 紫铜	0		0.1
	焊料	12.0		0.2
	H70 黄铜	0.06		0.1
	20 号钢	3.5		0.1
	G300 铸铁	8.0		0.1
	LY12 铝	0.36		0.1

续表

序号	项目	国产冷却液		ГОСТ 28084—89
		试验结果	试验方法	
11	橡胶相容性(100℃，70h) 膨胀率(*V*)/% BD-L 橡胶(丁腈橡胶) BD-G 橡胶(丁腈橡胶) BF 橡胶(氟橡胶)	 2.81 1.31 0.70	SH/T 0436	不大于 5

表 4-14 表明：65 号冷却液外观、密度、pH 值、冰点、馏分、机械杂质、泡沫度、橡胶相容性等基本符合俄罗斯标准 ГОСТ 28084—89 规定指标要求，但金属腐蚀性能和储备碱度远远达不到俄罗斯标准。在实际应用当中，影响 65 号冷却液使用的因素主要有橡胶相容性、金属腐蚀、储备碱度和泡沫度等。

(1) 橡胶相容性。冷却液对橡胶的影响主要体现在橡胶相容性上，橡胶相容性是指在一定温度下将橡胶试片浸在冷却液中经历一定时间后所测出的体积变化。通过橡胶相容性可以指导橡胶材料的合理选用。

(2) 金属腐蚀。冷却液对金属的腐蚀是影响冷却液使用性能的一个重要因素，也是金属选材的一个重要依据。金属腐蚀检测方法为 ГОСТ 28084—89 中的方法。

(3) 储备碱度。储备碱度也就是含碱量，是指用 0.1mol/L 的盐酸标准滴定溶液到 pH 值为 5.5 时所需的毫升数。国产 65 号冷却液储备碱度为 0.35mL，而 ГОСТ 28084—89 标准储备碱度不小于 10mL 为合格。很明显，国产冷却液含碱量偏低。储备碱度与腐蚀是两个关联的项目，只要所选材料满足腐蚀要求，储备碱度偏低将不会影响材料的选用。

在实际使用过程中，冷却液储备碱度是逐渐降低的过程，也是碱度损耗的过程。冷却液储备碱度偏低，溶液易转为酸性，从而引起腐蚀，因此就需要对冷却液进行定期监控，并及时进行更换。

(4) 泡沫度。泡沫度为冷却液在(88±1)℃条件下，以每分钟(1000±25)mL 的空气流量通气 5min 后，测量其泡沫体积和泡沫消失时间。泡沫度过大会影响系统的传热效率及设备的正常运行。国产冷却液泡沫度在标准规定范围之内，但在实际操作当中，泡沫度的影响仍然存在，降低泡沫度有可能会使冷却液成分有所改变，从而导致其他性能的变化，所以改变泡沫度还需要慎重考虑。

第2篇 计量篇

第5章 计量基础

5.1 计量概述

人类为了生存和发展，必须认识自然、利用自然和改造自然。而自然界的一切现象、物体和物质，是通过一定的“量”来描述和体现的。也就是说，“量是现象、物体或物质可定性区别和定量确定的一种属性”。这里的“量”，是指可测的量，它必须借助于计量器具测得，它区别于可数的量。因此，要认识大千世界和造福人类社会，就必须对各种“量”进行分析和确认，既要区分量的性质，又要确定其量值。计量正是达到这种目的的重要手段之一。在这个意义上可以广义地认为，计量是对“量”的定性分析和定量确认的过程。

计量是“实现单位统一、量值准确可靠的活动”。此定义的“单位”指计量单位。此定义的“活动”，包括科学技术上的、法律法规上的和行政管理上的活动。《中华人民共和国计量法》规定：“国家采用国际单位制。国际单位制计量单位和国家选定的其他计量单位，为国家法定计量单位。”

测量是“以确定量值为目的的一组操作”。其含义包括：①测量是操作；②这里强调的是一组操作，意指操作全过程直到给出测量结果；③该组操作的“目的”在于确定量值。它是人类从客观事物中取得定量信息，以获得物质或物体某些特性的数字表征。它是用同类已知量与待测的未知量进行直接或间接比较，最终给出被测量与计量单位的比值的过程。

由于整个测量活动的不完善以及测量误差的必然性，通常，测量结果只是我们对被测量的真值做出的估计。所以，在给出测量结果时应同时说明本结果是如何获得的，是示值，还是平均值；已做修正，还是未做修正；不确定度是如何评定的；置信概率和自由度为多少等。测量的方法有替代测量法、微差测量法、零位测量法、直接测量法、间接测量法、定位测量法等。此外还有按被测对象的状态分类的，如静态测量、动态测量、瞬态测量以及工业现场的在线测量、接触测量、非接触测量等。

计量究其科学技术是属于测量的范畴，但又严于一般的测量，在这个意义上可以狭义地认为，计量是与测量结果置信度有关的、与不确定度联系在一起的规范化的测量。计量是一门科学。

5.1.1 计量的概念与计量学

计量学是关于测量的科学。计量学是研究测量原理和方法，保证测量单位统一和量值准确的科学。它包括测量理论与实践的各个方面，是现代科学的一个重要组成部分。计量学研究的是与测量有关的一切理论和实际问题。从计量学的发展进程来看，它由科学计量学发展到法治计量学，进而扩展至工业计量学。

科学计量学是指：研究计量单位、计量单位制及计量基准与标准的建立、复现、保存和使用；计量与测量器具的特性和各种测量方法；测量不确定度的理论和数理统计方法的实际应用；根据预定目的进行测量操作的测量设备以及进行测量的观测人员及其影响；基本物理常数有关理论和标准物质特性的测量。

5.1.2 计量的特点、作用与意义

5.1.2.1 计量的特点

计量的特点取决于计量所从事的工作，即为实现单位统一、量值准确可靠而进行的科技、法制和管理活动。概括地说，可归纳为准确性、一致性、溯源性及法制性四个方面。

准确性是指测量的结果与被测量真值的一致程度。由于实际上不存在完全准确无误的测量，因此在给出量值的同时，必须给出适应于应用目的或实际需要的不确定度或误差范围。否则，所进行的测量的质量(品质)就无从判断，量值也就不具备充分的使用价值。所谓量值的准确，是在一定的不确定度、误差极限或允许误差范围内的准确。

一致性是指在同一计量单位的基础上，无论何时、何地，采用何种方法，使用何种计量器具，以及由何人测量，只要符合有关的要求，其测量结果就应在给定的区间内一致。也就是说，测量结果应是可重复、可再现(复现)、可比较的。换言之，量值是确实可靠的，计量的核心实质是对测量结果及其有效性、可靠性的确认，否则，计量就会失去其社会意义。计量的一致性不仅限于国内，也适用于国际，例如，国际关键比对和辅助比对结果应在等效区间或协议区间内一致。

溯源性是指任何一个测量结果或计量标准的值，都能通过一条具有规定不确定度的连续比较链，与计量基准联系起来。这种特性使所有的同种量值都可以按这条比较链通过校准向测量的源头溯源，也就是溯源到同一个计量基准(国家基准或国际基准)，从而使准确性和一致性得到技术保证。否则，量值处于多源或多头，必然会在技术上和管理上造成混乱。所谓“量值溯源”，是指自下而上通过不间断的校准而构成溯源体系；而“量值传递”，则是自上而下通过逐级检定而构成检定系统。

法制性来自计量的社会性，因为量值的准确可靠不仅依赖于科学技术手段，还要有相应的法律、法规和行政管理。特别是对国计民生有明显影响，涉及公众利益和可持续发展或需要特殊信任的领域，必须由政府主导建立起法制保障。否则，量值的准确性、一致性及溯源性就不可能实现，计量的作用也难以发挥。

5.1.2.2 计量的作用

随着社会生产力的提高、市场经济的不断发展和科学技术的进步，计量的范畴与概念

也随之发生了变化。如果说早期的计量仅限于度量衡的概念，局限在商业贸易范围内，那么现代计量则渗透到国民经济的各个领域。无论是工农业生产、国防建设、科学实验和国内外贸易乃至人们日常生活都离不开计量，它已经成为科学研究、经济管理、社会管理的重要基础和手段。计量水平的高低已成为衡量一个国家的科技、经济和社会发展程度的重要标志之一。

计量在学科方面具有双重性。从科学技术角度来说，它属于自然科学；从经济与管理学、社会学的概念方面来理解，它又属于社会科学范畴。因此，计量具有自然科学与社会科学双重性。这一性质客观上决定了它在国民经济当中所具有的重要地位及所起的重要作用。60 多年来，计量机构经历了由国家计量局、国家技术监督局、国家质量技术监督总局、国家市场监督管理总局的变迁。每一次变迁，计量工作都得到了逐步强化和发展，计量领域越来越宽广，计量工作的地位和作用进一步加强。

5.1.3 量和单位

5.1.3.1 量、量制和量纲

（1）可测量的量：

①“现象、物体或物质可定性区别和定量确定的属性”定义为量。其具体意义是指大小、轻重、长短等概念，如导线长度、物体质量等。量的广义含义是指现象、物体和物质的定性区别，即可以把量区分为长度、质量、时间、温度、硬度、电流、电阻等量。

量可以用数学式表示，例如：$A=\{A\}\cdot[A]$。式中，$[A]$为量 A 所选用的计量单位；$\{A\}$为用计量$[A]$表示时，量 A 数值。

量的表示都必须在其数值后面注明所用的计量单位。量的大小并不随所用的计量单位而变，即可变的只有单位和数值，这是各种单位制单位互相换算的基础，也是量的一种基本特性。

可计量的量不仅包括物理量、化学量，还包括一些非物理量，如硬度、表面粗糙度、感光度等。这些非物理量是约定可计量的量，这类量的定义和量值与计量方法有关，相互之间不存在确定的换算关系。在计量学中，有一些量具有两重含义，如时间可以是时刻的概念，也可以是时间间隔的概念。物理量一般具有可做数学运算的特性，能用数学公式表示。同一种物理量可以相加减，几种物理量又可以相乘除。用如下数学式表示：

同一种物理量可以相加 $A_1+A_2=\{A_1+A_2\}\cdot[A]$

同一种量可以相减 $A_1-A_2=\{A_1-A_2\}\cdot[A]$

几种量可以相乘 $AB=\{A\}\{B\}\cdot[A][B]$

几种量可以相除 $A/B=\{A/B\}\cdot[A/B]$

② 量值：

量值是“一般由一个数乘以测量单位所表示的特定量的大小”。

[量的]真值是与给定的特定值的定义一致的值。

[量的]约定真值是“对于给定目的具有适当不确定度的、赋予特定量的值，有时该值是约定采用的”。

[量的]数值是“在量值表示中与单位相乘的数”。

③ 量的分类：

根据量在计量学中所处的地位和作用，存在不同的分类方式，既可分为“基本量和导出量”，也可分为“被测量和影响量”以及“有源量和无源量”等。

a. 基本量和导出量。

基本量是“在给定量值中约定的认为在函数关系上彼此独立的量”。

导出量是“在给定量值中由基本量的函数所定义的量”。

基本量和相应导出量的特定组合构成整个科学领域或某个专业领域的“量制”。基本量的数目不可能很多，而导出量是根据它的物理公式，由几个基本量推导出来，因而数目比较多。

b. 被测量和影响量。

按量在计量中所处的地位，又可分为“被测量”和“影响量”。

被测量是“作为测量对象的特定量”，它可以理解为已经计量所获得的量，也可指待计量的量。

影响量是“不是被测量但对测量结果有影响的量”。影响量来源于环境条件和计量器具本身，它虽然不直接反映被计量对象的量值，但对计量结果有重大影响。

c. 有源量和无源量。

有源量是计量对象本身具有一定的能量，观察者无须为计量中的信号提供外加能量的量，如电流、电压、功率等。

无源量是计量对象本身没有能量，为了能够进行计量，必须从外界获取能量的量，如电阻、电容、电感等电路元件的参量。

（2）量制与量纲：

量制是“彼此间存在确定关系的一组量”。

量纲是“以给定量制中基本量的幂的乘积表示某量的表达式”。

导出量的量纲形式可表示为基本量量纲之积，故也称为“量纲积”。量纲的一般表达式为：$\dim Q = A^{\alpha} B^{\beta} C^{\gamma}$。式中，$\dim Q$ 为量 Q 的量纲符号，亦可以用正体大写字母 Q 表示；A、B、C 为基本量 A、B、C 的量纲；α、β、γ 为量纲指数。

在国际单位制中，规定长度、质量、时间、电流、热力学温度、物质的量和发光强度七个量为基本量，它们的量纲分别用正体大写字母表示为 L、M、T、I、Θ、N 和 J。因此，包括基本量在内的任何量的量纲一般表达式为：$\dim Q = \mathrm{L}^{\alpha}\mathrm{M}^{\beta}\mathrm{T}^{\gamma}\mathrm{I}^{\delta}\Theta^{\varepsilon}\mathrm{N}^{\zeta}\mathrm{J}^{\eta}$

具体的量的量纲式表示，如长度为 $\dim L = L$，质量为 $\dim M = M$，时间为 $\dim T = T$。无量纲量是指，在量纲表达式中，基本量量纲的全部指数均为零的量，如摩擦系数、相对密度等都是无量纲量。

5.1.3.2 单位和单位制

（1）计量单位概念：

① 单位。“为定量表示同种量的大小而约定的定义和采用的特定量”称为单位，或定义计量单位制为习惯上公认数值为 1 的一个量值。单位的含义包括：首先，计量单位是数值等于 1 的特定量，在计量过程中起已知其值的比较标准之用；其次，单位是用来定量表示

具有相同量纲的量，这就可以比较同量纲量的大小。按科学的、严密的定义，计量单位应具有如下条件：

a. 单位本身是一个固定的量，即具有可以比较的“量”，不是一个“量”值。

b. 命这个固定量的数值为1。

c. 这个命其数值为1的固定量应有具体的名称符号和定义，如千克、米、秒等。

d. 单位量的测量必须建立在科学、准确的基础上，要能定量地表示并可以复现，且具备现代科学技术所能达到的最高准确度和稳定性。

② 基本计量单位。基本计量单位是“给定量制中基本量的测量单位”。在国际单位制中，基本单位有七个。计量科学技术的基础建立在基本单位定义的确定及其基准准确度的提高上。

③ 导出计量单位

导出计量单位是“给定量制中导出量的测量单位”。在单位制中，导出单位可以用基本单位和比例因数表示，而且对有些导出单位，为了表示方便，给以专门的名词和符号，如牛顿(N)、赫兹(Hz)、帕斯卡(Pa)等。

④ 倍数计量单位与分数计量单位

在长期的计量实践中，人们往往从同一种量的许多单位中选用某个单位为基础，并赋予其独立的定义，这个计量单位即为主单位。一个主单位不能适应各种需要，为了使用方便而设立了倍数单位和分数单位。

倍数计量单位是“按约定的比率由给定单位构成的更大的测量单位”。

分数计量单位是“按约定的比率由给定单位构成的更小的测量单位”。

实际选用单位时，一般应遵循如下原则，即应使量的数值处于0.1~1000范围。但有时也有例外，如为了表示计量结果的准确度，必须采用小单位、多数值表示法。

(2) 计量单位制：

计量单位制是“为给定量制按给定规则确定的一组基本单位和导出单位”。在某种单位制中，往往包括一组选定的基本单位和由定义方程式给出的导出单位。同一个量在不同的单位制中，可以有大小不等的计量单位。每个计量单位都有相应的名称和符号。建立计量单位制的意义在于：一是，对同一个量选用了许多不同的计量单位；二是，对每个单位的倍数和分数单位，采用不同进制等；三是，很少考虑由于量与量之间的联系所决定的单位与单位之间的联系。因此为了消除以上混乱状况所带来的不良后果，而研究建立了计量单位制。计量单位符号是表示计量单位的约定符号。

一贯导出计量单位是“由比例因数为1的基本单位幂的乘积表示的导出测量单位”。

一贯计量单位制是“全部导出单位均为一贯单位的测量单位制”。

同一个量在不同的单位制中，每个计量单位都有相应的名称和符号，如在国际单位制(SI)中，长度单位名称为“米”，其单位符号为“m”。同一个量可以用不同的单位表示，得到不同的数值，单位与数值形成反比，即同一个量的两种计量单位之比，称为“单位换算系数”。

5.1.3.3 国际单位制

(1) 国际单位制(SI)的构成：

① 国际单位制(SI)的概念。国际单位制(SI)是“由国际计量大会(CGPM)采纳和推荐的

一种一贯单位制”。1960 年，第十一届国际计量大会决定将以米、千克、秒、安培、开尔文和坎德拉这六个单位为基本单位的实际计量单位制命名为“国际单位制”。而 1974 年的第十四届国际计量大会又决定增加将物质的量的单位摩尔作为基本单位，使目前国际单位制共有七个基本单位。

② 国际单位制(SI)特点：

a. 通用性：广泛适用于整个科技领域、商品流通领域及人们日常生活中。

b. 简明性：采用国际单位制可以取消其他单位制的一些单位，明显地简化了量的表示式，省略了各个单位制之间的换算。它规定每个单位只有一个名称和一个国际符号，并执行一个量只有一个 SI 单位的原则，从而避免了多种单位制和单位的并用，消除了很多混乱现象。如能量的单位是焦耳，用它可以代替过去沿用的表示功、能、热量等多种单位。

c. 实用性：它的基本单位和人多数导出单位的主单位量值都比较实用，而且保持历史的连续性。它包括了数值范围很广的词头，可方便地构成 10 进倍数和分数单位，适应各类计量需要。

d. 准确性：国际单位制的七个基本单位，都有严格的科学定义，复现方法有重大改进，其相应的计量基准代表当代科学技术所能达到的最高计量准确度。

③ 国际单位制的构成。国际单位制是由 SI 单位(包括 SI 基本单位和 SI 导出单位)、SI 词头和 SI 单位的十进倍数和分数单位三部分构成的。这里，SI 单位是指国际单位制中构成一贯制的那些单位，均不带 SI 词头，所以 SI 单位是国际单位中有特定含义的名词；而国际单位制单位不仅包括 SI 单位，还包括它们的十进倍数单位和分数单位(由 SI 词头和 SI 单位构成的新单位)。国际单位制的构成及其相互关系如图 5-1 所示。

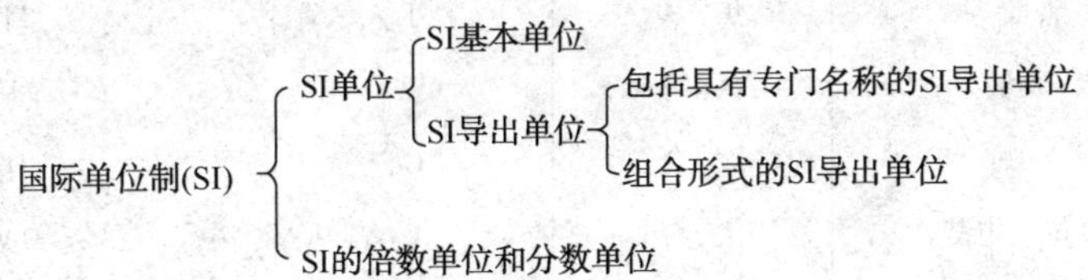

图 5-1 国际单位制的构成与相互关系

国际单位制的 SI 基本单位为米、千克、秒、安培、开尔文、摩尔和坎德拉，其对应量的名称、单位符号和定义见表 5-1。

表 5-1 SI 基本单位

量的名称	单位名称	单位符号	定义
长度	米	m	米是光在真空中于 1/299792458s 时间间隔内所经路径的长度
质量	千克	kg	千克是质量单位，等于国际千克原器的质量
时间	秒	s	秒是铯-133 原子基态的两个超精细能级间跃迁相对应辐射的 9192631770 个周期的持续时间
电流	安[培]	A	安培是电流单位，在真空中截面积可忽略的两根相距 1m 的无限长平行圆直导线内通以等量恒定电流时，若导线间相互作用力在每米长度上为 2×10^{-7}N，则每根导线中的电流为 1A

续表

量的名称	单位名称	单位符号	定　义
热力学温度	开[尔文]	K	开尔文是热力学温度单位，等于水的三相点热力学温度的 1/273.16
物质的量	摩[尔]	mol	摩尔是一系统的物质的量，该系统中所包含的基本单元数与 0.012kg 碳-12 的原子数目相等。使用摩尔时，基本单元应予指明
发光强度	坎[德拉]	cd	坎德拉是一光源在给定方向上的发光强度，该光源发出频率为 540×10^{12} Hz 的单色辐射，且在此方向上的辐射强度为 $1/683W(sr)^{-1}$

SI 导出单位是由 SI 基本单位按定义方程式导出的单位，它包括两类：用 SI 基本单位表示的一部分 SI 导出单位；具有专门名词的 SI 导出单位。其中，具有专门名词的 SI 导出单位总共有 21 个，见表 5-2。

表 5-2　SI 导出单位

量的名称	SI 导出单位		
	名称	符号	用 SI 基本单位和 SI 导出单位表示
[平面]角	弧度	rad	1rad = 1m/m = 1
立体角	球面度	sr	$1sr = 1m^2/m^2 = 1$
频率	赫[兹]	Hz	$1Hz = 1s^{-1}$
力	牛[顿]	N	$1N = 1kg\cdot m/s^2$
压力、压强、应力	帕[斯卡]	Pa	$1Pa = 1N/m^2$
能[量]、功、热量	焦[耳]	J	1J = 1N · m
功率、辐[射能]通量	瓦[特]	W	1W = 1J/s
电荷[量]	库[仑]	C	1C = 1A · s
电压、电动势、电位、电势	伏[特]	V	1V = 1W/A
电容	法[拉]	F	1F = 1C/A
电阻	欧[姆]	Ω	1Ω = 1V/A
电导	西[门子]	S	$1S = 1\Omega^{-1}$
磁通[量]	韦[伯]	Wb	1Wb = 1V · s
磁通[量]密度、磁感应密度	特[斯拉]	T	1T = 1Wb/m
电感	亨[利]	H	1H = 1Wb/A
摄氏温度	摄氏度	℃	1℃ = 1K
光通量	流[明]	lm	1lm = 1cd · sr
[光]照度	勒[克斯]	lx	$1lx = 1lm/m^2$
[放射性]活度、吸收剂量	贝可[勒尔]	Bq	$1Bq = 1s^{-1}$
比授[予]能、比释动能	戈[瑞]	Gy	1Gy = 1J/kg
剂量当量	希[沃特]	S_V	$1S_V = 1J/kg$

SI词头的功能是与SI单位组合在一起，构成十进制的倍数单位和分数单位。在国际单位制中，共有20个SI词头，这20个词头所代表的因数，是由国际计量大会通过决议规定的，它们本身不是数，也不是词，其原文来自希腊、拉丁、西班牙、丹麦等语中的偏僻名词，无精确的含义。而在我国法定计量单位里选其中16个用于构成十进倍数和分数单位的词头。SI词头与所紧接的SI单位构成一个新单位，应将它视作为整体，见表5-3。

表5-3 SI词头

因数	词头名称		符号	因数	词头名称		符号
	英文	中文			英文	中文	
10^{24}	Yotta	尧[它]	Y	10^{-1}	Deci	分	d
10^{21}	Zeta	泽[它]	Z	10^{-2}	Centi	厘	c
10^{18}	Exa	艾[可萨]	E	10^{-3}	Milli	毫	m
10^{15}	Peta	拍[它]	P	10^{-6}	Micro	微	μ
10^{12}	Tera	太[拉]	T	10^{-9}	Nano	纳[诺]	n
10^{9}	Giga	吉[咖]	G	10^{-12}	Pico	皮[可]	p
10^{6}	Mega	兆	M	10^{-15}	Femto	飞[母托]	f
10^{3}	Kilo	千	k	10^{-18}	Atto	阿[托]	a
10^{2}	Hecto	百	h	10^{-21}	Zepto	仄[普托]	z
10^{1}	Deca	十	da	10^{-24}	Yocto	幺[科托]	y

（2）制外单位：

制外[计量]单位是“不属于给定单位制的测量单位”。有一些单位本身具有重要作用，而且广泛应用，可是国际单位制还不包括它们，这些单位就是国际单位制的制外单位。其中包括：

① 与国际单位制并用的单位，如表示时间的单位分、秒、时、日；表示平面角的单位度、[角]分、[角]秒；表示体积的单位升；等等。

② 暂时与国际单位制并用的单位，如表示转速的单位转每分；表示长度的单位海里、公里。

5.1.3.4 法定计量单位

（1）我国的法定计量单位。法定计量单位是指“国家以法令的形式，明确规定并且允许在全国范围内统一实行的计量单位”。凡属于一个国家的一个法定计量单位，在这个国家的任何地区、任何区域及所有人员都应按规定要求严格加以采用。

1960年第十一届国际计量大会决定采用以米制为基础发展起来的国际单位制(SI)，1984年2月27日我国国务院发布“关于在我国统一实行法定计量单位的命令”，决定在采用先进的SI的基础上进一步统一我国的计量单位，并明确地把SI基本计量单位(以下简称基本单位)列为我国法定计量单位的第一项内容，命令还规定“我国的计量单位一律采用《中华人民共和国法定计量单位》”。这样，以法规的形式把我国的计量单位统一起来，并约束人们要正确地予以使用。

我国的法定计量单位是以国际单位制单位为基础，保留了少数其他计量单位组合而成的，它包括了 SI 的基本单位、导出单位和词头，同时选用了一些国家选定的非国际单位制单位以及上述单位构成的组合形式的单位。其主要特点是完整、具体、简单、科学、方便，同时与国际上广泛采用的计量单位更加协调统一(见表 5-4)。

表 5-4　可与国际单位制单位并用的我国法定计量单位

量的名称	单位名称	单位符号	与 SI 单位的联系
时间	分	min	1min = 60s
	[小]时	h	1h = 60min = 3600s
	日(天)	d	1d = 24h = 86400s
[平面]角	度	(°)	1° = (π/180) rad
	[角]分	(′)	1′ = (1/60)° = (π/10800) rad
	[角]秒	(″)	1″ = (1/60)′ = (π/64800) rad
体积	升	L(l)	$1L = 1dm^3 = 10^{-3}m^3$
质量	吨	t	$1t = 10^3 kg$
	原子质量单位	u	$1u \approx 1.660540\times10^{-27} kg$
旋转速度	转每分	r/min	$1r/min = (1/60) s^{-1}$
长度	海里	n mile	1n mile = 1852m(只限于航行)
速度	节	kn	$1kn = 1n\ mile/h = (1852/3600) ms^{-1}$(只用于航行)
能	电子伏	eV	$1eV \approx 1.602177\times10^{-19} J$
级差	分贝	dB	
线密度	特[克斯]	tex	$1tex = 10^{-6} kg/m$
面积	公顷	hm^2	$1hm^2 = 10^4 m^2$

(2) 法定计量单位使用方法及规则。1984 年 6 月 9 日，国家计量局以(84)量局制字第 180 号文件颁布了《中华人民共和国法定计量单位使用方法》。

① 法定计量单位和词头的名称：

a. 法定计量单位的名称。我们所说的法定计量单位的名称，均指单位的中文名称。单位的中文名称分全称和简称两种。国际单位制中凡用方括号括上的都可以使用简称。简称既可以等效于它的全称使用，又可在必要时将单位简称作为中文符号使用。组合单位的中文名称与其符号表示的顺序一致。符号中乘号没有对应名称，除号的对应名称为"每"字，无论分母中有几个单位，"每"字都只能出现一次。乘方形式的单位名称，其顺序应是指数名称在前，单位名称在后，相应的指数名称由数字加"次方"两字而成。

书写单位名称时，不加任何表示乘或除的符号，如("·""×""/""÷")或其他符号。单位名称和符号必须统一使用，不能分开。

b. 法定计量单位的词头名称。对于 SI 词头，国际上规定了统一的名称和符号，我国法定计量单位规定了词头相应的中文名称和符号。

② 法定计量单位和词头的符号：

法定计量单位和词头的符号是一个单位或词头的简明标志，主要是为了使用方便。

a. 法定计量单位的符号。法定计量单位的符号可以用国际通用纯字母表示，也可用中文符号表示，但推荐纯字母表达符号。计量单位用纯字母符号表达。当计量单位用字母表达时，在一般情况下，单位符号字母用小写。当单位来源于人名时，符号的第一个字母必须大写。只有体积单位“升”特殊，这是国际单位制中唯一不是来源于科学家名字命名而使用大写的符号。

计量单位用中文符号表示。计量单位用中文符号表示时，其组合单位的中文符号可直接用表示乘或除的形式，也可直接用数字“2”“3”或“-1”“-3”等表示指数幂的形式，这是同组合形式计量单位名称的主要区别。非组合形式的计量单位其中文符号名称的简称相同，没有简称的计量单位，其中文符号与单位名称相同。

b. 词头的符号用字母表达时，其形式只有法定计量单位规定的一种组合单位符号的书写形式。

c. 相乘形式构成的组合单位符号的书写形式：

相乘形式构成的组合单位，其国际符号有两种形式：用居中圆点，紧排。其中文符号只有一种，即用居中圆点。在一般情况下，组合单位中各个单位的排列次序无原则规定，但应注意：一是不能加词头的单位不应放在最前面；二是若组合单位中某单位的符号同时又是词头符号，并可能发生混淆时，该单位也不能放在最前面。

d. 相除形式构成的组合单位符号的书写形式：

相除形式构成的组合单位，其国际符号有三种形式：用斜线；用负指数将相除转化为相乘，乘号用居中圆点；用负指数将相除转化为相乘，然后紧排。其中文符号有两种形式：用斜线；用负指数相乘，乘号用居中圆点。注意：当可能发生误解时，应尽量采用分式形式或中间乘号用居中圆点表示的负数幂形式；当分子无量纲而分母有量纲时，一般不用分式而用负数幂的形式；在进行运算时，组合单位的符号可以用水平横线表示。

e. 书写单位和词头应注意的事项：

单位和词头符号所用的字母，不论是拉丁字母或希腊字母，一律用正体书写。这一条是根据国际上的有关规定做出的。除规定单位和词头符号用正体外，还规定数学常数、三角函数等必须用正体。规定用斜体的有量的符号、物理常数符号、一般函数等。单位和词头的符号尽管来源于相应的单位的词语，但它们不是缩略语，书写时不能带省略点，且无复数形式。在一般情况下，单位符号要比单位名称简单，但不能把单位符号加上省略点作为单位名称的缩写。

单位符号的字母一般为小写体，但如果单位名称来源于人名时，符号的第一个字母为大写体。但有一个例外，即升为L(l)以避免用小写“l”时与阿拉伯数字“1”相混淆。关于非来源于人名的单位符号用小写字母的规定，也适用于非国际单位制单位。词头符号的字母，与国际单位制中的词头书写要求一致。一个单位符号不得分开，要紧排。词头和单位符号之间不留间隔，不加表示相乘的任何符号，也不必加圆括号。但有一个例外，在中文符号中，当词头和数词有可能发生混淆时，要用圆括号。

相除形式的组合单位，在用斜线表示相除时，单位符号的分子和分母都与斜线处于同一行内而不宜分子高于分母；当分母中包含两个以上单位时，整个分母一般应加圆括号，且不能使斜线多于一条。单位与词头的符号按名称或简称读音。

5.2 计量误差及数据处理

5.2.1 误差定义与分类

5.2.1.1 误差定义及表示方法

(1) 误差的定义。测量误差的定义是：测量结果减去被测量的真值。

以公式表示为：测量误差=测量结果-真值

测量结果是“由测量所得到的赋予被测量的值”，是客观存在的量的实验表现，仅是对测量所得被测量之值的近似或估计。显然它是人们认识的结果，不仅与量的本身有关，而且与测量程序、测量仪器、测量环境以及测量人员有关。确定测量结果时，应说明它是示值、未修正测量结果或已修正测量结果，还应表明它是否为几个值的平均，也即它是由单次观测所得，还是由多次观测所得。是单次，则观测值就是测量结果；是多次，则其算术平均值才是测量结果。在很多精密测量的情况下，测量结果是根据重复观测确定的。[测量仪器的]示值是指“测量仪器所给出的量值”。示值的概念既适用于测量仪器，也适用于实物量具。对于模拟式测量仪器而言，示值的概念也适用于相邻标尺标记间的内插估计值。对于记录式测量仪器而言，示值可理解为在给定的时刻，记录装置的记录元件(如笔头)的位置所对应的被测量值。未修正测量结果是指“系统误差修正前的测量结果”，已修正测量结果是指“系统误差修正后的测量结果”。

真值是量的定义的完整体现，是“与给定的特定量的定义完全一致的值”，它是通过完善的或完美无缺的测量，才能获得的值。所以，真值反映了人们力求接近的理想目标或客观真理。真值本质上是不能确定的。量子效应排除了唯一真值的存在，实际上用的是约定真值，必须以测量不确定度表征其所处的范围。因而，作为测量结果与真值之差的测量误差，也是无法准确得到或确切获知的。

约定真值是“对于给定目的具有适当不确定度的、赋予特定量的值，有时该值是约定采用的”。约定真值有时也称为指定值、最佳估计值、约定值或参考值。通常有以下几种表示方式：

① 由计量基准、标准复现而赋予该特定量的值。如用某二等标准石油密度计检定一支工作用石油密度计，在20℃条件下，标准密度计已修正测量结果为0.7300g/cm^3，工作用密度计示值为0.7295g/cm^3，该测量误差则为0.7295-0.7300=-0.0005g/cm^3。

② 采用权威组织推荐的该量的值。如由常数委员会(CODATA)推荐的真空光速、阿伏伽德罗常数等特定量的最新值。当然还有平面三角形内角和恒定的180°等。

③ 用某量的多次测量结果来确定该量的约定真值。

(2) 误差的表示方法：

① 绝对误差。当有必要与相对误差相区别时，误差有时称为测量的绝对误差。即：

绝对误差=测量结果-真值

注意不要与误差的绝对值相混淆，后者为误差的模。

② 相对误差。相对误差是测量误差除以被测量的真值。即：

$$相对误差=绝对误差/被测量真值\times 100\%$$

例如：用工作用测深钢卷尺测量液位的高度，其测量结果为1000mm，真值为1001mm，则绝对误差为1000-1001=-1mm；相对误差为-1/1001×100%=-0.0999%。用同一钢卷尺测量液位的高度，其测量结果为10000mm，真值为10001mm，则绝对误差为10000-10001=-1mm；相对误差为-1/10001×100%=-0.009999%，从两个测量结果来看，它们的绝对误差是相同的，但相对误差是不同的。显然，后者的测量准确度高于前者，所以，相对误差能更好地描述测量的准确程度。

③ 引用误差。引用误差是测量仪器的误差除以仪器的特定值。该特定值一般称为引用值，例如，可以是测量仪器的量程或标称范围的上限。

例如，一台标称范围为0~150V的电压表，当在示值为100.0V处，用标准电压表检定所得到的实际值(标准值)为99.4V，则该处的引用误差为$\frac{1000-99.4}{150}\times 100\%=0.4\%$

上式中100.0-99.4=+0.6V为100.0V处的示值误差，而150为该测量仪器的标称范围的上限，所以引用误差都是对满量程而言的。上述例子所说的引用误差必须与相对误差的概念相区别，100V处的相对误差为$\frac{100.0-99.4}{99.4}\times 100\%=0.6\%$。相对误差是相对于被检定点的示值而言的，相对误差随示值而变化。当测量范围的上限值作为引用误差时，也可称为满量程误差，通常可以在误差数字后附以Fullscale的缩写FS，例如某测力传感器的满量程误差为0.05%FS。

采用引用误差可以十分方便地表述测量仪器的准确度等级，例如液体容积式流量计分为0.1、0.2、0.3、0.5、1.0、1.5、2.5等7个准确度等级，它们都是仪表最大允许示值误差，以量程的百分数(%)来表示的。如0.5级腰轮流量计其满量程最大允许误差的示值误差为±0.5%FS，实际上就是该仪器用引用误差表示的仪器允许误差。

④ 修正值。修正值是用代数方法与未修正测量结果相加，以补偿其系统误差的值。即：

$$修正值=真值-未修正测量结果$$

$$真值=未修正测量结果+修正值=未修正测量结果-误差$$

由上式可知，未修正测量结果加上修正值和未修正测量结果减去误差得到的是同一个值-真值，那么修正值与误差的关系是绝对值相同而符号相反。含有误差的测量结果，加上修正值后就可能补偿或减少误差的影响。由于系统误差不能完全获知，因此这种补偿并不完全。修正值等于负的系统误差，这就是说加上某个修正值就像扣除某个系统误差，其效果是一样的，只是人们考虑问题的出发点不同而已。

在数值溯源和量值传递中，常常采用这种加修正值的直观方法。用高一个等级的计量标准或检定测量仪器，其主要内容之一就是获得准确的修正值。在油品计量中也常涉及修正值的使用，如温度计、密度计、测深钢卷尺等。

石油用温度计通常使用的是全浸式玻璃棒式水银温度计，分度值为0.2℃。JJG 130—

2004《工作用玻璃液体温度计》中规定-30~+100℃的温度计最大允许误差为±0.3℃。受检合格温度计的计量器具合格证书上每隔10℃给出一个修正值。当求取被测量的修正值时，采用比例内插法(线性插值法)计算求得，其计算公式为：

$$\Delta x = \Delta x_1 + \frac{\Delta x_2 - \Delta x_1}{x_2 - x_1}(x - x_1) \tag{5-1}$$

式中，x、Δx 为测量示值和其对应的修正值；x_1、x_2 为测量示值的上、下邻近被检分度值；Δx_1、Δx_2 为分度值 x_1、x_2 的修正值。

测深钢卷尺按JJG4—2015《钢卷尺》中规定，其分度值为1mm，Ⅱ级测深钢卷尺零值误差(0~500mm)为±0.5mm，任意两线纹间允许误差 $\Delta=\pm(0.3+0.2L)$mm(式中 L 是以米为单位的长度，当长度不是米的整数倍时，取最接近的较大的整"米数")。受检合格测深钢卷尺的计量器具合格证书上每一米给定一个修正值。由此可知，测深钢卷尺每米误差不会大于1mm，则规定测深钢卷尺修正值按就近原则进行修正。设 $x_1 \leqslant x \leqslant x_2$，则有：

当 $x-x_1<x_2-x$ 时，取 $\Delta x=\Delta x_1$

当 $x-x_1>x_2-x$ 时，取 $\Delta x=\Delta x_2$

当 $x-x_1=x_2-x$ 时，取 $\Delta x=\Delta x_1$，亦可取 $\Delta x=\Delta x_2$

⑤ 偏差。偏差是"一个值减去其参考值"。参考值即标称值。标称值是测量仪器上表明其特性或指导其使用的量值，该值为圆整值或近似值。如一支标称值为1m的钢板尺，经检定其实际值为1.003m，此尺的偏差为+0.003m，即：

偏差=实际值-标称值

由此可见，定义中的偏差值与修正值相等，或与误差等值而反向。应强调的是：偏差相对于实际值而言，修正值和误差则相对于标称值而言，它们所指的对象不同。所以在分析时，首先要分清所研究的对象是什么。还要提及的是，上述尺寸偏差也称实际偏差或简称偏差，而常见的概念还有"上偏差"(最大极限尺寸与应有参考尺寸之差)及"下偏差"(最小极限尺寸与应有参考尺寸之差)，它们统称为"极限偏差"。由代表上、下偏差的两条直线所确定的区域，即限制尺寸变动量的区域，通称为尺寸公差带。

5.2.1.2 误差的来源

产生误差的原因是多方面的，了解和掌握误差的来源，对减少和消除误差、提高测量准确度、进行误差的计算、选择测量方法和评定测量准确度都有重要的意义。

误差主要来自以下几个方面：

(1) 装置误差。测量装置是指为确定被测量值所必需的计量器具和辅助设备的总称。由于计量装置本身不完善和不稳定所引起的计量误差称为装置误差。分为：

① 标准器误差。标准器是提供标准量值的器具，它们的量值(标准值)与其自身体现出来的客观量值之间有差异，从而使标准器自身带来误差。

② 仪器、仪表误差。仪器、仪表是指将被测的量转换成可直接观测的指示值或等效信息的计量器具，如秒表、流量计等指示仪器。由于自身结构原理和性能的不完善，如复现性、长期稳定性、线性度、灵敏度、分辨力、重复性等原因均能引起测量误差，甚至测量仪器的安装状况(如垂直、水平)、内部工作介质(如水、油)等也能引起测量误差。

③ 附件误差。为测量创造一些必要条件，或使测量方便地进行的各种辅助器具，均属

测量附件，这类附件也能引起误差。

(2) 测量方法的误差。采用近似的或不合理的测量方法和计算方法而引起的误差叫作方法误差，例如：在测量油罐内油品计量温度，由于计量孔位置偏移，不能使温度计到达有代表性的指定点；在计算中，取 $\pi=3.14$，以近似值代替圆周率；还有因为计算相当复杂而改为简单的经验公式计算。由此引起的误差都为方法误差。另外，一种物体采用多种方法测量也存在误差。例如，测量油品有流量法、直接衡量法以及体积-重量法，三者最后的计算结果也不可能完全一致。

(3) 操作者的误差。测量人员由于受分辨能力、反应速度、固有习惯、估读能力、视觉差异、操作熟练程度以及一时生理或心理的异态反应而造成的误差，如读数误差、照准误差等。

(4) 测量环境引起的误差。由于客观环境偏离了规定的参比条件引起的误差，如温度、湿度、气压、振动、照明等。

5.2.1.3 误差分类及其性质

误差分为随机误差和系统误差。

(1) 随机误差。随机误差是“测量结果与在重复性条件下，对同一被测量进行无限多次测量所得结果的平均值之差”。随机误差等于误差减去系统误差。因为测量只能进行有限次数，故可能确定的只是随机误差的估计值。随机误差因多种因素起伏变化或微小差异综合在一起，共同影响而致使每个测得值的误差以不可预定的方式变化。因陋就简多次测量时的条件不可能绝对相同，测量也只能进行有限次数。就单个随机误差估计值而言，它没有确定的规律；但就整体而言，却服从一定的统计规律，故可用统计方法估计其界限或它对测量结果的影响。

在测量误差理论中，最重要的一种分布是正态分布率，因为通常的测量误差是服从正态分布的。当然，在有些情况下，随机误差还有其他形式的分布率，如均匀分布、三角形分布、偏心分布和反正弦分布等。

随机误差大抵来源于影响量的变化，这种变化在时间上和空间上是不可预知的或随机的，它会引起被测量重复观测值的变化，故称之为“随机效应”。可以认为，正是这种随机效应导致了重复观测中的分散性。我们用统计方法得到的实验标准[偏]差是分散性的，确切地说是来源于测量过程中的随机效应，而不是来源于测量结果中的随机误差分量。随机误差的统计规律性，主要归纳为对称性、有界性、单峰性。

(2) 系统误差。系统误差是在重复性条件下，对同一被测量进行无限多次测量所得结果的平均值与被测量的真值之差。它是在对被测量过程中，在偏离测量规定条件或由于测量方法不当时，有可能会产生保持恒定不变或可预知方式变化的测量误差分量。如同真值一样，系统误差及其原因不能完全获知。

由于只能进行有限次数的重复测量，真值也只能用约定真值代替，因此可能确定的系统误差只是其估计值，并具有一定的不确定度。这个不确定度也就是修正值的不确定度，它与其他来源的不确定度一样贡献给了合成标准不确定度。值得指出的是：不宜按过去的说法把系统误差分为已定系统误差和未定系统误差，也不宜将未定系统误差按随机误差处理。因为这里所谓的未定系统误差，其实并不是误差分量而是不确定度，而且所谓的按随机误差处理，其概念也是不容易说清楚的。

系统误差一般不通过测量数据的概率统计来处理和抵偿，甚至未必能靠数据处理来发现，因此，如果存在有系统误差而未被发觉，将影响到测量结果的准确度。表 5-5 为测量误差与测量不确定度的主要区别。

表 5-5 测量误差与测量不确定度的主要区别

序号	内容	测量误差	测量不确定度
1	定义的要点	表明测量结果偏离真值是一个差值	表明赋予被测量之值的分散性，是一个区间
2	分量的分类	按出现于测量结果中的规律分为随机和系统，都是无限多次测量时的理想化概念	按是否用统计方法求得分为 A 类和 B 类，都是标准不确定度
3	可操作性	由于真值未知，只能通过约定真值求得其估计值	按实验、资料、经验评定，实验方差是总体方差的无偏估计
4	表示的符号	非正即负，不要用正负(±)号表示	为正值，当由方差求得时取其正平方根
5	合成的方法	为各误差分量的代数和	当各分量彼此独立时为方和根，必要时加入协方差
6	结果的修正	已知系统误差的估计值时，可以对测量结果进行修正，得到已修正的测量结果	不能用不确定对结果进行修正，在已修正结果的不确定度中应考虑修正不完善引入的分量
7	结果的说明	属于给定的测量结果，只有相同的结果才有相同的误差	合理赋予被测量的任意一个值，均具有相同的分散性
8	实验标准[偏]差	来源于给定的测量结果，不表示被测量估计值的随机误差	来源于合理赋予的被测量之值，表示同一观测列中任意一个估计值的标准不确定度
9	自由度	不存在	可作为不确定评定是否可靠的指标
10	置信概率	不存在	当了解分布时，可按置信概率给出置信区间

5.2.2 误差的消除方法

研究误差最终是为了达到消除或减少误差的目的，以提高测量准确度。

5.2.2.1 系统误差的消除或减少

消除或减小系统误差有两个基本方法：一是事先研究系统误差的性质和大小，以修正量的方式，从测量结果中予以修正；二是根据系统误差的性质，在测量时选择适当的测量方法，使系统误差相互抵消不带入测量结果。

(1) 采用修正值方法。对于定值系统误差可以采取修正措施，一般采用加修正值的方法，如对测深钢卷尺、温度计、密度计的修正。

对于间接测量结果的修正，可以在每个直接测量结果上修正后，根据函数关系式计算出测量结果。修正值可以逐一求出，也可以根据拟合曲线求出。

应该指出的是，修正值本身也有误差，所以测量结果经修正后并不是真值，只是比未修正的测得值更接近真值。它仍是被测量的一个估计值，所以仍需对测量结果的不确定度做出估计。

(2) 从产生根源消除。用排除误差源的办法来消除系统误差是比较好的办法。这就要求测量者对所用标准装置、测量环境条件、测量方法等进行仔细分析、研究，尽可能找出产生系统误差的根源，进而采取措施，例如：使用后的测深钢卷尺其示值总比标准值长一些，这很可能是长期承受尺铊压力的影响。应注意这一因素，可在零位值部分进行调节。还有天平安装不正确(不水平)、支点刀承倾斜、横梁摆动中刀两侧摩擦阻力不等，造成天平向一侧倾斜，应重调，使之水平。

(3) 采用专门的方法：

① 交换法(又称高斯法)。在测量中将某些条件(如被测物的位置)相互交换，使产生系统误差的原因对测量结果起相反作用，从而达到抵消系统误差的目的，如为消除由于天平不等臂而产生系统误差的影响，采取交换被测物与砝码的位置的方法。

② 替代法(又称波尔达法)。替代法要求进行两次测量，第一次对被测量进行测量，达到平衡后，在不改变测量条件下，立即用一个已知标准值替代被测量，如果测量装置还能达到平衡，则被测量就等于已知标准值。如果不能达到平衡，调整使之平衡，这时可得到被测量与标准值的差值，即被测量=标准值+差值，如天平称量时采用的替代等。

③ 补偿法(又称异号法)。补偿法要求进行两次测量，改变测量中某些条件(如测量方向)，使两次测量结果得到误差值大小相等、符号相反，取这两次测量的算术平均值作为测量结果，从而抵消系统误差，如计量检定中采用正反行程检定。

④ 对称测量法。对称测量法即在对被测量器具进行测量的前后，对称地分别对同一已知量进行测量，将对已知量两次测得的平均值与被测得值进行比较，便可得到消除线性系统误差的测量结果。例如：当用补偿法测量电阻时，被测电阻回路的电流和电位差计工作电流随着时间的变化会引起累进的系统误差。因为电流线性变化，测量时间又是等间隔的，所以，采用对称观察法，线性累进的系统误差的影响得以消除。

⑤ 半周期偶数测量法。对于周期性的系统误差，可以采用半周期偶数法，即每经过半个周期进行偶数次观察的方法来消除。该法广泛用于测角仪器。

⑥ 组合测量法。由于按复杂规律变化的系统误差不易分析，采用组合测量法可使系统误差以尽可能多的方式出现在测量值中，从而将系统误差变成为随机误差处理。

由于对随机误差、系统误差等掌握或控制的程度受到需要和可能两方面的制约，当测量要求和观察范围不同时，掌握和控制的程度也不同，于是会出现一误差在不同场合下按不同的类别处理的情况。系统误差与随机误差之间没有不可逾越的明显界限，而且二者在一定条件下可能相互转化。

5.2.2.2 随机误差的消除或减少

随机误差是由很多暂时未能掌握或不便掌握的微小因素所构成的，这些因素在测量过程中相互交错、随机变化，以不可预知方式综合地影响测量结果。就个体而言是不确定的，但对其总体(大量个体的总和)服从一定的统计规律，因此可以用统计方法分析其对测量结果的影响。

事实表明，大多数的随机误差具有单峰性(绝对值小的误差出现的概率比绝对值大的误差出现概率大)、对称性(绝对值相等的正误差和负误差出现的概率相等)、有界性(在一定测量条件下，误差的绝对值不会超过某一界限)等特性。其他如三角分布、均匀分布等也有类似特性。

随机误差按统计方法来评定，如用算术平均值来评定测量结果的数值，用实验标准偏差、算术平均值实验标准偏差来评定测量结果的分散性等。

关于粗大误差，这种明显超出规定条件下预期的误差会明显地歪曲测量结果，应给予剔除。粗大误差产生的原因既有测量人员的主观因素，如读错、记错、写错、算错等，也有环境干扰的客观因素，如测量过程中突发的机械振动、温度的大幅度波动、电源电压的突变等，使测量仪器示值突变，产生粗大误差。此外，使用有缺陷的计量器具，或者计量器具使用不正确，也是产生粗大误差的原因之一。含有粗大误差的测量结果视为离群值，按数据统计处理准则来剔除。

在重复条件下的多次测得值中，测量人员有时会发现个别值明显偏离该数值算术平均值，对它的可靠性产生怀疑。这种可疑值不可随意取舍，因为它可能是粗大误差，也可能是误差较大的正常值，反映了正常的分散性。正确的处理办法是：首先进行直观分析，若确认某可疑值是由于写错、记错、误操作等，或者是外界条件的突变产生的，可以剔除。这就是直观判断或称为物理判别法。

测量数据的简单处理方法如下。

(1) 一般步骤。对一个量进行等精度独立测量后，如系统误差已采取措施消除，应按以下步骤进行测量数据的处理。

① 求算术平均值。算术平均值是一个量的 n 次测量值的代数和再除以 n 而得的商。即：

$$\bar{x} = \frac{(x_1 + x_2 + x_3 + x)}{n} \tag{5-2}$$

式中，$\bar{x}$ 为算术平均值；n 为测量次数。

② 求残余误差(ν_i)及其平方值和。残余误差是测量列中的一个测量值 x_i 和该列的算术平均值 $\bar{x}$ 之间的差 ν_i 。即：

$$\nu_i = x_i - \bar{x} \tag{5-3}$$

残差平方值的和是将各残差平方值相加。

③ 求单次测量的标准偏差(均方差、均方根误差)。测量列中单次测量的标准偏差，是表征同一被测量值的多次测量所得结果的分散性参数。在实际测量中，测量次数虽然是充分的，但毕竟有限，因而往往用残余误差代替测得值与被测量的真值之差，并按下列公式计算标准偏差的估计值。

$$S = \sqrt{\frac{\sum_{i=1}^{n}(x_i - \bar{x})}{n - 1}} \tag{5-4}$$

(2) 标准偏差 σ 的求取。标准偏差 σ 是在真值已知且测量次数 $n \to \infty$ 的条件下定义的。实际上，测量次数总是有限的，真值也是无法知道的。因此，符合定义的标准偏差的精确值是无法得到的，只能求取其估计值。现主要介绍贝塞尔法。

利用贝塞尔法，可在有限次测量的条件下，借助算术平均值求出标准偏差的估计值。上面“一般步骤”中的①、②、③即为贝塞尔法。

除贝塞尔法外，还有佩特斯法、极差法、最大误差法、最大残差法可求出标准偏差。

(3) 粗差的剔除。一组测量数据中难免存在着粗大误差。因此，在估计随机误差时，必须事先剔除其中的粗大误差，否则将显著影响测量结果。常见的剔除粗差方法有莱因达准则、肖维勒准则、格拉布斯准则、t 检验准则、狄克逊准则等。现主要介绍莱因达准则。

莱因达准则(3σ 准则)：

当随机误差呈正态分布时，大于 3σ 的随机误差出现概率小于 0.27%，相当于测量 370 次才出现一次。由此可以认为，对于有限次测量，误差值大于 3σ 一般是不可能的。此时，若出现误差大于 3σ 的测值，则有理由认为它含有粗大误差，应予剔除。这就是莱因达准则剔除粗大误差的原理。莱因达准则以固定概率为基础建立，一律以置信概率 $P=99.73\%$ 确定粗差界限。

设一组等精度测值 x_1、x_2、$x_3 \cdots x_n$，经计算得其算术平均值为 $\bar{x}$，残差 $\nu_i = x_i - \bar{x}$，按贝塞尔公式计算得出的标准偏差

$$\hat{\sigma} = \sqrt{\frac{\sum_{i=1}^{n} \nu_i^2}{n-1}} \tag{5-5}$$

若组中某个测值 x_i 的残差 $\nu_d (1 \leqslant d \leqslant n)$ 满足下式：

$$|\nu_d| = |\nu_d - x| > 3\sigma \tag{5-6}$$

则可认为 ν_d 是含有粗大误差的测值，应予剔除。应该注意的是，测量次数少于或等于 10 次时，残差永远小于 3σ。这时是无法剔除粗差的。因此，只有在测量次数多于 10 次时，莱因达准则才适用。

5.2.3 计量数据处理

由于测量结果含有测量误差，测量结果的位数应保留适宜，不能太多，也不能太少，太多易使人认为测量准确度很高，太少则会损失测量准确度。测量结果的数据处理和结果表达是测量过程的最后环节，因此，有效位数的确定和数据修约对测量数据的正确处理和测量结果的准确表达有很重要的意义。

5.2.3.1 有关名词解释

(1) 正确数。不带测量误差的数，如 3 支温度计、5 个人。

(2) 近似数。接近但不等于某一数的数，如圆周率 π 的近似数为 3.14。在自然科学中，一些数的位数很长，甚至是无限长的无理数，但运算时只能取有限位，所以实际工作中近似数很多。

(3) 有效数字。一个数字的最大误差不超过其末位数字的半个单位，则该数字的左起第一个非零数字到最末一位数字，为有效数字。

如用一支最小刻度为毫米的钢板尺测量某物体长度，得出四个数字：①$L=3$mm；②$L=3.3978\cdots$mm；③$L=3.4126\cdots$mm；④$L=3.4$mm。上述四个数据显然都是近似数，但第一个

数据未能充分利用刻尺的精度，应再多估读一位；第二、三个数据虽然位数较多，但不能通过尺的刻度准确读出来，数据中小数点后第二位以后的数字都是虚假无效的；唯独第四个数据最合理地反映了 L 的真实值，有效地表示了原有物体的真实尺寸。因此称 3.4mm 为 L 的有效值。这一数值的特点是：只有最末一位数字是估读的，而其他位的数字都是准确数字。

（4）有效位数。一个数全部有效数字所占有的位数称为该数的有效位位数，如 3.4 中的“3.4”为两位有效数字。应该指出：

① 有效数字的位数与该数中小数点的位置无关。上例中被测长度 L 的有效数值为 3.4mm；若以米为单位来表示，则为 0.0034m。这两个数字虽然其小数点位置不同，但都为二位有效数字。因此，盲目认为“小数点后面位数越多数值越准确”是错误的，因为小数点在一个数中的位置仅与所选的计量单位有关，而与该数的量值无关。顺便指出，0.0034m 中前面三个“零”是由于单位改变而出现的，都不是有效数字。因此一个数的有效数字必须从第一个非零数字算起。

② 一个数末位的“零”可能是有效数字，也可能不是有效数字。上例中测得的 $L=3.4$mm，如果以微米为单位表示，则 $L=3400\mu$m。但根据有效数字定义，此数仍为二位有效数字，其末两位的“零”不是有效数字。如果用按毫米刻度的刻尺测出一个尺寸为 50mm，则其“50”之末位的“零”显然为有效数字。因此，对于一个数的末位的“零”，不能笼统断言是或者不是有效数字，而必须根据具体情况进行分析。

这里还应指出，对于测量数据，存在着有效数字的概念；对于 $\sqrt{2}$、π、e 这类无理数亦有有效数字的概念。例如，3.14 是 π 的三位有效数字，3.1416 则是 π 的五位有效数字。

③ 乘方形式体现的有效数字。如 3.4mm 可以为 3400μm。此时，如果不加特殊说明，就很难断定 L 的数值是几位有效数字。为了能在选择不同单位的情况下，都能准确无误地辨认出一个数的有效数字位数，可采用如下数据形式：

$$\text{有效数字} \times 10^{n}\ \text{单位}$$

这里 n 为幂指数，根据选定单位而定。例如，有效数字为 3.4mm 的测值可表示成 3.4mm、$3.4\times10^{3}\mu$m、3.4×10^{-3}m、3.4×10^{-2}cm。目前实际确定时，通常将极限误差保留一位数字(精密测量可多保留 1~2 位)，测量结果最末一位数字的数量级取至极限误差数量级相同。例如，光速 c 的估计值为 299792458.0m/s，极限误差为 0.4m/s，因此光速可用下式表示：

$$c=(299792458.0\pm0.4)\,\text{m/s}$$

对于一般性测量，有效位数的确定可以简单些，不必先知道极限误差，只需按计量器具最小刻度值来确定有效位数即可，因为一般计量器具的极限误差与刻度值是相当的。如果对测量结果需要进行计算，如多次测量时求算术平均值，则读数可多估读一位；但最后测量结果的有效位数仍根据计量器具最小刻度值来确定。

从上述分析可以看出，测量数据的有效位数是受测量器具及方法的精度限制的，不能随意选定。例如，成品油计量中散装成品油重量计算时的数据处理，一般规定：

a. 若油重单位为吨(t)时，则数字应保留至小数点后第三位；若油重单位为千克(kg)时，则有效数字仅为整数。

b. 若油品体积单位为立方米(m^3)时，则有效数字应保留至小数点后第三位；若体积单位为升(L)时，则有效数字仅为整数；但燃油加油机计量体积单位为升时，数字应保留至小数点后第二位。

c. 若油温单位为摄氏度(℃)时，则有效数字应保留至小数点后一位，即精确至0.1。

d. 若油品密度单位为g/cm^3时，则有效数字应保留至小数点后第四位；若油品密度单位为kg/m^3，则有效数字应保留至小数点后一位，且$kg/m^3 = 10^{-3} g/cm^3$。

e. 石油体积系数，有效数字应保留至小数点后第五位。

以上数字在运算过程中，应比结果保留位数多保留一位。

5.2.3.2 数字修约原则及近似数运算

(1) 数字修约原则。在处理计量测试数据的过程中，常常需要仅保留有效位数的数字，其余数字都舍去。这时要遵循以下规则进行取舍：

如果以舍去数的首位单位为1，分三种情况进行处理：

① 若舍去部分的数值大于5，则保留数字的末位加1；

② 若舍去部分的数值小于5，则保留数字的末位不变；

③ 若舍去部分数值等于5，则将保留数字的末位凑成整数，即末位为偶数(0、2、4、6、8)时不变，为奇数(1、3、5、7、9)时则加1。为便于记忆，我们将上述规则简化为口诀：

五下舍去五上进，偶弃奇取恰五整。

(2) 近似数的加减运算。近似数的加减，以小数点后位数最少的为准，其余各数均修约成比该数多保留一位，计算结果的小数位数与小数位数最少的那个近似数相同。

(3) 近似数的乘除运算。近似数的乘除，以有效数字最少的为准，其余各数修约成比该数字多一位的有效数字；计算结果有效数字位数，与有效数字的位数最少的那个数相同，而与小数点位置无关。

(4) 近似数的乘方运算。乘方运算是乘法运算的特例，其规则与乘除运算规则类同：数进行乘方运算时，幂的底数有几位有效数字，运算结果就保留几位有效数字。

(5) 近似数的开方运算。开方运算是乘方的逆运算，所以可以由乘方运算规则导出开方运算规则：数进行开方运算时，被开方数有几位有效数字，求得的方根值就保留几位有效数字。

(6) 近似数的混合运算。进行混合运算时，中间运算结果的有效数字位数可比按加、减、乘、除、乘方、开方运算规则进行计算所得的结果多保留一位。

这里应该指出，为可靠起见，实际计算过程中的数据和最终结果的数的位数可比按以上有关规则规定的多保留1~2位，作为保险数字，这要视具体情况而定。

(7) 修约注意事项：

① 不得连续修约，即拟修约的数字应在确定位数一次修约获得结果，不得多次连续修约。例如：修约15.4546至个位，结果为15，不正确修约是：15.4645→15.455→15.46→15.5→16。

② 负数修约，先将它的绝对值按规定方法进行修约，然后在修约值前加上负号，即负号不影响修约。

5.3 计量检定与计量检定规程

5.3.1 计量检定

5.3.1.1 计量检定基础

(1) 计量检定的定义。计量检定是查明和确认计量器具是否符合法定要求的程序，它包括检查、加标记和出具检定证书。检定的对象是计量器具；主要评定的是计量器具的特性，检定是评定全部计量特性直至判断计量器具是否合格的全部工作；结论是确定计量特性器具是否符合法定要求，是否可出厂或继续使用；检定作为计量工作的专门术语，在法制方面具有强制性。

(2) 校准的定义。校准是在规定条件下，为确定测量仪器或测量系统所指示的量值、实物量具、参考物质所代表的量值，与对应的由标准所复现的量值之间关系的一组操作。

(3) 校准与检定的区别：

① 检定具有强制性，必须按法定技术文件检定规程的要求进行；校准按国际惯例，属于非强制性，具有更多的灵活性，可以按照校准规范进行操作，而校准规范属于应遵守但非强制执行的推荐性指导文件。

② 检定是评定计量器具的全部计量特性，并且要符合检定规程中的其他计量管理要求；校准是确定计量器具的示值误差或给标尺标记赋值，也可以确定其他计量特性。

③ 检定完毕，应给出检定证明书或检定结果通知书，赋予相应的检定标记或封印，并具有法律效力；校准完毕，则给出校准证书或校准报告。

5.3.1.2 检定规程

计量器具的准确度等级、最大允许误差、测量不确定度都应当在规定的正常工作条件下判定。计量器具的稳定性，是指在规定工作条件下计量器具保持其计量特性恒定的能力。受检的计量器具应当由哪一等级的计量标准对它进行检定，可以从该计量器具的检定系统中查出。

(1) 检定的步骤：

① 外观检查。

② 正常性检查。

③ 计量特性的检定。

④ 检定结果的处理。

(2) 检定记录：

① 计量器具的名称、型号、额定特性和参数。

② 检定条件，包括检定室或介质的温度。

③ 检定时所用的计量标准的名称、型号及编号。

④ 检定时间(年、月、日)。

⑤ 检定过程中所进行的每一次独立测量的结果。

⑥ 对记录进行分析，并做出是否合格的结论。

⑦ 有效期。

⑧ 检定员及核验员签字。

5.3.1.3 计量器具的检定

（1）检定器具类别：

① 实物量具：使用时以固定形态，复现或提供给定量的一个或多个已知值的器具。

② 计量仪器：将被测量值转换成可直接观察的示值或等效信息的计量器具。

③ 计量装置：为确定被测量值所必需的计量器具和辅助设备的总体。

④ 标准物质：具有一种或多种足够均匀和很好地确定了的特性，用以校准测量装置、评价测量方法或给材料赋值的一种材料或物质。

（2）检定分首次检定和后续检定二类：

首次检定是对未曾检定过的新计量器具进行的一种检定。后续检定是指首次检定后的任何一种检定。

（3）计量器具的检定分强制检定和非强制检定：

强制检定：县级以上人民政府计量行政部门对社会公用计量标准器具，部门和企业、事业单位使用的最高计量标准器具，以及用于贸易结算、安全防护、医疗卫生、环境监测的列入强制检定目录的工作计量器具，实行强制检定。

非强制检定：实施强制检定之外的计量器具进行的检定。

5.3.2 计量法规

国家质量技术监督局1999年第6号公告：企业使用的非强检计量器具由企业依法自主管理。非强检计量器具的检定周期，由企业根据计量器具的实际使用情况，本着科学、经济和量值准确的原则自行确定。非强检计量器具的检定方式，由企业根据生产和科研的需要，可以自行决定在本单位检定或送其他计量检定机构检定、测试。

5.3.2.1 计量检定规程与国际计量组织

计量检定规程指在检定计量器具时，对计量特性、技术要求和计量器具控制等所做的技术规定，是判定计量器具是否合格的法定技术文件。计量检定规程的主要作用在于：统一测量方法，确保计量器具给出量值的准确一致，使全国的量值能在一定的允差范围内溯源到计量基准，也是计量监督人员对计量器具实施监督管理、计量检定人员执行检定任务的法定依据。计量检定规程分为国家、地方和部门计量检定规程。

国际建议也称为国际计量规程，由国际法制计量组织制定，是针对某种计量器具而制定的推荐性计量技术法规。截止到1999年9月，国际法制计量组织已公布118个国际建议。

5.3.2.2 计量检定印证

计量检定印证指在计量检定管理工作中证明计量器具检定结论的印证或文件。

计量检定印证的种类：检定证书、检定结果通知书、检定合格证、检定合格印(錾印、喷印、钳印、漆封印)、注销印、检定标记等。

5.3.2.3　计量监督体制

计量监督体制是指计量监督工作的具体组织形式，体现国家与地方各级计量职能部门之间、各主管部门之间、各企事业单位之间在计量监督中的关系。

(1) 计量监督机构。国务院计量行政部门(国家市场监督管理总局)的全国计量工作实施统一监督管理。

1998 年 2 月国务院批准[质量技术监督管理体制改革方案]，质量技术监督系统实行省以下垂直管理体制，各级质量技术监督局为其所在区域内的计量监督机构。

(2) 计量检定人员。计量检定人员指各级计量行政部门、各部门及企事业单位所属的计量检定机构中经过考核合格，持有计量检定证件，执行强制检定和其他检定、测试任务的人员。计量检定人员应具备的业务条件有一定要求，包含学历、熟悉计量法律、法规和规章和能熟练掌握所从事计量检定项目的操作技能。

(3) 计量授权。计量授权是计量法赋予政府计量行政部门的一项权力，目的是充分利用社会的计量测试资源和技术力量，为实施计量法服务。计量授权的原则：经济合理、就地就近、方便生产、利于管理。计量授权的主要形式：

① 授权专业或区域性计量检定机构为法定机构。

② 授权建立国家计量基准、社会公用计量标准。

③ 授权对内部使用的强制检定工作计量器具执行强检。

④ 其他检定、测试任务。

5.3.2.4　计量器具的监督管理

对计量器具的制造、销售、检定和使用依法进行监督管理是计量立法的基本内容和国家法制部门的主要职责。

(1) 计量器具新产品的型式批准和样机试验。计量器具新产品的型式批准和样机试验是从设计环节开始进行质量监控的制度，对避免产品先天不足具有重要意义。

(2) 制造、修理计量器具许可证制度。制造、修理计量器具实行许可证制度是政府监控计量器具产品质量的又一个重要环节。

制造、修理计量器具许可证制度包括申请、受理、考核和发证以及随后的监督管理。

(3) 重点管理的计量器具。1999 年 2 月，国家质量技术监督局发文[政发 41 号]发布首批重点管理的计量器具目录。关于制造许可证的申请、考核和发证工作，国家局有具体规定。计量器具目录：电能表、水表、煤气表、衡器(不含杆秤)、加油机(含加油机税控装置)、出租汽车计价器。

(4) 进口计量器具的监督管理。进口或在中国境内销售列入[中华人民共和国进口计量器具型式审查目录]的计量器具的向国家局申请办理型式批准。

申请进口[中华人民共和国依法管理的计量器具目录]内的计量器具，到进口所在地区、部门的机电进口管理机构申请登记，提供相关证明。申请进口[中华人民共和国依法管理的计量器具目录]内的计量器具，在销售前必须经省级政府计量行政部门检定。当地不能检定的向国家局申请检定。

【习题】

1. 简述油料计量的特点、作用与意义。
2. 简述误差的种类和，误差的表示方法。
3. 结合误差特性，简述如何减小误差。

第 6 章　油品静态计量

油品处于静止状态下的计量方式称为油品静态计量。油品静态计量包括容器计量和衡器计量两大部分。容器计量基本的方法是用油品在容器内的体积，乘以油品密度得到油品的质量。衡器计量基本的方法是利用各种称量原理确定作用在物体上的重力，除以重力加速度得到油品的质量。

航空油料的静态计量应优先采用满足计量性能要求的自动测量设备，但由于自动计量设备成本高、维护困难、精度相对较低等特点，现阶段国内航油油库的计量以自动计量为参考、人工测量为主的模式。人工计量的特点是：设备简单，便于操作，能取得较高的测量精度。人工计量一般测量油水总高、水高、油品温度、大气温度和取样测量密度等参数，然后根据这些条件并借助容器的容积表、GB/T 1885—1998《石油计量表》和 GB/T 19779—2005《石油和液体石油产品油量计算 静态计量》来计算出该容器内油品的质量。

6.1　计量对象

在静态计量工作开展之前，必须明确计量的对象，即储存燃油的容器是什么。从炼油厂出来的航空燃油，一般通过储油库、中转油库以及机场油库，最后加注至飞机，运输方式大多采用管道运输、汽车油罐车、火车油罐车以及油船。因此，实际上在整个流程中，涉及静态计量的环节有储油库、中转油库、机场油库以及汽车油罐车、火车油罐车和油船。这些环节决定了在航空燃油静态计量过程中需要重点关注的对象。根据储油容器的结构特点与功能用途，计量对象主要包括油罐、铁路油罐车、汽车油罐车和油船四种。

6.1.1　油罐

油罐是用来储存航空燃油的大型容器。人工计量，容器是主体，因为油是装在油罐或罐车这些容器内的。要计算出容器内油品在调入、销售、储存中准确的数量，都要在容器内采集到一系列基本数据，然后通过计算才能得到。因此，要求储油容器处于良好的技术状态，以满足航油人工计量的需要。

油罐按建造材料划分为金属罐和非金属罐。金属罐材料主要采用 A3F 平炉沸腾钢板(油罐环境温度低于-10℃的采用 A3 平炉镇静钢板)，非金属罐材料主要采用玻璃钢，极少数采用水泥混凝土。航空油料的储罐采用金属罐。

油罐按建造位置划分为地上罐、地下罐或半地下罐和山洞罐等，民用航空油罐绝大部分均为地上罐，军队由于某些特殊需要会建造其他类型的储罐。

油罐按几何形状划分为立式圆柱体、卧式圆柱体和球体三种。立式油罐只有罐身为立式圆柱体，罐顶为多种形状，主要建在油库用以油料的储存，如图 6-1 所示。卧式油罐只有罐身为卧式圆柱体(汽车罐车和部分铁路罐车为椭圆体)，罐顶除平顶外还有多种形状，主要用于油料的运输、回收、扫槽和排污等，如图6-2所示。球形罐是一种压力容器，罐体为球体，主要建在炼油厂、液化气站，用于储存液氨、液化石油气、液化天然气及各种压缩气体等，航空油料几乎不使用此类型罐。

图6-1 立式金属油罐

图6-2 卧式金属油罐

油罐按结构功能划分为固定顶罐、外浮顶罐和内浮顶罐三种。固定顶罐有一个固定不动的罐顶，其形状大多为拱形，常称“拱顶罐”，常用于航空煤油的储存。外浮顶罐的罐顶能随着储液顶的水平线上升或下降，可以有效地降低罐内气相空间进而降低蒸发损耗，但由于缺少外部固定结构保护，航空油料基本不采用此形式储存。内浮顶罐相当于固定顶罐和外浮顶罐的结合，既有固定顶防止风、砂、雨雪或灰尘的侵入，又有浮盘减少内部气相空间，常用于航空煤油和航空汽油的储存。

6.1.2 铁路油罐车

铁路油罐车是航空燃油铁路运输的专用车辆，有载质量30t、50t、60t、70t、80t等多种规格，如图6-3所示。在目前情况下，它既是运输工具，又是主要的计量器具。

图6-3 铁路油罐车

铁路罐车主要由走行部、制动装置、车钩缓冲装置、车体、附件等组成。走行部的作用一是承受车辆自重和载重，二是在钢轨上行驶，完成铁路运输位移的功能。制动装置的作用是保证高速运行中的铁路罐车能在规定的距离内停车，在运行中减速或使调车作业的罐车停止。车钩缓冲装置的作用一是将机车与车辆、车辆与车辆之间互相联挂，联成一组列车或车列；二是能传递纵向作用力，包括机车传动的牵引力和制动时产生的冲击力；三是缓和机车与罐车间的动力作用。车体由底架和罐体等部分组成，底架是车体的基础，主要承受作用于车辆上的牵引力、冲击力、承受罐体载重和其他力；罐体是储存燃油的主要容器。车辆附件主要有呼吸阀、泄油阀、外梯、走板、吸油口、进气口、遮阳罩等。

铁路罐车根据所运货物的不同，主要分为轻油罐车和黏油罐车。凡充装的油品黏度较小，密度≤900kg/m³的罐车称为轻油罐车，航空煤油和航空汽油常采用轻油罐车运输。由于轻油类液体渗透能力强，易蒸发，易膨胀，所以大多采用上装上卸式，罐体外部涂刷成银白色。我国目前使用的轻油罐车主要有 G_6、G_9、G_{13}、G_{15}、G_{16}、G_{18}、G_{19}、G_{50}、G_{60}、G_{60A}、G_{17G}、G_{70}、G_{70A}、G_{70B} 等多种类型。

6.1.3 汽车油罐车

汽车油罐车是公路运输航空油料的特种专用车，主要应用于燃油用量较少的通航机场或支线机场，如图6-4所示。规则的汽车油罐车由专门设备制造厂生产，目前我国汽车油罐车容量主要为5m³、8m³、10m³、15m³等。不规则的汽车油罐车也可由具有相应技术条件和生产许可证的单位制造安装，其容量范围一般为2~30m³。

图6-4 汽车油罐车

汽车油罐车由油罐、汽车车身(包括车架、底盘、发动机)和附属设备三部分组成。油罐罐体形状是根据公路运输燃料油的流动性特点，结合车型等设计制造的，一般为椭圆形罐体，也可根据用户特别要求制造。罐体用4~13mm厚的钢板焊接制成，罐体顶部有帽口(人孔)，内部有防波挡板，底部有进、出油管和阀门等。

汽车油罐车的罐体应无渗漏、罐内洁净，罐体上的呼吸阀、人孔、垫圈、放油管、放油阀、排污阀、接地线以及油泵和灭火器等附属设备应齐全完好，汽车油罐车的设计、制造、安装和使用均应符合易燃易爆石油化工产品的安全规定。

对于用量较小的通航机场，也有将汽车油罐车改装为飞机加油车的情况，此时汽车油罐车兼顾油料运输和加注的功能，但对航空油料的质量控制和计量统计提出了更高要求。

6.1.4 油船

油船是航空油料水路运输的专用载具，如图 6-5 所示。根据有无动力系统，油船可分为油轮和油驳两大类。

图 6-5 油船

油轮有动力设备，可以自航，一般没有输油、扫舱、加热以及消防等系统，分为万吨以上、3000 吨以上和 3000 吨以下。油轮多用单层底和单层甲板。近年来，新建油轮多为双层底，并用纵横舱壁分隔成若干相互密封隔绝的舱室，增加了油轮的稳定性，减少因油轮晃动时油品的水力冲击。油轮上的管路系统主要由输油管系、清舱管系、蒸汽加热管系、通气管系、消防及惰性气体管系、洒水系统等组成。当几个舱室缓慢抽油时，可使油轮向船首或船尾倾斜，以便将油品抽吸干净，还可增加防火安全性。油轮的机器舱、燃料舱等其他舱室之间设有隔离舱，防止油类气体向其他舱室渗漏，以防火防爆。当运载几种油品时，为避免隔离板泄漏造成油品混合变质，每两个舱室之间设一隔离舱。油轮还设有油泵舱、压载舱等。每一油轮尾端的舱壁附近设有垂直的量油口，供测量舱内油深。

油驳不带动力设备，必须依靠拖船牵引并利用油库的油泵和加热设备装卸和加热油品，油驳的载重量有 100t、300t、400t、600t、1000t、3000t 等多种。油驳一般有 6~10 个油舱，并有一套可以相互连通或隔离的管组，也可装载两种以上的油品。油驳是单条或多条编队，由拖轮拖带或顶推航行。拖轮上配有强大能力的消防设施。

6.2 油品计量方法

静态计量的本质即是测量航空燃油的多少，也就是对燃油的质量进行精确的检测与计算。由于直接检测燃油质量的方法相对较困难，因此大多采用间接测试的方法，理论的计算方法主要有两种。

第一种是按照重力与重力加速度之比进行计算，即采用衡器称重的方式。该方法较为简单，但是对于储罐等大型储油容器，直接检测燃油重量显然不切实际，且该方法受当地加速度的影响较大，仅适用于汽车油罐车和铁路油罐车的计量。其中，对于航空油料静态计量，汽车衡称重适用于汽车罐车油料称重计量，需选用准确度等级为 0.2 级的汽车衡，汽车衡称重前应确认零点。轨道衡称重适用于铁路罐车称重计量，需选用准确度等级为 0.2 级的轨道衡，轨道衡称重前应确认零点。

第二种是按照体积与密度的乘积并通过换算后进行计算，其中体积能通过容器的形状与燃油的液位分析获得，而密度可以在实验室直接测量求得。但在整个分析过程中，温度对燃油物性的影响较大，而由于液体不可压缩，压力的影响常常可忽略。综上所述，对航空油品的静态计量，主要是针对油品的液位、温度以及密度测量，通过这三种指标的检测分析，就可以通过理论计算得到油品的质量。

6.2.1 容器内的油品液位测量

容器内石油液面以及水位高度的计量，最小计量单位为毫米(mm)。测量罐内液面高度的目的，在于取得罐内油品在计量温度下的体积，记为 V_t。

6.2.1.1 长度的基本概念

液位测量的本质就是对长度进行测量，即对物体几何量的测量，其主要任务是：确定长度基本单位和对应单位制的转化；建立标准传递系统和传递方法；正确使用计量器具，合理选择测量方法和确定测量精度。长度计量的国际基本单位(SI)为“米，m”，米的标准定义是：光在真空中在 1/299792458s 时间间隔内所行进的长度路程。航空油料计量常用的单位为“毫米，mm”。

目前，我国用于长度量值传递的基准装置主要包括 633nm He-Ne 碘稳频激光器和拍频测量装置两部分。前者用来产生一频率(波长)稳定的激光辐射，后者则用于量值传递。

与石油计量密切相关的线纹尺属于几何量计算的一个部分，如油品静态计量用的测深钢卷尺、测水尺(又称检水尺或量水尺)，检定油罐(车)用的钢围尺、钢板尺等。线纹尺是以尺面上的刻度或纹印间的距离复现长度。散装油品计量用钢卷尺属工作用计量器具，检定油罐用钢卷尺属标准计量器具，它们都是国家列入强制检定目录的计量器具，必须经上一级计量标准检定合格后才能使用。

6.2.1.2 容器内油品液位测量有关术语

容器内航空油料液位测量过程中涉及的有关术语如下：

① 检尺：用测深钢卷尺测量容器内油品液面高度(简称油高)的过程。

② 检尺口(又称计量口)：在容器顶部，进行检尺、测温和取样的开口。

③ 参照点：在检尺口上的一个固定点或标记，即从该点起进行测量。

④ 检尺板(又称基准板)：一块焊在容器底(或容器壁)上的水平金属板，位于参照点的正下方，作为测深尺铊的接触面。

⑤ 检尺点(又称基准点)：在容器底或检尺板上，检尺时测深尺铊接触的点。

⑥ 参照高度：从参照点到检尺点的距离，记为 H_r。

⑦ 油高：从油品液面到检尺点的距离，记为 H_o。
⑧ 水高：从油水界面到检尺点的距离，记为 H_w。
⑨ 空距：从参照点到容器内油品液面的距离，记为 H_u。
各术语所表示的位置及距离如图 6-6 所示。

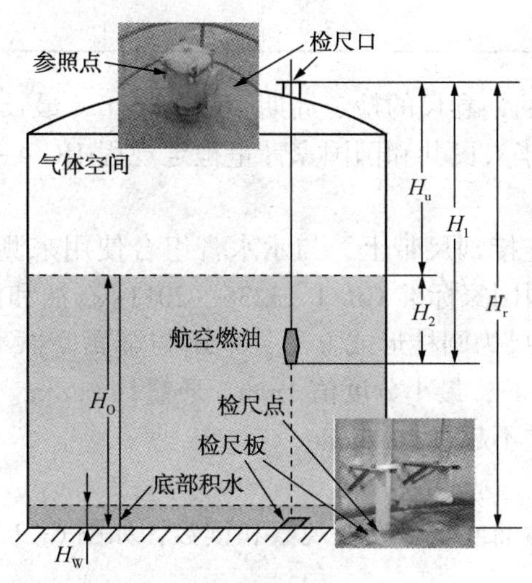

图 6-6 液位测量术语示意图

6.2.1.3 量具的基本结构和技术条件

(1) 量油尺：

① 量油尺又称测深钢卷尺，是一种用于测量液体深度的组合型专用量具，应符合中华人民共和国国家标准 GB/T 13236—2011《石油和液体石油产品 储罐液位手工测量设备》的要求。量油尺由尺带、尺铊、尺架、尺柄、摇柄、挂钩、轮钻等组成，这些部件材料除尺带应是含碳量质量分数约 0.8%、抗拉强度为 1600～1850N/mm²、线膨胀系数为 $(11\pm1)\times10^{-6}$℃$^{-1}$、具有弹性并经过热处理的钢带外，其他部件都应采用撞击不发生火花的材料，如图 6-7 所示。

② 量油尺的量程一般为 5m、10m、15m、20m、25m、30m、40m 和 50m；尺带一般宽 (13±0.5) mm，厚 (0.25±0.05) mm；测量航空油料的尺铊是一个下部为锥状的圆柱体，重量一般为 700g 左右，其最小分度值为 1mm。

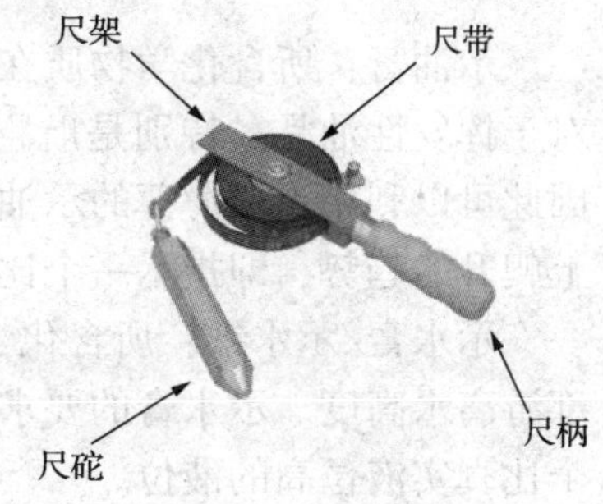

图 6-7 量油尺

③ 计量性能。包括线纹宽度、零值误差和示值误差。测深钢卷尺的线纹宽度不超过 0.50mm，线纹宽度误差不超过线纹最大宽度的±20%；测深钢卷尺的零值误差是从尺铊的零点基准面到 500mm 线纹处的误差，其最大允许误差为 $\Delta=\pm0.5$mm；示值误差的毫米分度不超过±0.1mm，厘米分度不超过±0.2mm。

④ 准确度。新制造的尺带和尺砣的组合体，在规定的标准温度和张力下与标准测量设备比较时，应满足表 6-1 的最大允许误差要求。

表 6-1　量油尺的最大允许误差

量油尺长度/m	新量油尺的最大允许误差/mm	使用中量油尺的最大允许误差/mm
0.000~30.000	±1.5	±2.0
30.001~60.000	±2.25	±3.0
60.001~90.000	±3.0	±4.0

⑤ 检定周期。使用中的钢卷尺的检定周期一般为半年，最长不得超过 1 年。

⑥ 检定规程。依据中华人民共和国国家计量检定规程 JJG 4-2015《钢卷尺检定规程》。

(2) 测水尺：

测水尺(见图 6-8)是连接到尺带上，与示水膏组合使用来测量罐内游离水高度的刻度尺，应符合中华人民共和国国家标准 GB/T 13236—2011《石油和液体石油产品 储罐液位手工测量设备》的要求。测水尺为圆柱形或方形，采用与金属摩擦不发生火花的材料制成(一般为黄铜)，刻度全长 300mm，最小分度值 1mm，质量约 0.8kg。从零点基准到刻度尺上任意点的距离，最大允许误差不超过±0.5mm。

(3) 界面指示膏：

界面指示膏用以指示燃油或水以方便观察和读数，如图 6-9 所示。

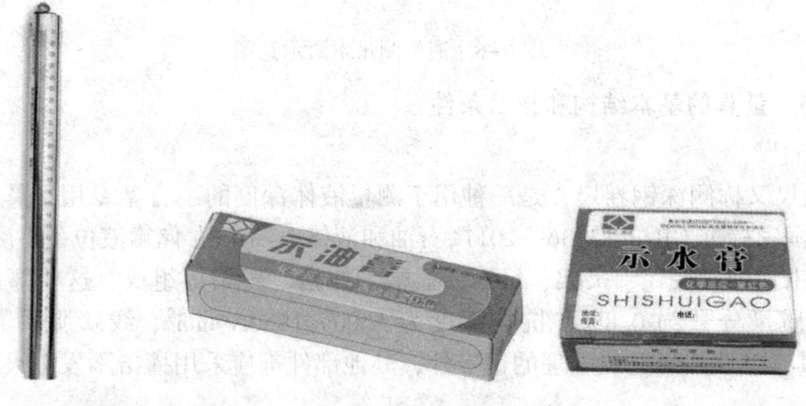

图 6-8　测水尺　　　　图 6-9　界面指示膏

示油膏：所含化学物质在接触油时可以改变颜色的膏状物，可以有效地检测油品高度。对于挥发性油品，特别是航空汽油，可能无法直接在尺带或尺砣上显示清晰准确的液痕，因此可以利用一层薄薄的示油膏较好地解决这个问题。示油膏不应使指示液位存在任何向上爬升的趋势，即指示一个比真实液位高的液位，由此会得到一个比较小的空高。

示水膏/示水纸：所含化学物质在接触水时可以改变颜色的膏状物，可以有效地检测底部游离水高度。示水膏的要求与示油膏类似，不应指示有向上爬升趋势的液位，即指示一个比真实液位高的液位。

6.2.1.4　油水总高测量

(1) 计量注意事项。所有测量操作应符合中华人民共和国国家标准 GB/T 13894—1992《石油和液体石油产品液位测量法(手工法)》的规定。其计量注意事项主要包括以下方面。

① 检尺部位。立式金属罐、卧式金属罐均在罐顶计量口的下尺槽或标记处(参照点)进

行检尺；铁路罐车在罐体顶部人孔盖铰链对面处进行检尺；汽车罐车和油船在罐体顶部计量口加封处进行检尺。

② 液面稳定时间。收发油后进行油面高度检尺时必须待液面稳定、泡沫消除后方可进行检尺。对于航空油料，其最小液面稳定时间有表 6-2 的规定。

表 6-2 航空油料最小液面稳定时间

储存容器	航空煤油/min	航空汽油/min	储存容器	航空煤油/min	航空汽油/min
≥5000m^3的油罐或油舱	30	30	铁路罐车或汽车罐车	5	30
<5000m^3的油罐或油舱	10	30			

③ 新投用和清洗后的立式油罐应在罐底垫 1m 以上的油后，再进行收发油品交接计量。

④ 浮顶罐的油品交接计量应在浮顶起浮后进行量油，以避免收发油前后浮顶状态发生变化产生计量误差。

⑤ 油品交接计量前后，与容器相连的管路工艺状态应保持一致。

（2）实高测量法。实高测量法就是直接测量实际液面的高度。检尺前将油面估计高度尺带上的残油擦净，必要时涂拭示油膏。一手握住尺手柄，另一手握住尺带，将尺带放入下尺槽或帽口加封处，让尺铊重力引尺下落。在尺铊触及油面时，放慢尺铊下降速度。尺铊距罐底 10~20cm 时放慢下降速度，尺铊触底即提尺。对于提尺时间的要求：轻油尺铊触底即提，然后迅速收尺、读数。读数从小到大，即毫米、厘米、分米、米。

然后核实参照高度，即如果量油尺读数与参照高度不符，可能是尺砣碰到容器底上的障碍物，这时就必须用尺砣探查底部，直到获得正确的读数为止。如果不能取得正确的读数，计量员应做好记录并及时报告。如果第二次测量值与第一次测量值相差大于 1mm，应重新测量，直到两次连续测量值相差不大于 1mm 为止，记录测量值，取第一次测量值作为油高。由于航空汽油的挥发性较高，若读数困难，可以在量油尺上的液面读数附近涂上示油膏，但一定不能使用粉笔或其他多孔性材料。

报告检尺日期、时间、容器名称、编号和测量点、油品名称等全部有关的细节，最终报告的检尺量值应准确到 1mm。

（3）空高测量法。空高测量法是测量油面主计量口上部参照点与液面之间的空间高度。用测深钢卷尺测量操作大致同测实法，主要的不同点是：下尺后尺带进入油面即可在主计量口上部基准点读数，提尺再读液面浸没高读数。

测量空距时，从参照点处缓慢降落尺砣，直到量油尺上的一个整数米刻度准确地与参照点处在一条水平线上。提出量油尺，记录被浸湿的量油尺长度 H_2 与参照点处在一条水平线上的量油尺刻度值 H_1，如图 6-10 所示。

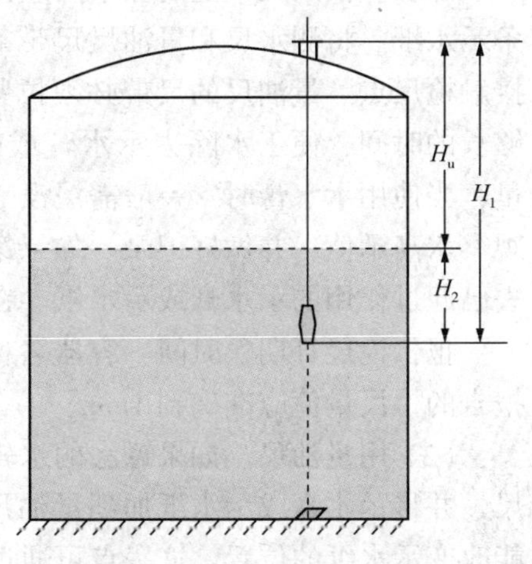

图 6-10 空距测量示意图

空距的计算公式为：

$$H_u = H_1 - H_2 \tag{6-1}$$

式中，H_u 为空距值，mm；H_1 为参照点处在一条水平线上的量油尺度数，mm；H_2为尺带浸没部分读数，mm。

重复上述操作，直到两次连续测量的读数相差小于等于 2mm 为止。如果两次测量值相差小于等于 1mm，取第一次测量值为空距值；如果两次测量值相差大于 1mm，取两次平均值为空距值。最后报告检尺日期、时间、容器名称、编号和测量点、油品名称等全部有关的细节，最终报告的检尺量值应准确到 1mm。

在某些情况下，还可以把空距值转换成油高值。从图 6-6 可以看出，油高值 H_o和空距值 H_u的关系如下：

$$H_o + H_u = H_r \tag{6-2}$$

$$H_o = H_r - H_1 + H_2 \tag{6-3}$$

另外还有一种用测空杆测量容量内空高的方法。

测空杆俗称丁字尺，是按长度单位或体积单位刻度的木质或其他材质的刚性杆，是检定和计量铁路罐车、汽车罐车、卧式油罐等小型储油容器中油高的工具之一，是测量罐内液面空间高度的专用器具。丁字尺应具有覆盖罐内液位正常运行范围的合适长度，刻度标记应粗细一致，宽度不超过 0.5mm，而且垂直于测量杆的边缘。丁字尺的长度不宜过长，太长的丁字尺在大风中难于使用，因此长度最好不超过 5m。

丁字尺由水平横梁和垂直直尺两部分组成。横梁的下端面呈水平状，长度略大于计量口的直径，直尺与横梁垂直。测量时将直尺缓慢地伸入计量口，直到横梁轻轻地放在计量参照点或测空口的边缘之上，任直尺浸入液体中。然后提出丁字尺，直接在刻度标尺上读出没有浸油部分的长度。

例如将丁字尺置于某汽车油罐车的测量部位，线段刻度显示为 152mm，则空距为 152mm。该罐车参照高度为 1300mm，油面的实际高度为 1300−152＝1148mm。

6.2.1.5　罐内水位测量

（1）用测水尺。大多数情况下，水的高度都小于或等于 300mm，此时应使用测水尺进行测量。

加在量油尺尺带上的测水尺应涂上一层很薄的示水膏，或用夹子垂直地夹上一条或多条示水纸。将测水尺和量油尺尺带靠近参照点，紧贴检尺口壁降落到容器中，直到轻轻地接触检尺点。量油尺的尺带必须拉紧，以保证测水尺垂直。测水尺在这个位置上要维持足够长的时间，便于水除去示水膏或改变示水膏/示水纸的颜色。对于航空燃油底部水的测量，当使用示水膏时，一般需浸没 3～5s，使用示水纸则需要更多时间。最后提出测水尺，观察水高示值，并做好记录。如果第一次浸没检水尺不能得到清晰的水层读数，就必须除去已起过作用的示水膏或示水纸。在做下一次测量之前，应将检水尺擦干后并立即使用。

报告检尺日期、时间、容器名称、编号和测量点、油品名称等全部有关的细节，最终报告的检尺量值应准确到 1mm。

（2）用量油尺。如果罐底的水较多，当高度大于 300mm 时，应使用测深尺砣代替测水尺，并将示水膏或示水纸加到量油尺上。如果使用示水纸，必须注意保证在测量操作中不能改变示水纸的位置，这一点可通过在示水纸上相对于量油尺刻度做一个记号来达到。

使用测深量油尺和使用测水尺的方法相同，所以必须遵守相应的注意事项。

6.2.2 容器内的油品温度测量

6.2.2.1 温度的基本概念

温度是描述系统不同自由度之间能量分布状况的基本物理量。温度是决定某一系统是否与其他系统处于热平衡的宏观性质，一切互为热平衡的系统都具有相同的温度。其单位名称为开尔文，单位符号为K，它是国际单位制(SI)中七个基本单位之一。

为了保证温度量值的统一和准确，应该建立一个用来衡量温度的标准尺度。温度的数值表示法，就称为温标。由于温度这个量比较特殊，只能借助于某个物理量来间接表示。因此，温度的尺子不能像长度的尺子那样明显，它是利用一些物质的“相平衡温度”作为固定点刻在“标尺”上，而固定点中间的温度值则是利用一种函数关系来描述的，称为内插函数(或称内插方程)。通常把温度计、固定点和内插方程叫作温标的三要素，或称为三个基本条件。从温标发展来看，有经验温标、热力学温标和国际温标。借助于某种物质物理参量与温度变化的关系，用实验方法或经验公式构成的温标，称为经验温标，如摄氏、华氏、列氏温标等。经验温标的缺点是具有一定的局限性和随意性。

目前，石油计量采用的摄氏温标即属于经验温标。它由瑞典科学家摄尔休斯于1742年提出：规定在一个标准大气压下，水的凝点定为0度(又称冰点)，水的沸点定为100度。然后把0度和100度之间分成100等分，每一等分就叫作1摄氏度。再按同样分度大小标出0度以下和100度以上的温度，0度以下的温度为负值。这种标定温度的方法称为摄氏温标，用摄氏温标表示的温度称为摄氏温度。摄氏温度的每一刻度和热力学温度的每个刻度是完全一致的。摄氏温标的单位叫摄氏度，摄氏度是国际单位制(SI)中具有专门名称的导出单位，其单位符号为“℃”。摄氏温度与热力学温度之间的换算关系为：

$$t = T - T_0 \tag{6-4}$$

式中，t为摄氏温度,℃；T为热力学温度，K；T_0为水的冰点热力学温度，T_0=273.15K。

温度测量在航空油品静态计量中，是一个不可缺少的项目。严格地说，没有温度相对应，油高和密度都是无效的。航空油品温度是确定油高量值和密度量值的前提。

利用物质的某些物理性质随温度变化而变化进而制成的计量器具即为温度计。通常有体积式、电阻式、压力式、热电势式、辐射式等。石油计量用温度计大部分为体积式(膨胀式)温度计，它是根据物体随温度的变化而膨胀或收缩的原理制成的。由于它价格便宜，使用简单，精度符合石油计量要求，因此应用十分广泛。

石油计量用温度计属于国家强制检定的计量器具，应符合中华人民共和国国家标准GB/T 514—2005《石油产品试验用玻璃液体温度计技术条件》和中华人民共和国国家计量检定规程JJG 130—2011《工作用玻璃液体温度计检定规程》的要求。

对于大型储罐，不同位置的燃油温度可能存在差异，即出现温度分层的现象，因此需要对储罐的位置进行明确区分。规定油品上部相当于油品深度5/6的位置，油品中部相当于油品深度1/2的位置，油品下部相当于油品深度1/6的位置，如图6-11所示。

6.2.2.2 容器内石油温度测量有关术语

容器内航空油料温度测量过程中涉及的有关术语如下：

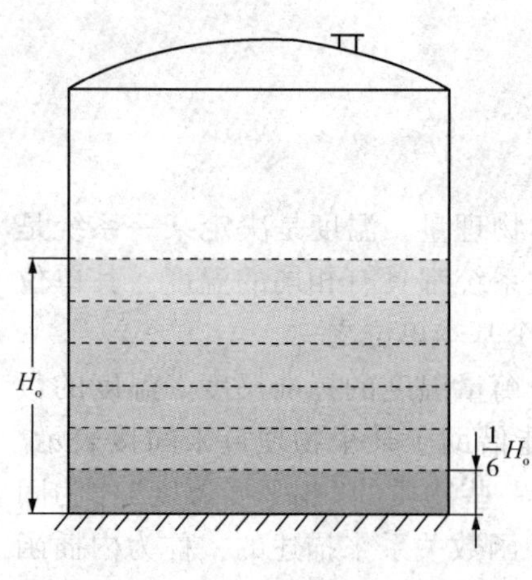

图 6-11　油品深度位置

计量温度(t)：储油容器或管线内的油品在计量时的温度,℃。

试验温度(t')：在读取密度计读数时的液体试样温度,℃。

6.2.2.3　量具的基本结构和技术条件

(1) 石油温度计。石油温度计是石油产品试验过程中测量温度用的专用器具，按照结构可分为棒式温度计和内标式温度计两种。

棒式温度计：温度计由棍状厚壁毛细管构成，感温泡与毛细管内的毛细孔相通。标尺刻线、数字、商标等直接刻印在棒状毛细管表面。

内标式温度计：温度计为套管式，外套管内有内芯毛细管和独立的标尺板，感温泡与外套管和内芯毛细管相互熔接在一起。标尺刻线、数字、商标等刻印在乳白色的标尺板上，标尺板与内芯毛细管、外套管固定在一起。

按照浸没深度，石油温度计可分为局浸温度计和全浸温度计两种。

局浸温度计：当温度计的感温泡和液柱的规定部分浸没在被测温度介质内，才可正确显示温度读数的玻璃液体温度计。

全浸温度计：当温度计的感温泡和所有液柱部分浸没在被测温度介质内，且浸入的液柱顶部与被测温度介质液面处于同一水平时，才可正确显示温度读数的玻璃液体温度计。在实际使用中，全浸温度计的感温液柱顶部可露出被测温度介质液面几毫米，以便于读取示值。

石油温度计种类繁多，按照测试指标、温度范围、浸没深度、分度值等分为 70 多种类型。如在喷气燃料馏程测试过程中应选用编号为 GB-47、其测试范围为-2~400℃且分度值为 1℃的全浸棒式温度计。在油罐内开展计量温度测试时，推荐选用的三种油罐温度计如表 6-3 所示。

表 6-3　油罐温度计种类及要求

温度计编号	温度范围/℃	分度值/℃	浸没方式	检定点/℃	最大允许误差/℃
GB-72	-34~52	0.5	全浸	-30、0、25、45	±0.5
GB-73	-16~82	0.5	全浸	0、25、55、80	±0.5
GB-74	50~240	1	全浸	50、100、200、240	±1.0

在航空油料静态计量过程中涉及油品计量温度测量时，常用的温度计是一种可以直接测量和显示的最小分度值为 0.2℃的玻璃棒式全浸式水银温度计，其测量范围通常为-15~40℃。其结构包括感温泡、感温液体、主刻度、辅刻度、毛细管、中间泡和安全泡等，是利用在透明玻璃感温泡和毛细管内的感温液体随被测介质温度的变化而热胀冷缩来测量温度的，如图 6-12 所示。温度计全长约 300mm，外直径约 7mm，检定周期一般不超过 1 年。

在航空油料试验温度的测量时，可以选用编号为 GB-68、温度范围-1~38℃、分度值为 0.1℃的全浸式温度计。

（2）充溢盒温度计。航空油料在储罐中的温度测量所常用的一种器具，俗称测温盒，如图 6-13 所示。充溢盒由至少 200mL 容量的圆筒和刚性连接到筒体的温度计保护管构成。将温度计置于测温盒内，其感温泡底部在盒底以上（25±3）mm 的位置。测温盒筒体应由合适的能充分耐油的保温材料制成，或配备能延迟热量损失的保温套。筒体的顶部和底部有一种能快速启闭的密封盖，在打开时可以确保液体自由流过筒体内部及温度计的感温泡，在关闭时密封罐能保存一满罐的液体，能通过顶部悬挂绳的急拉或其他遥控来控制密封盖的开启和关闭。

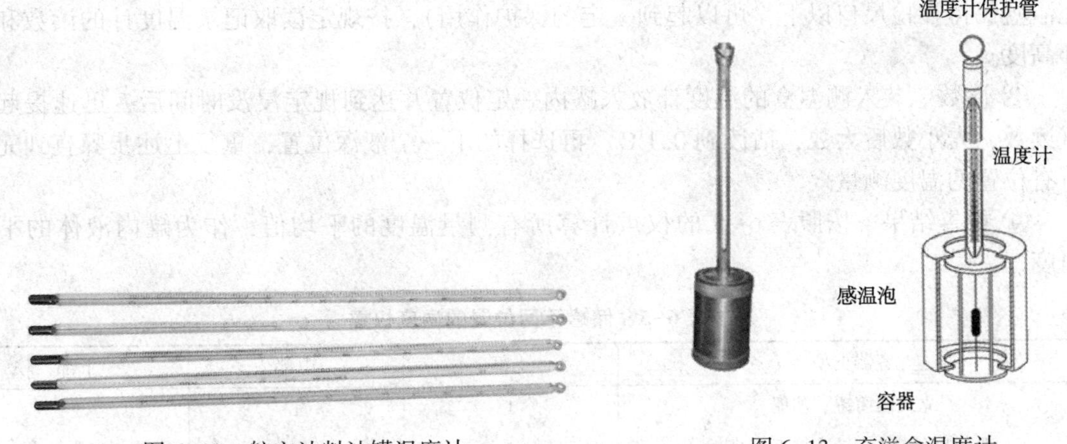

图 6-12　航空油料油罐温度计　　　图 6-13　充溢盒温度计

6.2.2.4　测量方法

油罐、铁路罐车、汽车罐车、油船等石油容器内石油液体温度的测量，按照中华人民共和国国家标准 GB/T 8927—2008《石油和液体石油产品温度测量手工法》进行。

（1）油品计量温度的测量。容器内油品计量温度的测量是通过将测温盒浸入航空油料中指定部位而开展的。

① 测量部位和位置。根据储油容器的类型和油品深度的不同，测量部位和位置也有所不同，如表 6-4 所示。

表 6-4　不同油深下的温度测量最少数目和测量位置

容器类型	油品深度/m	最小测量点数	测量位置
立式圆筒罐 油船	>4.5	3	上部、中部和下部
	3.0~4.5	2	上部和下部
	<3.0	1	中部
卧式圆筒罐	充满或接近充满	3	上部、中部和下部
	部分充满	3	总油品体积的 5/6、1/2、1/6
	<2.0	1	中部
汽车罐车	—	1	中部
铁路罐车	—	随机选择至少 10% （至少 3 个罐车）的罐车数	中部

对于立式圆筒罐、油船、充满或接近充满的卧式圆筒罐，按照相当于油品深度的5/6、1/2和1/6依次计算油品的上部、中部和下部位置。在油面以下小于150mm的位置或液层底部以上小于150mm的位置，不应进行温度测量。

② 罐内测温最少浸没时间。采用充溢盒与玻璃液体温度计组合使用时，将充溢盒放到表6-4选择的从上向下数第一个待测的液深位置，在大约0.3m的区间高度内反复提放充溢盒，充溢至小2min。当充溢盒温度计与周围液体达到温度平衡时，急拉操作绳关闭充溢盒(或操作遥控关闭机构)。收回充满油样的充溢盒，应尽可能避免不利气候条件的影响(将充溢盒保持在检尺口以下，可以起到一定的保护作用)，按规定读取记录温度计的读数和取样高度。

③ 读数。装入测温盒的温度计放入罐内一定位置并达到规定浸没时间后，迅速提起竖直读数，先小数后大数，估读到0.1℃。再选择的下一个液深位置，重复上述步骤直到完成所有位置的温度测量。

④ 报告结果。按照表6-5的权重计算所有测量温度的平均值，作为罐内液体的平均温度。

表6-5 储罐不同位置的温度权重

容器类型	上部	中部	下部
立式圆筒罐、油船	1	1	1
卧式圆筒罐(充满或接近充满)	3	4	3
卧式圆筒罐(部分充满)	1	1	1
卧式圆筒罐(液位<2.0m)	0	1	0
汽车罐车	0	1	0
铁路罐车	各罐取平均值或各罐体积加权		

液体玻璃温度计的温度读数应准确记录到最小分度的一半。当需要测量多个位置的油品温度来确定罐内油品的平均温度时，平均温度应修约报告到0.1℃。

⑤ 测量结束。测量后，温度计和充溢盒应该用煤油或汽油清洗并用布擦干，防止形成重油隔热膜。

(2) 油品试验温度的测量。油品试验温度的测量，是配合油品视密度一同进行的测量。将温度计悬挂在装有油品的玻璃量筒内测量并读取数据，悬挂位置不得靠近筒壁和筒底，读数应在温度计水银线全部浸入液面下进行。对观察到的温度计读数做有关修正后，记录到接近0.1℃。在整个试验期间，环境温度变化不应大于±2℃，试验前后的油品温度差不应大于±0.5℃，否则需要使用恒温浴。对于油品静态计量来说，油品试验温度主要是为方便密度的换算，因此其浸没时间、读数和报告结果按照中华人民共和国国家标准GB/T 1884—2000《原油和液体石油产品密度实验室测定法(密度计法)》进行。

6.2.3 油品密度测定

6.2.3.1 密度的基本概念

密度是物质质量与其体积之比。密度是表现物质特征的一个重要物理量，其国际基本单位(SI)为 kg/m^3。液体的密度主要取决于温度，也就是说密度是一个随温度变化的量。一般来说，同一物质，温度越高，体积越大，质量不变，则密度越小；温度越低，体积越小，质量不变，则密度越大。所以常在 ρ 的右下角标出测定密度时的温度，例如 $\rho_{20}=0.8200g/cm^3$，表示的是温度 20℃时的密度值为 0.8200 克每立方厘米。

在某些科学技术部门里，作为物质特性常以所谓“相对密度”值表示，任何一种物质的相对密度就是在标准条件下，该物质的密度与别的物质密度之比。对于液体，相对密度通常可以看作是该物质的密度与水的密度之比。由于在 4℃、101.325kPa 条件下，水的密度近似为 $1000kg/m^3$，所以往往将此条件作为参考，记为 ρ_4^{20}，即某物质在标准状况(20℃、101.325kPa)下的标准相对密度。例如某喷气燃料的标准密度为 $792.6kg/m^3$，则其标准相对密度为 $\rho_4^{20}=0.7926$。

密度与压力也有关，尤其对气体密度的测量，压力的影响很大，但对固体、液体而言常被认为不可压缩，压力的影响微小，可以忽略。密度作为可燃性液体的一个指标，其大小在一定程度上反映了它的燃烧性和挥发性。航空汽油的密度一般为 $690\sim740kg/m^3$，航空煤油的密度一般为 $775\sim830kg/m^3$，航空润滑油的密度一般为 $850\sim960kg/m^3$。密度小的燃油挥发快、燃烧快，燃烧持续时间短；而密度大的润滑油则挥发慢，不易燃烧，但燃烧持续时间长。

密度在石油计量方面有着非常重要的作用，密度属于力学计量的范畴。按规定，把测得的视密度换算到标准密度状态，然后按本书 6.4 节油量计算的方法得出油品质量。

6.2.3.2 油品密度测量有关术语

容器内航空油料密度测量过程中涉及的有关术语如下：

视密度(ρ_t')：在试验温度下，玻璃密度计在液体试样中的读数，kg/m^3或 g/cm^3。

标准密度(ρ_{20})：在标准状况(20℃和 101.325kPa)下，单位体积液体的质量，kg/m^3或 g/cm^3。

相对密度(d)：物质的密度与参考物质的密度在各自规定的条件下之比，无量纲。

6.2.3.3 量具的基本结构和技术条件

(1) 概述。密度计是一种在液体中能垂直自由漂浮，由其浸没于液体中的深度来直接测量液体密度或相对密度的仪器。密度计根据阿基米德原理制造，即通过称量浸入液体中的密度计在稳定状态下所受浮力的大小来确定其浸入部分的体积，并计算得到该点密度值的方法。密度计具有结构简单、制造容易、携带方便、使用迅速和测量精度较高等优点，所以广泛用于科学技术和生产应用之中。密度计分为固定质量和固定体积两种。固定质量的密度计浸没于液体中的深度根据被测液体的密度不同而异，而固定体积的密度计浸没于液体的深度始终不变，石油密度计属于前者。

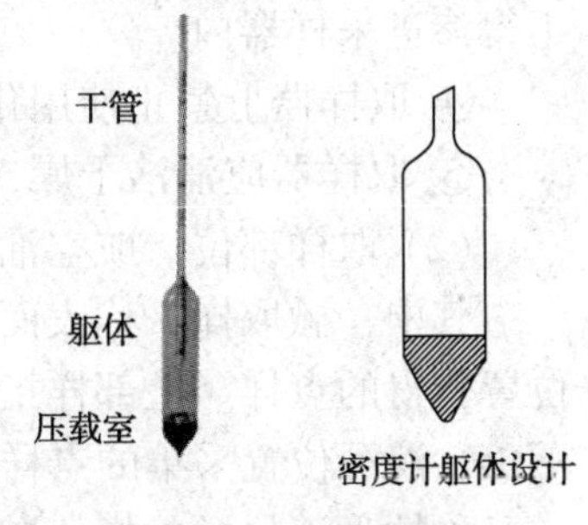

图 6-14 密度计结构

(2) 结构。石油密度计由压载室、躯体、干管和置于干管的标尺组成，如图 6-14 所示。密度计的结构设计与制造需要符合中华人民共和国国家标准 GB/T 17764—2008《密度计的结构和校准原则》、石油化工标准 SH/T 0316—1998《石油密度计技术条件》要求，检定规程需要满足中华人民共和国国家计量检定规程 JJG 42—2011《工作玻璃浮计检定规程》要求。

密度计的干管为顶端密封、直径均匀的细长圆管，管内紧贴有按密度或相对密度标记的标尺。躯体是底部呈圆锥形或半球形(以避免附着气泡)的空心圆柱体，其下部是用玻璃隔板或其他结构制成的压载室，内部填满了小铅丸或其他适合填充物作压载物，以便密度计重心下降，使密度计在液体中垂直漂浮，并且处于稳定平衡状态。密度计的外表面与主轴线对称，横截面大多采用锥形设计。

(3) 技术要求。密度计的技术要求见表 6-6。

表 6-6　密度计技术要求

型号	单位	密度范围	每支单位	刻度间隔	最大刻度误差	弯月面修正值
SY-02	kg/m^3 (20℃)	600~1100	20	0.2	±0.2	+0.3
SY-05		600~1100	50	0.5	±0.5	+0.7
SY-10		600~1100	50	1.0	±1.0	+1.4
SY-02	g/m^3 (20℃)	0.600~1.100	0.02	0.0002	±0.0002	+0.0003
SY-05		0.600~1.100	0.05	0.0005	±0.0005	+0.0007
SY-10		0.600~1.100	0.05	0.0010	±0.0010	+0.0014

(4) 检定周期。工作浮计检定周期为 1 年，但根据其使用及稳定性等情况可为 2 年。

6.2.3.4　石油液体手工取样

密度不仅仅是航空油料计量统计的指标，同时也是质量控制的一项重要指标。由于其测定往往是在实验室内开展的，因此在油品密度测定前，首先需要进行油品的取样工作。航空油料的手工取样应严格按照 GB/T 4756—2015《石油液体手工取样法》执行。

(1) 取样工具。油罐取样器是一种在储油容器中取出燃油或残渣的专用器具，包括点取样器、区间取样器、底部取样器、沉积物取样器、例行取样器、全层取样器、密闭系统取样器等多种形式。其中，航空油料的取样大多采用取样笼进行，可以用于点样和区间样的取样，其结构如图 6-15 所示。

取样器需要满足如下的技术条件：

① 取样器的材质应以铜、铝或与铁器撞击不产生火花的其他合金材料制成。

② 取样器的自身重量应足以排出液体重量而自沉于石油液体中。

③ 取样器必须是密闭的，塞盖要严密，松紧适当，在非人为打开盖塞的情况下，油品不得渗进采样器内。

④ 取样器上禁止使用化纤与塑料绳，以及不导电易产生火花的材料，以免摩擦起火。

⑤ 取样器应清洁干燥，容量适当，有足够的强度。

(2) 取样部位。航空油料的取样部位如图 6-16 所示。

其中，撇取样又称表面样，指从液体表面采集的点样。顶部样指从顶部液面下 150mm 位置获得的点样。上部样指在顶部液面下 1/6 液深位置采集的点样。中部样指在顶部液面下 1/2 液深位置采集的点样。下部样指在顶部液面下 5/6 液深位置采集的点样。出口液面样又称抽吸液位样，指从燃油泵出油罐的最低液位采集的样品。底部样指从容器底部或靠近底部采集的点样。排污池样指从排污池内采集的点样。

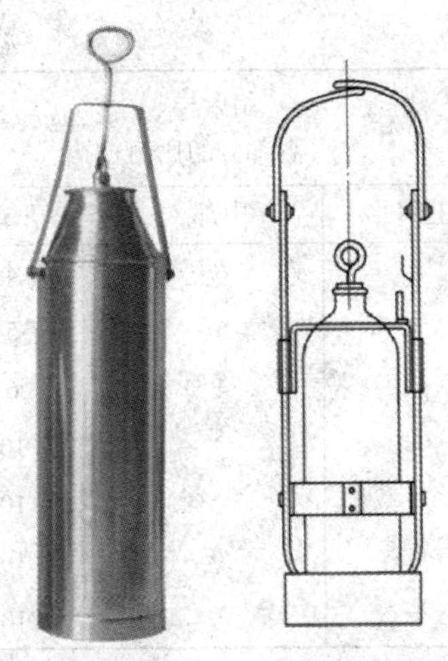

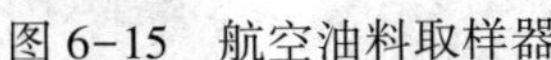

图 6-15 航空油料取样器

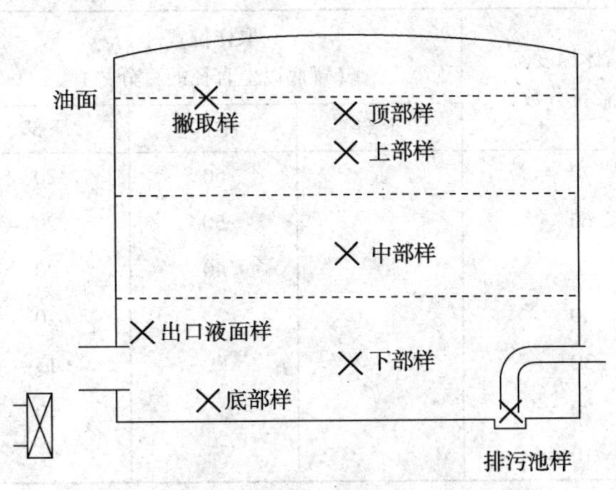

图 6-16 航空油料取样部位

此外，点样指在罐内规定位置或按规定时间从管线液流中采集的样品。区间样指将区间取样器放入油罐内某一位置，在液体完全注满后封闭取样器，此时在取样器总高度内聚集的在液柱部分采集的样品。组合样指为获得散装油品具有代表性的样品，按确定比例组合一定数目的点样所获得的样品。

对于立式储罐中储存的航空油料，一般视为均匀石油液体，其点样最小规定数目如表 6-7所示，"✓"表示需要取样的位置。

表 6-7 立式储罐中取样的点数和位置

液位 L/m	取样的点数和位置		
	上部	中部	下部
$L \leqslant 3$		✓	
$3<L \leqslant 4.5$	✓		✓
$L>4.5$	✓	✓	✓

油船的取样方法与立式储罐的类似，对于一艘由多个舱室构成且装载相同航油产品的油船，应尽可能在每个舱室取样。

卧式油罐取样及制备组合样的组合比例如表 6-8 所示。铁路罐车、汽车罐车的取样方法与卧式油罐类似。

表 6-8 卧式油罐中取样的点数和位置

液体深度（直径百分数）	取样位置（罐底以上直径的百分数）			组合样（各部分的比例）		
	上部	中部	下部	上部	中部	下部
100	80	50	20	3	4	3
90	75	50	20	3	4	3
80	70	50	20	2	5	3

续表

液体深度（直径百分数）	取样位置（罐底以上直径的百分数）			组合样（各部分的比例）		
	上部	中部	下部	上部	中部	下部
70		50	20		6	4
60		50	20		5	5
50		40	20		4	6
40			20			10
30			15			10
20			10			10
10			5			10

（3）取样方法及操作注意事项：

① 点样取样。将取样器放入液体中，直至其开口到达所需要的液深，用适当方式打开取样器，使其保持在需要的液深位置，直到充满为止。提出取样器，在密封样品前，转出取样器中的部分液体，在取样器内建立不少于5%的气体空间，或将全部样品小心转移到其他样品容器。试样取回后应给样品容器贴好标签，注明取样地点、取样日期、操作者信息、产品说明、样品代表的数量、容器号、样品类型等。

注意：将取样器的部分液体倒回罐内，计量管上的附着物可能随液体流入罐内，应考虑其对后续采样和安全性的影响，必要时可将其倒入其他容器。当在不同的液深位置取样时，应按照从顶部到底部的次序进行取样，以避免较低深度位置液体扰动。

② 组合取样。通过单个油罐内获得的具有代表性的点样的子样（例如组合来自上、中、下三个位置点样的子样）可制备组合样，也可通过组合代表各油罐的子样，为源于它们的大宗油品制备组合样（如装有相同产品的若干条船）。组合样应包括未分样的初始取样装置内采集的所有物质。为使初始取样装置的内容物全部加到运输容器中其他子样的体积中，应选择初始取样装置采集的样品量。当组合样品的子样量小于一个子样的总量时，样品组合应只在可确保子样能充分混合与计量的实验室进行。

为制备各种组合样，将代表各样品的子样转移到组合样品的容器内，然后把它们慢慢混合在一起。子样应按照它们各自代表的数量进行体积加权。

6.2.3.5　油品密度测定

取样完成后即可到实验室开展油品密度的测定，其测定方法需要严格按照中华人民共和国国家标准 GB/T 1884—2000《原油和液体石油产品密度实验室测定法（密度计法）》。

在试验温度下把取回的样品小心地转移到温度稳定、清洁的密度计量筒中，避免试样飞溅和生成空气泡，并要减少轻组分的挥发。用一片清洁的滤纸除去试样表面上形成的所有气泡，然后把装有试样的量筒垂直地放在没有空气流动的地方。在整个试验期间，环境温度变化应不大于±2℃。当环境温度变化大于±2℃时，应使用恒温浴，以免温度变化太大。用合适的温度计或搅拌棒做垂直旋转运动搅拌试样，使整个量筒中试样的密度和温度达到均匀，记录温度接近到 0.1℃，读数完成后从密度计量筒中取出温度计或搅拌棒。

再将清洁、干燥、大体适应试样密度范围的石油密度计轻轻地放入试样中，待达到平衡位置时放开，让其自由地漂浮并注意避免弄湿液面以上的干管。再将密度计按到平衡点以下 1~2mm，然后放开密度计以让它回到平衡位置。在放开时要轻轻地转动一下密度计使它能在离开量筒壁的地方静止下来自由漂浮，要有充分的时间让密度计静止并让所有气泡升到表面，读数前要除去所有气泡。然后观察弯月面形状，先使眼睛稍低于液面的位置，慢慢地升到表面，先看到一个不正的椭圆，然后变成一条与密度计刻度相切的直线，如图 6-17所示。密度计读数为液体下弯月面与密度计刻度相切的那一点，读到最接近刻度间隔的 1/5，估读到 0.0001g/cm³。密度读数完成后取出密度计，重新测量温度的第二次读数，记录到接近 0.1℃，连续两次测定的温度读数不应超过±0.5℃，否则应重新测定。如果不能得到稳定的温度，需要把密度计量筒及其内容物放在恒温浴内进行测定。以第二次测得的温度作为计算标准密度的依据。

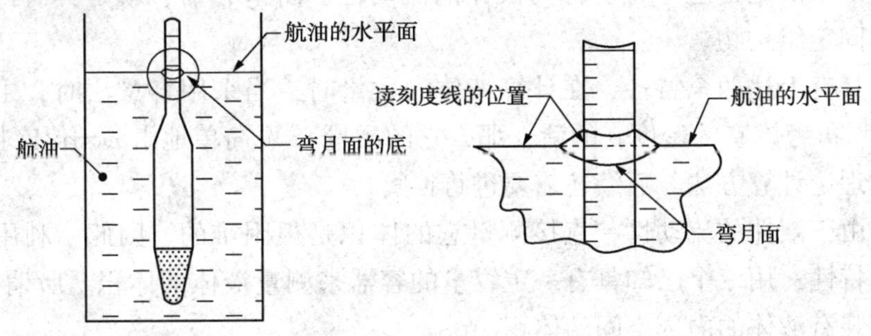

图 6-17 航空油料的密度计刻度读数

如果不能得到稳定的温度，把密度计量筒及其内容物放在恒温浴内再重新操作。对观察到的温度计读数做有关修正后，记录到接近 0.1℃。对观察到的密度计读数做有关修正后，记录到接近 0.1kg/m³(0.0001g/cm³)。最后按本书 6.4.2 的方法将视密度换算到标准密度，密度最终报告到 0.1kg/m³(0.0001g/cm³)，20℃。

6.3 容积表的使用

前面已经介绍了容器内油品液位和温度的测量方法。一般说来，对同一种容器，液位和温度越高，则液体的容积就越大。因此，通过液位高度和温度并结合容器结构，就可以获得此部分液体的容积，即液位高度与液体容积具有一一对应的关系，将由此所编制的表称为容积表。但容积表并没有考虑温度的影响，后续还需要通过温度转化确定标准状况下液体的容积。

通过容积表，只需要测量油品液位就可以很方便地获得油品体积。航空油料的容积表根据使用的对象不同一共分为五种，分别是立式金属油罐容积表、卧式金属油罐容积表、铁路油罐车容积表、汽车油罐车容积表以及船舱容积表。

6.3.1 容积表的使用方法

6.3.1.1 特性

容积是指“容器内容纳物质的空间体积”，容量是“容器在一定条件下可容纳物质数量(体积或质量)的多少”，前者主要是针对液体而言，后者则是针对容器而言。但在实际使用过程中并没有严格的区分，按照习惯往往称为油罐的“容积表”。航空油料容积表的对象是液体，液体有以下两个特性：

(1) 液体受到压力作用时，如果压力值不大(在通常的压力值下)，液体的体积变化很小，实际上可以认为是不变化的。例如水在0.1~2.5MPa(1~25个大气压)的压力范围内，每增加0.1MPa，体积相对减少值约0.005%。这个特性称为液体的不可压缩性。

(2) 液体在静止时不能保持固定的形状。这一特性明显不同于固体。液体的形状由盛装它的容器的形状决定，这个特性称为液体的流动性。所谓容器，就是具有内部空间、可以盛装液体的固定结构物。

由于液体具有上述两个特性，在计算液体的数量时，当采用容量法时，主要是计算它的体积 V。如果再考虑它的密度 ρ 的话，那么它的质量 m 可简单地由 $m=\rho\times V$ 求出。但注意这只是简单的理论计算方法，后续还需要进行换算。

实际上，由于液体的流动性，直接测量它的体积是很困难的。因此，利用液体可以装入任何容器的特性，用一个已知具有一定容量的容器来测量液体的体积。所谓容器的容量，就是容器可以装有液体的内部空间的体积。

由此可知，为了测量液体的体积，主要依靠测量准确的容器。所以，油料体积计量的经常性工作是测量容器的容量。容量在国际单位制(SI)中是由长度基本单位“米(m)”导出来的导出单位，即立方米(m^3)。此外，油料体积计量过程中常用的单位还有立方分米(dm^3)、立方厘米(cm^3)、立方毫米(mm^3)以及升(L)。

储油库、中转油库和机场油库的立式金属油罐、卧式金属油罐、铁路油罐车、汽车油罐车以及船舱容量的确定，都是通过计量检定所确定的。检定的过程是一个比较复杂的过程，本书只介绍容积表的使用方法。

6.3.1.2 容量计量的有关术语

航空油料在容量计量过程中涉及的有关术语如下：

① 标准体积(V_{20})：在标准温度20℃下的体积，m^3。

② 非标准体积(V_t)：在温度t℃下的体积，m^3。

③ 体积修正系数(VCF)：石油在标准温度下的体积与其在非标准温度下的体积之比，即 $VCF=V_{20}/V_t$。

6.3.2 立式拱顶油罐容积表

立式金属油罐是国际间石油化工产品贸易结算的主要计量器具之一，也是我国国内贸易结算的重要计量器具。此外，航空油料的体积计量主要依据在立式油罐中进行。立式金属油罐容积表根据储罐结构分为立式拱顶油罐容积表和立式浮顶油罐容积表两大类。立式金属油罐容积表反映容器中任意高度下的容积，即从容器底部基准点起，任一垂直高度下该容器的有效容积。立式金属油罐容积表编制的基础是按照容器的形状、几何尺寸及容器内的附件体积等技术资料为依据，经过实际测量、计算后编制。立式金属油罐容积表应符合中华人民共和国国家计量检定规程 JJG 168—2018《立式金属罐容量检定规程》，其首次检定一般不超过 2 年，后续检定一般不超过 4 年。若罐体发生严重变形、大修后或检定结果受到怀疑时，须重新进行检定。

由于储存航空油料的立式油罐是由一层一层的圈板焊接而成的，其计算模型为竖直薄壁圆筒，每一层圈板的容积变化规律均不相同。因此立式油罐的容积表包括主表、附表以及静压力容量修正表三个部分。

6.3.2.1 主表

主表又称为分米容积表，记为 V_{dm}，如表 6-9 所示。从计量基准点起，通常以间隔 1dm 高度对应的容积，累加至安全高度所对应的一列有效容积值。但在不同圈板位置处，容积规律会发生变化导致高度值不为整数，如表中的 44.47dm。

表 6-9 分米容积表

罐号：3 号　　参照高度：15839mm

高度/dm	容量/L	高度/dm	容量/L	高度/dm	容量/L
0.55	14616	20.00	457166	41.00	934874
1.00	24855	20.02	457621	42.00	957621
2.00	47607	21.00	479917	43.00	980368
3.00	70358	22.00	502669	44.00	1003115
4.00	93110	23.00	525420	44.47	1013806
5.00	115871	24.00	548172	45.00	1025867
6.00	138633	25.00	570924	46.00	1048624
7.00	161394	26.00	593675	47.00	1071381
8.00	184155	26.02	594130	48.00	1094137
9.00	206916	27.00	616421	49.00	1116894
…	…	…	…	…	…

证书编号：××××　　检定单位：××××　　有效日期：××××年××月××日　　第 1 页

6.3.2.2 附表

附表又称小数表或厘米毫米容积表，分别记为 V_{cm} 和 V_{mm}，如表 6-10 所示。按圈板高度以及附件的位置划分区段，给出每区段高度 1~9cm 和 1~9mm 的一列对应的有效容积值。

表 6-10 厘米毫米容积表

罐号：3 号　参照高度：15839mm

起止点/dm	高度/cm	容积/L	高度/mm	容积/L
44.47	1	2276	1	228
	2	4551	2	455
	3	6827	3	683
	4	9103	4	910
	5	11379	5	1138
	6	13654	6	1365
	7	15930	7	1593
	8	18206	8	1821
59.10	9	20481	9	2048

证书编号：××××　检定单位：××××　有效日期：××××年××月××日　第 5 页

6.3.2.3 静压力容量修正表

静压力容量修正表又称静压力修正容积表，记为 ΔV，如表 6-11 所示。静压力容量修正表一般按照介质为水在 4℃时的密度($1g/cm^3$)编制，储存高度从基准点起，以 1dm 间隔累加至安全高度所对应的一列罐容积增大值。当测得值不为表载值时，按就近原则取相邻近的值。静压力增大值是油罐装油后受到液体静压力的影响，罐壁产生弹性变形，使得油罐的容量比空罐时大出的那部分量。使用时将静压力增大值 ΔV_c 与装载油品的标准相对密度相乘，得出静压力容积修正值 ΔV，即：

$$\Delta V = \Delta V_c \times \rho_{20}/\rho_{水} \tag{6-5}$$

表 6-11 静压力容量修正表

罐号：3 号　参照高度：15839mm　单位：L

液位整数高度/m	液位小数高度/dm							
	0	1	2	3	4	5	6	…
0	0	0	1	1	2	4	5	
1	15	18	21	25	29	33	37	
2	58	64	71	77	84	91	99	
3	131	140	149	159	169	179	189	
4	233	245	257	270	282	295	309	
5	365	379	394	410	425	441	457	
6	525	543	561	579	597	616	635	
…								…

证书编号：××××　检定单位：××××　有效日期：××××年××月××日　第 8 页

最后将主表、附表和静压力容量修正表的容积相加在一起，就得到该储罐的容积。

因为罐底非水平状态且凹凸不平，有时将确定高度下的罐底量作为一个固定量处理。

编制容积表时，将这个固定量和它所对应的高度编入主表。同样，以上的值为累计值。如某油罐小数表从 0. 079m 编表，说明这 79mm 以下是凹凸不平的，此为死量，79mm 以下高度的容量不能通过比例内插法求得。

容积表是按照 20℃时工况下编制的，在罐壁温度为 t℃时关于石油体积的计算，涉及油罐罐壁温度对罐壁胀缩的影响，应该进行修正。对于非保温油罐，在罐壁温度为 t℃时的容量 V_t 的计算公式为：

$$V_t = (V_B + \Delta V)\ [1 + 2\alpha(t - 20)] \tag{6-6}$$

式中，V_B 为油罐内油品容积表表示值(非标准体积)，L；ΔV 为静压力容量修正值，L；α 为油罐材质线膨胀系数,℃$^{-1}$(碳钢材质一般取 α=0. 000012℃$^{-1}$)；t 为罐壁温度,℃。

罐壁温度的计算方法如下：

$$t = [(7 \times t_y) + t_g]/8 \tag{6-7}$$

式中，t_y 为罐内液体温度,℃；t_q 为罐外四周空气温度的平均值,℃。

对于保温罐，由于罐壁内外温差大，罐壁温度 t 取罐内液体温度，即 $t=t_y$。在罐壁温度为 t℃时的容量 V_t 的计算公式为：

$$V_t = (V_B + \Delta V)\ [1 + 3\alpha(t - 20)] \tag{6-8}$$

用量油尺测量液位高度时，如果测量时量油尺的温度不同于其检定温度(我国通常为标准温度 20℃)，量油尺发生膨胀或收缩，则应将量油尺的观察读数修正到其检定温度，以计算出实际液位高度。其修正系数 F 按下式计算：

$$F = 1 + \alpha_c \times (t_y - 20) \tag{6-9}$$

式中，α_c 为量油尺材质线膨胀系数,℃$^{-1}$。

综上所述，立式罐某装油高度下的容量应为主表容积、附表容积与静压力修正值三项之和，即：

$$V_t = V_{dm} + V_{cm} + V_{mm} + \Delta V \tag{6-10}$$

【例 1】观测到某机场油库 3 号储罐在 20℃时的高度为 4641mm，并测得燃油的标准密度为 788kg/m^3，计算这部分燃油的容积。

解：第一步，查询主表(表 6-9)，通过查找高度 46. 00dm 对应的容积值确定，即 V_{dm}=1048624L；

第二步，查询小数表(表 6-10)，首先找到高度 4641mm 所对应的圈板范围，确定起止点分别为 44. 47dm 和 59. 10dm，然后分别查找高度为 4cm 和 1mm 高度所对应的容积值，即 V_{cm}=9103L，V_{mm}=228L；

第三步，查询静压力修正容积表(表 6-11)，通过确定 4m 和 6dm 的交叉数，确定静压力修正值为 ΔV_c=309L；

第四步，按照下式计算最终结果：

$$V_t = V_{dm} + V_{cm} + V_{mm} + \Delta V_c \frac{\rho_{20}}{\rho_{水}} = 1058198\text{L}$$

答案：1058198L。

6. 3. 3 立式浮顶油罐容积表

浮顶罐在罐内有一个由金属和其他轻质材料制成的浮盘浮在油面上，并随着油品液面升降而升降。由于油品液面与浮顶之间基本不存在气体空间，油品几乎不能蒸发，因而基本上消除了油品大小呼吸损耗。所以，常使用它来储存易挥发的航空油料。浮顶罐储油除能减少蒸发损耗外，同时还可以减少对大气的污染，减少火灾发生的危险性。浮顶罐容积的编制形式和方法同立式拱顶油罐，只是在容积表附栏注明浮顶重量、浮顶最低液面起浮高度和非计量区间。

航空油料一般采用内浮顶储罐的形式进行储存。对于内浮顶，其浮起时浸没于液体的体积($V_{浸}$)计算方法为：

$$V_{浸} = (V_b - V_a) - V_F \tag{6-11}$$

式中，$V_{浸}$为浮顶的浸没体积，dm^3；V_b为液位高度为h_b时被检罐的容量，dm^3；V_a为液位高度为h_a时被检罐的容量，dm^3；V_F为液位高度在h_a和h_b之间注入的液体体积，dm^3。

内浮顶的质量M按下式计算：

$$M = V_{浸}\rho \tag{6-12}$$

式中，ρ为储罐内液体的密度，g/cm^3。

内浮顶浸没高度计算如下：

$$V_{总} = \frac{\pi}{4}D^2L \times 10^{-6} \tag{6-13}$$

$$H_{浸} \approx DV_{浸}/V_{总} \tag{6-14}$$

式中，$V_{总}$为浮筒的总体积，dm^3；$H_{浸}$为浮筒的浸没高度，mm；D为浮筒的外直径，mm；L为浮筒的总长度，mm。

当浸没高度偏离浮筒中心位置较大时，应采用圆筒的弓形面积计算浸没高度。

浮顶起止点的高度计算如下：

$$H_{起} = B_{基} + B_{倒} \tag{6-15}$$

$$H_{止} = H_{起} + H_{浸} + A \tag{6-16}$$

式中，$B_{基}$为下计量基准点处的标高，mm；$B_{倒}$为浮顶最低点倒尺的标高，mm；A为为确保浮顶正常起浮所设定的高度区间，一般取50mm。

浮顶罐的容量和质量计算应注意以下三种情况：

① 装油的油面在浮盘最低点以下时，为第一区间。在计算容量时与普通拱顶立式罐相同。

② 油面在浮盘之中，浮盘没有起浮，浮盘最低点至起浮高度以下的区间。因为此区间浮盘似浮非浮，占据的体积不能确定，因此，此区间的液位不能计量。

③ 浮盘起浮后为第三区间，这时浮盘已自由起浮，计算出油品的重量时应扣除浮盘的重量。

另外，关于航空油料立式油罐有以下情况的测量数据不得做交接计量用：

① 总高明显不符。

② 浮顶已浸没，但尚未起浮。

③ 空罐进油后容积表上没有底量表以及发油后油高低于出口20cm以上。

④ 底量表上没有水高为零的容积，而水高又在容积表规定的第一区间内。

⑤ 内浮顶罐内水高超过导向管下缘。

6.3.4 卧式油罐容积表

卧式金属油罐是一个两端封顶的大致水平放置(倾斜比不大于0.08)的圆筒，其容积由两端封顶和圆筒两部分组成。卧式金属油罐容积表应按照中华人民共和国国家计量检定规程JJG 266—2018《卧式金属罐容量检定规程》。卧式金属油罐容积表一般以厘米为间隔，单位高度容积各不相同，无线性关系。

从计量基准点起累加到最高高度所对应的容积为有效容积值。对于航空燃油，卧式油罐的体积往往远小于立式油罐，当测得高度不为表载值时，按直线内插法计算出该高度时的容积值。卧式罐的检定周期：首次检定一般不超过2年，后续检定一般不超过4年。表6-12为某卧式油罐的容积表。

表6-12 卧式油罐容积表

罐号：12号　　参照高度：2839mm　　单位：L

厘米	0	1	2	3	4	5	…
0	0	12	34	62	96	134	
10	378	436	497	560	626	691	
20	1068	1149	1231	1316	1403	1491	
30	1958	2056	2156	2257	2360	2464	
40	3006	3119	3232	3347	3464	3581	
50	4187	4312	4437	4564	4692	4821	
60	5481	5616	5752	5889	6027	6165	
70	6871	7014	7158	7303	7448	7595	
…							…

证书编号：××××　　检定单位：××××　　有效日期：××××年××月××日　　第1页

【例2】实际测得12号卧式油罐内的油面高度为538mm，求该高度下的容积。

解：查卧式油罐容积表(表6-12)，没有538mm直接对应的值，因此找到538mm相邻的530mm和540mm，其对应的容积分别为4564L和4692L，按照直线内插法的方法进行计算：

$$V_t = 4564 + \frac{(4692 - 4564)}{540 - 530} \times (538 - 530) = 4666.4$$

直线内插法的方法详见本书6.4.3节石油标准体积的换算。

答案：4666L。

6.3.5 铁路油罐车容积表

铁路油罐车容积表是铁路油罐车作为计量器具进行容量及质量计量交接的技术依据，也是罐内安全装置监控的科学依据，应符合中华人民共和国国家计量检定规程JJG 140—2018《铁路罐车容积检定规程》。目前使用的是中国石油化工集团公司大容器计量检定站编制的《简明铁路罐车容积表》，以及部分机车车辆厂生产的《特型罐车容积表》。确定铁路油罐车容积表，通常采用几何测量法、三维激光扫描法或容量比较法。装运航空油料的铁路罐车检定周期一般不超过60个月。

6.3.5.1 简明铁路罐车容积表

铁道部采用的罐车容积表共有两万个，分为20个字头，每一个字头1000个表，即A000~A999、B000~B999、C000~C999、D000~D999、E000~E999、F000-F999、G000~G999、H000~H999、I000~I999、J000~J999、K000~K999、L000~L999、M000~M999、N000~N999、FA000~FA999、FB000~FB999、FC000~FC999、FD000~FD999、FE000~FE999、FF000~FF999。简明铁路罐车容积表把每个字头的1000个表分为10组，每组100个表压缩为一个表，称为组表。如A字头10个组表是A000~A099、A100~A199、A200~A299、A300~A399、A400~A499、A500~A599、A600~A699、A700~A799、A800~A899、A900~A999。每组表可以推算出100个容积表，其他各字头的容积表也是这样编制的。这样将两万个容积表压缩成200个组表，其绝对误差不大于±2L。

简明铁路罐车容积表分上、下两册，上册编入A、B、C、D、E、F、G、H八个型号罐车容积表。常装高度部分编表间隔为毫米，非常装高度部分编表间隔为厘米。A、E型车常装高度2300~2700mm，其余各型车常装高度2200~2600mm。下册编入K、L、I、J、M、N、FA、FB、FC、FD、FE、FF十二个型号罐车容积表。

该简明罐车容积表由基础表和系数表两个部分组成。使用时首先应确定使用哪个表，例如铁路罐车上打印的表号为A768时应使用A700~A799这个表。查表方法是：根据罐内油品高度在表中查得基础容积V_J和系数K，然后将系数和表号相乘(表号只取后二位)，把乘得结果加到基础容积上就是要查的容积，其计算公式是：

$$V_t = V_J + K \cdot b \tag{6-17}$$

式中，V_t为油罐车内的最终容积，L；b为表号后二位数。

此表可以在中国石化集团公司系统内作为交接计量用，系统外使用如发生争议应以国家授权的计量单位公布的数据为准。其查表方式类似于本书6.3.4卧式油罐容积表。

6.3.5.2 特型铁路罐车容积表

特型铁路罐车容积表属各机车车辆厂设计制造并由国家铁路罐车容积检定站检定合格的非主型罐车，为一车一表，以字母“T”表示。其容积表以每厘米为一间隔，从计量基准点起累加到最高高度所对应的容积为有效容积值。当测得高度不为表载值时，按比例内插法计算出该高度对应的容积值。其查表方式类似于本书6.3.4卧式油罐容积表。

6.3.6 汽车油罐车容积表

汽车油罐车是公路运输航空油料的主要运输工具，油品数量以车上交接数为准，因此，汽车油罐车又在计量器具的范畴之内。汽车油罐车容积表应符合中华人民共和国国家计量检定规程JJG 133—2016《汽车油罐车容量检定规程》，一般按每毫米为一间隔编制，编表形式分为测实高容积表和测空高容积表。测实高如同卧式金属罐一样将尺砣触及罐底读出液面高度，然后根据液面高度查实高容积表。容积表从基准点起累加到最高高度所对应的容积为有效容积值。测空高是测得罐内空高，通过空高查测空高容积表，查得装油的实际容积。容积表从基准点为最大容积，然后逐步递减，即空高越小，容量越大，空高越大，容量越小。使用两种容积表，当测得值不为表载值时，按直线内插法计算出该高度时的容积值。其查表方式类似于本书 6.3.4 卧式油罐容积表。

汽车油罐车首次检定与第 1 次后续检定间隔一般不超过 1 年，之后的后续检定周期一般为 2 年。若发生罐体变形、位移或改变其内部结构，按新油罐首次检定处理。

6.3.7　船舱容积表

当航空油料采用船舶运输时，其计量交接需要使用船舱容积表。船舶液货计量舱是由船体、纵横水密舱壁组成的容器，俗称“船舱”。根据其几何形状可分为规则舱、部分规则舱和不规则舱；根据船舱的容量进行分类，单舱总容量大于 300m^3的称为大型舱，其余称为小型舱。船舱容积表应符合中华人民共和国国家计量检定规程 JJG 702—2005《船舶液货计量舱容量检定规程》要求。船舱的检定原理有容量比较法和几何测量法两种，经检定合格后的船舶液货计量舱可作为计量器具用于贸易结算和收发交接。

船舶液货计量舱的检定周期一般不超过 3 年，对于载重量等于或大于 3000 吨的油船，检定周期可延长至 6 年。但船舱改建、严重变形或计量基准点发生变化时，应申请进行后续检定。

6.3.7.1　小型油轮、油驳舱容表

小型油轮、油驳舱容表是在船舱计量口的指定检尺位置的垂直高度上，从船舱基准点起，以 1cm 间隔累加至安全高度的一列高度与容积的对应值。计量时按照实际油高查舱容表，一般不做倾斜修正。查表方法同本书 6.3.4 节卧式油罐容积表。

有时，为了排列和使用方便，在油轮、油驳舱容表上只给出各段的起讫点、高差、部分容积、毫米容积和累计容积。使用时取与油高最近又低于油高的那个“讫点”的累计容积加上油高和这个“讫点”的高差与该段每毫米容积的乘积。

6.3.7.2　大型油轮舱容表

大型油轮舱容大，若计量口不在液货舱中心，装油以后的船体会有不同程度的倾斜，就会造成计量误差。大型油轮的液货舱一般是按空距和水平状态编制的，容积表上注明了舱容总高(参照高度)，还列出了与空距相对的实际高度。为了修正装油后的船体和编容积表时的船体状态不一致造成的误差，液位下的表载容积需要用倾斜修正值修正。倾斜修正值表将倾斜状态下测量的高度修正到水平状态时的高度。当油舱船脊在纵向和横向倾斜，且液体接触四周全部罐壁但不接触甲板内面时，容积表必须包括对所得计量高度的修正表。

大型油轮的倾斜修正包括纵向倾斜修正和横向倾斜修正两种。其中，纵倾修正用于补偿由于船舱纵向横截面不水平所引起的液位变化，用船尾吃水读数减去船头吃水读数的结果表示纵倾。如果纵倾为正值(船尾吃水读数较大)，就称油船为“艉倾”；如果纵倾为负值(船头吃水读数较大)，就称油船为“艏倾”。横倾修正用于补偿因油船纵向竖直面不垂直于水平面所引起的液位变化。通常用倾斜仪读出油船横倾值。

在多数情况下，由于两种修正只有在其中一种不存在时适用，因此横倾修正和纵倾修正最好不放在一起组合使用。当两种情况都存在时，应尽可能消除其中之一。对于横倾和纵倾都存在的情况，需要进行复杂的组合修正。

但是在实际运行时，由于油轮(驳)浮在水上，稳定性差，形状呈不规则几何体，检定误差相对较大，不确定度难以达到油品交接的要求。所以，推荐选用油罐容积表而非船舱容积表作为航空油料的计量交接依据。

6.4 油量计算

质量是物体固有的一种物质属性，它既是物理理性的量度，又是物体产生引力场和受力场作用的能力和量度，质量计量是力学计量中最基础的项目之一。航空油料静态计量的最终目的就是确定油品质量以进行计量统计和交接工作，因此采用适当的仪器和方法开展油量计算是油品静态计量的最后一步。其原则是无论基础数据是手工采集或自动采集的，不同用户采用相同的基础数据(油罐容积表、液位、密度和温度等)都能够计算出一致的结果。

前面实验已经获得的参数包括了液位、温度、密度和容积，但大部分参数都是非标准温度下测量获得的，因此还需要换算为标准温度下的标准参数并进行修正，进而最终确定被测油品的质量。

6.4.1 石油计量表

GB/T 1885—1998《石油计量表》等效采用国际标准 ISO 91-2：1991《石油计量表——第二部分：以 20℃为标准温度的表》的技术内容，计算结果与 ISO 91-2：1991 一致。该标准基础数据取样广泛，石油计量表按原油、产品、润滑油分类建立，现已为世界大多数国家所采用，在石油贸易中更有通用性。

该标准规定了将在非标准温度下获得的玻璃石油密度计读数(视密度)换算为标准温度下的密度(标准密度)和体积修正系数的方法。石油计量表的组成包括标准密度表、体积修正系数表、特殊石油计量表和其他石油计量表四部分。

6.4.1.1 标准密度表

表 59A——原油标准密度表；
表 59B——产品标准密度表；
表 59D——润滑油标准密度表。

6.4.1.2 体积修正系数表

表 60A——原油体积修正系数表；
表 60B——产品体积修正系数表；
表 60D——润滑油体积修正系数表。

6.4.1.3 特殊石油计量表

在油品特殊且贸易双方同意的情况下，可以直接使用 ISO 91-1：1982 中的表 54C。

6.4.1.4　其他石油计量表

表 E1——20℃密度到 15℃密度换算表；

表 E2——15℃密度到 20℃密度换算表；

表 E3——15℃密度到桶/t 系数换算表；

表 E4——计量单位系数换算表。

对于航空燃油的计量，主要选用表 59B（产品标准密度表）和表 60B（产品体积修正系数表）；对于航空润滑油的计量，主要选用表 59D（润滑油标准密度表）和表 60D（润滑油体积修正系数表）。

6.4.2　石油标准密度的换算

在用玻璃石油密度计和玻璃棒式全浸式水银温度计测得石油的数据后，按所测的油品（原油、产品、润滑油）直接查取相应的标准密度表。表 59A、59B、59D 的查表方法是一样的，这里主要介绍航空燃油计量需要使用的表 59B——产品标准密度表，该换算表的计量单位为 kg/m^3。航空油料计量过程中使用到的换算表的适应范围和排列形式分别见表 6-13 和表 6-14。

表 6-13　石油标准密度换算表适应范围

密度/（kg/m^3）	温度/℃	密度/（kg/m^3）	温度/℃
653.0~673.0	-6.00~95.00	773.0~813.0	-18.00~125.00
673.0~773.0	-18.00~95.00	813.0~993.0	-18.00~150.00

表 6-14　产品标准密度换算表（部分）

温度/℃	视密度/（kg/m^3）			
	793.0	795.0	797.0	799.0
	20℃密度/（kg/m^3）			
15.75	789.9	791.9	793.9	795.9
16.00	790.1	792.1	794.1	796.1
16.25	790.3	792.3	794.3	796.3
16.50	790.4	792.4	794.5	796.5
16.75	790.6	792.6	794.6	796.6
17.00	790.8	792.8	794.8	796.8
17.25	791.0	793.0	795.0	797.0
17.50	791.2	793.2	795.2	797.2
17.75	791.4	793.4	795.4	797.4

从表 6-14 可以看出，该表的试验温度（t'）间隔为 0.25℃，视密度（ρ_t'）间隔为 2.0kg/m^3，而且个位为奇数。按照从上到下、自左至右的读数习惯，表中的数值排列为 t'从低到高，ρ_t'从小到大，ρ_{20}从小到大。

已知某种油品在某一试验温度下的视密度，换算为标准密度的计算步骤如下：

① 根据油品类别选择相应油品的标准密度表(航空燃油一般选用表 59B，航空润滑油一般选用表 59D)。

② 确定视密度所在标准密度表中的密度区间。

③ 在视密度栏中，查找已知的视密度值；在温度栏中找到已知的试验温度值。该视密度值与试验温度值的交叉数即为油品的标准密度。如果已知视密度值正好介于视密度栏中两个相邻视密度值之间，则可采用内插法确定标准密度，但试验温度值不内插，用较接近的温度值查表。

④ 最后结果保留到万分位(g/cm^3)。

在使用内插法时，可以按照下面的公式进行计算：

$$\rho_{20}=\rho_{20\text{基}}+\frac{\rho_{20\text{上}}-\rho_{20\text{基}}}{\rho'_{t\text{上}}-\rho'_{t\text{基}}}(\rho'_{t\text{测}}-\rho'_{t\text{基}}) \tag{6-18}$$

式中，$\rho'_{t测}$为提供的视密度值，kg/m^3；ρ'_t 上为比 $\rho'_{t测}$ 大一级的 ρ'_t 值，kg/m^3；$\rho'_{t基}$为比 $\rho'_{t测}$ 小一级的 ρ'_t 值，kg/m^3；$\rho_{20上}$为与 $\rho' t$ 上相对应的 $\rho_{20值}$，kg/m^3；$\rho_{20基}$为与 $\rho'_{t基}$ 相对应的 $\rho_{20值}$，kg/m^3。

由于贯穿于整个石油质量计量过程中，最后体现的为千克。但为了认读和书写方便，有时将表中的 kg/m^3 换算为 g/cm^3 来计算，如视密度 811.0kg/m^3 一般当作 0.8110g/cm^3 来读。

当所测得的值与表载值完全相同时，可从表上直接查得 ρ_{20}。在石油计量表中，间隔为 0.002g/cm^3 两视密度间，ρ_{20} 差值一般为 0.002g/cm^3、0.0019g/cm^3、0.0021g/cm^3，那么其商分别为 1、0.95、1.05。这样，我们在运算熟练后乘上后面括号里的尾数再加上基数就可以很快地得出数据，也无须列式计算。

【例 3】已知某航空煤油在 17℃时测得的密度为 797.0kg/m^3，求该油品的标准密度。

解：查产品标准密度换算表(表 6-14)，找到 17℃与 797.0kg/m^3 的交叉数即为该油品的标准密度。

答案：$\rho_{20}=794.8kg/m^3$。

【例 4】已知某航空煤油在 16.5℃下测得的视密度为 796.7kg/m^3，求该航空煤油的标准密度。

解：查产品标准密度换算表(表 6-14)，由于在表中没有视密度 796.7kg/m^3 这一栏，且其位于 795kg/m^3 和 797kg/m^3 之间，因此需要使用内插法。即已知两点 A、B 且其存在线性关系，则 A、B 两点可以确定一条唯一的直线，通过线性关系，则可求得 A、B 两点间任意自变量对应的函数值。

找到温度 16.5℃，视密度 795kg/m^3 和 797kg/m^3 对应的标准密度分别为 792.4kg/m^3 和 794.5kg/m^3，并利用这两个结果进行线性插值，通过下式计算出最终结果：

$$792.4+\frac{794.5-792.4}{797-795}\times(796.7-795)=794.2$$

答案：$\rho_{20}=794.2kg/m^3$。

【例 5】已知某航空煤油在 16.4℃下测得的视密度为 796.7kg/m^3，求该航空煤油的标准密度。

解：查产品标准密度换算表(表 6-14)，由于在表中既没有视密度 796.7kg/m^3 这一栏，也没有 16.4℃这一栏，因此需要考虑使用直线内插法。注意：只有密度值需要内插，温度

值不内插，用较接近的温度值查表。由于与16.4℃的温度最接近的温度值为16.5℃，故采用16.5℃的结果进行计算，即后续计算方法与例4一致。

答案：$\rho_{20}=794.2\text{kg/m}^3$。

6.4.3　石油标准体积的换算

石油标准体积(V_{20})是油品在标准状况下的体积，其根据查得的容积表值即非标准体积(V_t)与体积修正系数(VCF)相乘而得到，即：$V_{20}=V_t \times VCF$。表60A、60B、60D的查表方法是一样的。对于航空燃油的计量，主要选用表60B——产品体积修正系数表，该换算表的计量单位为kg/m^3。航空油料计量过程中使用到的换算表的适应范围和排列形式分别见表6-15和表6-16。

表6-15　石油标准体积换算表适应范围

标准密度/(kg/m^3)	计量温度/℃	标准密度/(kg/m^3)	计量温度/℃
650.0~770.0	-20.00~95.00	810.0~990.0	-20.00~150.00
770.0~810.0	-20.00~125.00		

表6-16　产品体积修正系数表(部分)

温度/℃	20℃密度/(kg/m^3)			
	790.0	792.0	794.0	796.0
	20℃体积修正系数			
15.75	1.0040	1.0040	1.0040	1.0040
16.00	1.0038	1.0038	1.0038	1.0037
16.25	1.0036	1.0035	1.0035	1.0035
16.50	1.0033	1.0033	1.0033	1.0033
16.75	1.0031	1.0031	1.0031	1.0030
17.00	1.0028	1.0028	1.0028	1.0028
17.25	1.0026	1.0026	1.0026	1.0026
17.50	1.0024	1.0024	1.0024	1.0023
17.75	1.0021	1.0021	1.0021	1.0021

从表6-16可以看出，计量温度t间隔为0.25℃，标准密度ρ_{20}间隔为2.0kg/m^3，而且个位为偶数。按照从上到下、自左至右的读数习惯，表中的数值排列为：t从低到高，ρ_{20}从小到大，VCF在20℃以上从小到大，在20℃以下从大到小。

已知某种油品的标准密度，换算出该油品从计量温度下体积修正到标准体积的体积修正系数的计算步骤：

① 根据油品类别选择相应油品的体积修正系数表(航空燃油一般选用表60B，航空润滑油一般选用表60D)。

② 确定标准密度所在体积修正系数表中的密度区间。

③ 当所测得值与表载值相同，可从表中直接查得VCF。在标准密度栏中，查找已知的

标准密度值，在温度栏中找到油品的计量温度值，两者交叉数即为该油品从计量温度修正到标准温度的体积修正系数。注意：温度和密度均不采用内插法，仅以较接近的值查表。

④ 最后结果保留到万分位(g/cm^3)。

与石油标准密度表一样，将 kg/m^3 换算成 g/cm^3 来计算。

在石油体积修正系数表中，间隔为 0.002 g/cm^3 两标准密度间，*VCF* 差值一般为 +0.0001、-0.0001、0，那么其商分别为+0.05、-0.05、0。在运算熟练后，前两种情况乘上后面括号里的尾数再加上基数就可以很快得出得数，也无须列式计算。后一种情况为 0，直接写出 *VCF* 的表载值即可。

【例 6】已知某航空煤油在 17.25℃下测得的标准密度为 794.0 kg/m^3，求该燃油的体积修正系数。

解：查产品体积修正系数表(表 6-16)，利用 17.25℃和 794.0 kg/m^3 的交叉数即可求得体积修正系数。

答案：1.0026。

【例 7】已知某航空煤油在 17.33℃下测得的标准密度为 794.0 kg/m^3，求该燃油的体积修正系数。

解：查产品体积修正系数表(表 6-16)，在表中没有 17.33℃的温度值这一栏，由于温度值不采用内插法，以较接近的值查表。表中与 17.33℃最为接近的温度值为 17.25℃，利用 17.25℃和 794.0 kg/m^3 的交叉数即可求得。

答案：1.0026。

【例 8】已知某航空煤油在 17.55℃下测得的标准密度为 792.6 kg/m^3，测得的体积为 68.76 m^3，求该燃油在标准状态下的体积。

解：查产品体积修正系数表(表 6-16)，在表中没有找到 17.55℃和 792.6 kg/m^3 这两栏数值。由于温度和密度均不采用内插法，仅以较接近的值查表，因此分别找到表中接近的值为 17.50℃和 792.0 kg/m^3，利用交叉数确定 *VCF* 为 1.0024，利用下式即可求得最终的计算结果：

$$68.76\times1.0024=68.925024$$

答案：68.925 m^3。

6.4.4 空气中石油质量的计算

储油容器内航空油料的静态液体量的计算方法按照中华人民共和国国家标准 GB/T 19779—2005《石油和液体石油产品油量计算 静态计量》。其原则是无论基础数据是手工采集或自动采集的，不同用户采用相同的基础数据(油罐容积表、液位、密度和温度等)能够计算出一致的结果。该方法适用于常压下的立式圆筒形油罐、油船、铁路罐车、卧式圆筒形油罐、汽车罐车及其他储油容器内油品的油量计算。并注意静态油量的参比条件是：标准温度为 20℃，大气压力为 101.325kPa。

6.4.4.1 主要术语和定义

(1) 游离水(FW)。在油品中独立分层并主要存在于油品下面的水。V_{FW} 表示游离水的扣除量，其中包括底部沉淀物。

(2) 沉淀物和水(SW)。油品中的悬浮沉淀物、溶解水和悬浮水总称为沉淀物和水。其质量分数或体积分数、体积和质量分别用SW%、V_{SW}和m_{SW}表示。

(3) 沉淀物和水的修正系数(*CSW*)。为扣除油品中的沉淀物和水(SW)，将毛标准体积修正到净标准体积或将毛质量修正到净质量的修正系数。

(4) 体积修正系数(*VCF*)。将油品从计量温度下的体积修正到标准体积的修正系数，用标准温度下的体积与其在非标准温度下的体积之比表示，等同于液体温度修正系数(C_{tl})。

(5) 罐壁温度修正系数(*CTSh*)。将油罐从标准温度下的标定容积(油罐容积表示值)修正到使用温度下实际容积的修正系数。

(6) 总计量体积(V_{to})。在计量温度下，所有油品、沉淀物和水以及游离水的总测量体积。

(7) 毛计量体积(V_{go})。在计量温度下，已扣除游离水的所有油品以及沉淀物和水的总测量体积。

(8) 毛标准体积(V_{gs})。在标准温度下，已扣除游离水的所有油品及沉淀物和水的总体积。通过计量温度和标准温度所对应的体积修正系数修正毛计量体积可得到毛标准体积。

(9) 净标准体积(V_{ns})。在标准温度下，已扣除游离水及沉淀物和水的所有油品的总体积。从毛标准体积中扣除沉淀物和水可得到净标准体积。

(10) 表观质量(m)。有别于未进行空气浮力影响修正的真空中的质量，表观质量是油品在空气中称重所获得的数值，也习惯称为商业质量或重量。通过空气浮力影响的修正也可以由油品体积计算出油品在空气中的表观质量。

(11) 表观质量换算系数(*WCF*)。将油品从标准体积换算为空气中的表观质量的系数。该系数等于标准密度减去空气浮力修正值。空气浮力修正值为1.1kg/m^{3}或0.0011g/cm^3，即$WCF=\rho_{20}-1.1$。

(12) 毛表观质量(m_g)。与毛标准体积(V_{gs})对应的表观质量。

(13) 净表观质量(m_n)。与净标准体积(V_{ns})对应的表观质量。

(14) 总计算体积(V_{tc})。标准温度下的所有油品及沉淀物和水与计量温度下的游离水的总体积，即毛标准体积与游离水体积之和。

(15) 底油(OBQ)。油船装油前就存在的除游离水外的所有油、水和油泥渣等物质。

(16) 残油(ROB)。油船卸油后残留的除游离水外的所有油、水和油泥渣等物质。

上述各术语涉及的质量、体积和修正系数的关系如图6-18所示。

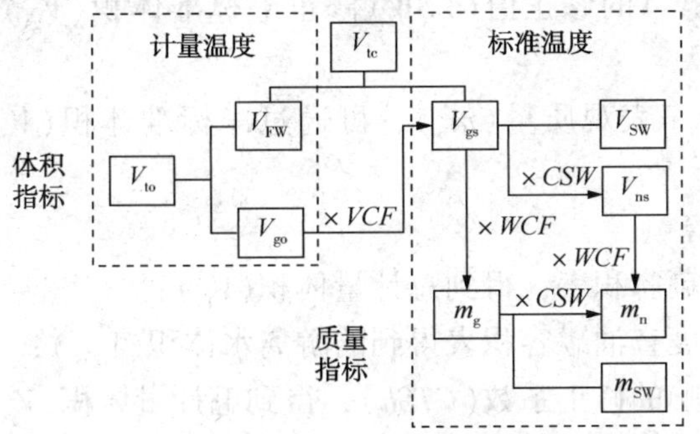

图6-18 质量、体积和修正系数的关系图

在多数情况下，所使用的小数位数受数据来源的影响。计算过程中涉及的关键参数的有效位数如表 6-17 所示，数值修约方法应符合中华人民共和国国家标准 GB/T 8170—2008《数值修约规则与极限数值的表示和判定》。

表 6-17 各关键参数的有效位数

量的名称	常用符号	单位	小数位数
密度	ρ	kg/m^3	×××.×
	ρ	g/cm^3	×.××××
高度	h	m	×.×××
	h	mm	×××.0
体积	V	m^3	×××.×××
	V	L	×××.0
质量	m	kg	×××.0
	m	t	×××.×××
油品温度	T_1	℃	××.×5(读数为最小分度的一半) ××.×(平均温度)
罐壁温度	T_s	℃	×××.0
罐壁温度修正系数	*CTSh*	—	×.×××××
体积修正系数	*VCF*	—	×.××××
沉淀物和水的质量或体积分数	SW%	—	××.×××
沉淀物和水的修正系数	*CSW*	—	×.×××××

6.4.4.2 计算思路与步骤

(1) 基于体积的计算：

① 由油水总高查油罐容积表，得到总计量体积(V_{to})；

② 扣除用游离水高度查油罐容积表得到的游离水体积(V_{FW})；

③ 应用罐壁温度影响的修正系数(*CTSh*)，得到毛计量体积(V_{go})；

④ 对于浮顶罐，还应从中扣除浮顶排液体积(V_{frd})；

⑤ 将毛计量体积(V_{go})修正到标准温度，得出毛标准体积(V_{gs})；

⑥ 用沉淀物和水(SW)的修正值(*CSW*)修正毛标准体积(V_{gs})，可以得到净标准体积(V_{ns})；

⑦ 如果需要油品的净表观质量(m_n)，可通过净标准体积(V_{ns})与表观质量换算系数(*WCF*)相乘得到。

(2) 基于质量的计算：

① 由油水总高查油罐容积表，得到总计量体积(V_{to})；

② 扣除用游离水高度查油罐容积表得到的游离水体积(V_{FW})；

③ 应用罐壁温度影响的修正系数(*CTSh*)，得到毛计量体积(V_{go})；

④ 将毛计量体积(V_{go})修正到标准温度，得出毛标准体积(V_{gs})；

⑤ 用毛标准体积(V_{gs})乘以表观质量换算系数(WCF)，再减去浮顶的表观质量(m_{frd})得到油品的毛表观质量(m_g)；

⑥ 用沉淀物和水(SW)的修正值(CSW)修正油品的毛表观质量(m_g)，可得到油品的净表观质量(m_n)。

注：在基于表观质量的计算步骤中，由于浮顶的排液量在计算油品表观质量时扣除，③和④涉及的毛计量体积和毛标准体积包含了浮顶的排液体积；将净表观质量(m_n)除以表观质量换算系数(WCF)可间接计算出净标准体积(V_{ns})。

6.4.4.3 计算公式

(1) 基于体积。总的计算思路和步骤如下：

$$V_{gs} = \{[(V_{to} - V_{FW}) \times CTSh] - V_{frd}\} \times VCF \tag{6-19}$$

$$V_{ns} = V_{gs} \times CSW \tag{6-20}$$

$$m_n = V_{ns} \times WCF \tag{6-21}$$

① 立式圆筒形油罐。根据计算思路，从总计量体积(V_{to})中减去所有游离水(V_{FW})，再将结果乘以罐壁温度修正系数($CTSh$)，得到毛计量体积(V_{go})。对于浮顶罐，应从中扣除浮顶的排液体积(V_{frd})。

$$V_{go} = [(V_{to} - V_{fw}) \times CTSh] - V_{frd} \tag{6-22}$$

用测量的油品高度查油罐容积表得到对应高度下的标定容积，即油品的总计量体积。当油罐容积表按空罐容积和液体静压膨胀容积分别编制时，总计量体积(V_{to})应按下式计算：

$$V_{to} = V_c + \Delta V_c \times \rho_w / \rho_c \tag{6-23}$$

式中，V_c为由油品高度查油罐容积表得到的对应高度下的空罐容积，m^3；ΔV_c为由油品高度查液体静压力容积修正表得到的油罐在标定液静压力作用下的容积膨胀值，m^3；ρ_w为油罐运行时工作液体的计量密度，可用标准密度(ρ_{20})乘以计量温度下的体积修正系数(VCF)求得，kg/m^3；ρ_c为编制油罐静压力容积修正表时采用的标定液密度，通常为水的密度，kg/m^3。

在油品转移前后，应测定游离水和罐底沉淀物的数量，以对毛计量体积做出适当修正。用游离水和沉淀物的深度查油罐容积表可确定它们应扣除的体积。

油罐在温度发生变化时，其体积也要发生相应的变化。油罐容积表给出的通常是在标准温度下的容积，实际计量时的罐壁温度通常不同于标准温度，对此应对标定容积做出相应修正。对于立式圆筒油罐，罐壁温度对体积影响的修正系数可以用对横截面积影响的修正系数表示，因此罐壁温度修正系数($CTSh$)可以按下式计算：

$$CTSh = 1 + 2\alpha(T_s - 20) \tag{6-24}$$

式中，α 为罐壁材质的线膨胀系数,℃$^{-1}$(低碳钢取 $\alpha = 0.000012$℃$^{-1}$)；T_s为油罐计量时的罐壁温度,℃。

罐壁温度通常受罐内油品温度和罐外环境温度的影响，因此在计算罐壁温度对标定容积的影响时，均应给予考虑。对于保温罐，可以将罐内油品的平均温度近似作为罐壁温度，即 $T_s - T_L$。对于非保温罐，罐壁温度按下式计算：

$$T_s = [(7 \times T_1) + T_a] / 8 \tag{6-25}$$

式中，T_1为罐内油品的平均温度，℃；T_a为油罐周围的环境空气温度，℃。

由于罐内油品密度会经常发生变化，与油品密度有关的浮顶的排液体积也随之变化，因此通常不把浮顶修正直接编入油罐容积表中，而是在油量计算中再扣除。

如果按体积扣除，在油量计算时，浮顶排液量在计算毛计量体积时扣除，则浮顶的排液体积(V_{frd})按下式计算：

$$V_{frd} = m_{frd}/(WCF \times VCF) \tag{6-26}$$

由于我国散装油品主要按油品的质量结算，因此在计算带有浮顶的立式圆筒形油罐内的毛计量体积时，可以不扣除浮顶排液体积，而是在计算油品毛表观质量时再扣除浮顶的表观质量(m_{frd})。

② 油船。从油船舱容表获得的总计量体积(V_{to})中扣除游离水的体积(V_{FW})可计算出毛计量体积(V_{go})，如下式所示：

$$V_{go} = V_{to} - V_{FW} \tag{6-27}$$

由于油船的特性，在计量的时候可能发生倾斜，根据倾斜的方位不同分为纵倾和横倾，因此需要进行倾斜修正。纵倾修正用于补偿由于船舱纵向横截面不水平所引起的液位变化，用船尾吃水读数减去船头吃水读数的结果表示纵倾。横倾修正用于补偿因油船纵向竖直面不垂直于水平面所引起的液位变化，通常用倾斜仪读出油船横倾值。如果修正油船纵倾或横倾的是体积修正值，则可按下式计算：

$$V_{go} = (V_{to} \pm \text{纵倾或横倾修正}) - V_{FW} \tag{6-28}$$

用游离水的实高或空高查油舱容积表可得到游离水的体积。油舱内的任何液体都将受到纵倾和横倾影响，如果游离水接触到全部舱壁，前面引用的纵倾和横倾修正对其同样适用。如果游离水不接触到全部舱壁，船舱中的液体以楔形体积存在，上述纵倾修正不再适用。

③ 卧式金属罐、铁路罐车和汽车罐车。计算思路与立式圆筒形油罐类似，从总计量体积(V_{to})中减去游离水的体积(V_{FW})，再将结果乘以罐壁温度修正系数($CTSh$)，就得到毛计量体积(V_{go})，如下式所示：

$$V_{go} = (V_{to} - V_{FW}) \times CTSh \tag{6-29}$$

用油品高度查油罐容积表可以得到标准温度下的油罐在对应高度下的标定容积(V_c)。如果油品高度介于编表高度之间，则可以采用内插法进行计算。对于此类小型油罐，可以不考虑液体静压力的膨胀影响，总计量体积近似等于标定容积($V_{to} \approx V_c$)。

扣除游离水和罐底沉淀物、罐壁温度对标定容积影响的修正系数和罐壁温度按与立式圆筒形油罐相同的方法确定。

(2) 基于质量：总的计算思路和步骤如下：

$$m_g = \{[(V_{to} - V_{FW}) \times CTSh] \times VCF \times WCF\} - m_{frd} \tag{6-30}$$

$$m_n = m_g \times CSW \tag{6-31}$$

$$V_{ns} = m_n/WCF \tag{6-32}$$

其中，用毛标准体积(V_{gs})或净标准体积(V_{ns})乘以表观质量换算系数(WCF)可以计算出油品的毛表观质量(m_g)或净表观质量(m_n)。浮顶排液量及沉淀物和水(SW)已按体积扣除，则：

$$m_n = V_{ns} \times WCF \tag{6-33}$$

按质量修正浮顶排液及沉淀物和水，将毛标准体积(V_{gs})乘以表观质量换算系数(WCF)，减去浮顶的表观质量(m_{frd})，得到油品的毛表观质量(m_g)，将其乘以沉淀物和水的修正系数(CSW)计算出油品的净表观质量(m_n)，如下式所示：

$$m_g = V_{gs} \times WCF - m_{frd} \tag{6-34}$$

$$m_n = m_g \times CSW \tag{6-35}$$

$$m_{SW} = m_g - m_n \tag{6-36}$$

【例 9】某立式固定顶航空汽油储罐在某工况下的总计量体积 V_{to} 为 1852.321m^3，燃油的标准密度 ρ_{20} 为 770.3kg/m^3，储罐内无游离水，罐壁温度修正系数 $CTSh$ 为 1.00045，沉淀物和水的修正系数 CSW 为 0.99000，体积修正系数 VCF 为 0.9831。计算这部分航空汽油的质量。

解：

(1) 基于体积的计算步骤

毛标准体积(V_{gs})为：

$$\begin{aligned} V_{gs} &= \{[(V_{to} - V_{FW}) \times CTSh] - V_{frd}\} \times VCF \\ &= 1852.321 \times 1.00045 \times 0.9831 \\ &= 1821.836 \end{aligned}$$

净标准体积(V_{ns})为：

$$\begin{aligned} V_{ns} &= V_{gs} \times CSW \\ &= 1821.836 \times 0.99000 \\ &= 1803.618 \end{aligned}$$

净表观质量(m_n)为：

$$\begin{aligned} m_n &= V_{ns} \times WCF \\ &= 1803.618 \times (770.3 - 1.1) \\ &= 1387343 \end{aligned}$$

答案：1387343kg。

(2) 基于质量的计算步骤

毛表观质量(m_g)为：

$$\begin{aligned} m_g &= \{[(V_{to} - V_{FW}) \times CTSh] \times VCF \times WCF\} - m_{frd} \\ &= 1852.321 \times 1.00045 \times 0.9831 \times (770.3 - 1.1) \\ &= 1401356 \end{aligned}$$

净表观质量(m_n)为：

$$\begin{aligned} m_n &= m_g \times CSW \\ &= 1401356 \times 0.99000 \\ &= 1387342 \end{aligned}$$

净标准体积(V_{ns})为：

$$\begin{aligned} V_{ns} &= m_n / WCF \\ &= 1387342 \div (770.3 - 1.1) \end{aligned}$$

= 1742.454

答案：1387342kg。

【习题】

1. 某航空汽油采用立式储罐储存，在油品液位测量时，第一次测量读数为5236.8mm，第二次测量读数为5238.9mm，计算最终液位结果的报告值。

2. 某航空汽油采用立式储罐储存，在油品液位测量时，第一次测量读数为5236.8mm，第二次测量读数为5237.4mm，计算最终液位结果的报告值。

3. 某喷气燃料采用立式储罐储存，储罐的参照高度为15000.0mm。在油品空距测量时，第一次测量量油尺的刻度值为3260.2mm，被浸湿的量油尺长度为288.4mm；第二次测量量油尺的刻度值为3260.2mm，被浸湿的量油尺长度为286.9mm。计算最终空距结果的报告值和最终液位结果的报告值。

4. 某喷气燃料采用立式储罐储存，储罐的参照高度为15000.0mm。在油品空距测量时，第一次测量量油尺的刻度值为3260.2mm，被浸湿的量油尺长度为288.4mm；第二次测量量油尺的刻度值为3260.1mm，被浸湿的量油尺长度为288.1mm。计算最终空距结果的报告值和最终液位结果的报告值。

5. 某机场油库3号储罐为非保温拱顶油罐，观测到在16.8℃时的高度为4518mm，并测得此时的视密度为794.4kg/m^3，计算这部分燃油的容积。

6. 实际测得12号卧式油罐内的油面高度读数为522.6mm，计算这部分燃油的容积。

7. 已知某航空煤油在17.2℃下测得的视密度为793.1kg/m^3，计算该燃油的标准密度。

8. 已知某航空煤油在17.6℃下测得的标准密度为797.6kg/m^3，计算体积修正系数。

9. 已知某航空煤油在17.6℃下测得的视密度为797.6kg/m^3，测得的体积为1028.2m^3，计算这部分燃油在标准状态下的体积。

10. 某立式固定顶航空燃油储罐在16.3℃下的总计量体积为1052.992m^3，此时的视密度为793.1kg/m^3，游离水体积为6.221m^3，罐壁温度修正系数为1.00031，沉淀物和水的修正系数为0.99000。基于体积方法计算这部分航空燃油的质量。

11. 某机场油库3号储罐为非保温拱顶油罐，在15.9℃下测得的液位为4487mm，并测得此时的视密度为794.4kg/m^3，无游离水，罐壁温度修正系数为1.00022，沉淀物和水的修正系数为0.98000。基于质量方法计算这部分航空燃油的质量。

第 7 章　油品动态计量

油品处于运动状态下的计量方式称为油品动态计量。用于实现油量测量、油品品质测定、计量检定和油量计算的测量仪器和其他辅助设备统称为计量系统。对于航空燃油的动态计量系统，主要分为自动计量和手工计量两种。前者全部采用仪表测定参数后由计算机计算出体积和质量，后者由人工定时取样测定相关参数后人工计算出体积和质量。现阶段航空燃油的动态计量以自动计量为主、人工计量为辅。

油品动态计量主要依据 GB/T 9109. 1—2016《石油和液体石油产品动态计量 第 1 部分：一般原则》、GB/T 9109. 2—2014《石油和液体石油产品动态计量 第 2 部分：流量计安装技术要求》、GB/T 9109. 3—2014《石油和液体石油产品动态计量 第 3 部分：体积管安装技术要求》和 GB/T 9109. 5—2017《石油和液体石油产品动态计量 第 5 部分：油量计算》以及其他各类流量计的标准执行，流量计的检定规程应满足计量检定规程 JJG 164—2000《液体流量标准装置检定规程》和 JJG 2063—2007《液体流量计器具检定系统表检定规程》等要求。

7.1　流量计的分类及主要技术指标

油品流量计量是应用具有适当准确度的流量仪表去测量流经流量仪表的流体数量。由于它是在流体运动中进行测量的，故称为动态计量，以区别于液体静止时计量的容量计量（静态计量）。就液体计量而言，流量计量一般可用于较小数量液货的计量，图 7-1 的方框内展示了航空煤油在发油阶段中使用的流量计。除了贸易交接外，流量计量在自动化、管道化生产过程中以及其他科学领域具有重要的作用。

油品动态计量的对象就是流体，液体和气体统称为流体。流量是指在流动的流体中，单位时间内流经与流体流动方向相垂直的流体横截面内流体的数量。流体流量数值若用体积计算，称为体积流量；若以质量计算，则称为质量流量。

图 7-1　发油阶段使用的流量计

流体的计量单位是导出单位。对体积流量，单位有 m^3/h、L/min、L/s 等；对质量流量，单位有 t/a、t/h、kg/s 等。流量计量可用瞬时流量表示，也可用累计流量表示。所谓瞬时流量，是表示在某一时刻的流量值，如 L/min、m^3/s、kg/s 等的流量值。累计流量指在某一时间间隔内，流体流经某横断面的总量，如某机场油库通过流量计发给某顾客航空汽油多少升。累计流量与时间无关，若是体积流量，其计量单位为 m^3、L 等；若是质量流量，其计量单位为 t、kg 等。一般而言，瞬时流量主要用于控制流体供出量的大小，以便适应工艺过程的需要。累计流量用于供给流体总量的计算，以便在贸易交接和物料转交时进行数量计算。

7.1.1 流量计的分类

流量计是测量流量的仪表，它能指示和记录某瞬时流体的流量值，或累积某段时间间隔内流体的总量值，可以测量体积流量或质量流量。

7.1.1.1 按测量结果单位分类

按测量结果的单位分，有体积流量计、质量流量计，前者如腰轮体积流量计，后者如科里奥利振动式质量流量计。

7.1.1.2 按测量原理分类

按测量原理分，有容积式(如腰轮流量计)、速度式(如涡轮流量计)、质量式(如科里奥利流量计)、差压式(如孔板流量计)等。

7.1.1.3 按测量场合分类

按测量场合分，有管道上用的，有明渠中用的，有飞机加油车用的等。

7.1.2 基本概念

7.1.2.1 层流和湍流

层流流动时，管内流体分层流动，各流层之间互不混杂而平行于管道轴线，流层间没有流体质点的相互交换。流体通过一段管道的压力降与流量成正比，流体黏性力起主要作用。

湍流流动时，管内流体不再分层流动，流体质点除沿管道轴线方向运动外，还有剧烈的径向流动。在粗糙区，流体通过一段管道的压力降与流量的平方成正比，流体惯性力起主要作用。

一般认为，对圆形管道雷诺数 $Re \leqslant 2300$ 为层流状态，$2300 < Re \leqslant 4000$ 为过渡区，$Re > 4000$ 时，流动将开始转变成湍流状态。在工程应用中，通常认为雷诺数相等的流动是相似的。所以，流量仪表在某种标定介质(空气、水)中标定得到的仪表系数可以根据在相同雷诺数下流量系数相等的原则换算出另一种介质(天然气、燃油)的流量(或流速)。也就是说，“雷诺数相同，仪表系数相等”，这是流量计实际标定的理论基础。

7.1.2.2 仪表系数(*K* 系数)

仪表系数 K 为单位体积流体流过流量计时，流量计发出的信号脉冲数，或单位体积流量流过流量计时，流量计发出的信号脉冲频率。仪表系数 K 是频率脉冲型流量计流量特性的主要参数，它由流量测量校验装置标定得到。

7.1.2.3 流量计系数

由于流量计的精度要求高，长期使用后可能出现与出厂数据略微偏差的情况，因此需要对流量计进行定期检定。检定后对流量计示值进行修正的系数即为流量计系数，其值为标准器示值与流量计示值之比，一般用 F 或 MF 表示。

7.1.2.4 流量范围

流量范围是由最小流量和最大流量所限定的范围，表示流量计能适用的流量工况。在该范围内，仪表在正常的使用条件下其示值误差不应超过最大允许误差。主要有以下两种表示方式：

范围度：又称量程比，是最大流量与最小流量的比值；

量程：最大流量与最小流量的差值。

如某流量计的测量范围为 10～200m^3/h，则该流量计的范围度为 20 ∶ 1，量程为 190m^3/h。

7.1.3 流量计的主要技术指标

7.1.3.1 测量范围（工作范围）

测量范围是指流量仪表在规定的基本误差内，最小流量至最大流量的范围。流量仪表一般均在特定介质及状态下进行标定和刻度，航空燃油流量计一般使用水作为介质。因此选用流量计刻度时，需要将实际工况条件的被测介质的流量换算成标定和刻度情况下的水的流量，然后再来选择流量计的口径。

7.1.3.2 精度与误差

流量计在测量范围内，在规定的工作条件下确定的误差为基本误差。流量计的精度则反映了测量结果与真值接近的程度，两者的关系为：

流量计精度=（绝对误差的最大值/仪表量程）×100%

如精度为 0.1 级、0.2 级、0.5 级和 1.0 级的流量计，表示其最大允许误差为±0.1%、±0.2%、±0.5%和±1.0%。也就是说，流量计的精度等级数字越小，其基本误差就越小，流量计准确度就越高。用于航空油料计量交接的流量计等级应不低于 0.2 级。

7.1.3.3 公称通径

公称通径是指进入管道的公称通径，以 DN 后接数值表示，仪表的公称通径值应在优选数列中选取。

7.1.3.4 公称压力

公称压力是指仪表在运行条件下长期正常工作时所能承受的最大压力。

7.1.3.5 压力损失

压力损失是指在工作条件下，航空燃油流过流量计时不可避免地与内部元器件进行摩擦，进而产生不可恢复的压力降。

7.1.3.6 重复性

重复性是指在相同测量条件下，重复测量同一个被测量，测量仪器提供相近示值的能力，反映出流量计测量的一致性。这些条件包括相同的测量程序、相同的观测者、在相同条件下使用相同的测量设备、在相同地点、在短时间内重复。对于航空油料测量使用的流量计，重复性不得超过相应准确度等级规定的最大允许误差绝对值的 1/3。

7.1.3.7 稳定性

稳定性是指测量仪器保持其计量特性随时间恒定的能力，反映出流量计的制造水平。若稳定性不是对时间而是对其他量而言，则应该明确说明。稳定性可以用几种方式定量表示，比如计量特性对某个规定的量所经过的时间，或计量特性经规定的时间所发生的变化量。

7.2 流量计工作原理

7.2.1 质量式流量计

由于温度对航空油料密度的影响较大，因此通过直接测量质量流量的方式可以减小或避免温度变化带来的测量误差和计算误差。科里奥利质量流量计(Coriolis Mass Flowmeter, CMF)是一种利用液体和振动管振动的相互作用测量质量流量的装置，如图 7-2 所示。科里奥利质量流量计也可以用于测量流体的密度和过程温度，其结构与设计需要满足中华人民共和国国家标准 GB/T 31130—2014《科里奥利质量流量计》、GB/T 20728—2006《封闭管道中流体流量的测量 科里奥利流量计的选型、安装和使用指南》等标准要求，检定需要满足中华人民共和国国家计量检定规程 JJG 1038—2008《科里奥利质量流量计检定规程》。由于科里奥利质量流量计能直接显示被测流体的质量，且准确度较高，因而正在航空油料系统推广。但因温度和压力对其准确测量有较大影响，应安装电阻对温度进行修正，安装压力变送器进行在线压力补偿。还要注意克服应力和振动对仪表的影响，注意安装一定的直管段。航空油料使用的质量流量计的准确度等级应不低于 0.2 级。

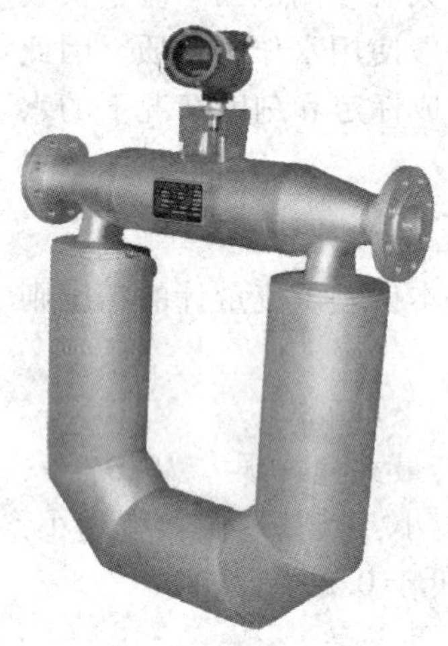

图 7-2 科里奥利质量流量计

质量流量计可分为直接式质量流量计和推导式质量流量计两大类。目前直接式质量流量计测量管的形状有直管、S 形管、U 形管、螺旋管等，其工作原理依据的都是科里奥利效应，即在旋转坐标系中，径向运动的物体受到两个虚拟的惯性力，分别是离心力和科里奥利力。离心力是旋转坐标系中物体改变运动方向时所克服的惯性力，方向为旋转运动轨迹的法线方向，表现为使物体在径向方向远离旋转系参考点的作用力；科里奥利力则是旋转坐标系中物体保持绝对坐标系的直线运动中克服的惯性力。

科里奥利质量流量计通过安装的弯曲驱动器来实现一定频率的摆动形成旋转运动，流量管的摆动过程使得流体在科里奥利力作用下反作用于流量管，使其摆动相位差发生变化，并由传感器捕捉到相位差信息。由于弹簧所悬挂物体的质量和它振动的频率成反比，因此通过检测标准状态下的水和空气等介质流经流量管时的频率得到密度与频率的线性关系，进一步确定油品的密度和质量。并由转换器(二次装置)提供驱动并转换来自流量检测元件(一次装置)的信号，产生被测参数和推导参数输出的电子控制系统，并最终提供从参数中推导出的修正值。

科里奥利质量流量计的优点如下：

① 计量精确度高，稳定性好，真正实现了高精度的直接质量流量测量，且不受被测介质物理参数的影响。

② 对介质的适应性较广，可以测量多种液体。不受管内流动状态的影响，无论是层流还是湍流，都不影响测量精度，对上游侧的流速分布不敏感，从而在流量计前后不必设置很长的直管段。

③ 可进行多参数测量，在测量质量流量的同时，还可测得介质密度、体积流量、温度等参数。

④ 检测管内无可动部件，也无阻碍流体流动的部件，从而使得流量计更便于维护和清洗，延长使用寿命。

⑤ 测量范围较大，多数流量计的量程比在(10∶1)~(50∶1)。

科里奥利质量流量计的缺点如下：

① 不能用于测量密度太低的流体介质，如低压气体；液体中含气量超过某一值时会显著影响测量值，到目前为止还没有用科里奥利质量流量计成功地测量气液两相流的实际例子。

② 对外界振动干扰较敏感，为防止管道振动的影响，大多数科里奥利质量流量计的流量传感器对安装固定有较高要求。

③ 不能用于大管径流量测量，目前还局限于DN200以下。

④ 测量管内壁磨损腐蚀或沉积结垢会影响测量精度，尤其对薄壁测量管的科里奥利质量流量计更显著。

⑤ 一般体积和重量较大，压力损失也较大。

7.2.2 容积式流量计

容积式流量计(Positive Displacement Flowmeter，PDF)是利用机械测量元件把流动的液体连续不断地分割(隔离)成单个的体积部分，并进行重复不断地充满和排放该体积部分的流体而累加计量出流体总量的测量仪表。容积式流量计的结构与设计需要满足中华人民共和国国家标准GB/T 17288—2009《液态烃体积测量 容积式流量计计量系统》，检定需要满足中华人民共和国国家计量检定规程JJG 667—2010《液体容积式流量计检定规程》，其种类包括腰轮流量计、椭圆齿轮流量计、刮板流量计、旋转活塞流量计、往复活塞流量计、圆盘流量计、螺杆流量计、双转子流量计等多种形式。不同形式流量计的测量原理基本相同，只是计量容积的结构和计算方式有所不同。现以腰轮流量计为例介绍。

腰轮流量计，国外称为罗茨流量计(Roots Flowmeter)，如图7-3所示。这种流量计的工作原理和工作过程是依靠进出口流体压力差产生运动，它的运动元件类似于腰形，因而称为腰轮。腰轮上没有齿，它们不是直接相互啮合转动，而是通过安装在壳体外的传动齿轮进行传动。

当流体进入计量室后，液体压力将作用在腰轮上产生压力差，使之产生扭矩而推动腰轮转动，连续计量通过仪表的被测介质。在流动流体的压力作用下，两轮做相反方向转动，

图 7-3　腰轮流量计

每转动一周，两轮各做二次月牙形容量计量，所以每转动一周，就排出四份“计量空间”（或称测量室）的流体体积量。这样轴的转数与流动流体的流量有一比例关系，就可以计算出流体流量 Q_V 为：

$$Q_V = 4N\frac{V_0}{\Delta t} \tag{7-1}$$

式中，N 为 Δt 内腰轮转动次数；V_0 为流量计设计的循环体积，m^3；Δt 为腰轮转动的时间间隔，s。

腰轮流量计的准确度，受流量大小和黏度高低变化影响比较小。当其装配精度满足要求时，产生误差的唯一因素是泄漏，而泄漏是同流量大小、黏度高低、温度和压力等有关的。在较大、较小流量下泄漏量均增加，在流量适中时泄漏量很小。一般说来，温度高则黏度低，压力大则压差大，均会导致泄漏加大。

腰轮流量计对流动带来的重要问题就是压力损失。由于腰轮流量计的运动件是依靠流体流动的动能来转动的，这样势必造成腰轮流量计前后的压力不同，也即有压力损失。这个压力损失主要用于克服运动元件的摩擦阻力和液体在计量室内流动时的黏性阻力。这些阻力之和，就使得腰轮流量计的压力损失比较大。一般说来，压力损失随流体流量的增大而增加，随黏度的增大而增加。

此外，由于腰轮流量计工艺制造精细，计量室间隙小，准确度高，要求流体介质中不能夹杂固定颗粒，因此要在流量计上游安装过滤器，以免卡死腰轮，降低流量计准确度。

其他类别流量计的计量原理与腰轮流量计类似，只是转动部件和计量体积略有不同，例如刮板流量计是利用凸轮或凹线、刮板和转子转动进行计量的，椭圆齿轮流量计是利用壳体和装在壳体内的一对相互啮合的椭圆齿轮进行计量的。

综上所述，容积式流量计的优点有：

① 测量准确度高，适合贸易交接用，特性一般不受流动状态的影响，也不受雷诺数大小的限制。

② 适用范围广，除脏污介质和特别黏稠的流体外，它可用于各种液体和气体的流量测量。

③ 安装管道条件对流量计计量精度没有影响，表前不需直管段。

④ 可用于高黏度液体流量测量。

⑤ 测量范围度较宽，可达 30∶1。

⑥ 直读式仪表无须外部能源就可得到流体总量。

容积式流量计的缺点有：

① 机械结构和传动机构较复杂，体积庞大笨重，制造工艺和使用条件要求较高。

② 工作压力较低，特别是气体，一般不能超过 1.6MPa。

③ 大部分只适用于测量洁净单相流体。

④ 当测量含有固体颗粒或脏污物的流体时，需要安装过滤器；当测量含有气体的液体时，需要安装消气器。

7.2.3 速度式流量计

通过联系通道内液体平均流速与因流动而产生的一些物理现象来测量流体流量的流量计称为速度式流量计，主要包括涡轮流量计、涡街流量计、旋进旋涡流量计、电磁流量计、超声波流量计、分流旋翼式流量计、激光多普勒流量计、插入式流量计等。其设计和制造应该满足 GB/T 17289—2009《液态烃体积测量 涡轮流量计计量系统》、GB/T 36241—2018《气体旋进旋涡流量计》、GB/T 25922—2010《封闭管道中流体流量的测量 用安装在充满流体的圆形截面管道中的涡街流量计测量流量的方法》等标准要求，检定规程应该满足计量检定规程 JJG 1037—2008《涡轮流量计检定规程》、JJG 1029—2007《涡街流量计检定规程》、JJG 1121—2015《旋进旋涡流量计检定规程》、JJG 1033—2007《电磁流量计检定规程》、JJG 1030—2007《超声流量计检定规程》等。速度式流量计种类繁多，下面以涡轮流量计为例进行说明。

涡轮流量计(Turbine Flowmeter，TUF)又称透平流量计，是速度式流量计中的一种，如图 7-4 所示。涡轮流量计是在螺旋式叶轮流量计的基础上发展起来的，是叶轮式流量计中的主要品种(叶轮式流量计还有风速计、水表等)，它通过测定置于流体中的涡轮的转速来反映流量的大小。涡轮流量计的主要结构包括涡轮、轴和轴承、整流器、前置放大器和二次仪表(显示仪表)等部件。

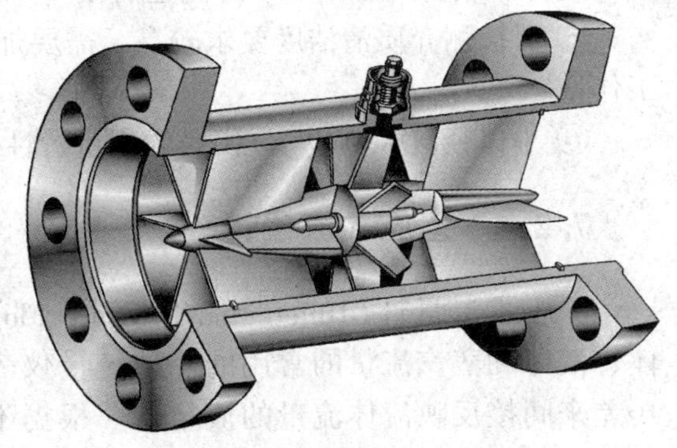

图 7-4 涡轮流量计

当被测流体通过涡轮流量传感器时，流体通过导流器冲击涡轮叶片。由于涡轮的叶片与流体流向间有倾角，流体的冲击力对涡轮产生转动力矩，使涡轮克服机械摩擦阻力矩和流体阻力矩而转动。实践证明，在一定的流量范围内，对于一定的流体介质，涡轮的旋转角速度与通过涡轮的流量成正比，所以通过测量涡轮的旋转角速度可测量流体流量。涡轮的旋转角速度一般都是通过安装在传感器壳体外面的信号检测放大器用磁电感应的原理来测量转换的。当涡轮旋转时，涡轮上由导磁不锈钢制成的螺旋形叶片依次接近和远离处于管壁外的磁电感应线圈，周期性地改变感应线圈磁回路的磁阻，使通过线圈的磁通量发生周期性变化而产生与流量成正比的脉冲电信号。此脉冲电信号经信号检测放大器放大整形后送至显示仪表(或计算机)显示出流体流量。

在某一流量范围和一定黏度范围内，涡轮流量计的体积流量(Q_v)与输出的信号脉冲频率(f)成正比，即：

$$f = K \cdot Q_v \tag{7-2}$$

式中，K 为涡轮流量计的仪表系数，$1/m^3$。

速度式流量计的主要优点有：

① 准确度高，全量程一般为 1.0%~2.0%，高准确度型为 0.5%~1.0%。

② 重复性好，一般可达 0.05%~0.2%，因此经常选用作为标准流量计使用。

③ 量程范围宽，中大口径一般可达 20：1 以上，小口径为 10：1；始动流量也较低。

④ 压力损失较小，在常压下一般为 0.1~2.5kPa。

⑤ 结构紧凑，体积轻巧，安装使用方便。

⑥ 由于一般采用脉冲频率信号输出，适于总量计量及与计算机连接；无零漂移，抗干扰能力强；若采用高频信号输出，可获得高的频率信号 3~4kHz，信号分辨力强。

⑦ 可采用多种显示方式，可只带机械计数器或只配普通型流量积算仪，也可在机电计算器上增加温压补偿仪，且可长期采用电池供电(可连续运行两年以上)，使用方便。

速度式流量计流量主要不足之处：

① 介质中含有悬浮物或腐蚀性成分，容易造成轴承磨损加速及卡住问题。

② 要长期保持计量特性，需要定期校准；对于贸易计量，最好配备现场流量计校准设备。

③ 介质的物理特性(如密度、黏度等)对涡轮流量计的特性有较大影响，与温度、压力关系密切，因此要进行温压修正。

④ 流量计受流体流速分布畸变和旋转流的影响较大，为此需在流量计的上游侧设置较长的直管段或整流器，在下游侧也需设置一定长度直管段，为此需占场地较大。

⑤ 对被测介质清洁度要求较高，需要加装过滤器，既带来了压损增大，又增大了维护工作量。

⑥ 小口径(DN50 以下)仪表的流量特性受物性影响严重，其仪表特性难以提高。

7.2.4 差压式流量计

差压式流量计(Differential Pressure Flowmeter，DPF)是目前工业生产中用来测量气体、液体和蒸汽流量的常用的一种流量仪表。差压式流量计是借助流动过程产生的前后压差来间接反映流体流量的流量计。根据不同原理，可以将差压式流量计分为节流式流量计、动压头式流量计和离心式流量计。差压式流量计的结构、设计和制造应该满足中华人民共和国国家标准 GB/T 2624.1—2006《用安装在圆形截面管道中的差压装置测量满管流体流量 第 1 部分：一般原理和要求》、GB/T 2624.2—2006《用安装在圆形截面管道中的差压装置测量满管流体流量 第 2 部分：孔板》、GB/T 2624.3—2006《用安装在圆形截面管道中的差压装置测量满管流体流量 第 3 部分：喷嘴和文丘里喷嘴》和 GB/T 2624.4—2006《用安装在圆形截面管道中的差压装置测量满管流体流量 第 4 部分：文丘里管》等标准要求，检定规程应该符合中华人民共和国国家计量检定规程 JJG 640—2016

《差压式流量计检定规程》要求。

差压式流量计的结构主要包括一次装置和二次装置，其中，一次装置是指测量元件，如孔板、文丘里管、V 锥和喷嘴等；二次装置是指测压元件，即差压变送器。引流管连接管内流道和差压变送器，差压变送器含有压力传感器，根据节流前和节流时不同位置的压差来确定管道内的流速。差压式流量计种类繁多，现以文丘里流量计为例进行说明。

文丘里流量计是一种常用的差压式流量计，是由圆锥形收缩入口连接称为“喉部”的圆筒部分和称为“扩散管”的圆锥形扩展部分组成其核心部分，如图 7-5 所示。

图 7-5　文丘里流量计

当通道截面减小时，流体的压力会随流速变化而发生变化，二者存在一定关联。根据连续性方程和伯努利方程，单位重力流体沿流线流动时机械能守恒，即流体流动满足下式要求：

$$H+\frac{P}{\rho}+\frac{U^2}{2}=\mathrm{C} \tag{7-3}$$

式中，U 为流体流速，m/s；P 为管道内压力，Pa。

由式(7-3)可知，速度越小静压越大，反之亦然，这就是节流原理。节流式的差压式流量计就是制造节流产生压差，根据压差与液体流量之间的关系，并假设该装置与经过校准的一个装置几何相似且使用条件相同，就可以测得流体的流量。但实际应用中能量必然会有损失，由于湍流能耗损失和流动阻力损失，因此实际流量要比理论流量小，工程应用中通常引入修正系数 $\alpha(\alpha<1)$ 来进行流量修正。

差压式流量计的优点有：

① 结构简单、安装方便、工作可靠、成本低。

② 具有一定的准确度，基本能满足工程测量和贸易交接的需要。

③ 研究设计和使用历史悠久，有丰富的、可靠的实验数据。

④ 设计加工已经标准化，在国际上有通用标准 ISO 5167《用安装在圆形截面管道中的差压装置测量满管流体流量》，只要是按标准设计加工的节流式流量计，即使不标定，也能在已知的不确定度范围内进行流量测量。

差压式流量计的缺点有：

① 对于安装位置有一定的要求，尽量避免管路的最高位置，以防止气体进入而导致测量误差。

② 具有流动方向的要求，安装方向错误不能得到准确测量结果。

③ 对流体质量具有一定要求，含杂质的流体对二次装置会造成损坏，固体杂质可能会在一次装置中堆积或对管壁造成磨损，导致流量测量不准。

④ 流量计前后有直管段要求，通常要求 4 倍直径的长度或更长。

⑤ 一次装置与管道要保证同轴心安装，否则会引起较大的测量误差。

7.3 流量计的选型与使用

7.3.1 流量计选型原则

流量计的选型应依据计量方式要求（质量或体积；连续或批量）、流量计性能、计量对象的流体条件、操作条件、环境条件、工艺（或安装）条件、检定条件和经济条件等因素综合分析确定。流量计选型是指按照生产要求，从仪表产品供应的实际情况出发，综合考虑测量的安全性、准确性和经济性，并根据被测流体的性质及流动情况确定流量取样装置的方式和测量仪表的型式和规格。流量计选型主要考虑的因素有：

① 被测油品的基础物性，包括黏度、密度、蒸气压、腐蚀性和润滑性等；

② 被测油品中的磨损或腐蚀杂质的数量和性质，以及固体杂质的大小和分布；

③ 工作流量、最大流量及最小流量，流动是否连续，是否间歇，是否波动；

④ 测量体积流量还是质量流量；

⑤ 工作温度范围与工作压力范围；

⑥ 在预期的最大流量下运行时流量计的压力损失；

⑦ 流量计特性，包括线性和允许的最大压力损失、输出的频率和电压；

⑧ 显示仪表及信号前置放大器的类型，显示仪表对电源的要求，显示仪表间的兼容性及读数调整的方法；

⑨ 有关电气技术规范的要求；

⑩ 电子传输系统的可靠性；

⑪ 计量系统及相应检定装置的安装空间；

⑫ 检定方式和检定周期、维护方法和维护费用等。

航空油料流量测量的安全可靠，首先是测量方式可靠，即取样装置在运行中不会发生机械强度或电气回路故障而引起事故，其次是测量仪表无论在正常生产或故障情况下都不致影响生产系统的安全。例如，航空油料动态计量应根据流量计所处分区选用对应的防爆型仪表。

在保证仪表安全运行的基础上，力求提高仪表的准确性和节能性。为此，不仅要选用满足准确度要求的显示仪表，而且要根据被测介质的特点选择合理的测量方式。为保证流量计使用寿命及准确性，选型时还要注意仪表的防振要求。

正确地选择流量仪表的种类和规格，也是保证仪表使用寿命和准确度的重要一环，应特别注意静压及量程范围的选择。仪表的静压即耐压程度，它应稍大于被测介质的工作压力，一般取 1.25 倍，以保证不发生泄漏或意外。量程范围的选择，主要是仪表刻度上限的选择。选小了，易过载，损坏仪表；选大了，有碍于测量的准确性，因此一般选为实际运行中最大流量值的 1.2~1.3 倍。此外，安装在生产管道上长期运行的计量仪表，还应考虑流量测量元件所造成的能量损失。在一般情况下，在同一生产管道中不应选用多个压损较大的测量元件。

综上所述，没有一种测量方式或流量计对各种流体及流动情况都能适用。不同的测量方式和结构，要求不同的测量操作、使用方法和使用条件。每种测量方式都有它特有的优缺点。因此，应在对各种测量方式和仪表特性做全面比较的基础上，选择适于生产要求的，既安全可靠又经济耐用的最佳型式。几种流量检测仪表相互比较如表 7-1 所示。

表 7-1 流量检测仪表适用性

流量计类别	范围度	精度	压损	价格	液体质量要求
质量式流量计	大	极高	大	贵	中
容积式流量计	中	高	大	中	高
速度式流量计	小	中	无	便宜	低
差压式流量计	中	中	中	便宜	高

7.3.2 准确度的影响因素

用流量计计量油品虽然操作方便，节省劳力，但如果选型或使用不当，会造成很大误差。下面列举了航空油料动态计量过程中对计量仪表准确度影响较大的主要因素。

7.3.2.1 压力

油品在管道运输过程中，必须在一定的压力下进行。管道压力变化的特征是：压力损失随流体流量的增大而增加，黏度越高的流体，其压力差越大。由于流体入口与出口间形成的压力差，也影响到计量准确与否。因此，流量计选型应考虑这一因素。在使用时应不超过流量计规定的压力和流量范围，且应操作平稳，切勿急剧开关阀门以免引起管道水击。

7.3.2.2 黏度

由于黏度是阻止流体流动的一种性质，因此被测介质的黏度变化对任何形式的流量计都会产生影响，只是不同结构的流量计影响大小不等。如对容积式流量计，随着黏度的增加，特别是对高黏度的介质，要消耗更大的能量才能使转子转动，产生极大的压力差，因而也就增加了对转子和壳体等部件的磨损，进而降低计量精度。

7.3.2.3 温度

温度的变化影响到黏温性能曲线的改变和介质体积的变化，同时还引起仪表计量室的容积和转子与壳体之间的间隙变化，所以温度可能影响流量仪表的计量精度和正常工作状态。

7.3.2.4 流量

在流量较小时，由于流量计进出口的压差小，转子转速低，误差较大；在流量较大时，由于转子的回转力矩大、转速高，可能造成泄漏，误差也较大。当流量在某一确定范围内，流量计量与转子转数成比例关系，泄漏量小，误差较小且平稳。所以，为了保证流量计处在最佳工作状态，要选择流量范围适当的流量计。

7.3.2.5 空气

根据实践经验证明，受液体压力影响，管内空气推动流量仪表的转子空转，产生计数器数字与实际流过油料不符的现象，使计量不准。因此，在流量计前端应安装油气分离器或消气器。

7.3.2.6 介质

介质就是液体的密度和黏度等基础性质。例如出厂校正时使用的是水，使用时是计量航空油料，由于介质基础物性的不同影响流量仪表的计量精度。

7.3.2.7 磨损

流量仪表的使用时间过长，那么机械传动部分就会有磨损，而且介质不干净也会加快磨损，磨损程度直接影响精度。所以，仪表前端应安装过滤器，并定期检查。

7.3.3 使用要求

为了保证要求的计量准确度并保护流量计，流量计的前端一般需要配置消气器、过滤器以保证流体流动稳定、无杂质。同时需要定期监测过滤器前后端的压差，在最大流量时过滤器压降应不超过规定值。

对于动态计量管路，每条管路应至少设计安装一个上游截断阀和一个下游截断闸。流量计出口宜设计安装双截断排放阀或强制密封阀。根据工艺要求，必要时亦应配备流量调节阀、回压调节阀和止回阀，并保持计量系统末端足够的背压。管道的布置应满足流量计入口速度分布要求，计量管路中的各种阻流件和管道配置不应对流量计的测量准确度产生影响。现场如存在脉动流或振动源，工艺管道设计时应设法予以消除脉动流或振动源。

压力表、压力变送器宜安装在流量计出口与温度仪表之间。除了油量测量单元，在计量系统输出总管上、检定单元进口端和出口端、品质分析单元中密度计入口端都应当安装压力表和压力变送器。温度计和温度变送器宜相邻安装。除了油量测量单元，在检定单元进口端和出口端、品质分析单元中密度计入口端都应当安装温度计和温度变送器。在计量系统输出总管上是否安装温度计和温度变送器应根据供油方的要求。

航空油料站场工艺管路布置和道路的设计需要满足计量、检定、维修、事故处理的需要。计量系统应设计排污、排气管线，以满足系统调试、吹洗、排污、排气、泄压等要求。站场供电设计时应考虑特殊要求的仪表、阀门及计算机控制系统的不间断供电要求。站场照明设计应满足操作区域夜间工作的要求。站场供风设计应考虑扫线风和仪表风(如有气动仪表)的需要。

7.3.4 注意事项

在流量计使用前和使用过程中，应注意以下几点：

① 通液前应检查流量计的安装是否符合说明书的要求，液体流向应与流量计箭头所示方向一致，接线正确。

② 液体的流量、压力和温度范围均应符合流量计铭牌上的规定。

③ 流量计安装地点应无强振动、强电磁场干扰及热辐射影响，便于流量计的维护、保养、日常输油和计量操作。

④ 注意定期检查流量计系统的排污阀、放空阀，扫线阀等阀门是否关严。

⑤ 定期检查表头润滑系统及传动零件，并注足润滑油。对出轴密封、温度补偿器的圆盘摩擦轮机械应加注适量的润滑脂。

⑥ 新投用和维修后的流量计发讯器和积算器应重点检查其能否正常运行。

⑦ 定期检查压力表、温度计是否完好，是否符合准确度要求和具有有效的检定证书。

⑧ 对新敷设的管线或初次启动的流量计，启动前应先打开旁通阀，用被测液体或其他流体冲出管道中的污物和杂质。如果没有旁通流程，用一根两端带法兰的短管代替流量计，或者把流量计内的转子卸去，再装好流量计外壳冲洗，目的是不要让杂质、焊渣、管锈等进入流量计从而损坏流量计。

⑨ 在任何情况下，应该注意定期把管路系统和流量计里的空气慢慢地排出。打开消气器的排气阀，注意观察当消气器在排出气体后又接着排出油料时，应立即关闭排气阀。停止消气器后，并对其浮球连杆机械进行检查。

⑩ 投产前检查流量计的密闭性。油流通过流量计时，出口阀应处于关闭状态，先慢慢地打开入口阀，观察流量计及附属设备及其连接管线有无渗漏，在工作压力下不渗不漏即可。缓慢旋松流量计上的放空旋塞排气，待燃油从旋塞螺丝间隙排出时，拧紧旋塞。接通流量计仪表电源，使仪表投入运行并打开出口阀，同时记录投运时间。

7.4 流量计量的计算方法

航空油料的动态液体量的计算方法按照中华人民共和国国家标准 GB/T 9109. 5—2017《石油和液体石油产品动态计量 第 5 部分：油量计算》，首先确定计算油量的基础数据(如流量计指示体积与准确度、计量温度、计量压力、油品密度、水含量等)，然后按照标准方法进行计算。动态计量采用的标准参比条件与静态计量一致：温度为 20℃，压力为 101. 325kPa。计算过程中涉及的主要术语和定义有以下方面。

(1) 指示体积或质量(V_t，m_t)。在计量期间，流量计计数器或其他显示单元所显示的油品数值，包括通过流量计输送的水和沉淀物。

(2) 总计量体积或质量。指示体积或质量乘以与油品及其流量相对应的流量计系数，该数值没有经过温度和压力修正。

(3) 毛标准体积(V_{gs})/净标准体积(V_{ns})。与油品静态计量一致。

(4) 空气中油品的毛重量(m_{gw})。含有水和沉淀物的油品在空气中的重量，相当于静态计量过程中的毛表观质量(m_g)。

(5) 空气中油品的净重量(m_{nw})。扣除水和沉淀物后，油品在空气中的重量，相当于静态计量过程中的净表观质量(m_n)。

(6) 重量换算系数(F_w)。将油品标准体积直接换算到空气中重量的换算系数。在一般情况下，该系数等于标准密度值减去平均空气浮力修正值 1. 1kg/m^3，即 $F_w=\rho_{20}-1.1$。该换算系数相当于静态计量过程中的表观质量换算系数(WCF)。

(7) 空气浮力修正系数(F_a)。将油品在真空中质量换算到空气中重量的换算系数，也称为质量换算系数。

(8) 流量计系数(MF)。油品通过流量计的实际体积(或质量)与流量计指示体积(或质量)的比值。

(9) K 系数。单位体积(或质量)油品通过流量计时发出的脉冲数。

(10) 流量计累计示值。在计量期间，流量计终止读数与起始读数之差。

(11) 计量温度。在计量期间，油品温度的算术平均值。

(12) 计量压力。在计量期间，油品压力的算术平均值。

(13) 水和沉淀物修正系数。与油品静态计量一致。

(14) 油品体积温度修正系数(C_{tl})。将油品从计量温度下的体积修正到标准温度下体积的修正系数，相当于静态计量过程中的体积修正系数(VCF)。

(15) 油品体积压力修正系数(C_{pl})。将油品从计量压力下的体积修正到标准压力下体积的修正系数。

注意：在计算过程中，大多数情况下所使用的小数位数受数据来源的影响。计算过程中涉及的关键参数除符合表 6-17 的要求外，其他关键参数的有效位数要求如表 7-2 所示，数值修约方法应符合中华人民共和国国家标准 GB/T 8170—2008《数值修约规则与极限数值的表示和判定》。

表 7-2　各关键参数的有效位数

量的名称	常用符号	单位	小数位数	量的名称	常用符号	单位	小数位数
压力	p	MPa	××. ××	空气浮力修正系数	F_a	—	×. ××××
流量计系数	MF	—	×. ××××	含水百分数	SW%	—	×. ××
温度修正系数	C_{tl}		×. ××××	含水修正系数	CSW	—	×. ××××
压力修正系数	C_{pl}		×. ××××	重量换算系数	F_w	kg/m^3	×××. ×

油品贸易结算依据分为空气中的重量或体积量，因此，动态油量计算亦分为两种方法：重量计量油量计算法和体积计量油量计算法。目前，国内以油品在空气中的重量作为贸易统算依据。

油品动态计量分为基本误差法和流量计系数法两类。贸易交接双方签订油量交接协议确定油量计算中采用基本误差法或流量计系数法。

基本误差法是指流量计运行期间，如果其误差在允许的基本误差限(±0. 20%)内，则流量计系数(MF)视同为 1. 0000，即不对流量计示值误差进行修正，所计量的油品体积量经温度、压力及扣除含水等修正后的数量即为贸易双方认可的交接数量。

流量计系数法是指在流量计计量期间，流量计所计量的体积量乘以流量计系数(MF)，还要经温度、压力等修正后得到毛标准体积(V_{gs})，将毛标准体积扣除含水量后的净标准体积(V_{ns})作为交接双方认可的油品交接数量。或将油品净标准体积乘以油品标准密度(ρ_{20})，再乘以空气浮力修正系数(F_a)，则得到油品在空气中的净重量作为交接数量。双方应在交接协议中明确流量计系数的具体确定方法和使用方法。

7.4.1 体积流量的计量数据处理

7.4.1.1 计算公式

空气中的毛标准体积(V_{gs})按照下式计算：

$$V_{gs} = V_t \times (MF \times C_{tl} \times C_{pl}) \tag{7-4}$$

空气中的净标准体积(V_{ns})按照下式计算：

$$V_{ns} = V_{gs} \times CSW \tag{7-5}$$

或

$$V_{ns} = [V_t \times (MF \times C_{tl} \times C_{pl})] \times CSW \tag{7-6}$$

7.4.1.2 计算步骤

(1) 确定油品累计指示体积(V_t)：累计指示体积即流量计的累计流量，表示计量压力下流量计计量的指示体积，按照下式计算：

$$V_t = V_{t2} - V_{t1} \tag{7-7}$$

式中，V_{t1}为在计量期间，流量计 t_1时刻的指示体积，m^3；V_{t2}为在计量期间，流量计 t_2时刻的指示体积，m^3。

如果流量计使用 K 系数，则计量压力下流量计计量的指示体积按照下式计算：

$$V_t = (N_{t2} - N_{t1})/K \tag{7-8}$$

式中，N_{t1}为在计量期间，流量计在 t_1时刻累计的脉冲数；N_{t2}为在计量期间，流量计在 t_2时刻累计的脉冲数。

(2) 确定流量计系数(MF)：如采用基本误差法，则 $MF = 1.0000$

如果流量计采用 K 系数，根据计量时间段内平均流量对应的流量计系数表，计算或查表得到 MF。

(3) 确定油品体积温度修正系数(C_{tl})：如果流量计读数经过温度补偿修正，则设 $C_{tl} = 1.0000$；否则依据油品实验温度下的视密度值和实验温度值确定标准密度值，然后按照中华人民共和国国家标准 GB/T 1885—1998《石油计量表》得到油品体积温度修正系数，即$C_{tl} = VCF$。

(4) 确定油品体积压力修正系数(C_{p1})：如果流量计的读数经过压力补偿修正过，或低压下其影响小于0.01%，则设 $C_{p1} = 1.0000$，否则按照下列步骤进行计算。

首先按照下式计算 x 值：

$$x = -1.62080 + [21.592 \cdot t + 0.5 \times (\pm 1.0)] \times 10^{-5} + [87096.0/\rho_{15}^2 + 0.5 \times (\pm 1.0)] \times 10^{-5} + [420.92 \cdot t/\rho_{15}^2 + 0.5 \times (\pm 1.0)] \times 10^{-5} \tag{7-9}$$

式中，(±1.0)表示：当 $t \geq 0$ 时取+1.0，当 $t<0$ 时取−1.0。

其中，ρ_{15}表示油品在 15℃时的密度，可以通过查中华人民共和国国家标准 GB/T 1885—1998《石油计量表》附录 E1 产品 20℃密度到 15℃密度换算表确定，如表 7-3 所示。

表 7-3　20℃密度到 15℃密度换算表(部分)

20℃密度/(kg/m³)	15℃密度/(kg/m³)	20℃密度/(kg/m³)	15℃密度/(kg/m³)
780.0	783.9	791.0	794.7
781.0	784.9	792.0	795.7
782.0	785.8	793.0	796.7
783.0	786.8	794.0	797.7
784.0	787.8	795.0	798.7
785.0	788.8	796.0	799.7
786.0	789.8	797.0	800.7
787.0	790.8	798.0	801.7
788.0	791.8	799.0	802.7
789.0	792.8	800.0	803.7
790.0	793.8	…	…

然后将 e^x 的计算值按照下式修约到 0.001：

$$(e^x \times 1000 + 0.5) \times 0.001 \tag{7-10}$$

按照下式计算油品压缩系数 F：

$$F = e^x \times 10^{-6} \tag{7-11}$$

最后按照下式确定油品体积压力修正系数(C_{pl})：

$$C_{pl} = \frac{1}{1 - (p - p_e)F} \tag{7-12}$$

式中，p 为油品计量压力(表压)，可取流量计出口压力的平均值，kPa；p_e 为油品计量温度下的饱和蒸气压(表压)，kPa，当 $p_e<101.325$kPa 时取为 0；F 为油品压缩系数，kPa^{-1}。

(5) 确定沉淀物和水的修正系数(CSW)：

油品中水的体积分数为 $SW\%$，则：

$$CSW = 1 - SW\% \tag{7-13}$$

(6) 确定油品中水和沉淀物的体积量(V_{SW})

$$V_{SW} = V_{gs} \times SW\% \tag{7-14}$$

(7) 质量流量计的体积量计算：

对于质量流量计，需要先将流量计指示的质量转化为体积，通过下式计算出毛标准体积(V_{gs})：

$$V_{gs} = (m_t \times MF) / \rho_{20} \tag{7-15}$$

式中，m_t 为在计量期间，油品累计的指示质量，kg。

(8) 体积流量计的体积量计算：

对于体积流量计，不需要转换，直接按照 7.4.1.1 的公式进行计算。

7.4.2　质量流量的计量数据处理

按计量方式分，质量流量的计量数据处理方式分为三种，一是以体积计量的流量计配玻璃浮计；二是以体积计量的流量计配在线密度计，通常配备流量计算机；三是直接显示质量计量结果的质量流量计。

7.4.2.1 流量计配玻璃浮计计量方法

计算步骤：首先确定空气中的毛标准体积(V_{gs})和净标准体积(V_{ns})；依据视密度和实验温度确定标准密度(ρ_{20})；由ρ_{20}查表7-4确定空气浮力修正系数(F_a)，式中($\rho_{20}\times F_a$)可用重量换算系数(F_W)代替计算，但注意($\rho_{20}\times F_a$)为优先推荐方法。

表7-4 空气浮力修正系数表

20℃的密度/(kg/m³)	修正系数 F_a	20℃的密度/(kg/m³)	修正系数 F_a
679.6~719.5	0.9984	784.6~815.7	0.9986
719.6~784.5	0.9985	815.8~874.1	0.9987

详细的油量计算公式如下：

① 毛油质量的计算：

$$m_{gm} = V_{gs} \times \rho_{20} \quad (7-16)$$

② 空气中毛油重量的计算：

$$m_{gw} = (V_{gs} \times \rho_{20}) \times F_a \quad (7-17)$$

③ 净油质量的计算：

$$m_{nm} = V_{ns} \times \rho_{20} \quad (7-18)$$

④ 空气中净油重量的计算：

$$m_{nw} = m_{nm} \times F_a \quad (7-19)$$

7.4.2.2 流量计配在线密度计计量方法

计算步骤：首先由流量计算机确定流量计累计的油品指示质量(m_t)；确定流量计系数(MF)，采用基本误差法时MF=1.0000，采用流量计系数法时计算或查表得到MF；然后由ρ_{20}查表确定空气浮力修正系数(F_a)；利用油品中的含水量确定含水修正系数(CSW)，CSW=1-SW%。

详细的油量计算公式如下：

① 毛油质量的计算：

$$m_{gm} = m_t \times MF \quad (7-20)$$

② 空气中毛油重量的计算：

$$m_{gw} = (m_t \times MF) \times F_a \quad (7-21)$$

③ 净油质量的计算：

$$m_{nm} = m_{gm} \times CSW \quad (7-22)$$

④ 空气中净油重量的计算：

$$m_{nw} = m_{nm} \times F_a \quad (7-23)$$

7.4.2.3 质量流量计量方法

对于设置成质量输出的科里奥利质量流量计，其所指示的是质量。因此该计算方法与7.4.2.2流量计配在线密度计的计量方法相同，只是此时的K系数和MF都是对应的质量系数。

详细的油量计算公式如下：

① 确定油品累计的指示质量(m_t)：

$$m_t = (N_{t2} - N_{t1})/K \tag{7-24}$$

② 确定流量计系数(MF)、空气浮力修正系数(F_a)、含水修正系数(CSW)，与 7.4.2.2 流量计配在线密度计的方法相同。

③ 确定毛质量(m_{gm})、毛重量(m_{gw})：

$$m_{gm} = m_t \times MF \tag{7-25}$$

$$m_{gw} = (m_t \times MF) \times F_a \tag{7-26}$$

④ 确定净质量(m_{nm})、净重量(m_{nw})：

$$m_{nm} = m_{gm} \times CSW \tag{7-27}$$

$$m_{nw} = m_{nm} \times F_a = m_{gm} \times CSW \times F_a \tag{7-28}$$

【例 1】某航空燃油中转油库水路卸油过程中，采用流量计配玻璃浮计的计量方式，油品计量温度下的饱和蒸气压低于标准大气压，计量过程中的平均温度为 17.72℃，计量压力为 350kPa，航空煤油的标准密度为 795.1kg/m³，体积含水量为 0.01%，流量计的示值为 2240m³，求这部分航空燃油的重量。

解：(1)确定油品温度体积修正系数 C_{tl}

查产品体积修正系数表(表 6-16)，由于温度和密度均不采用内插法，仅以较接近的值查表，因此 17.72℃更接近于 17.75℃，795.1kg/m³更接近于 796.0kg/m³，因此查 17.75℃和 796kg/m³的交叉数确定 $C_{tl}=1.0021$。

(2) 确定压力修正系数 C_{pl}

查 20℃密度到 15℃密度换算表(表 7-3)由 ρ_{20} 确定 ρ_{15}，即由 $\rho_{20}=795.1\text{kg/m}^3$，查表确定 ρ_{15}：

$$\rho_{15} = 798.7 + \frac{799.7 - 798.7}{796.0 - 795.0} \times (795.1 - 795.0) = 798.8\text{kg/m}^3$$

由 $t=17.75℃$、$\rho_{15}=798.8\text{kg/m}^3$ 依次计算进而确定 C_{pl}：

$$x=-1.62080+[21.592\times17.72+0.5]\times10^{-5}+[87096.0/0.7988^2+0.5]\times10^{-5}$$
$$+[420.92\times17.72/0.7988^2+0.5]\times10^{-5}=-0.135101$$

$$(e^x \times 1000 + 0.5) \times 0.001 = (e^{-0.135101} \times 1000 + 0.5) \times 0.001 = 0.874$$

$$F = e^x \times 10^{-6} = 0.874 \times 10^{-6}(\text{kPa}^{-1})$$

$$C_{pl} = \frac{1}{1-(p-p_e)F} = \frac{1}{1-(350-0)\times 0.874\times 10^{-6}} \approx 1.0003$$

(3) 确定净标准体积(V_{ns})

空气中的毛标准体积(V_{gs})按照下式计算：

$$V_{gs} = 2240 \times (1.0000 \times 1.0021 \times 1.0003) = 2245.377\text{m}^3$$

空气中的净标准体积(V_{ns})按照下式计算：

$$V_{ns} = 2245.377 \times (1 - 0.0001) = 2245.152\text{m}^3$$

(4) 确定重量

空气中净油重量(m_{nw})按照下式计算：

$m_{nw} = V_{ns} \times \rho_{20} \times F_{a} = 2245.152 \times 795.1 \times 0.9986 = 1782.621\text{t}$

答案：1782.621t。

7.4.3 流量计示值的误差修正

在日常的计量工作中，一般有两种方法对流量计的示值予以误差修正。一是使用流量计系数 MF 进行修正；二是使用相对误差 E 进行修正。下面分别加以说明。

7.4.3.1 使用流量计系数进行误差修正

流量计系数 MF 是在用标准装置对工作流量计进行示值检定时，得到的标准装置经过修正后的示值 Q_S 与被检流量计的示值 Q_1 的比值，即：

$$MF = Q_S / Q_1 \tag{7-29}$$

式中，Q_S 为标准装置经过修正后的示值，m^3/s；Q_1 为被检流量计的示值，m^3/s。

当使用某些国家规定的标准进行流量计检定时，在检定证书上将会给出流量计系数。这时就可以使用此流量计系数 MF 对流量计的示值予以修正。修正的公式如下：

$$m = m_m \cdot MF \tag{7-30}$$

式中，m 为被测液体的准确质量，kg；m_m 为流量计测得的液体质量示值，kg。

或者直接将流量计的体积读数予以修正，公式为：

$$V = V_m \cdot MF \tag{7-31}$$

式中，V 为被测液体的准确体积，m^3；V_m 为流量计测得液体体积读数，m^3。

注意：如果流量计系统的二次仪表已经根据此流量计系数对测量结果自动进行了修正，那么在计算中就不必再进行此项修正了。

7.4.3.2 使用流量计相对误差进行误差修正

有的检定机构在提供被检流量计的检定合格证书时，也给出该流量计在各流量点上的示值相对误差 E。这时也可以利用此相对误差对其所在的流量点的该流量计读数进行示值修正，修正公式为：

$$V = V_m / (1 + E) \tag{7-32}$$

式中，V 为被测液体的准确值，m^3；V_m 为流量计在某流量点的示值，m^3；E 为此流量点的相对误差。

7.5 流量计的检定

7.5.1 流量计检定概述

流量计是《中华人民共和国计量法》规定的属于强制检定范畴内的计量器具，到达检定周期必须进行检定。另外，流量计经检修后，或购销双方对其测量值发生怀疑时，也应进行检定。检定流量计就是确定流量计是否合格以及确定流量计系数的过程。根据是否在原测量管路的测量位置上开展检定工作，可以将流量计检定分为离线检定和在线检定两大类。

7.5.1.1 离线检定

离线检定是将流量计从使用地点取下来，安装在实行检定部门的流量标准装置的管路上检定，检定完成后再安装回使用地点。

7.5.1.2 在线检定

在线检定是利用配备在使用流量计旁边的标准器，如标准体积管或可移动到现场的流量标准器具，在流量计实际使用的工况下对流量计进行检定。

离线检定结果只能说明其在检定条件下的计量特性。当现场的安装、操作、环境等条件不同于检定条件时，其计量特性会有所改变，给现场的测量结果带来附加的误差，而且往往并不知道该附加误差的大小甚至方向，难以判断其是否会引起测量误差。由于在线检定时流量计的安装条件、流体的性质以及流动状态等均与使用情况一致，检定准确度可靠，检定精度高，因此优先选用在线检定法进行检定。

随着计量技术的进步，航空油料流量仪表已逐步实现了在线检定，量值溯源方式已在逐渐转向检定、校准、比对等方法共用的局面。航空油料计量中涉及的相关参数，如压力、温度、密度、组分等测量仪表的检定也已开展在线动态检定或校准。

7.5.2 检定方式分类

按要求将被检流量计安装到装置上，启动液体循环系统，使液体流经被检流量计和流量工作标准，同步操作被检流量计和流量工作标准，比较两者的输出流量值，从而确定被检流量计的计量准确度和重复性。检定流量计的方法可按三种方式分类。

7.5.2.1 按检定前后液体的流动状态

静止启停式(又叫停止检定法)：检定开始前和检定结束后，液体都停止流动，只有在检定流量计的时间里，液体流过流量计，流过流量计的液体全部进入标准器里。检定指针式或机械计数器式的测量累积流量的流量计，一般采用这种方法。

流动启停式(又叫流动检定法)：检定前、检定过程中以及检定后，液体一直流过流量计，流动启停法适用检定瞬时流量计和带发出脉冲信号的累积流量计。

7.5.2.2 按标准器读数时液体的流向

静态法：用换向装置把检定时间内流过流量计的液体导入标准器中，检定时间终了，换向装置将流过流量计的液体导向旁通，静止测量进入标准器的液体体积或质量。

动态法：流过流量计的液体统一流入标准器，测量进入标准器内的液体体积或质量，动态法不需要换向器。

7.5.2.3 按使用的标准器的形式

容积法：使用标准量器或标准体积管做标准器。

称量法：使用秤(包括机械秤和力传感器式电子秤)做标准器。

标准流量计法：使用标准流量计做标准器。

组合标准流量计法：使用标准流量计与标准量器或标准体积管组合在一起做标准器。

但是需要注意的是，在现场实际开展流量计检定工作时，并不一定采用单一的检定方法，而是上述几种方法组合使用。

7.5.3 技术要求

7.5.3.1 流体条件

液体应选用单相的清洁水或运动黏度不超过 35×10^{-6}mm/s 的其他液体。

7.5.3.2 流量工作标准

工作量器刻线应清晰，一般容积读数分辨力与总容积之比应不大于工作量器示值误差的20%。对于水表检定装置，工作量器的主刻线应以容积值给出，并在主刻线上、下给出相应的允差线。水表检定装置的流量指示仪，其示值误差应不超过测量值的2.5%。

7.5.3.2 管路条件

检定过程中，液体应充满管路，必要时可以在管道上游安装消气器。检定管路中使用的阀门、弯头等阻力件应尽量少。试验管路应满足被检流量计对直管段的要求，流量调节阀一般应安装在试验管路的下游，其性能应稳定。温度测量位置一般应在试验管路下游，压力测量位置一般应在试验管路上游。在工作压力下，装置各个部件的连接处都不应有泄漏现象。

7.5.3.4 计量器具要求

检定工作量器时用标准量器，其不确定度应优于工作量器不确定度。检定计时器时用标准计时器，其不确定度应优于计时器不确定度。对于温度计，要求量程为0～50℃，分度值为0.1℃，秒表的分度值应为0.01s。对于换向器检定、测量时间内的流量稳定度检定和启停效应检定用的流量计，应配备稳定性好、响应速度快并具有脉冲信号输出的器具。

7.5.3.5 环境要求

一般应避免在极端环境下开展流量计检定工作，检定时一般需要满足：大气温度为5～35℃，相对湿度为35%～85%，大气压力为86～106kPa。

7.5.4 检定程序

流量计检定需要明确物性参数影响的修正、对操作条件影响的修正、对安装条件影响的考虑、对环境影响的考虑等因素。根据流量计的种类，不同检定程序略有不同，现以容积式流量计为例说明流量计的检定方法。

流量计检定时，首先要明确检定的项目。对于首次检定和后续检定，需要对流量计的随机文件、示值误差、重复性和密封性进行检定；而在对使用中的流量计进行检定时，只需要检查流量计的随机文件、外观以及密封性。

随机文件的检查，主要针对的是附带的使用说明书，后续检定的流量计应有前次的检定证书。

检查流量计外观时，首先应检查铭牌和标识。流量计应有明显的流向标识和铭牌。铭牌或表体上一般应注明制造厂名或商标、产品名称及型号、出厂编号、制造计量器具许可证标志及编号、公称通径、流量范围、最大工作压力、准确度等级、防爆等级和防爆合格证编号(适用于防爆型流量计)、防护等级(用于露天安装时)、制造年月以及其他有关技术指标。对于有配套的辅助机构的流量计，辅助机构上应具有制造厂名和厂标、名称和型号、出厂编号、与之配套的流量计编号(仅适用于专用的辅助机构)等。

直接目视检查流量计外观时，应确保密封面平整，不得有损伤。各项标记应正确、明显、清晰。具有度盘的指示机构的保护玻璃不得有气泡、裂纹、明显擦伤等影响读数和外观的缺陷。具有数字轮的指示机构，其数字应清晰，位置正确，字轮运转正常，不得有卡滞现象。带有电气显示的指示机构，其数字和符号应醒目、端正、整齐。检查流量计密封性时，需要将流量计安装在管路中，在最大试验压力下保持5min，且没有渗漏。

流量计检定运行前需要检查安装、连接、预热、检查参数设置等。然后将流量计安装到装置上后，流量计在70%~100%最大流量下运行1~5min后方可进行检定试验。

流量计应设置3个以上均匀分布的检定点，但对准确度等级不低于0.5级的流量计，需设置5个以上均匀分布的检定点。在检定过程中，每个流量点的每次实际检定流量与设定流量的偏差应不超过设定流量的±5%，且每个检定点至少检定3次。

检定开始时，先把流量调到规定的流量点，运行5min，记录标准器和被检流量计的初始示值。按装置操作要求运行一段时间后，同时停止标准器(或标准器的记录功能)和被检流量计(或被检流量计的输出功能)，记录标准器和被检流量计的最终示值，分别计算流量计和标准器记录的累积流量值。按各检定点依次检定，分别计算检定时测得的标准器处液体实际体积。航空油料计量仪表的检定常采用标准表法，即实际体积值 V 计算如下：

$$V = V_S C \tag{7-33}$$

式中，V_S为标准装置读出容积，L；C 为标准流量计的修正因子，按标准流量计的使用要求确定。

然后将实际体积值换算到流量计检定条件下的累积流量实际值：

$$Q_s = V[1 + \beta(t_m - t_s)][1 - \kappa(p_m - p_s)] \tag{7-34}$$

式中，Q_s为被检表处的累积流量值，L；β 为液体膨胀系数，℃$^{-1}$；κ 为液体压缩系数，Pa^{-1}；t_m，t_s为流量计和标准器处液体温度平均值，℃；p_m，p_s为流量计和标准器处液体表压力平均值，Pa。

流量计各检定点各次检定的示值误差计算如下：

$$(E_m)_i = \frac{(Q_m)_i - (Q_s)_i}{(Q_s)_i} \times 100\% \tag{7-35}$$

式中，Q_m为被检流量计示值，L。

根据示值误差的检定结果，确定流量计各检定点的重复性：

$$(E_r)_i = \frac{[(E_m)_i]_{max} - [(E_m)_i]_{min}}{d_n} \tag{7-36}$$

式中，$[(E_m)_i]_{max}$为流量计第 i 检定点的最大示值误差；$[(E_m)_i]_{min}$为流量计第 i 检定点的最小示值误差；d_n为极差系数，按表7-5取值。

表7-5 极差系数

测量次数 n	3	4	5	6	7	8	9	10
极差系数 d_n	1.69	2.06	2.33	2.53	2.70	2.85	2.97	3.08

流量计的重复性取流量计各检定点重复性中的最大值。流量计的重复性不得超过相应准确度等级规定的最大允许误差绝对值的1/3。如准确度等级为0.2级的流量计，其最大允许误差为±0.2%，则流量计的重复性不得超过0.000667。

经检定合格的流量计发给检定证书，加封印。不合格的流量计发给检定结果通知书，检定结果通知书应注明不合格的项目。对准确度等级不低于0.5级的流量计，检定周期为半年，其他为1年。

【例2】罐式加油车流量计检定

检定加油罐车流量计时，可利用油车本身的油泵、过滤器、空气分离器和胶管。将加油罐车出油胶管与标准流量计的进口接通，标准流量计的出口胶管接到加油罐车的进油罐装口，即可开始检定，其工艺流程如图7-6所示。在检定过程中应注意油车内应装有足够的油品，以保证油泵输送时没有旋涡和气阻现象发生。

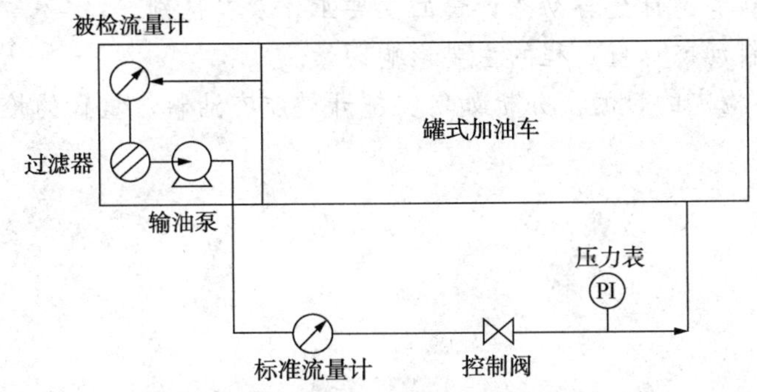

图7-6　罐式加油车流量计检定

【例3】管线加油车流量计检定

有机坪管网加油的机场应建设管线飞机加油车在线检定装置，以保证检定的有效性。飞机加油车需要选用准确度等级为0.2级的容积式流量计，管线加油车流量计采用标准表法检定装置进行，其示意图如图7-7所示。

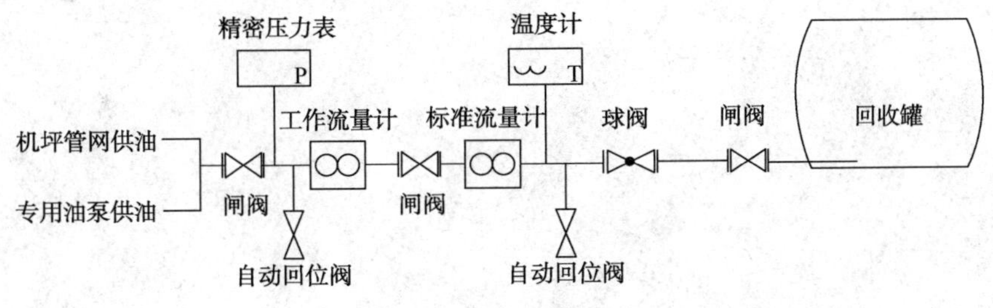

图7-7　管线加油车流量计检定

【习题】

1. 说明流量计按测量原理的分类及各类型流量计的基本工作原理。
2. 说明流量计在使用过程中应重点关注的影响因素，以及使用过程中的注意事项。
3. 某容积式流量计铭牌上显示的最大流量为$100m^3/h$，最小流量为$20m^3/h$，求该流量计的范围度与量程。

4. 某流量计的测量范围为20~200m^3/h，其精度为0.5级，求测量的最大误差。

5. 某流量计的相对误差为0.12%，对某次航空汽油动态计量时的示值为247253L，求体积流量的准确值。

6. 某批次航空煤油动态计量时，油品计量温度下的饱和蒸气压低于标准大气压，计量过程中的平均温度为16.66℃，计量压力为300kPa，油品的标准密度为791.1kg/m^3，求油品体积修正系数和油品压力修正系数。

7. 航空煤油管道连续计量，采用流量计配玻璃浮计人工测定密度的计量方式，6h内流量计累计总计量体积为10925.2m^3，计量温度为16.88℃，视密度为793.6kg/m^3，油品计量温度下的饱和蒸气压低于标准大气压，计量压力为400kPa，体积含水量为0.02%，流量计系数MF=1.0015，计算这部分油品在空气中的重量。

8. 列举航空油料静态计量与动态计量的主要工作及其区别。

9. 分析航空油料动态计量过程的主要影响因素。

10. 解释流量计检定的目的，分析如何实施开展航空油料流量计的检定工作。

第3篇 质量检测篇

第8章 油品分析检测技术基础

8.1 概述

8.1.1 油品分析检测的意义

油品分析检测指借助物理化学分析和仪器分析技术，对石油石化产品的化学组成、理化性质和使用性能进行科学试验的过程，其中包括原油、汽油、柴油、喷气燃料、润滑剂、石蜡、沥青、溶剂油等。油品的技术指标可多达数十种，以3号喷气燃料为例，按标准GB 6537—2018《3号喷气燃料》规定，出厂检验时，需对其化学组成、理化性质和性能等方面进行约20个技术指标进行检验，例如烃组成、元素含量、总酸值、密度、闪点、馏程、冰点、铜片腐蚀、润滑性等。对于含有费托合成油(FT-SPK)、酯类和脂肪酸类(HEFA-SPK)等合成烃组分的3号喷气燃料，还需检验多种金属元素和脂肪酸甲酯(FAME)等的含量。

油品分析是认识油品化学组成、理化性质和应用性能的基本方法，也是在油品研发、生产、储运和加注等过程中对油品进行质量控制最基本的技术手段，一般按照统一规定或公认的标准试验方法进行。其主要任务包括以下几个方面：对原油进行检验，测定其基本组成和理化性质，为制订合理的生产加工方案提供可靠的基础数据；对石油炼制过程进行监控分析，系统地检验各馏出口产品和中间产品的质量水平，为生产过程中及时调整生产工艺参数、保证产品质量和安全生产提供数据参考，为改进工艺条件、提高产品质量、增加经济效益提供技术支持；对出厂油品进行全分析检验，确保进入商品市场的油品满足质量要求，促进企业建立健全油品质量保障体系；在储运过程中，对储罐中的油品进行动态和定期检验，对转输管线中的油品进行在线抽检，确保油品质量符合质量要求；在加注到使用设备前，要对油品进行重评检验，确保油品的质量保障；当油品生产与使用部门对油品质量发生争议时，可根据国际或国家统一制定的标准进行检验，对油品的质量做出仲裁，保证供需双方的合法权益。

民用航空油料质量直接影响航空器安全，航空油料分析检测是民用航空油料质量管理的重要环节。不合格的航空油料可能缩短飞机、发动机及零部件的使用寿命，直接影响飞行安全。例如：不合格喷气燃料可能导致涡轮发动机燃烧不稳定、零部件腐蚀、输油管路阻塞以及换热效率低等问题；不合格航空汽油可能导致航空活塞发动机功率不足、积铅积炭增加、零件腐蚀、磨损加剧；不合格航空润滑油(脂)可能造成航空发动机和飞机活动件过度磨损，润滑系统积炭增加，阻塞循环管路，活动件的承载能力下降；不合格航空液压油可能导致飞机液压系统能量传递和润滑效能降低，造成输油管和阀芯堵塞，影响飞机襟翼、方向舵和动力装置等部件的正常工作。

根据 MH/T 6020—2012《民用航空燃料质量控制和操作程序》规定，民用航空燃料在验收、接收、中转、储存、发出和加注等不同环节中，根据需求不同可选择不同的检验方法，包括外观检查、目视检验、核对检验、重新评定检验、全规格检验、专机检验及专项检验。

8.1.2 航空油料标准

标准是为了在一定的范围内获得最佳秩序，经协商一致制定并由公认机构批准，共同使用的和重复使用的一种规范性文件。标准宜以科学、技术和经验的综合成果为基础，以促进最佳的共同效益为目的。

经过一个多世纪的发展，石油工业取得了较高的水平发展，石油化工产品的标准体系也日趋完善。石油产品标准在保障油品质量方面发挥着至关重要的作用。在石油产品质量管理工作中，石油产品的标准主要指产品标准和检测试验方法标准。

对于石油产品，在国际上应用较广的标准主要由美国、英国、德国和日本等国家的几大标准化组织制定发布，如表 8-1 所示。我国的石油产品标准主要包括国家标准(GB)、石油化工行业标准(SH)、国家军用行业标准(GJB)和民航行业标准(MH)等。

表 8-1 国际石油产品标准化组织

组织	标准代号
美国石油学会(American Petroleum Institute，API)	API
美国材料与试验协会(American Society for Testing and Materials，ASTM)	ASTM
德国标准化学会(Deutsches Institut für Normung，DIN)	DIN
英国石油学会(Institute of Petroleum，IP)	IP
美国国防部(U. S. Department of Defense，DeOD)	MIL
美国汽车工程师学会(Society of Automotive Engineers，SAE)	SAE
日本工业标准调查会(Japanese Industrial Standard Committee，JISC)	JIS
英国国防部(Ministry of Defence，MOD)	DEF-STAN

在民用航空行业，国内外相关组织或政府部门对部分油品的产品规范或油品质量控制程序提出了非常严格的要求，并制定了相应的规范和标准，包括国际航空运输协会(International Air Transport Association，IATA)、英国能源学会(Energy Institute，EI)、联合检查集团(Joint Inspection Group，JIG)和中国民用航空局(Civil Aviation Administration of China，CAAC)等。

8.1.2.1　产品规格标准

(1)喷气燃料：国内外民用喷气燃料的标准制定组织和更新情况如表 8-2 所示。

表 8-2　国际上主要的民用航空喷气燃料标准更新情况

颁发机构	标准名称	最新版本(被替代版本)	实施时间
中国国标委	3 号喷气燃料	GB 6537—2018 (GB 6537—2006)	2019. 02. 01
美国材料试验协会	航空涡轮发动机燃料	ASTM D1655—2020 (ASTM D1655—2011a)	2020. 02. 01
美国材料试验协会	含合成烃的航空涡轮发动机燃料	ASTM D7566—2018 (ASTM D1655—2017)	2018. 04. 01
英国国防部	Jet A-1 喷气燃料型涡轮发动机燃料	DEF STAN 91-091 ISSUE11 (DEF STAN 91-91 ISSUE10)	2019. 10. 28
联合检查组	联营系统航空燃料质量要求	JIG AFQRJOSISSUE 31 (JIG AFQRJOSISSUE 30)	2019. 12

目前，国内应用最广的喷气燃料规格标准有以下四个：DEF 91-091 issue11、ASTM D1655-19a、JIG AFQRJOS issue31、GB 6537—2018。其中，JIG AFQRJOS issue31 是由多家石油公司认可的联营检查系统燃油质量规范标准，并广泛应用于国际上的各大航空公司。

目前，3 号喷气燃料是我国最主要的军民通用航空喷气燃料，其规格标准 GB 6537 是由中国石化石科院、空军油料研究所、中航油总公司等机构于 1986 年联合首次制定的。迄今为止，该标准共修订了三次，国家标准委于 2018 年 7 月 13 日发布最新版本 GB 6537—2018，并于 2019 年 2 月 1 日开始实施。3 号喷气燃料的技术要求见表 8-3。

表 8-3　3 号喷气燃料的技术要求和试验方法(GB 6537—2018)

项目		指标	试验方法
外观		室温下清澈透明，目视无不溶解水及固体物质	目测
颜色	不小于	+25[a]	GB/T 3555
组成			
总酸值/(mgKOH/g)	不大于	0. 015	GB/T 12574
芳烃(体积分数)/%	不大于	20. 0[b]	GB/T 11132
烯烃(体积分数)/%	不大于	5. 0	GB/T 11132
总硫(质量分数)/%	不大于	0. 20[c]	SH/T 0689[c]
硫醇硫[d](质量分数)/%	不大于	0. 0020	GB/T 1792
或博士试验		通过	NB/SH/T 0174
直馏组分(体积分数)/%		报告	—

续表

项目		指标	试验方法
加氢精制组分(体积分数)/%		报告	—
加氢裂化组分(体积分数)/%		报告	—
合成烃组分(体积分数)/%		报告	—
挥发性			
馏程:			GB/T 6536[e]
初馏点/℃		报告	
10%回收温度/℃	不高于	205	
20%回收温度/℃		报告	
50%回收温度/℃	不高于	232	
90%回收温度/℃		报告	
终馏点/℃	不高于	300	
残留量(体积分数)/%	不大于	1.5	
损失量(体积分数)/%	不大于	1.5	
闪点(闭口)/℃	不低于	38	GB/T 21789[f]
密度(20℃)/(kg/m^3)		775~830	GB/T 1884，GB/T 1885[g]
流动性			
冰点/℃	不高于	-47	GB/T 2430[h]
运动黏度/(mm^2/s)			GB/T 265[i]
20℃	不小于	1.25[j]	
-20℃	不大于	8.0	
燃烧性			
净热值/(MJ/kg)	不小于	42.8	GB/T 384[k]
烟点/mm	不小于	25.0	GB/T 382
或烟点最小值为20mm时，萘系芳烃含量(体积分数)/%	不大于	3.0	SH/T 0181
腐蚀性			
铜片腐蚀(100℃，2h)/级	不大于	1	GB/T 5096
银片腐蚀(50℃，4h)/级	不大于	1	SH/T 0023
安定性			
热安定性(260℃，2.5h)			GB/T 9169
压力降/kPa	不大于	3.3	
管壁评级/级		小于3，且无孔雀蓝色或异常沉淀物	

续表

项目		指标	试验方法
结净性			
胶质含量/(mg/100mL)	不大于	7	GB/T 8019[m]
水反应[n]			GB/T 1793
界面情况/级	不大于	1b	
分离程度	不大于	2	
固体颗粒污染物含量/(mg/L)	不大于	1.0	SH/T 0093
导电性			
电导率(20℃)/(pS/m)		50~600	GB/T 6539
水分离指数			SH/T 0616
未加抗静电剂	不小于	85	
或加入抗静电剂	不小于	70	
润滑性			
磨痕直径(WSD)/mm	不大于	0.65[p]	SH/T 0687

注：经铜精制工艺的喷气燃料，油样应按 SH/T 0182 方法测定铜离子含量，不大于 150μg/kg。

含有合成烃的喷气燃料要求应符合相关的要求。

a. 民用喷气燃料颜色为“报告”，从供应商输送到客户过程中，客户接收喷气燃料时，颜色若出现变化，执行以下要求：初始赛波特颜色大于 25，变化不大于 8；初始赛波特颜色为 25~15，变化不大于 5；初始赛波特颜色小于 15 时，变化不大于 3。

b. 对于民用航空燃料规定为体积分数不大于 25.0%。

c. 硫含量的测定也可采用 GB/T 380、GB/T 11140、GB/T 17040、SH/T 0253、NB/SH/T 0842，有争议是以 SH/T 0689 为准。

d. 硫醇性硫和博士试验可任做一项，当硫醇性硫和博士试验发生争议时，以硫醇性硫为准。

e. 所有符合本标准的燃料在 GB/T 6536 方法中应分在第四组，冷凝管温度为 0~4℃

f. 闪点的测定也可以采用 GB/T 21929 和 GB/T 261，如有争议时以 GB/T 21789 为准。

g. 密度的测定也可采用 SH/T 0604 方法，如有争议时以 GB/T 1884、GB/T 1885 为准。

h. 冰点的测定也可采用 SH/T 0770 方法，如有争议时以 GB/T 2430 为准。

i. 黏度的测定也可采用 GB/T 30515 方法，如有争议时以 GB/T 265 为准。

j. 对于民用航空燃料，20℃的黏度指标可不要求。

k. 净热值的测定也可处采用 GB/T 2429、ASTM D3338 方法，如有争议时以 GB/T 384 为准。

l. 对于民用航空燃料，对此项指标不作要求。

m. 胶质的测定也可采用 GB/T 509，如有争议时以 GB/T 8019 为准。

n. 对于民用航空燃料，对此项指标不作要求。

o. 燃料离厂时要求大于 150pS /m(20℃)。如燃料不要求加抗静电剂，对此项指标不作要求。

p. 民用航空燃料要求 WSD 不大于 0.85mm。

标准制定单位依据目前我国喷气燃料的现状以及军民用飞机发动机对喷气燃料的不同要求，并结合世界喷气燃料的通用规格标准，对 GB 6537—2006 进行了修订。主要变化如下：

① 新增了关于合成烃的内容：扩大了本标准的适用范围，新版标准同时适用于由天然

原油或其馏分油加工制得的 3 号喷气燃料以及其与合成烃煤油馏分调和而成的 3 号喷气燃料。合成烃煤油馏分指费托合成油改质工艺生产的煤油组分(FT-SPK)和酯类和脂肪酸类加氢改质工艺生产的煤油组分（HEFA-SPK)，即生物煤油组分。规定这两类合成烃不能单独作为喷气燃料供涡轮发动机使用，只能与传统喷气燃料调和后使用，并且 FT-SPK 或 HEFA-SPK 的体积分数不能超过 50%。含 FT-SPK 和 HEFA-SPK 的 3 号喷气燃料的组分含量和技术要求，具体参照 GB 6537—2018 中的 4. 3 节、附录 B 和附录 C。

GB 6537—2018 中增加的关于合成烃的技术要求和相关试验方法是结合国内外天然气制油、煤制油和生物制油在航空燃料中应用技术的发展，并参照标准 ASTM D1655—2018a(如表 8-4 所示)、ASTM D7566—2018 和 DEF STAN 91-091 ISSUE9 03rd 制定的。其中，ASTM D7566—2018 也是在 ASTM D1655—2018a 的基础上，新增了关于合成烃组分的内容，并对芳烃含量、金属含量和卤素含量做了特殊要求。

表 8-4 3 号喷气燃料的技术要求和试验方法(ASTM D1655—2018a)

Property		Jet A or Jet A-1	Test Methods B
COMPOSITION			
Total acidity /（mgKOH/g)	max	0. 10	D3242/IP 354
1. Aromatics，percent by volume	max	25	D1319 or IP 156
2. Aromatics，percent by volume	max	26. 5	D6379/IP436
Sulfur，mercaptan，percent by mass	max	0. 003	D3927/IP342
Sulfur，total percent by mass	max	0. 30	D1266，D2622，D4294，D5453，or IP 336
VOLATILITY			
Distillation temperature /℃：			D86，D D2887/IP 406，E D7345F，IP 123D
10% recovered，temperature	max	205	
50% recovered，temperature		report	
90%recovered，temperature		report	
Final boiling point，temperature	max	300	
Distillation residue/%	max	1. 5	
Distillation loss/%	max	1. 5	
Flash point /℃	min	38G	D56，D93，H D3828，H IP170 H or IP 523 H
Density at 15℃ /（kg/m^3)		775 to 840	D1298/IP 160 or D4052 or IP 365
FLUIDITY			
Freezing point /℃	max	-40 Jet A'	D5972/IP435，D7153/IP529，D7154/IP528，or D2386/IP 16
		-47 Jet A-1'	
Viscosity-20℃ /（mm^2/s)	max	8. 0	D445/IP 71，Section 1，D7042，K or D7945
COMBUSTION			

续表

Property		Jet A or Jet A-1	Test Methods B
Net heat of combustion / (MJ/kg)	min	42.8L	D4529, D3338, D4809, or IP 12
One of the following requirements shall be met:			
(1) Smoke point, mm, or	min	25.0	D1322/IP 598
(2) Smoke point, mm, and	min	18.0	D1322/IP 598
Naphthalenes / vol%	max	3.0	D1840
CORROSION			
Copper strip, 2h at 100℃	max	No. 1	D130/IP 154
THERMAL STABILITY			
(2.5h at control temperature of 260℃ min)			
Filter pressure drop/mmHg	max	25	D3241 M/IP 323M
Tube rating: One of the following requirements shall be met: N			
(1) Annex A1 VTR, VTR Color Code	Less than	3(no peacock or abnormal color deposits)	
(2) Annex A2 ITR or Annex A3 ETR, nm average over area of 2.5mm^2	max	85	
CONTAMINANTS			
Existent gum / (mg/100mL)	max	7	D381, IP 540
Microseparometer, Rating			D3948
Without electrical conductivity additive	min	85	
With electrical conductivity additive	min	70	
ADDITIVES		See 6.2	
Electrical conductivity / (pS/m)		P	D2624/IP 274

② 总硫：增加了 SH/T 0689《轻质烃及发动机燃料和其他油品的总硫含量测定法(紫外荧光法)》，且将原 GB 6537—2006 中的仲裁方法 GB/T 380 修改为 SH/T 0689。

③ 闪点：增加了 GB/T 21789《石油产品和其他液体闪点的测定 阿贝尔闭口杯法》，并将其确定为仲裁方法。

④ 密度：增加了 SH/T 0604《原油和石油产品密度测定法(U 形振动管法)》，但仲裁方法不变，仍为 GB/T 1884 和 GB/T 1885。

⑤ 黏度：增加了 GB/T 30515《透明和不透明液体石油产品运动黏度测定法及动力黏度计算法》，但仲裁方法不变，仍为 GB/T 265。

⑥ 净热值：GB/T 2429《航空燃料净热值计算法》和 ASTM D3338《航空燃料燃烧净热值估算法》，但仲裁方法不变，仍为 GB/T 384。

⑦ 黏度、水反应和辉光值：取消了民用航空喷气燃料对 20℃ 黏度的要求，而军用燃料仍按 GB 6537—2006 中的要求执行。取消了对水反应和辉光值的要求。

⑧ 电导率：将上限由 450pS/m 改为 600pS/m。

⑨ 抗磨剂加入量：取消了关于复合型抗磨剂 T1601 的内容，而对环烷酸型抗磨剂(T1602)的要求不变，加入量不大于 20. 0mg/L。

喷气燃料标准 GB/T 6537—2018 和 ASTM D1655—2020 数据对比情况见表 8-5。

表 8-5 喷气燃料标准 GB/T 6537—2018 和 ASTM D1655—2020 数据对比表

指标	GB/T 6537—2018	ASTM D1655—2020	备注
总酸值/(mgKOH/g)	0. 015	0. 01	
芳烃(体积分数)/%	20	25	民用航空燃料规定体积分数不大于 25%
总硫(质量分数)/%	0. 2	0. 3	
硫醇硫(质量分数)/%	0. 002	0. 003	
50%回收温度/℃	不高于 232	报告	
冰点/℃	不高于-47	-40Jet A	Jet A-1 为-47℃
密度/(kg/m^3)	20℃	15℃	对测定时的温度要求不同
烯烃(体积分数)/%	不大于 5	—	
直馏组分体积分数/%	报告	—	
加氢精制体积分数/%	报告	—	
加氢裂化体积分数/%	报告	—	
合成烃组分体积分数/%	报告	—	
运动黏度(20℃)/(mm^2/s)	不小于 1. 25	—	民用航空燃料 20℃ 黏度指标不作要求
银片腐蚀(50℃，4h)/级	不大于 1	—	民用航空燃料此项不作要求
安定性，压力降/kPa	不大于 3. 3	—	
水反应界面情况/级	不大于 1b	—	
水反应分离程度/级	不大于 2	—	
固体颗粒污染物含量/(mg/L)	1. 0	—	
磨痕直径 WAD/mm	不大于 0. 65	—	民用航空燃料不大于 0. 85

(2)航空活塞式发动机燃料。航空活塞式发动机燃料即航空汽油。我国的航空汽油主要应用于直升机、训练机和农业飞机等，目前有 75、95、100 等几个牌号，执行标准的最新版本为 GB1787—2018，是由中国石化石科院、中国石油兰州石化和中国石化燕山公司联合制定的。GB 1787 自 1979 年首次发布以来，共修订了两次，最新的标准 GB 1787—2018 于 2019 年 2 月 1 日实施。GB 1787—2018 是结合近年来传统航空汽油和无铅航空汽油的发展，

并参照美国最新标准 ASTM D7547-18《无铅航空汽油》和 ASTM D910-17a《含铅航空汽油》等标准进行修订的。中美民用航空汽油标准更新情况见表 8-6。

表 8-6 中美民用航空汽油标准

颁发机构	标准名称	最新版本(被替代版本)	实施时间
中国国标委	航空活塞式发动机燃料	GB 1787—2018 (GB 1787—2008)	2019.02.01
美国材料试验协会	无铅航空汽油	ASTM D7547-18 (ASTM D7547-14)	2018.06
美国材料试验协会	含铅航空汽油	ASTM D910—2017a (ASTM D910—2016)	2017.12

GB 1787—2018《航空活塞式发动机燃料》见表 8-7，ASTM D910-17a《含铅航空汽油》见表 8-8。

表 8-7 航空活塞式发动机燃料的技术要求和试验方法(GB 1787—2018)

项目		质量指标					试验方法
		75 号	UL91 号	95 号	100 号	100LL 号	
马达法辛烷值	不小于	75.0	91.0	95.0	99.6	99.6	GB/T 503
品度	不小于	—	—	130	130	130	SH/T 0506
铅含量[a]							
四乙基铅/(g/kg)	不大于	—	0.028	3.2	2.4	1.2	ASTM D5059
铅/(g/L)	不大于	—	0.013	1.48	1.12	0.56	
净热值[b]/(MJ/kg)	不小于	—	43.5	43.5	43.5	43.5	GB/T 384
颜色		无色	无色	橙色	绿色	蓝色	ASTM D2392
染色剂加入量/(mg/L)	不大于						—
蓝色		—	—	—	2.7	2.7	—
黄色		—	—	—	2.8	—	—
橙色		—	—	14.5	—	—	—
密度[c](20℃)/(kg/m^3)		报告					GB/T 1884 GB/T 1885
馏程							GB/T 6536
初馏点/℃	不低于	40	报告	40	报告		
10%蒸发温度/℃	不高于	80	75	80	75		
40%蒸发温度/℃	不低于	—	75	—	75		
50%蒸发温度/℃	不高于	105	105	105	105		
90%蒸发温度/℃	不高于	145	135	145	135		
终馏点/℃	不高于	180	170	180	170		

续表

项目		质量指标					试验方法
		75 号	UL91 号	95 号	100 号	100LL 号	
10%与 50%蒸发温度之和/℃	不低于	—	135	—	135		
残留量(体积分数)/%	不大于	1.5	1.5	1.5	1.5		
损失量(体积分数)/%	不大于	1.5	1.5	1.5	1.5		
蒸气压[d]/kPa		27.0~48.0	38.0~49.0	27.0~48.0	38.0~49.0		SH/T 0794
酸度[e](以 KOH)/(mg/100mL)	不大于	1.0	—	1.0	—		GB/T 258
冰点[f]/℃	不高于	-58.0					GB/T 2430
硫含量[g](质量分数)/%	不大于	0.05					SH/T0689
氧化安定性(5h 老化)							
潜在胶质/(mg/100mL)	不大于	6					SH/T 0585
显见铅沉淀/(mg/100mL)	不大于	—		3			
铜片腐蚀(100℃, 2h)/级	不大于	1					GB/T 5096
水溶性酸或碱		无					GB/T 259
机械杂质及水分		无					目测[h]
芳烃[i](体积分数)/%	不大于	30	—	35	—		GB/T 11132
水反应							
体积变化/mL	不大于	±2					GB/T 1793

注：允许加入的抗氧剂为 2,6-二叔丁基对甲酚。加入成品中的蓝色染料为 1,4-二烷基氨基蒽醌；黄色染料为对二乙基氨偶氮苯(颜色索引号 No. 11021)或为 1,3-间苯二酚-2,4 二偶氮烷基酚；橙色染料为油溶黄。加入抗静电剂，应符合有规定的要求。

a. 也可用 GB/T 2432 方法测定，当结果有争议时，以 ASTM D5059 为仲裁方法。当样品的铅含量大于 1.32g/L 时，应用 GB/T 2432 方法测定。

b. 净热值应在加乙基液前测定，也可采用 GB/T 2429、ASTM D3338 方法测定。当净热值测试结果发生争议时，以 GB/T 384 为仲裁方法。采用 GB/T 2429 测定净热值时，方法中硫含量的测定除 GB/T 380 以外，还可采用 GB/T 11140、GB/T 17040、SH/T 0253、SH/T 0689、NB/SH/T 0842 等方法；当硫含量的测试结果发生争议时，以 SH/T 0689 为仲裁方法。

c. 也可采用 SH/T 0604 方法测定，当测试结果发生争议时，以 GB/T 1884、GB/T 1885 为仲裁方法。

d. 也可采用 GB/T 8017 方法测定，当测试结果发生争议时，以 SH/T 0794 为仲裁方法。

e. 酸度应在加乙基液前测定。

f. 当冷却至-58℃以下还没有结晶出现时，可报告冰点<-58℃。也可用 SH/T 0770 方法测定，当测试结果有争议时，以 SH/T 0689 为仲裁方法。

g. 也可采用 GB/T 380、GB/T 11140、GB/T 17040、SH/T 0253、SH/T 0689、NB/SH/T 0842 等方法测定，有争议时，以 SH/T 0689 为仲裁方法。

h. 将油样注入 100mL 玻璃量筒中观察，应透明、无悬浮、无沉降的机械杂质及水，对结果有争议时，以 GB/T 511 和 GB/T 260 为仲裁方法。

i. 芳烃应在加乙基液前测定。

表 8-8 美国含铅汽油技术要求(ASTM D910—2017a)

Property		91	100VLL	100LL	Grade 100	ASTM Test Method B
COMBUSTION						
Net heat of combustion/(MJ/kg)	min	43. 5	43. 5	43. 5	43. 5	D4529or D3338
Octane Rating						
Knock value, lean mixture						
Motor Octane Number	min	90. 8	99. 6	99. 6	99. 6	D2700
Aviation Lean Rating	min	91. 0	1000. 0	100. 0	100. 0	D2700
Knock value, rich mixture						
Octane number	min	98				D909
Performance number	min		130. 0	130. 0	130. 0	D909
COMPOSITION						
Sulfur, mass percent	max	0. 05	0. 05	0. 05	0. 05	D1266, D2622, D5453
Tetraethyl lead						
TEL/(mL/L)	min		0. 27	0. 27	0. 27	D3341or D5059
	max	0. 53	0. 43	0. 53	1. 06	
Pb/(g/L)	min		0. 28	0. 28	0. 28	
	max	0. 56	0. 45	0. 56	1. 12	
Color		brown	blue	blue	green	D2392
Dye content/(mg/L)						
Blue dye	max	3. 1	2. 7	2. 7	2. 7	
Yellow dye	max	none	none	none	2. 8	
Red dye	max	2. 7	none	none	none	
Orange dye	max	6. 0	none	none	none	
Requirements for All Grades						
VOLATILITY						
Vapor pressure, 38℃/kPa	min		38. 0			D323 or D5191
	max		49. 0			
Density at 15℃/(kg/m³)			Report			D1298 or D4052
Distillation/℃						D86
Initial boiling point			Report			
Fuel Evaporated						
10 volume percent at℃	max		75			
40 volume percent at℃	min		75			

续表

	91	100VLL	100LL	Grade 100	ASTM Test Method B
50 volume percent at℃	max		105		
90 volume percent at℃	max		135		
Final boiling point	max		170		
Sum of 10%+50% evaporated	min		135		
temperatures					
Recovery volume percent	min		97		
Residue volume percent	max		1.5		
Loss volume percent	max		1.5		
FLUIDITY					
Freezing point,℃	max		−58		D2386
CORROSION					
Copper strip, 2h at 100℃	max		No. 1		D130
CONTAMINANTS					
Oxidation stability/(mg/100mL)					D873
(5h aging)					
Potential gum	max		6		
Lead precipitate	max		3		
Water reaction					D1094
Volume change/mL	max		±2		
OTHER					
Electrical conductivity/(pS/m)	max		450		D2624

GB 1787 主要修订内容如下：

① 增加了 UL91 号和 100LL 号两个牌号及相应的各项指标，其中“UL”和“LL”分别代表无铅和低铅，两个牌号分别要求四乙基铅含量不大于 0.028g/kg、不大于 1.2g/kg，要求铅的含量不大于 0.013g/L、0.56g/L。这一改变主要是由于全世界对环境保护越来越重视，要求航空汽油向无铅方向发展。

② 铅含量：增加了 ASTM D5059《汽油中铅含量测定法 X 射线光谱法》，并将该法列为仲裁方法。

③ 颜色：增加了 ASTM D2392《着色航空汽油的色度测定法》和对燃料加入量的要求。

④ 密度：增加了 SH/T 0604《原油和石油产品密度测定法(U 形振动管法)》。

⑤ 蒸气压：增加了 SH/T 0794《石油产品蒸气压的测定 微量法》，并被规定为仲裁方法。

⑥ 硫含量：增加了 NB/SH/T 0842《汽油和柴油中硫含量的测定 单波长色散 X 射线荧光光谱法》，并将原仲裁方法 GB/T 380 改为 SH/T 0689。

⑦ 取消碘值和实际胶质的项目。

8.1.2.2　试验方法标准

各类石油规范标准都会对相应的油品提出具体的技术要求，常常会涉及油品的多种理化性质、模拟性能，如密度、黏度、色度、挥发性、腐蚀性、润滑性和氧化安定性等。这些技术指标是否满足产品标准的要求，需要通过公认的标准化的试验方法来对其进行检测。同样，对于油品的应用性能，也需要按照相关标准方法或技术规范来对其进行评价。

经过较长时间的发展，我国在石油产品检测方面的技术标准得到了较好的发展，各类理化性质检测的标准试验方法基本能够满足我国石油及相关行业的需求，主要包括国标和行业标准，如国家标准(GB)、石化行业标准(SH)和民航业标准(MH)。但我国的大部分试验标准都是在参考国外标准的基础上，结合我国国情进行制定的，仍然处于落后或跟跑的状态。参考的国外试验标准主要包括国际标准化组织(ISO)、美国材料试验协会(ASTM)、美国石油学会(API)、英国石油学会(IP)和德国标准化协会(DIN)等组织发布的标准。过去，我国的试验技术落后是由我国石油工业整体落后造成的，而现在主要因为我国在测试技术和高端仪器制造方面落后。因为近年来很多石油产品测试仪器都实现了精密和自动化，同时还在向智能化的方向发展。国外很多标准试验方法都是有仪器生产商制定或参与制定的。关于石油产品试验方法标准的内容将在第 9 章详细介绍。

8.2　油品分析常用仪器

8.2.1　玻璃仪器

8.2.1.1　常用玻璃仪器

玻璃具有很高的化学稳定性、热稳定性、良好的透明度、良好的机械强度及绝缘性能；来源广泛，可制成不同形状的产品。改变玻璃的化学组成可以制成适应不同要求的玻璃。玻璃的化学成分主要有 SiO_2、CaO、Na_2O、K_2O。引入 B_2O_3、Al_2O_3、ZnO、BaO 等可使玻璃具有不同的理化性质和用途。硬质玻璃的 SiO_2、B_2O_3含量高，可用于制作烧器类耐热产品。一般玻璃用于制作滴管、量器等。浓碱液及氢氟酸腐蚀玻璃。

化学实验常用的仪器中，大部分为玻璃制品和一些瓷质类器皿。瓷质类器皿包括蒸发皿、布氏漏斗、瓷坩埚、瓷研钵等。玻璃仪器种类很多，按用途大体可分为容器类、量器和其他器皿类。容器类包括试剂瓶、烧杯、烧瓶等，根据它们能否受热又可分为可加热的器皿和不宜加热的器皿。量器类有量筒、移液管、滴定管、容量瓶等。量器类一律不能受热。其他器皿包括具有特殊用途的玻璃器皿，如冷凝管、分液漏斗、干燥器、分馏柱、砂芯漏斗、标准磨口玻璃仪器等。

标准磨口玻璃仪器(简称标准口玻璃仪器)，是具有标准内磨口和外磨口的玻璃仪器。标准磨口是根据国际通用技术标准制造的，国内已经普遍生产和使用。使用时根据实验的需要选择合适的容量和口径。相同编号的磨口仪器，它们的口径是统一的，连接是紧密的，使用时可以互换。用少量的仪器可以组装多种不同的实验装置，通常应用在有机化学实验中。使用标准磨口玻璃仪器时应注意以下几点：①磨口处必须洁净，不能沾有固体杂物或硬质杂物，以免磨口对接不严，导致漏气。②装配仪器时，要注意安装顺序正确，装置整齐、稳妥，保证磨口的连接处不受到应力。③一般用途的磨口无须涂润滑剂，以免污染反应物或生成物，但若反应中有强碱性物质或进行减压蒸馏时，磨口应涂润滑脂（真空活塞脂）。④用后应立即拆卸洗净，否则磨口的连接处将会发生黏结，难以拆开。化学实验常用的仪器、器皿、用具的种类繁多，本节仅介绍常用的玻璃仪器及其他常见的简单器皿。

烧杯：有一般型、高型、有刻度和无刻度等几种规格，以容积（mL）表示。还有容积为1mL、5mL、10mL的微烧杯。烧杯可用作反应器，配制溶液，溶解固体和水浴。使用时注意：①加热前先将外壁水擦干，放在石棉网上；②反应液体不超过容积的2/3，加热液体不超过容积的1/3。

锥形瓶：有具塞、无塞等种类，规格以容积（mL）表示。可作为反应容器，避免液体大量蒸发；用于滴定用的容器，方便振荡。使用时注意：①滴定时，所盛溶液不超过容积的1/3；②其他注意事项同烧杯要求一致。

常见实验室仪器器具如图8-1和图8-2所示。

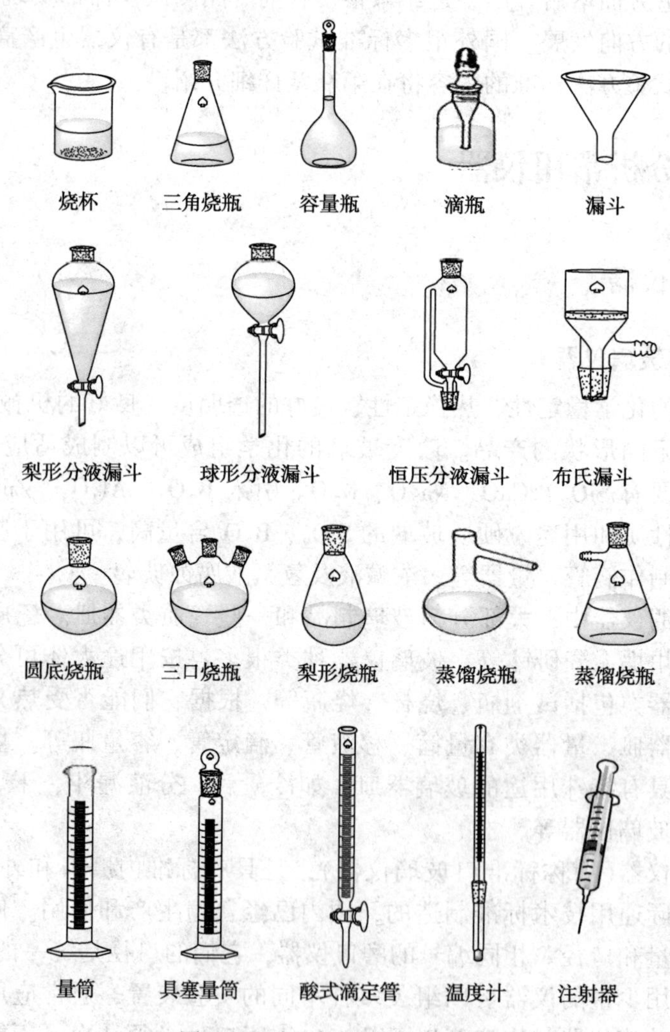

图8-1 常见实验室仪器器具

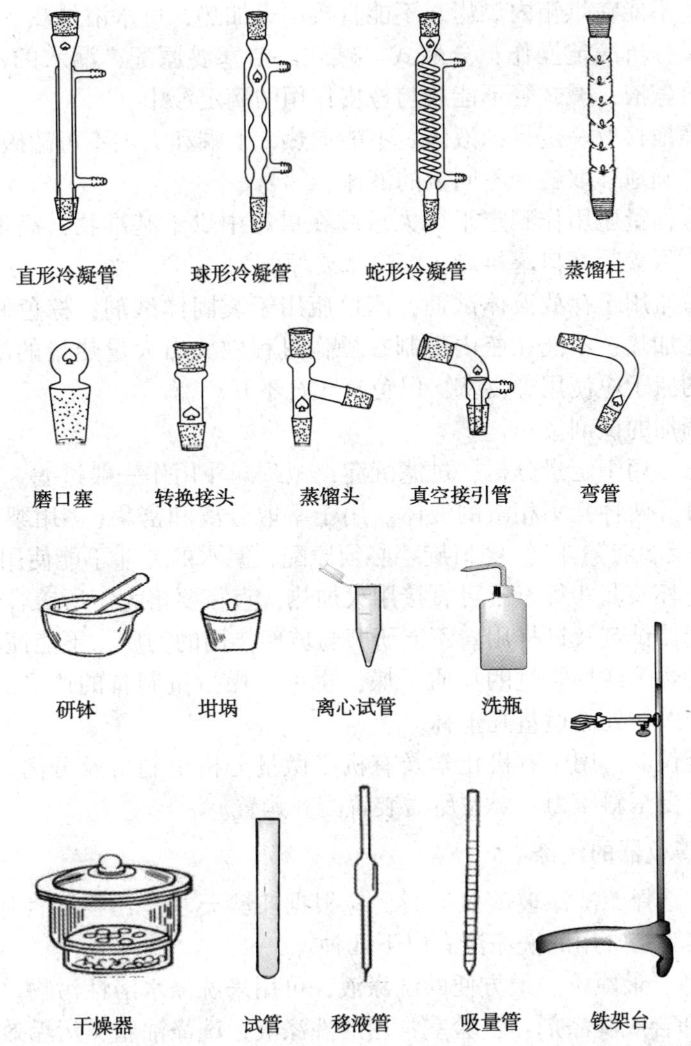

图 8-2　常见实验室仪器器具

试管：按质料可分为硬质和软质试管；还可分为普通试管和离心试管。普通试管有平口、翻口，有刻度、无刻度，有支管、无支管，具塞、无塞等几种(离心试管也有具刻度和无刻度之分)。无刻度试管以直径×长度(mm)表示其大小规格，有刻度的试管规格以容积(mL)表示。试管可用作少量试剂的反应容器，便于操作和观察，还可用于收集少量气体；离心试管用于沉淀分离。

试管架：用于承放试管，有木质和金属制品两类试管架。

圆(平)底烧瓶：加热及蒸馏液体，避免直接用火加热，隔石棉网或各种加热浴加热。

圆底蒸馏烧瓶：蒸馏，也可用作少量气体发生反应器。

洗瓶：装纯化水洗涤仪器或装洗涤液洗涤沉淀。

量筒、量杯：用于粗略地量取一定体积的液体，不能加热，不能配制溶液。不能在烘箱中烘烤，操作时要沿壁加入或倒出溶液。

容量瓶：配制准确体积的标准溶液或被测溶液。非标准的磨口瓶要保持原配瓶塞，如有漏水的不能用；不能在烘箱内烘烤，不能直接用火加热，可水浴加热。

滴定管：容量分析滴定操作；分酸式、碱式，活塞要原配，漏水的不能使用；不能加热；不能长期存放碱液；碱式管不能放与橡皮作用的滴定液中。

移液管：准确地移取一定量的液体。不能加热，上端和尖端不可磕破。

刻度吸管：准确地移取各种不同量的液体。

称量瓶：矮形称量瓶用作测定干燥失重或在烘箱中烘干基准物；高形称量瓶用于称量基准物、样品，不可盖紧磨口塞烘烤，磨口塞要原配。

试剂瓶：细口瓶用于存放液体试剂；广口瓶用于装固体试剂；棕色瓶用于存放见光易分解的试剂，不能加热；不能在瓶内配制在操作过程中放出大量热量的溶液；磨口塞要保持原配；放碱液的瓶子应使用橡皮塞，以免日久打不开。

滴瓶：装需滴加的试剂。

漏斗：长颈漏斗用于定量分析，过滤沉淀；短颈漏斗用作一般过滤。

分液漏斗：分开两种互不相溶的液体。用于萃取分离和富集(多用梨形)；制备反应中加液体(多用球形及滴液漏斗)。磨口旋塞必须原配，漏水的漏斗不能使用。

表面皿：盖烧杯及漏斗等。不可直接用火加热，直径要略大于所盖容器。

研钵：研磨固体试剂及试样用。不能研磨与玻璃作用的物质，不能撞击，不能烘烤。

干燥器：保持烘干或灼烧过的物质干燥，也可干燥少量制备的产品。底部放变色硅胶或其他干燥剂，盖磨口处涂适量凡士林。

标准磨口组合仪器：用于有机化学及有机半微量分析中制备及分离。磨口处务必涂润滑剂；安装时不可受歪斜压力；要按所需装置配齐购置。

8.2.1.2 玻璃仪器的洗涤

(1) 洗涤液的选择。洗涤玻璃仪器时，应根据实验要求、污物的性质及污染程度，合理选用洗涤液。实验室常用的洗涤液有以下几种。

① 水：最普通、最廉价、最方便的洗涤液，可用来洗涤水溶性污物。

② 热肥皂液和合成洗涤剂：实验室常用的洗涤液，洗涤油脂类污垢效果较好。

③ 铬酸洗涤液：具有强酸性和强氧化性，适用于洗涤无机物污染和残留少量油污的玻璃器皿。用洗涤液浸泡污染的器皿一段时间，洗涤效果更好。洗涤完毕后，用过的洗涤液要回收在制定的容器中，不可随意乱倒。此洗涤液可重复使用，当其颜色变绿即为失效。该洗涤液要密闭保存，以防吸水失效。

④ 碱性 $KMnO_4$ 溶液：该洗涤液能除去油污和其他有机污垢。使用时导入欲洗器皿，浸泡一会儿后再倒出，但会留下褐色 MnO_2 痕迹，需用盐酸或草酸洗涤液洗去。

⑤ 有机溶剂：乙醇、乙醚、丙酮、汽油、石油醚等有机溶剂均可用来洗涤各种油污。但有机溶剂易着火，有些还有毒，使用时应注意安全。

⑥ 特殊洗涤液：一些污物用一般的洗涤液不能除去，可根据污物的性质，选用适当的试剂进行处理，例如：硫化物污染可用王水溶解，有硫黄时可用 Na_2S 处理；AgCl 污染可用氨水或 Na_2SO_3 处理。

一般方法很难洗净的有机污染，可用乙醇-浓硝酸溶液洗涤。先用乙醇润湿器壁并留下约 2mL，再向容器内加入 10mL 浓 HNO_3，静置片刻即发生剧烈反应并放出 NO_2 有毒气体，必须在通风内进行。注意：绝不可事先将乙醇和硝酸混合。

（2）洗涤仪器的一般步骤。化学实验中使用的器皿应洗净，其内壁被水均匀润湿而无条纹、不挂水珠。

① 用水刷洗：使用配合各种形状仪器的毛刷，如试管刷、瓶刷、滴定管刷等，首先用毛刷刷洗仪器，用水冲去可溶性物质及刷去表面黏附灰尘。

② 用合成洗涤水刷洗：市售的餐具洗涤剂是以非离子表面活性剂为主要成分的中性洗液，可配制成 19%~2%的水溶液，也可用 5%的洗衣粉水溶液洗仪器，它们都有较强的去污能力，必要时可温热或短时间浸泡。

③ 用酸洗液洗：洗滴定管、移液管、容量瓶等具有精确刻度的仪器，常用铬酸洗液浸泡 15min 左右，再用自来水冲净残留在器皿上的洗液，然后用蒸馏水润洗 2~3 次。

使用铬酸洗液应按以下顺序操作：

a. 用洗液洗涤前，凡能用毛刷洗刷的仪器必须先用自来水和毛刷洗刷，倾尽水，以免洗液被稀释后降低洗涤效果。

b. 洗液用过后倒回原磨口瓶中，以备下次再用。当洗液变为绿色而失效时，可倒入废液桶中，绝不能倒入下水道，以免腐蚀金属管道。

c. 用洗液洗涤过的仪器，应先用自来水冲净，再以蒸馏水润洗内壁 2~3 次。

d. 洗液为强氧化剂，腐蚀性强，使用时特别注意不要沾到皮肤和衣服上。必须指出：铬酸洗液不是万能的，以为任何污垢都能用它洗去的说法是不对的。如被 MnO_2 污染的器皿，用铬酸洗液是无效的，此时可用草酸、盐酸或酸性 Na_2SO_3 等还原剂洗去污垢。

洗涤的仪器倒置时，水流出后，器壁应不挂小水珠。至此再用少许纯水冲仪器三次，洗去自来水带来的杂质，即可使用。

（3）洗涤方法。洗涤玻璃仪器时，可采用下列几种方法。

① 振荡洗涤。又叫冲洗法，是利用水把可溶件污物溶解而除去。往仪器中注入少量水，用力振荡后倒掉，依此重复数次。试管的振荡洗涤如图 8-3 所示。

② 刷洗法。仪器内壁有不易冲洗掉的污物，可用毛刷洗。先用水浸润仪器内壁，再用毛刷蘸取少量肥皂液等洗涤液进行刷洗。试管的刷洗方法如图 8-3 所示。洗时要选用大小合适的毛刷，不能用力过猛，以免损坏仪器。

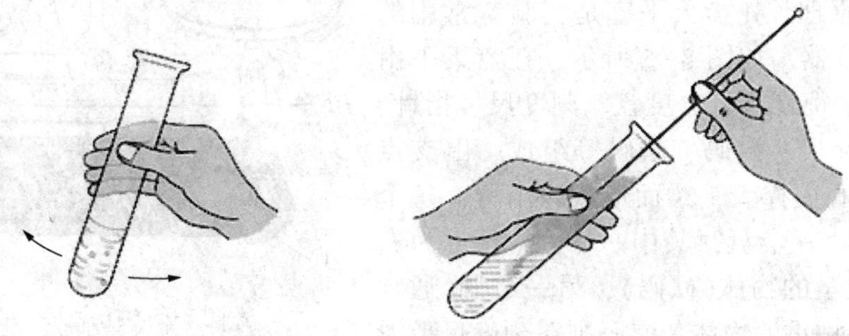

图 8-3 试管的洗涤方法（振荡洗涤和刷洗）

③ 浸泡洗涤：对不溶于水、刷洗也不能除掉的污物，可利用洗涤液与污物反应转化成可溶性物质除去。先把仪器中的水倒尽，再倒入少量洗液，转几圈使仪器内壁全部润湿，再将洗液倒入洗液回收瓶中。用洗液浸泡一段时间效果更好。

(4) 玻璃仪器的干燥。对玻璃仪器进行干燥，可采用下列几种方法。

晾干：对不急于使用的仪器，洗净后将仪器倒置在滴水架上或实验室的干燥架上，让其自然干燥。

烤干：烤干是通过加热使仪器中的水分迅速蒸发变干燥的方法。加热前先将仪器外壁擦干，然后用小火烘烤。烧杯等放在石棉网上加热，试管用试管夹住，在火焰上来回移动，试管口略向下倾斜，直至除去水珠后再将管口向上赶尽水汽。

吹干：将仪器倒置去水分，用电吹风的热风或气流烘干器吹干玻璃仪器。

快干(有机溶剂法)：在洗净的仪器内加入少量易挥发且能与水互溶的有机溶剂(如丙酮、乙醇等)，转动仪器使仪器内壁湿润后，倒出混合液(回收)，然后晾干或吹干。一些不能加热的仪器(如比色皿等)可用此法干燥。

图 8-4 电热恒温干燥箱

烘干：将洗净的仪器控去水分，放在电烘箱的隔板上，温度控制在 105~110℃ 烘干。烘箱又叫电热恒温干燥箱，如图 8-4 所示，是干燥玻璃仪器常用的设备，也可用于干燥化学药品。

带有精密刻度的计量容器不能用加热方法干燥，否则会影响仪器的精度，可采用晾干或冷风吹干的方法干燥。

(5) 玻璃仪器的保管。

① 移液管：洗净后置于移液管架上。

② 滴定管：用毕洗涤干净，短时间可倒置夹于滴定管夹上，外表擦拭干净放在滴定管纸盒中。

③ 比色皿：用毕洗净，倒置晾干，装于盒中。

④ 带磨口塞的仪器：把塞和瓶口用塑料绳拴好，以免打破塞子或弄混，在塞间垫纸片。

8.2.2 电子天平

8.2.2.1 托盘天平

(1) 构造原理。托盘天平室是实验室常用的最基本的称量仪器。如图 8-5 所示，托盘天平由托盘、横梁、平衡螺母、分度盘、刻度尺、指针、刀口、底座、标尺、游码、砝码等组成。由支点(轴)在梁的中心支撑天平梁而形成两个臂，每个臂上挂着或托着一个盘，其中一个盘(通常为右盘)放置已知重量的物体(砝码)，另一个盘(通常为左盘)放置待称重的物体，游码则在刻度尺上滑动。固定在梁上的指针在不摆动且指向正中刻度时或左右摆动幅度较小且相等时，砝码重量与游码位置示数之和就指示出待称重物体的重量。托

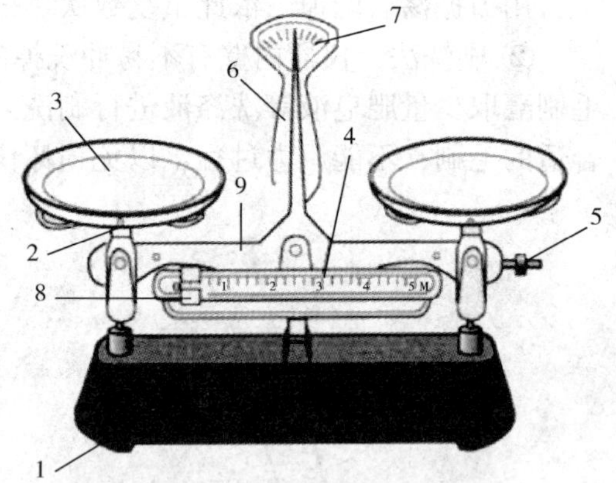

图 8-5 托盘天平结构

1—底座；2—托盘架；3—托盘；4—标尺；5—平衡螺母；6—指针；7—分度值；8—游码；9—横梁。

盘天平的底座上有一个铭牌，上面记录着此托盘天平的最大称量和精确度。

（2）使用方法

① 将天平水平放置，游码放在标尺的零刻度处，调节平衡螺母，使天平平衡。

② 如果药品是粉末，在天平左右盘各放一张大小、质量相同的纸。如果药品易潮解或具有腐蚀性，在天平上放玻璃器皿(可以先放后调平衡，这样就不用记录它们的质量)。

③ 用镊子夹取砝码并放在右盘，移动游码，使天平的读数等于要称量的药品的质量。

④ 在左盘上添加药品，使天平平衡。如果天平不平衡，只能在左盘添加或减少药品，不能动砝码或游码。

⑤ 称量完毕后，应把砝码放回砝码盒中，把游码置零。

8.2.2.2 电子天平

称量是对物质的准确质量进行确定的过程。在实验室中若要确定物质中某组分的含量，就必须进行准确称量。准确称量就要用到电子天平。电子天平的种类有很多，以下就实验室中最常用的电子天平加以介绍。

随着生产和科学技术的发展，对称量的速度和称量的精度有了更高的要求，电子天平就是天平中新发展的一种，其称量快速、简便，具有超载报警、数据处理、联机等功能，常用于准确称量物质的质量。

（1）种类和规格。电子天平可分为普通电子天平、电子精密天平和电子分析天平等。电子精密天平一般为5~6级，适用于普通的较精密的测量。而电子分析天平为3~4级，主要用于化学检验中。电子天平的规格品种齐全，最大载荷从几十克至几千克，最小分度值可至0.001mg。一般化学检验中所用电子分析天平(以下所称电子天平均为此种天平)的最大载荷量是100g或200g，最小分度值为0.1mg。

（2）构造原理。电子天平是最新一代天平，其控制方式和电路结构多种多样，但称量的依据都是电磁力平衡原理。若将通电导线放在磁场中，导线将产生电磁力，力的方向可以用左手定则来判定。

当磁场强度不变时，力的大小与流过线圈的电流强度成正比。由于重物的重力方向向下，电磁力方向向上，与之相平衡，则通过导线的电流与被称物的质量成正比。

电子天平的结构中包括秤盘、簧片、线圈及线圈架、磁钢、磁回路体、位移传感器、放大器和电流控制器。秤盘通过支架连杆与线圈相连，线圈置于磁场中。秤盘及被称物的重力通过连杆支架作用于线上，重力方向向下。线圈内有电流通过，产生一个向上作用的电磁力，与秤盘中心方向相反，大小相等。位移传感器处于预定的中心位置，当秤盘上的物质质量发生变化时，位移传感器检出位移信号，经调节器和放大器改变线圈的电流，直至线圈回到中心位置为止。通过数字显示出物体的质量。

（3）使用方法

实验中所用的各种型号的电子天平结构相近，使用方法也相似，此处主要介绍较为常用的FA2004B型电子天平(其外观和键盘结构见图8-6)的使用程序。

① 取下天平纸，叠好，放在天平托盘顶部。

② 检查、调节水平。查看水平仪的气泡是否在黑圈线中央，若偏移，应调节天平脚，使气泡位于水平仪黑线的中央。

图 8-6 FA2004B 型电子天平

③ 清洁天平。若天平内或称盘不干净，应用软毛刷小心清扫干净。

④ 预热。接通电源，未按“开关显示”键，在关闭状态下预热 30min(依据天平使用说明书)。

⑤ 开启“开关显示”键，显示器先显示“888%”，再显示天平型号，当显示称量模式“0.000g”时，电子称量系统自检过程结束，方可称量。

⑥ 校准。为确保称量的正确性，电子天平安装后，每天首次使用前、环境变化、搬动或移位后，应对天平进行校准。

电子天平的校准方法是：按上述方法检查、调整准备好天平后，按“去皮置零”键，待显示 0.0000g 再按“校准”键，显示 CAL-200，用镊子将 200g 标准砝码放在天平盘中央，关闭天平门，显示 200000 并发出控制信号声，表示天平校准完毕；取下 200g 标准砝码，放回砝码盒中，关闭天平门，显示 0.000g，表示天平校准成功，则可进行称量。

注意：取下 200g 标准砝码后，若显示器显示的不是 0.000g 则用上述方法重新校准。

⑦ 称量。按“去皮置零”键，显示 0.0000g 后，置称量物于天平盘中央，关闭天平门，显示器上的数字不断变化，待数字稳定并出现单位“g”后，则表示天平显示值已稳定，方可读数。此数值即为被称量物的质量，应及时记录于实验报告本上。

⑧ 称量结束工作。称量结束后，取出称量物，显示器应显示或接近 0.0000g；按“去皮置零”键，显示 0.0000g 后，按“开关显示”键关闭显示器；清扫天平盘，关闭天平门，凳子放回原处。若当天不再使用天平，应拔去电源插头。

⑨ 登记。取出登记本，记录天平使用情况。

(4) 电子天平的特点

① 使用寿命长，性能稳定，灵敏度高且操作方便。

② 电子天平采用电磁力平衡原理，称量时全量程不用砝码。放上被称物后，在几秒内即达到平衡，显示读数，因此称量速度快、精度高。

③ 具有自动校准、超载指示、故障报警、自动去皮等功能。

④ 电子天平具有质量电信号输出功能，可以与打印机、计算机连用，扩展其功能。这是机械化天平无可比拟的优点。

(5) 使用注意事项

① 使用电源必须是 20V 交流电，用户必须保证天平电源有良好的接地线。

② 应放于无震动、无气流、无热辐射及不含有腐蚀性气体的环境中。

③ 开机后需预热 30~60min。

④ 操作台使用水泥台或其他防震的工作台。

⑤ 称量前检查天平是否水平，框罩内外是否清洁。

⑥ 天平的上门仅在检修时使用，不得随意打开。

⑦ 开关天平两边侧门时，动作要轻缓(不发出碰击声响)。

⑧ 称量样品的温度必须与天平温度相同，具有腐蚀性或者吸湿的物质必须放在密闭容

器中称量。

⑨ 不得超载称量。

⑩ 读数时必须关好侧门。

(6) 称量方法。常用的称量方法有直接称量法、差减称量法和固定质量称量法，以下以 FA2004B 型电子天平的称量为例。

① 直接称量法：如表 8-9 所示。

表 8-9 直接称量法

方法名称	方法步骤
不去皮直接称量法	依照称量的程序，准备好天平后，按“去皮置零”键，显示 0.0000 后，用纸片或戴细纱手套挟持干燥清净的表面皿，放置天平盘中央，关闭天平门，数字稳定后的读数即为该表面皿的质量(记为 $m1$)。 用牛角匙取试样于上述表面皿中，关闭天平门，称得表面皿和试样的总质量记为 $m2$。两次称量质量之差即为该试样的质量。 此方法又称为增量法。及时记录称量值，并将试样全部转移到接收容器中
去皮直接称量法	按要求准备好天平后，按“去皮置零”键清零，显示 0.0000g 后，将表面皿放在天平盘上，关闭天平门，数字稳定后，按“去皮置零”键清零，当显示 0.000g 时，用牛角匙取试样放在表面皿上，关闭天平门，显示器上的显示值即为试样的质量。 称量容器除表面皿外，还可用小烧杯或称量纸等。在空气中稳定、没有吸湿性的试样，或坩埚等容器，均可用直接称量法称量

② 差减称量法(又称减量法或递减法)：如表 8-10 所示。

表 8-10 差减称量法

方法名称	方法步骤
去皮差减称量法	按要求准备好天平后，按“去皮置零”键，显示 0.0000g，将盛装一定量试样的称量瓶放在天平盘上，关闭天平门，按“去皮置零”键，显示 0.000，取出称量瓶，倾出所需量试样后，再放回天平盘上，称剩余质量，显示值为一个负数，其数值表示取出显示值绝对值量的试样。 在空气中不稳定(易吸潮、吸收空气中的 CO_2、易氧化等)的固体试样，宜采用称量瓶以差减称量法称量
不去皮差减称量法	以 NaCl 试样的称量为例，将适量的 NaCl 试样装入干燥洁净的称量瓶中，放在天平左侧干燥洁净的表面皿上，样品接收器烧杯或锥形瓶也放天平左侧；检查、调整天平后，按“去皮置零”键，显示 0.000。用洁净的小纸条套在称量瓶上或戴细纱手套拿取、放置天平盘中央，关闭天平门，数字稳定后读数，其数值即为称量瓶和 NaCl 的质量(记为 $m1$)。取出称量瓶，倾出试样于承接器(烧杯或锥形瓶)中，用左手将其举在承接试样容器上方，右手用小纸片或戴细纱手套夹住瓶盖柄，打开瓶盖，将称量瓶缓慢向下倾斜，并用瓶盖轻轻敲击瓶口，使试样缓慢落入容器内。此操作应格外小心，不能把试样撒在容器外；当倾出试样接近所需质量时，进行回样，将称量瓶竖起，使附着在瓶口上的试样落入称量瓶或承接器内，然后盖好瓶盖(注意：瓶盖不要碰到瓶内的试样)，将称量瓶再放回天平盘上称量。如此反复倾样、称量几次(不得超过 3 次)，直至倾出试样质量达到要求的范围，再称取称量瓶和剩余试样的质量，记为 $m2$，两次称量质量之差($m1-m2$)即为倾出试样的质量。按上述方法连续操作，可称取多份试样，进行平行试验

③ 固定质量称量法(去皮法)。以称量 0.5000g 固体试样为例。天平准备好后，按“去皮置零”键清零，显示 0.0000g 后，将承接器(表面皿、小烧杯或称量纸等)放在天平盘上，关闭天平门，数字稳定后，按“去皮置零”键清零，当显示 0.0000g 时，用牛角匙取试样放在天平盘的承接器上，直到所加试样与固定质量相差很小时，需极其小心地将盛有试样的牛角匙伸向天平盘的承接器上方 2~3cm 处，角匙的另一端顶在掌心上，用拇指、中指及掌心拿稳牛角匙，并用食指轻弹匙柄，将试样慢慢抖入承接器中，直至恰好达到指定的质量，如 0.500g。此操作应十分细心，如不慎加多了试样，只能用牛角匙取出多余的试样，再重复上述操作，直到恰好达到指定质量。

配制一定准确浓度的标准溶液或为了计算的方便，可用固定质量称量法称取物质。

④ 液体样品应根据样品的性质选择适宜的称量方法。性质较稳定的液体试样的称量：在空气中不易挥发、不易吸收水分和 CO_2、不易被氧化的液体试样，可用小滴瓶以差减法称量。

较易挥发的液体试样的称量：较易挥发的液体试样可用具塞锥形瓶以增量法称量。例如硫酸称量浓盐酸时，可先在 100mL 具塞锥形瓶中加入 100mL 水，准确称取质量，然后快速加入适量的浓盐酸样品，立即盖上瓶塞，再准确称其质量，增加的质量即为浓盐酸样品的质量。

易挥发或与水剧烈作用的液体试样用特殊方法称量。例如硫酸酸样品的称量，可先在称量瓶中以增量法称量，然后连同称量瓶一起放入盛有适量水的具塞锥形瓶中，盖上具塞锥形瓶塞，轻轻扭动使称量瓶盖打开，样品与水混合后进行测定。发烟硫酸、发烟硝酸及乙酸乙酯等可用安瓿球以增量法称量。先准确称取安瓿球的质量，然后用镊子夹住安瓿球的毛细管部分，将球形部分在酒精灯上微热，赶去部分空气而产生负压后，迅速将其毛细管尖端插入液体样品中，球泡冷却后可吸入 12mL 样品。注意：切勿将毛细管碰断。用滤纸吸干毛细管外壁的溶液，并在火焰上加热封住毛细管口，再准确称量后，将安瓿球放入盛有适量试剂的具塞锥形瓶塞中，摇碎安瓿球，若摇不碎可用玻璃棒击碎，断开的毛细管也可用玻璃棒碾碎。待样品与试剂混合后即可进行测定。

8.2.3 加热箱炉

8.2.3.1 鼓风干燥箱

鼓风干燥箱是干燥箱中的一种，是将电能转化成热能的设备。鼓风干燥箱通过循环风机吹出热风，保证箱内温度平衡。可以按照外形特点及温度范围来进行分类，主要可以分为卧式鼓风干燥箱、立式鼓风干燥箱、台式鼓风干燥箱、常温鼓风干燥箱、高温鼓风干燥箱与超高温鼓风干燥箱等。不同的鼓风干燥箱拥有的烘烤性能不同，适用的范围也大有不同，一般用于干燥器皿、恒温处理或保存样品、涂层固化和高温试验等。

(1) 按外形分类：

① 卧式鼓风干燥箱。该种鼓风干燥箱是较为常见的一种烘箱，主要的外形是宽大于高，所以才得以称为卧式鼓风干燥箱。

② 立式鼓风干燥箱

立式鼓风干燥箱功率和尺寸较大(见图 8-7),适用于各种产品或材料,广泛应用于石油化工、生物医药、食品加工等行业,用于恒温环境条件下做干燥和各种恒温适应性试验。

(2) 按工作温度分类:

① 低温鼓风干燥箱。低温烘箱工作温度一般为100~250℃,多适用于料件的水分干燥、涂层固化、加温、加热、保温等方面,不至于影响到烘烤物品的原有性质。

图 8-7 立式鼓风干燥箱

② 高温鼓风干燥箱。高温鼓风干燥箱一般应用于特种材料、工件加温安装、材料高温试验、化工原料的反应处理等方面,工作温度范围一般在 260~400℃,适合在工业中应用,烘烤效果较好。

③ 超高温鼓风干燥箱。超高温鼓风干燥箱拥有更高的工作温度,一般在 410~600℃,主要用于工件加温热处理、特种材料的干燥以及材料高温试验等。

8.2.4 实验室用水制备仪器

水是一种最广泛使用的化学试剂,同时也是最廉价的溶剂和洗涤液,可溶解许多物质,尤其是无机化合物。水质的好坏直接影响化工产品的质量和实验结果。然而,各种天然水,由于长期与土壤、空气、矿物质等接触,都不同程度地溶有无机盐、气体和某些有机物等杂质。其中,无机盐主要是钙和镁的酸式碳酸盐、硫酸盐、氯化物等;气体主要是氧气、二氧化碳和沸点低易挥发的有机物等。因此,天然水不宜直接用于化学实验,必须进行处理。

分析化学实验应使用纯水,一般是蒸馏水或去离子水。有的实验要求用二次蒸馏水或更高规格的纯水(如电分析化学、液相色谱等的实验)。纯水并非绝对不含杂质,只是杂质含量极微而已。分析化学实验用水的级别及主要技术指标见表 8-11。

表 8-11 分析化学实验用水的级别及主要技术指标(GB/T 6682—2008)

指标名称		一级	二级	三级
pH 值范围(25℃)		—	—	5.0~7.5
电导率(25℃)/(mS/m)	≤	0.01	0.10	0.50
可氧化物质(以 O 计)/(mg/L)	≤	—	0.08	0.4
蒸发残渣[(105±2)℃]/(mg/L)	≤	—	1.0	2.0
吸光度(254nm,1cm)	≤	0.001	0.01	—
可溶性硅(以 SiO_2 计)/(mg/L)	≤	0.01	0.02	—

注:由于在一级、二级纯度的水中,难以测定真实的 pH 值,因此,对一级水、二级水的 pH 值范围不做规定;由于在一级水的纯度下,难以测定可氧化物质和蒸发残渣,对其限量不做规定,可用其他条件和制备方法来保证一级水的质量。

实验室用水的质量检验指标有很多，分析化学实验主要对实验用水的电阻率、酸碱度、钙镁离子、氯离子的含量等进行检测。实验室常用的水为蒸馏水、去离子水，对应制备仪器为蒸馏水机和去离子水机。

8.2.4.1　蒸馏水装置

用蒸馏法制得的水称为蒸馏水，可分一次和多次蒸馏水。蒸馏水装置可以除去水中的重金属、有机物、病毒、细菌等物质，将湖水、河水、地下水或自来水转加工为纯度较高的水。

由于可溶性盐不挥发，在蒸馏过程中留在剩余的水中，所以蒸馏水比较纯净。一般水的纯度可用电阻率(或电导率)的大小来衡量，电阻率越高或电导率越低(电阻率与电导率互为倒数)，说明水越纯净。蒸馏水在室温时的电阻率可达 $10^5\Omega \cdot cm$，而自来水一般约为 $3\times10^3\Omega \cdot cm$。蒸馏水中的少量杂质，主要来自冷凝装置的锈蚀及可溶性气体的溶解。在某些实验(如分析化学实验等)中，往往要求使用更高纯度的水，这时可在蒸馏水中加入少量高锰酸钾和氢氧化钡，再次进行蒸馏，以除去水中极微量的有机杂质、无机杂质以及挥发性的酸性氧化物(如 CO_2)。这种水称为重蒸水(二次蒸馏水)，电阻率可达 $10^6\Omega \cdot cm$。保存重蒸水应用塑料容器而不能用玻璃容器，以免玻璃中所含钠盐及其他杂质会慢慢溶于水，而使水的纯度降低。

8.2.4.2　去离子水装置

用离子交换法制得的水叫离子交换水，因为溶于水的杂质离子已被除去，所以又称为去离子水。去离子水的纯度很高，常温下的电阻率可达 $5\times10^6\Omega \cdot cm$ 以上。但因未除去非离子型杂质，含有微量有机物，故一般为三级水。

离子交换法是以圆球形树脂(离子交换树脂)过滤原水，水中的离子会与固定在树脂上的离子交换。离子交换树脂利用氢离子交换阳离子，以氢氧根离子交换阴离子。阴阳离子交换树脂可被分别包装在不同的离子交换床中，分成阴离子交换床和阳离子交换树脂中。也可以将阳离子交换树脂与阴离子交换树脂混在一起，置于同一个离子交换床中。不论是哪一种形式，当树脂与水中带电荷的杂质交换完树脂上的氢离子或氢氧根离子，就必须进行“再生”。再生的程序恰与纯化的程序相反，利用氢离子及氢氧根离子进行再生，交换附着在离子交换树脂上的杂质。

去离子交换法能有效地去除离子，却不能去除大部分的有机物或微生物。而微生物附着在树脂上，并以树脂作为培养基，使得微生物快速生长并产生热源。因此，需配合其他的纯化方法设计使用。

[习题]

1. 油品分析检测在质量管理中有何意义？
2. 如何判断玻璃仪器是否洗净？
3. 精密玻璃量具的干燥可采用哪几种方法？
4. 使用电子分析天平的注意事项有哪些？
5. 常用的称量方法有哪些？不同的称量方法分别适用于什么情况？

第 9 章　油品性质检测

9.1　理化性质检测

9.1.1　密度测定

9.1.1.1　目的意义

测定石油产品密度对生产、储运及使用的意义主要有以下几点：

(1) 用于石油产品的计量。计量时，先测出体积 v 和密度 ρ，然后利用体积与密度的乘积，计算出石油产品的质量。

(2) 不同石油产品其密度不同，通过测定密度可大致确定石油产品种类。常见石油产品的标准密度范围见表 9–1。

表 9–1　部分石油产品密度范围　　g/cm³

车用汽油	0.700~0.760	20 号航空润滑油	0.884~0.889
航空汽油	0.730~0.745	8 号喷气机润滑油	0.866~0.870
喷气燃料	0.775~0.8430	柴油机润滑油	0.880~0.900
轻柴油	0.800~0.830	汽油机润滑油	0.880~0.900

(3) 测定密度可近似地评定石油产品的质量和化学组成。在储运过程中如发现石油产品密度明显增大或减小，可以判断是否混入了重质油或轻质油，或轻馏分蒸发损失。从化学组成角度来讲，芳烃的密度最大，环烷烃其次，烷烃最小，含胶质和沥青质多的石油产品密度也大。

(4) 燃料的密度对燃料油使用性能的影响。发动机功率和燃料消耗率均与燃料密度有关，在油箱容积相同的条件下，燃料密度越大，加入的燃料量越多，续航能力就越大。但密度过大时，会影响燃料的雾化性和燃烧性，因此，喷气燃料产品标准中对密度都有要求。

9.1.1.2　方法原理

下面以目前我国使用最广泛的方法 GB/T 1884—2000《原油与液体石油产品密度实验室测定法(密度计法)》为例。

密度计法的方法原理是以阿基米德定律为基础的。当密度计沉入液体时，排开一部分液体，同时受到一个自下而上的浮力作用。当被密度计排开的液体质量等于密度计本身的质量时，则密度计处于平衡状态，并漂浮于液体石油产品中。液体密度越大，则密度计漂浮得越高；液体密度越小，则沉得越深。

测量时，使试样处于规定温度，将其倒入温度大致相同的密度计量筒中，将合适的密度计放入已调好温度的试样中，让它静止。当温度达到平衡后，读取密度计刻度读数和试样温度。用石油计量表把观察到的密度计读数换算成标准密度。如果需要，将密度计量筒及内装的试样一起放在恒温浴中，避免在测定期间温度变动太大。

9.1.1.3 仪器、材料和试剂

（1）密度计量筒。由透明玻璃、塑料或金属制成，颜色不变、抗侵蚀，其内径比密度计外径至少大 25mm。

（2）密度计。玻璃材质，应符合《石油密度计技术条件》(SH/T 0316—1998) 和表 9-2 中给出的技术要求。

表 9-2 密度计技术要求

型号	单位(20℃)	密度范围	每支单位	刻度间隔	最大刻度误差	弯月面修正值
SY-02	kg/m^3	600~1100	20	0.2	±0.2	+0.3
SY-05		600~1100	50	0.5	±0.3	+0.7
SY-10		600~1100	50	1.0	±0.6	+1.4
SY-02	g/cm^3	0.600~1.100	0.02	0.0002	±0.0002	+0.0003
SY-05		0.600~1.100	0.05	0.0005	±0.0003	+0.0007
SY-10		0.600~1.100	0.05	0.0010	±0.0006	+0.0014

注：可以使用 SY-Ⅰ型或 SY-Ⅱ型石油密度计。

测定时的读数也应该是密度计管的上弯月面的相重合处。在温度 t 时所测出的密度为视密度。

测定透明液体，先使眼睛稍低于液面的位置，慢慢地升到表面，先看到一个不正的椭圆，然后变成一条与密度计刻度相切的直线，密度计读数为液体下弯月面与密度计刻度相切的那一点。测定不透明液体，使眼睛稍高于液面的位置观察，密度计读数为液体上弯月面与密度计刻度相切的那一点。如使用 SY-Ⅰ型或 SY-Ⅱ型石油密度计，仍读取液体上弯月面与密度计干管相切处的刻度。

（3）恒温浴。其尺寸大小应能容纳密度计量筒，使试样完全浸没在恒温浴液体表面一下，在试验期间能保持实验温度在±0.25℃以内。

（4）温度计。范围、刻度间隔和最大刻度误差见表 9-3。

表 9-3 温度计技术要求

温度范围/℃	刻度间隔/℃	最大误差范围/℃
-1~38	0.1	±0.1
-20~102	0.2	±0.15

注：可以使用电阻温度计，只要它的准确度不低于上述温度计的不确定度。

（5）玻璃或塑料搅拌棒：长约 450mm。

9.1.1.4 样品制备

（1）样品混合。混合试样是使用于试验的试样尽可能地代表整个样品所必需的步骤，

但在混合操作中，应始终注意保持样品的完整性。

（注：对含水或沉淀物的挥发性原油和石油产品或含蜡挥发性原油和石油产品，应该注明在对样品均化或加热过程中会发生轻组分损失。）

处理不同性质的样品，可根据以下方法进行样品混合，以减少轻组分的损失。

① RVP 大于 50kPa 的挥发性原油和石油产品。减少轻组分损失，样品应在原来的容器和密闭系统中混合。

（注：在开口容器中混合挥发性样品将导致轻组分损失，并影响测得的密度值。）

② 含蜡馏分油。样品在混合前，应加热到浊点 3℃以上。

③ 残渣燃料油。在混合样品前，把它加热到试验温度。

（2）试验温度。把样品加热到使它能充分地流动，但温度不能高到引起轻组分损失或低到样品中的蜡析出。

（注：①用密度计法测定密度在标准温度 20℃或接近 20℃时最准确。②要在被测样品物化特性合适的温度下取得密度计读数。这个温度最好接近标准温度 20℃。当密度值是用于散装石油计量时，在散装石油温度或接近散装石油±3℃下测定密度，可以减少石油体积修正的误差。）

9.1.1.5 仪器检定与准备

（1）检定

① 密度计要用可溯源于国家标准的标准密度计或可溯源的标准物质的密度做定期检定，至少每五年复检一次。

② 温度计要用可溯源于国家标准的标准温度计定期检定。

（2）准备

① 检查密度计的基准点确定密度计刻度是否处于干管内的正确位置，如果刻度已移动，应废弃这支密度计。

② 使密度计量筒和密度计的温度接近试样的温度。

9.1.1.6 测试步骤

① 在试验温度下把试样转移到温度稳定、清洁的密度计量筒中，避免试样飞溅和生成空气泡，并要减少轻组分的挥发。用一片清洁的滤纸除去试样表面形成的所有气泡。把装有试样的量筒垂直地放在没有空气流动的地方。在整个试验期间，环境温度变化应不大于±2℃。当环境温度变化大于±2℃时，应使用恒温浴，以免温度变化太大。

② 用合适的温度计或搅拌棒做垂直旋转运动搅拌试样，如果使用电阻温度计，要用搅拌棒，使整个量筒中试样的密度和温度达到均匀。记录温度接近到 0.1℃。从密度计量筒中取出温度计或搅拌棒。

③ 把合适的密度计放入液体中，达到平衡位置时放开，让密度计自由地漂浮，要注意避免弄湿面以上的杆管。把密度计按到平衡点一下 1mm 或 2mm，并让它回到平衡位置，观察弯月面形状，如果弯月面形状改变，应清洗密度计干管，重复此项操作直到弯月面形状保持不变。

④ 对于不透明黏稠液体，要等待密度计慢慢地沉入液体中。对透明液体，将密度计压

入液体中约两个刻度，再放开。

由于干管上多余的液体会影响读数，在密度计干管液面以上部分应尽量减少残留液。在放开时，要轻轻地转动一下密度计，使它能在离开量筒壁的地方静止下来自由漂浮。要有充分的时间让密度计静止，并让所有气泡升到表面，读数前要除去所有气泡。

⑤ 测定透明液体，先使眼睛稍低于液面的位置，慢慢地升到表面，先看到一个不正的椭圆，然后变成一条与密度计刻度相切的直线。密度计读数为液体下弯月面与密度计刻度相切的那一点。

⑥ 测定不透明液体，使眼睛稍高于液面的位置观察图 9-1 中密度计读数为液体上弯月面与密度计刻度相切的那一点。

（注：①如使用 SY-Ⅰ型或 SY-Ⅱ型石油密度计，仍读取液体上弯月面与密度计干管相切处的刻度。②使用金属密度计量筒测定完全不透明试样时，要确保试样液面装满到距离量筒顶端 5mm 以内，这样才能准确读取密度计读数。）

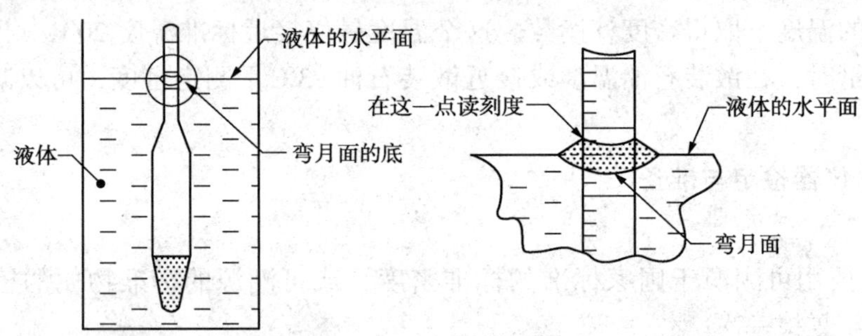

图 9-1　不透明液体的密度计刻度读数

⑦ 记录密度计读数后，立即小心地取出密度计，并用温度计垂直地搅拌试样。记录温度接近到 0.1℃，如这个温度与开始试验温度相差大于 0.5℃，应重新读取密度计和温度计读数，直到温度变化稳定在±0.5℃以内。如果不能得到稳定的温度，把密度计量筒及其内容物放在恒温浴内，再从第(3)步骤重新操作。

⑧ 铅弹蜡封型密度计在高于 38℃下使用后，要垂直地晾干和冷却。

9.1.1.7　计算

① 对第二次观察到的温度计读数做有关修正后，记录接近到 0.1℃。

② 由于密度计读数是按液体下弯月面检定的，对不透明液体，应按表 9-2 给出的弯月面修正值对观察到的密度计读数做弯月面修正。

（注：特殊用途的密度计修正值可由试验来确定，将这支密度计浸入与被测试样表面张力相似的透明液体中试验，观察液体在密度计干管上爬升的最大高度。该方法规定的密度计弯月面修正值见表 9-2。）

③ 对观察到的密度计读数做有关修正后，记录到 0.1kg/m^3(0.0001g/cm^3)。

④ 按不同的试验油品，用 GB/T 1885—1998 中的表 59A(原油)、表 59B(石油产品)或表 59D(润滑油)把修正后的密度计读数换算成 20℃下标准密度。20℃密度与 15℃密度之间相互换算，可使用 GB/T 1885—1998 中的表 E1 和表 E2。

9.1.1.8　报告结果

① 取重复测定两次结果的算术平均值作为试样的密度；

② 密度最终结果报告到 0.1kg/m³（0.0001g/cm³），20℃。

9.1.1.9　精密度

（1）重复性。同一操作者用同一仪器在恒定的操作条件下对同一种测定试样，按试验方法正确地操作所得连续测定结果之间的差，在长期操作实践中，超过表 9-4 所示数值的可能性只有 1/20。

表 9-4　重复性

石油产品	温度范围/℃	单位	重复性
透明	-2～24.5	kg/m³ g/cm³	0.5 0.0005
不透明	-2～24.5	kg/m³ g/cm³	0.6 0.0006

（2）再现性。不同操作者，在不同实验室对同一测定试样，按试验方法正确地操作得到的两个独立的结果之差，在长期操作时间中，超过表 9-5 所示数值的可能性只有 1/20。

表 9-5　再现性

石油产品	温度范围/℃	单位	重复性
透明	-2～24.5	kg/m³ g/cm³	1.2 0.0012
不透明	-2～24.5	kg/m³ g/cm³	1.5 0.0015

注：①对黏性原油和产品，当试验温度超过重复性和再现性中规定的范围时，没有得到精密度的数据。②在重复性和再现性给出的精密度数据是用最大允许刻度误差为 0.6kg/m³（0.0006g/cm³）的密度计得到的，没有得到使用最大允许刻度误差为 0.2kg/m³（0.0002g/cm³）和 0.3kg/m³（0.0003g/cm³）的密度计的精密度数据，但预计会得到等于或更高的精密度。

9.1.1.10　影响因素及注意事项

① 密度计在使用前要用脱脂棉或其他质软的物品擦拭干净，擦拭后不要握最高分数线以下部分，以免影响读数。

② 密度计是易损的玻璃制品，使用时要轻拿轻放，取出和放入时，要拿密度计的上部，清洗时应拿其下部，切勿横着拿取密度计细管这一端，以防折断。

③ 密度计浸入试样时，不许用手把密度计向下推，应轻轻缓放，以防密度计一下子触到量筒底部，碰破密度计。

④ 测定密度用盛试样的量筒时，我国规定可用内径至少比所用密度计的外径大 25mm，

以免密度计与量筒内壁擦碰，影响准确度；其长度应适当，否则由于量筒过短，使密度计在底部，不能测出读数。

⑤ 当测定 50℃不大于 200mm²/s 的石油产品时，试样的温度最好与周围环境的温度相差不超过±5℃(必要时加热到 40℃)。

⑥ 如果不是在标准温度下测定的(20℃或 15.6℃)而是在其他温度下测量的，则应将视密度换算成标准温度下的密度。

9.1.2 运动黏度测定

9.1.2.1 目的意义

黏度是衡量流体黏滞性大小的物理量。黏度分为动力黏度、运动黏度和条件黏度。测定石油产品黏度对生产、储运及使用具有重要意义。

(1) 黏度对生产的意义。黏度是工艺计算的主要参考数据之一。例如，计算流体在管线中的压力损失，需查雷诺数，而雷诺数与黏度有关。在生产上可以从黏度变化判断润滑油的精制深度。在一般情况下，未经精制的馏分油黏度>硫酸精制的馏分油黏度>溶剂精制的馏分油黏度。

(2) 黏度对喷气燃料的意义。燃料雾化的好坏是喷气发动机正常工作的最重要条件之一。喷气燃料的黏度对燃料雾化程度影响最大。为了保证喷气发动机在不同温度下，所必需的雾化程度，在燃料规格标准中规定了不同温度下的黏度值。

(3) 黏度对柴油的意义。黏度是柴油的重要性质之一，它可决定柴油在内燃机内雾化及燃烧的情况。黏度过大，喷油嘴喷出的油滴颗粒大且不均匀，雾化状态不好，与空气混合不充分，燃烧不完全。此外，柴油能对柱塞泵起润滑作用，黏度过小，会影响油泵润滑，增加柱塞磨损。

(4) 黏度对润滑油的意义。黏度是润滑油的最重要的质量指标，正确选择一定黏度的润滑油可保证机械设备稳定可靠的工作状况。黏度过大，润滑油的内摩擦增大，会降低设备的功率，增大能量消耗。黏度过小，会降低油膜的支撑能力，使摩擦面之间不能保持连续的润滑层，增大磨损。润滑油的牌号，大部分以产品标准中运动黏度的平均值来划分，如内燃机油和齿轮油是按 100℃运动黏度来划分的。此外，黏度对于润滑油的输送有重要意义。当油的黏度增大时，输送压力便要增加。

9.1.2.2 方法原理

参照标准 GB/T 265—1988《石油产品运动黏度测定法和动力黏度计算法》：黏度指液体的内摩擦，即当液体受到外力作用后，其内部做相对运动时所产生的阻力。所谓运动就是在相同温度下，液体的动力与它的密度之比，其单位为 m²/s，通常在实际中使用 mm²/s。运动黏度越大，等量油品通过相同距离的时间就越长。

本方法适用于测定液体石油产品(指牛顿液体)的运动黏度，是在某一恒定的温度下，测定一定体积的液体在重力下流过一个标定好的玻璃毛细管计的时间。黏度计的毛细管常数与流动时间的乘积，即为该温度下测定液体的运动黏度。

9.1.2.3　仪器、材料和试剂

(1) 黏度计

① 玻璃毛细管计应符合《玻璃毛细管黏度计技术条件》(SH/T 0173—1992)的要求，也允许采用具有同样精度的自动黏度计。

② 毛细管黏度计一组。在黏度计上刻有毛细管内径规格和黏度计编号，根据内径和编号可以查出计常数 c。

③ 每支黏度计必须按《工作毛细管黏度计检定规程》(JJG 155)进行检定并确定常数。测定样品的运动黏度时，应根据试验的温度选用适当的黏度计，试样的流动时间不应少于200s，内径 0.4mm 的黏度计流动时间不少于 350s。

(2) 恒温浴

恒温浴带有透明壁或装有观察孔，能控制温度精度在±0.1℃，温度细调范围在±2℃。

根据测定的条件，在恒温浴中注入表 9-6 中列举的一种液体。

表 9-6　在不同温度使用的恒温浴液体

测定的温度/℃	恒温浴液体
50~100	透明矿物油、丙三醇(甘油)或 25%硝酸铵水溶液(该溶液的表面会浮着一层透明的矿物油)
20~50	水
0~20	水和冰的混合物，或乙醇与干冰(固体二氧化碳)的混合物
0~-50	醇与干冰的混合物；在无水乙醇的情况下，可用无铅汽油代替

(3) 玻璃水银温度计

玻璃水银温度计应符合 GB/T 514 标准，分度 0.1℃。

(4) 试剂

溶剂油；铬酸洗液；石油醚，60~90℃，化学纯；95%乙醇，化学纯。

9.1.2.4　测试步骤

① 试样含有水或机械杂质时，在试验前必须经过脱水处理，用滤纸过滤机械杂质，将过滤后的试样放入小烧杯中。对于黏度大的润滑油，可以用瓷漏斗，利用水流泵或其他真空泵进行吸滤，也可以加热至 50~100℃进行脱水过滤。

② 在测定试样之前，将黏度计用溶剂油或石油醚洗涤，如果黏度计沾有油污，用铬酸洗液、水、蒸馏水或 95%乙醇依次洗涤。然后放入烘箱中烘干或用通过棉花滤过的热空气吹干。调节恒温浴温度，使之达到测定温度。

③ 吸入试样：测定运动黏度时，要在内径符合要求且清洁、干燥的毛细管黏度计内吸入试样，确保吸入的试样中无气泡或裂痕。再将装有试样的黏度计安装到恒温浴中，并用夹子将黏度计固定在支架上，将毛细管黏度计调整成垂直状态。

④ 温度计安装：恒温浴中的温度计要利用另一只夹子来固定，使水银球的位置接近毛细管中央点的水平面，即与毛细管的中点处于同一水平面，并使温度计上面测温的刻度位于恒温浴的液面上 10mm 处。

⑤ 记录恒温浴的试验温度，将装好试样的黏度计放入规定的恒温浴内，经过表 9-7 所规定的恒温时间，才能开始测定。试验温度在-30℃以上时，必须保持温度恒定到±0.1℃。

表 9-7 黏度计在恒温浴中的恒温时间

试验温度/℃	恒温时间/min	试验温度/℃	恒温时间/min
80~100	20	20	10
40~50	15	-50~0	15

⑥ 将试样吸入扩张部分，让试样自由流下，并开始观察试样在管身中的流动情况，当液面正好到达上标线时，开始计时，而当液面正好达到下标线时，停止计时，记录试样流经的时间。

⑦ 每个试样重复测定 4 次，每次流动时间与其算术平均值的差数应符合如下要求：在温度 100~150℃测定时，这个差数不应超过算术平均值的±0.5%；在低于-30~15℃测定时，这个差数不应超过算术平均值的±1.5%；在低于-30℃测定时，这个差数不应超过算术平均值的±2.5%。然后，取不少于 3 次的流动时间所得的算术平均值，作为试样的平均流动时间。

⑧ 将黏度计洗净吹干，或换一支黏度计，装入新试样进行平行试验。

9.1.2.5 计算

（1）在温度 t 时，运动黏度用符号 ν_t(mm^2/s)表示，按下式计算：

$$\nu_t = c \cdot \tau_t \tag{9-1}$$

式中，c 为黏度计常数，mm^2/s^2，它只与计几何形状及尺寸有关，出厂时给出；τ_t为在温度 t 下测定试样流过毛细管的平均流动时间，s。

将试验测得试样平均流动时间 τ_t和已查得的计常数 c，代入公式，计算即可。

例：计常数 $c=0.478\ mm^2/s^2$，试样在 40℃时流动时间分别为 318.0s、322.4s、322.6s、321.0s，因此流动时间的算术平均值为

$$T_{40}=(318.0+322.4+322.6+321.0)/4=321.0(s)$$

各次流动时间与平均流动时间允许差数为：321.0×0.5%=1.6s

因为 318.0s 与平均流动时间 321.0s 相差已超过 1.6s，所以这个数据应弃去。其他 3 个读数与平均流动时间的差数没有超过 1.6s，所以只采用这 3 个数据计算流动时间：

$$T_{40}=(322.4+322.6+321.0)/3=322.0(s)$$

试样运动测定结果为：

$$\nu_{50}=c \cdot \tau_{50}=0.478mm^2/s^2 \times 322.0s=154.0mm^2/s$$

（2）在温度 t 时，试样的动力黏度 η_t(mPa·s)按下式计算：

$$\eta_t=\nu_t \cdot \rho_t \tag{9-2}$$

式中，ν_t为温度 t 时，试样的运动黏度，mm^2/s；ρ_t为温度 t 时，试样的密度，g/cm^3，按《原油与液体石油产品密度实验室测定法(密度计法)》(GB/T 1884)测定试样的密度。

9.1.2.6 精确度

用下述规定来判断试验结果的可靠性(95%置信水平)。

（1）重复性。同一操作者，用同一试样重复测定的两个结果之差，不应超过如表 9-8 所示的数值。

表 9-8　测定温度的重复性要求

测定的温度/℃	重复性/%	测定的温度/℃	重复性/%
15~100	算术平均值的 1.0	低于-60~-30	算术平均值的 5.0
低于-30~15	算术平均值的 3.0		

(2)再现性。由不同操作者，在两个实验室提出的两个结果之差，不应超过如表 9-9 所示的数值。

表 9-9　测定温度的再现性要求

测定的温度/℃	再现性/%
15~100	算术平均值的 2.2

9.1.2.7　报告

① 测定结果的数值，取 4 位有效数字。

② 用平行测定两个结果的算术平均值，作为试样的运动黏度或动力黏度。

9.1.2.8　影响因素及注意事项

① 试样的预处理：试样必须无水及不含机械杂质，否则机械杂质会堵塞毛细管，使结果偏高。若试样含水，在高温下测定时，水分汽化会妨碍试样向下流动；在低温下测定时易结成冰粒，堵塞毛细管，均会影响试样正常流动。

② 毛细管黏度计的尺寸必须符合《石油产品运动黏度测定法和动力计算法》(GB/T 265—1988)规定。使用毛细管黏度计时一定要轻拿轻放，不能用力分开 U 形管两臂，以防折断损坏。

③ 黏度计必须清洁干燥，如不干净，其影响与试样含机械杂质一样，黏度计如未干燥，所含溶剂会稀释试样，使结果偏低。

④ 流动时间的控制：试样毛细管中流动时间必须在 300±180s 范围内，如时间过短，液体在毛细管中流速太快，易形成湍流，这就失去了本法测定的基础。如流动时间过长，容易由于温度波动或其他偶然原因造成误差。

⑤ 温度的控制：在测定中控制恒温浴温度是关键。温度增高，黏度减小；温度降低，黏度增大。

⑥ 毛细管黏度计位置：安装是否垂直及黏度计浸入恒温浴中深度均影响结果。若黏度计不垂直，则会改变开始测定时油样液柱高度，引起静液差变小，时间变长，测定结果偏大。若黏度计扩张部分露出浴面过多，则高温测定时结果偏大，低温测定时结果偏小。

⑦ 装油量的多少、试样中带气泡或裂隙均影响流动时间，导致试样测定结果误差。如试样过多，开始测定时静液差减小，流动的时间变长，使测定结果偏高。

9.1.3　闪点测定

9.1.3.1　目的意义

闪点指在规定的加热条件下，并按一定的间隔用火焰在加热油品所逸出的蒸气和空气混合物上划过，使油面发生闪火现象的最低温度。油品闪点的高低表明油品的易燃程度、易挥发性化合物的含量、气化程度以及安全性。油品的危险等级也是根据闪点来划分的。在储运和使用中，禁止将油品加热到它的闪点，加热的温度一般应低于闪点 20～30℃。测定油品闪点的方法主要有两种：闭口杯法和开口杯法。两者主要的区别是，闭口闪点仪是在密闭容器中加热油气的，而开口闪点仪中的油品蒸气可以自由扩散到周围空气中。因此，同一油品用两种不同的方法测得的闪点值不同。闭口杯法用以测定燃料和轻质油品的闪点，开口杯法用以测定重质油品的闪点。闪点测试试验可加深对油品闪火现象的认识，了解影响闪火的条件。

9.1.3.2 方法原理

喷气燃料的闪点较低，一般选用闭口杯法。本小节以 GB/T 261—2008《闪点的测定宾斯基-马丁闭口杯法》为例进行讲解。

闪点：在规定试验条件下，试验火焰引起试样蒸气着火，并使火焰蔓延至液体表面的最低温度，修正到 101.3kPa 大气压下。

当其他条件不变时，石油产品液面上的蒸气浓度，决定于油品的闪点温度，因为油品的蒸气压与温度有关。由于油品液面上部的蒸气浓度和爆炸限度都与油品温度以外的条件如加热温度、蒸发速度、蒸发空间的大小、压力等有关，所以石油产品闪点的测定与仪器及操作方法有密切关系。因此没有标明测定方法的闪点是没有意义的。

宾斯基-马丁闭口闪点试验仪可测定可燃液体、带悬浮颗粒的液体、在试验条件下表面趋于成膜的液体和其他液体闪点的方法，适于闪点高于 40℃的样品。

注：①煤油的闪点在 40℃以上，虽然也可使用本方法，但一般情况下煤油的闪点按照 ISO 13736 进行测定。通常未用过润滑油的闪点按照 GB/T 3536—2008 进行测定。②闪点在 40℃以下的喷气燃料也可使用本方法进行测定，但精密度未经验证。

本方法试验步骤包括步骤 A 和步骤 B 两部分。

① 步骤 A 适用于表面不成膜的油漆和清漆、未用过润滑油及不包含在步骤 B 之内的其他石油产品。

② 步骤 B 适用于残渣燃料油、稀释沥青，用过润滑油、表面趋于成膜的液体，带悬浮颗粒的液体及高黏稠样品(例如聚合物溶液和黏合剂)。

注：在监控润滑油系统时，为了进行未用过润滑油与用过润滑油闪点的比较，也可以用来测定用过润滑油的闪点，但本方法的精密度仅适用于步骤 B。

③ 本方法不适用于含水油漆或含高挥发性材料的液体。

注：①含水油漆的闪点可用 GBT 7634 进行测定；含高挥发性材料液体的闪点可用 ISO 1523 或 GB/T 5208—2008 进行测定。②本方法的精密度数据仅在第七章所述的闪点范围内有效。

在闪点温度时，只能使油蒸气与空气的混合物被外界明火所点燃产生闪火现象(一闪即灭)，而不能使液体油品燃烧，原因在于：闪点温度时，液体油品面上蒸发速度慢，还不足以供给持续燃烧所需要的油蒸气，而原有的可燃油气混合气中的油蒸气很快燃尽，所以燃烧便停止了。测定原油、汽油、煤油和柴油的闪点是为了判断其在储存运输和使用中的安全性。

测量闪点时，将样品倒入试验杯中，在规定的速率下连续搅拌，并以恒定速率加热样品。以规定的温度间隔，在中断搅拌的情况下，将火源引入试验杯开口处，使样品蒸气发生瞬间闪火，且蔓延至液体表面的最低温度，此温度为环境大气压下的闪点，再用公式修正到标准大压下的闪点。

9.1.3.3　仪器及试剂

(1) 闭口闪点试验仪：详见 GB/T 261—2008 附录 B。

① 如果使用自动仪器，要确保其测定结果能达到本方法规定的精密度，试验杯及试验杯盖的组装应符合 GBT 261—2008 附录 B 规定的尺寸和仪器的机械要求，使用者应确保全部操作按仪器说明书进行。

注：在某些情况下，使用电子火源点火与火焰火源点火的试验结果会有差异，电子火源点火的试验结果可能会不稳定。

② 在有争议的情况下，除非另有规定，仲裁试验以火焰火源点火的手动试验结果为准。

(2) 温度计：包括低、中、高 3 个温度范围的温度计，符合 GB/T 261—2008 附录 C 的要求。应根据样品的预期闪点选用温度计。

注：也可使用其他类型，但要能满足附录 C 的精度和灵敏度的温度测量设备。

(3) 气压计：精度 0.1kPa，不能使用气象台或机场所用的已预校准至海平面读数的气压计。

(4) 加热浴或烘箱：用于加热样品，要求能将温度控制在±5℃之内。可通风且能防止加热样品时产生的可燃蒸气闪火，推荐使用防爆烘箱。

(5) 清洗溶剂：用于除去试验杯及试验杯盖上沾有的少量试样。

注：清洗溶剂的选择依据被测试样及其残渣的黏性。低挥发性芳烃(无苯)溶剂可除去油的痕迹，混合溶剂甲苯-丙酮-甲醇可有效除去胶质类的沉积物。

9.1.3.4　试验准备

(1) 仪器的放置：仪器应安装在无空气流的房间内，并放在平稳的台面上。

注：①若不能避免空气流，最好用防护屏挡在仪器周围。②若样品产生有蒸气，应将仪器置在能单独控制空气流的通风中，通过调节使蒸气可以被抽走，但空气流不能影响试验杯上方的蒸气。

(2) 试验杯的清洗：先用清洗溶剂冲洗试验杯、试验杯盖及其他附件，以除去上次试验留下的所有胶质或残渣痕迹。再用清洁的空气吹干试验杯，确保除去所用溶剂。

(3) 仪器组装：检查试验杯、试验杯盖及其他附件，确保无损坏和无样品沉积。然后按照 GB/T 261—2008 附录 B 组装好仪器。

(4) 仪器校验：每年至少校验仪器一次。

(5) 取样。

① 将所取样品装入合适的密封容器中。

② 将样品储存在合适的条件下，以最大限度地减少样品的蒸发损失和压力升高。样品贮存温度避免超过 30℃。

(6) 样品处理。

分样：在低于预期闪点至少 28℃下进行分样。如果等分样品是在试验前储存的，应确保样品充满至容器容积的50%以上。

含有未溶解水的样品：如果样品中含有未溶解的水，在样品混匀后应将水分离出来，因为水的存在会影响到闪点的测定结果。但某些残渣燃料油和润滑剂中的游离水可能会分离不出来。在这种情况下，在样品混合均匀前应用物理方法除去水。

室温下为液体的样品：取样前应先轻轻地摇动混匀样品，再小心地取样，应尽可能避免挥发性组分损失，然后按试验步骤进行操作

室温下为固体或半固体的样品：将装有样品的容器放入加热浴或烘箱中，在(30±5)℃或不超过预期闪点28℃的温度下加热(两者选择较高温度)30min，如果样品未全部液化，再加热30min。但要避免样品过热造成挥发性组分损失，轻轻摇动混匀样品后，按试验步骤进行操作。

9.1.3.5　试验步骤

(1) 含水较多的残渣燃料油试样应小心操作，因为加热后此类试样会起泡并从试验杯中溢出。(注：试样的体积应大于容器容积的50%，否则会影响闪点的测定结果。)

(2) 步骤A。

① 观察气压计，记录试验期间仪器附近的环境大气压。

注：虽然某些气压计会自动修正，但本标准不要求修正到0℃下的大气压力。

② 将试样倒入试验杯至加料线，盖上试验杯盖，然后放入加热室，确保试验杯就位或锁定装置连接好后插入温度计。点燃试验火源，并将火焰直径调节为3~4mm；或打开电子点火器，按仪器说明书的要求调解电子点火器的强度。在整个试验期间，试样以5~6℃/min的速率升温，且搅拌速率为90~120r/min。

③ 当试样的预期闪点不高于110℃时，从预期闪点以下(23±5)℃开始点火，试样每升高1℃点火一次，点火时停止搅拌。用试验杯盖上的滑板操作旋钮或点火装置点火，要求火焰在0.5s内下降至试验杯的蒸气空间中，并在此位置停留1s，然后迅速升高回至原位置。

④ 当试样的预期闪点高于110℃时，从预期闪点以下3~5℃开始点火，试样每升高2℃点火一次，点火时停止搅拌。用试验杯盖上的滑板操作旋钮或点火装置点火，要求火焰在0.5s内下降至试验杯的蒸气空间中，并在此位置停留1s，然后迅速升高至原位置。

⑤ 当测定未知试样的闪点时，在适当起始温度下开始试验，高于起始温度5℃时进行第一次点火，然后按③或④进行。

⑥ 记录火源引起试验杯内产生明显着火时的温度，作为试样的观察闪点，但不要把在闪点到达之前出现在试验火焰周围的淡蓝色光轮与真实闪点相混淆。

⑦ 如果所记录的观察闪点温度与最初点火温度的差值少于18℃或高于28℃，则认为此结果无效。应更换新试样重新进行试验，调整最初点火温度，直到获得有效的测定结果，即观察闪点与最初点火温度的差值应在18~28℃范围之内。

(3) 步骤B。

① 观察气压计，记录试验期间仪器附近的环境大气压[同步骤A①注]。

② 将试样倒入试验杯至加料线，盖上试验杯盖，然后放入加热室，确保试验杯就位或锁定装置连接好后插入温度计。点燃试验火源，并将火焰直径调节为3~4mm；或打开电子点火器，按仪器说明书的要求调节电子点火器的强度。在整个试验期间，试样以1.0~1.5℃/min的速率升温，且搅拌速率为(250±10)r/min。

③ 除试样的搅拌和加热速率按上述的规定，其他试样步骤均按步骤 A 规定进行。

9.1.3.6 计算

(1) 大气压读数的转换。如果测得的大气压读数不是以 kPa 为单位的，可用下述关系换算为 kPa。

以 hPa 为单位的读数×0.1＝以 kPa 为单位的读数

以 mbar 为单位的读数×0.1＝以 kPa 为单位的读数

以 mmHg 为单位的读数×0.1333＝以 kPa 为单位的读数

(2) 观察闪点的修正。用下式将观察闪点修正到标准大气压(101.3kPa)下的闪点 T_c：

$$T_c = T_o + 0.25(101.3 - p) \quad (9-3)$$

式中，T_o为环境大气压下的观察闪点，℃；p 为环境大气压，kPa。

注：本公式仅限大气压在 98.0～104.7kPa 范围之内。

9.1.3.7 精密度

按下述规定判断试验结果的可靠性(95%的置信水平)。

(1) 重复性(r)。在同一实验室，由同一操作者使用同一仪器，按照相同的方法，对同一试样连续测定的两个试验结果之差不能超过表 9-10 和表 9-11 中的数值。

表 9-10 步骤 A 的重复性

材料	闪点范围/℃	r/℃
油气和清漆	—	1.5
馏分油和未使用过的润滑剂	40～250	0.029X

注：X 为两个连续试验结果的平均值。

表 9-11 步骤 B 的重复性

材料	闪点范围/℃	r/℃
残渣燃料油和稀释沥青	40～110	2
用过润滑油	170～210	5①
表面趋于成膜的液体、带悬浮颗粒的液体或高黏度材料	—	5.0

① 在 20 个实验室对一个用过柴油发动机油试样测定得到的结果。

(2) 再现性(R)。在不同实验室，由不同操作者使用不同仪器，按照相同的方法，对同一试样测定的两个单一、独立的试验结果之差不能超过附表 9-12 和表 9-13 中的数值。

注：本精密度的再现性不适用于 20 号航空润滑油。

表 9-12 步骤 A 的再现性

材料	闪点范围/℃	R/℃
油气和清漆	—	—
馏分油和未使用过的润滑剂	40～250	0.071X

注：X 为两个连续实验结果的平均值。

表 9-13 步骤 B 的再现性

材料	闪点范围/℃	R/℃
残渣燃料油和稀释沥青	40~110	6.0
用过润滑油	170~210	16①
表面趋于成膜的液体、带悬浮颗粒的液体或高黏度材料	—	10.0

① 在 20 个实验室对一个用过柴油发动机油试样测定得到的结果。

9.1.3.8 报告

① 结果报告修正到标准大气压(101.3kPa)下的闪点，精确至 0.5℃；

② 如果有可能，报告预加热温度和预加热时间；

③ 仪器附近的环境大气压力；

④ 被测产品的类型和完整的标识；

⑤ 注明执行标准和所用的试验步骤；

⑥ 注明按协议或其他原因，与规定试验步骤存在的任何差异。

9.1.3.9 影响因素及注意事项

① 含水的影响：当含水试样加热时，油中少量水分汽化，使油面上方混合气中油蒸气浓度变小，导致闪点增高；有时水蒸气形成气泡覆盖在油面上，推迟了油蒸气与周围空气形成爆炸性气体的时间，也使测定结果偏高。水分较多的样品用开口杯闪点法测试时，加热至一定温度，水蒸气形成的气泡很易溢出，导致试验无法进行。所以闪点测定时，规定了试样的含水量，超出规定范围，必须先进行脱水。

② 试样用量的影响：试样加入量必须严格按方法规定，如加入量过多，则油面上方空间容积相对减少，在一定温度下，油蒸气与空气混合物的浓度更易达到爆炸范围，使闪点偏低；如装油量过少，结果偏高。

③ 点火器位置及火焰大小的影响：点火时离油面高低及停留时间长短均会影响结果。如点火器火焰比规定的大或点火时离油面近或停留时间比规定长，均导致结果偏低；反之结果偏高。

④ 温速度的影响：升温速度快，单位时间给予试样的热量多，试样蒸发量大，与空气组成的混合气体浓度容易达到爆炸范围，使结果偏低。如升温速度过慢，测定时间长，点火次数多，损耗了部分油蒸气，使油气混合浓度不容易达到爆炸范围，而使结果偏高。

9.1.4 馏程测定

9.1.4.1 目的意义

蒸馏特性(挥发性)对烃类燃料的安全性和使用性能有极为重要的影响。馏程是反映燃料蒸馏特性的重要指标，主要用来判定油品中轻、重馏分组成的多少，控制产品质量和使用性能等。

① 燃料的馏程范围提供了燃料的组成、性质及使用性能的信息。挥发性是决定烃类混合物形成潜在爆炸性蒸气趋势的主要因素。

② 馏程对车用汽油、航空汽油和喷气燃料极为重要，它会影响发动机低温的启动、升温性能及在高温或高海拔条件下产生气阻的趋势。

③ 燃料中存在的高沸点组分可显著影响固体燃烧沉积物的生成程度。

因此，测定燃料的馏程对油品质量保障和飞行安全非常重要。

9.1.4.2　方法原理

参考标准：《石油产品常压蒸馏特性测定法》(GB/T 6536—2010)。在一定压力下，液体被加热时，其蒸气压随温度升高而逐渐增大，当蒸气压与外界压力相等时，液体开始沸腾，此时的温度称为沸点。石油及其产品是一个以烃类化合物为主的复杂混合物，其沸点表现为一个很宽的温度范围。初馏点与终馏点就代表油品的沸点范围，也叫沸程或馏程，如汽油的馏程为 40~200℃。

石油及其产品的馏程不但与外界压力有关，而且与所用仪器、测定方法等有关。现用测定方法是在恩氏蒸馏的基础上修订的。实际上，在蒸馏时，存在一定的精馏作用，加上温度的测定和体积的计算都带有一定的系统误差，所以，必须严格遵守国家标准规格的测定方法，才能得到正确的结果。

9.1.4.3　仪器、材料和试剂

仪器：电加热型蒸馏仪器结构示意图见图 9-2。

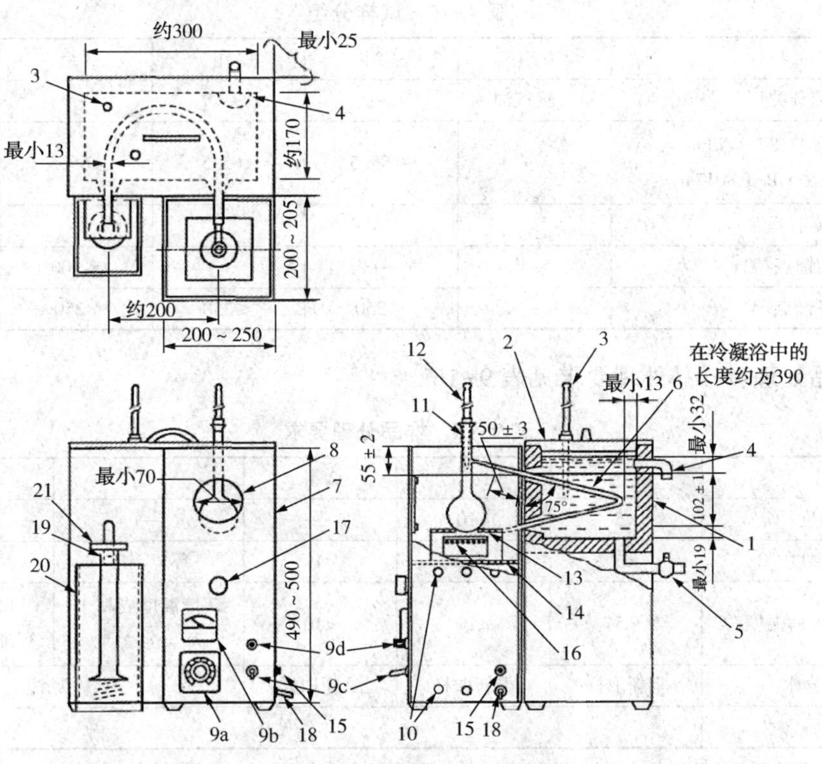

图 9-2　电加热型蒸馏仪器结构示意图

1—冷凝浴；2—冷凝浴盖；3—冷凝浴温度传感器；4—冷凝浴溢流口；5—冷凝浴排液口；6—冷凝管；7—防护罩；8—视窗；9a—调压器；9b—电压表或电流表；9c—电源；9d—电源指示灯；10—通风孔；11—蒸馏烧瓶；12—温度传感器；13—蒸馏烧瓶支板；14—蒸馏烧瓶支架台；15—接地线；16—电加热器；17—调节支架台水平的操作孔；18—电源线；19—接收量筒；20—接收量筒冷却浴；21—接收量筒遮盖物

材料和试剂见表 9-14。

表 9-14　材料试剂

名称	要　求
馏程测定器	如图 9-2 所示的基本元件包括蒸馏烧瓶、冷凝器和相连的冷凝浴、用于蒸馏烧瓶的金属防护罩、加热器、蒸馏烧瓶支架和支板、温度测量装置和收集馏出物的接收量筒
玻璃水银温度计	应符合 GB/T 514 中 GB-46 号和 GB-47 号温度计的规格要求。两者的测温度范围分别为-2～300℃和-2～400℃，分度值均为 1℃
气压计	能够测量当地大气压，精度为 0. 1kPa 或更高
安全装置	自动仪器应配有自动关闭电源，在着火时能向蒸馏烧瓶放置室内喷洒惰性气体或蒸气的装置
量筒	容量 100mL，分度值为 1mL，容量公差为±1. 0mL； 容量 5mL，分度值为 0. 1mL，刻线从 0. 1mL 开始
其他	秒表、沸石、脱脂棉、滤纸、碎冰或雪

9. 1. 4. 4　试验准备

(1) 试样分组：试样分组方法见表 9-15。

表 9-15　试样分组

样品特性	0 组	1 组	2 组	3 组	4 组
馏分类型	天然汽油	—	—	—	—
蒸气压(37. 8℃)/kPa (试验方法 GB/T 8017)	—	≥65. 5	<65. 5	<65. 5	<65. 5
蒸馏特性					
初馏点/℃	—	—	—	≤100	≤100
终馏点/℃	—	≤250	≤250	>250	>250

(2)样品处理：样品处理要求见表 9-16。

表 9-16　样品处理要求

项目	0 组	1 组	2 组	3 组	4 组
样品瓶温度/℃	<5	<10	—	—	—
样品储存温度/℃	<5	<10	<10	环境温度	环境温度
分析前样品处理后温度/℃	<5	<10	<10	环境温度或高于倾点 9～21℃	环境温度或高于倾点 9～21℃
取样时含水	重新取样	重新取样	重新取样	见注	
重新取样后含水	见注				

注：1. 如果待测样品含有可见水，则不适于测定。如果样品含水应另取一份无悬浮水的样品。

2. 0 组、1 组和 2 组，如果不能得到无悬浮水的样品，可按下述方法除去样品中的悬浮水：将样品温度保持在 0～10℃，每 100mL。样品中加入约 10g 无水硫酸钠，振荡混合物约 2min。然后将混合物静置约 15min。当样品中无可见悬浮水时，用倾析法倒出样品，将其保持在 1～10℃待分析用。在结果报告中应注明试样曾用干燥剂干燥过。

3. 3 组和 4 组如果没有有含水的样品，可将含悬浮水的样品与无水硫酸钠或其他合适的干燥剂一起振荡，用倾析法将样品从干燥剂中分离出来，以除去悬浮水。在结果报告中应注明试样曾用干燥剂干燥过。

（3）仪器准备：

① 按照表 9-17 要求准备仪器，对应指定的组别选择合适的蒸馏烧瓶、温度测量装置和蒸馏烧瓶支板，将接收量筒、蒸馏烧瓶和冷凝浴调节到规定温度。

表 9-17　仪器准备要求

项目	0 组	1 组	2 组	3 组	4 组
蒸馏烧瓶/mL	100	125	125	125	125
蒸馏用温度计编号	GB-46	GB-46	GB-46	GB-46	GB-47
蒸馏烧瓶支板孔径/mm	32(A 型)	38(B 型)	38(B 型)	50(C 型)	50(C 型)
试验开始时温度					
蒸馏烧瓶/℃	0~5	13~18	13~18	13~18	不高于环境温度
蒸馏烧瓶支板和防护罩	≤环境温度	≤环境温度	≤环境温度	≤环境温度	—
接收量筒和试样的温度/℃	0~5	13~18	13~18	13~18	13~环境温度

② 采取任何必要的措施，使冷凝浴和接收量筒的温度保持在规定的温度下，接收量筒应浸没在冷却浴中，并使浸入液面至少达到量筒的 100mL 刻线，也可将整个接收量筒用空气循环室包围起来。

③ 用缠在细绳或铁丝上的无绒软布将冷凝管内的残留液体除去。

④ 擦拭温度计：当温度冷却至室温后，用棉花蘸汽油或酒精擦拭，如不干净则可用苯、酒精混合液或用去污粉擦。

⑤ 若蒸馏烧瓶的瓶底稍有积炭，对蒸馏没有影响，并能防止突沸现象，所以每次蒸馏后不必都将积炭除净。如积炭很厚，可用铬酸洗液或碱液洗涤除去。用过的蒸馏瓶先用轻汽油洗涤，再用空气吹干或烘干。

⑥ 蒸馏前，用缠在细绳或铁丝上的无绒软布或棉花将冷凝管内的残留液体和空气中冷凝下来的水分除去。擦拭方法是将金属丝没有布片一端由冷凝管上端插入，当金属丝从下端露出时，将金属丝连同布片一起由下端拉出来。

9.1.4.5　试验步骤

（1）记录环境大气压。

（2）0 组、1 组和 2 组：将低温范围温度计用密合软木塞或硅酮橡胶塞或由其他相当的聚合材料制成的塞子，紧紧地装配在样品容器的颈部，并使样品的温度达到表 9-17 规定的温度。

（3）0 组、1 组、2 组、3 组和 4 组按表 9-17 的规定检查样品温度，量取试样至清洁、干燥的接收量筒的 100mL 刻线处，然后将试样尽可能全部转移至蒸馏烧瓶中。

① 3 组和 4 组：在环境温度下如果样品不是液态，在分析之前应将样品加热至高于其倾点 9~21℃。在待测阶段如果样品部分或全部呈固态，应在样品熔化之后剧烈振荡，以确保样品均匀。

② 如果 3 组和 4 组样品在环境温度下不是液态，在分析前，将接收量筒加热到与样品温度基本相同。将加热的样品精确地倒至接收量筒 100mL 刻线处，然后将接收量筒中的试

样尽可能全部转移至蒸馏烧瓶中，确保没有试样流入蒸馏烧瓶支管。

(4) 如果试样预期会出现不规则沸腾(突沸)，可向试样中加入少量沸石。在任何蒸馏过程中均可加入少量沸石。

(5) 将温度传感器定位于蒸馏烧瓶颈部的中心位置。如果使用温度计，用硅酮橡胶塞或由其他相当的聚合材料制成的塞子，使温度计感温泡位于瓶颈的中心，温度计毛细管的底端应与蒸馏烧瓶支管内壁底部的最高点齐平[见图 9-3(A)]。如果使用热电偶或电阻温度计，如图 9-3(B)所示。

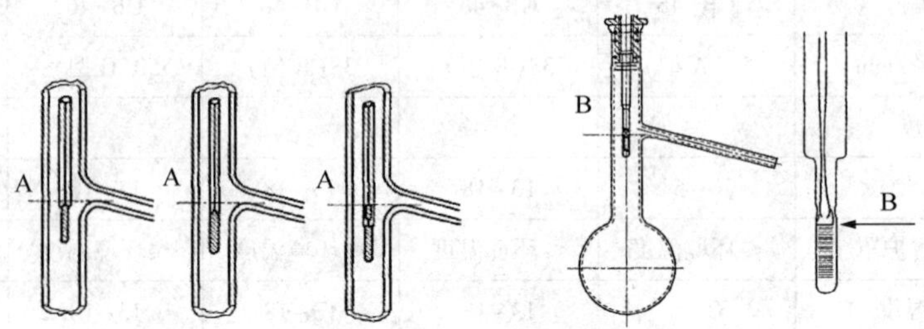

A、B:与蒸馏烧瓶支管内侧下部对齐

图 9-3 温度计感温部位在蒸馏烧瓶中的位置

(6) 用密合的软木塞、硅酮橡胶塞或由其他相当的聚合材料制成的塞子，将蒸馏烧瓶支管紧紧地与冷凝管相连。调节蒸馏烧瓶使其处于直立的位置，并使蒸馏烧瓶支管伸到冷凝管内 25~50mm。升高并调节蒸馏烧瓶支板使其紧紧地接触蒸馏烧瓶的底部。

(7) 将量取过试样的接收量筒放入冷凝管末端下方已控温的冷却浴中。冷凝管的末端应位于接收量筒的中心并伸入量筒中至少 25mm，但不能低于量筒的 100mL 刻线。

(8) 初馏点测定。

① 手动法：用一张吸水纸或类似的材料盖住接收量筒，以减少蒸馏中的蒸发损失和防止冷凝管上凝结的水珠落入量筒中，用于覆盖的纸或材料应裁为紧贴冷凝管以便将量筒盖严。如果使用接收导流器，使导流器的尖端恰好接触接收量筒内壁；如果未使用接收导流器，应使冷凝管液滴尖端不接触接收量筒内壁。接上电源，用自耦变压器调节电流，开始对蒸馏烧瓶加热，并开始计时。观察并记录初馏点，精确至 0.5℃。如未使用接收导流器，当观测到初馏点后，应立即移动接收量筒，以使冷凝管液滴尖端接触到量筒内壁。让冷凝液沿量筒壁流下，便于读取量筒内体积。

② 自动法：略。

(9) 调整加热：整个蒸馏过程中加热速度的控制要求如表 9-18 所示。

表 9-18 试验过程控制要求

项目	0 组	1 组	2 组	3 组	4 组
冷凝浴温度/℃	0~1	0~1	0~5	0~5	0~60
接收量筒周围冷却浴温度/℃	0~4	13~18	13~18	13~18	装样温度±3
从初馏点到 5%回收体积的时间/s	—	60~100	60~100	—	—

续表

项目	0组	1组	2组	3组	4组
10%回收体积的时间/min	3~4	—	—	—	—
从5%回收体积到蒸馏烧瓶中5mL残留物的均匀平均冷凝速度/(mL/min)	—	4~5	4~5	4~5	4~5
从10%回收体积到蒸馏烧瓶中5mL残留物的均匀平均冷凝速度/(mL/min)	4~5	—	—	—	—
从蒸馏烧瓶中5mL残留物到终馏点的时间/min	≤5				

(10) 如果观察到分解点，应停止加热，并按照步骤(14)进行。

(11) 在初馏点和终馏点之间，观察并记录计算和报告出规格所要求的数据，或事先确定的试验结果所需的数据。这些观察到的数据可包括在规定的回收百分数时的温度读数和在规定温度读数时的回收百分数。

① 手动法：记录接收量筒的体积读数，精确至0.5mL；记录温度读数，精确至0.5℃。

② 0组：如果未指明有特殊数据要求，记录初馏点、终馏点和从10%~90%回收体积范围每10%回收体积倍数时的温度读数。

③ 1组、2组、3组和4组：如果未指明有特殊数据要求，记录初馏点、终馏点和干点，在56%、15%、85%和95%回收体积时的温度读数，以及10%~90%回收体积范围每10%回收体积倍数时的温度读数。

当用高温范围温度计测量4组油品(如喷气燃料)时，有关的温度计读数可能会被中心定位装置遮挡。如果需要这些数据，应按3组的规定另做一个蒸馏试验。这样可以用低温范围温度计上的读数代替所遮挡的高温范围温度计上的读数，但需在试验报告中注明。

④ 如果试样的蒸馏曲线在规定报告的蒸发体积或回收体积区域出现一个快速变化的斜率，若需报告规定蒸发体积或回收体积时相应的温度读数，记录每1%回收体积的温度读数。如果对上述③或④中规定的数据点用下式计算的特定区域斜率变化C大于0.6，则认为此斜率变化迅速。

$$C=(C_2-C_1)/(V_2-V_1)-(C_3-C_2)/(V_3-V_2) \tag{9-4}$$

式中，C_1为测定点前一个体积分数所对应的温度读数,℃；C_2为测定点体积分数所对应的温度读数,℃；C_3为测定后前一个体积分数所对应的温度读数,℃；V_1为测定点前一个体积分数,%；V_2为测定点体积分数,%；V_3为测定点后一个体积分数,%。

(12) 当蒸馏烧瓶中残留液体约为5mL时，最后一次调整加热，使蒸馏烧瓶中5mL残留液体蒸馏到终馏点的时间符合表9-18规定的范围。如果未满足此条件，需对最后加热调整进行适当修改，并重新试验。

(13) 观察并记录终馏点和干点，并停止加热。在达到干点前，瓶内尚有微量液体烃类和胶状物质，因局部过热而分解，生成的气体与烃类蒸气在瓶内形成白雾，并在瓶底上沉积一些炭渣。

(14) 加热停止后，使馏出液完全滴入接收量筒内。当冷凝管中连续有液滴滴入接收量筒时，每隔 2min 观察并记录冷凝液体积，精确至 0.5mL，直到两次连续观察的体积相同。准确测量接收量筒内液体的体积并记录。

(15) 记录接收量筒内液体体积相应的回收百分数。若由于出现分解点蒸馏提前终止，则从 100%中减去回收百分数，此差值作为残留和损失百分数之和，并省略步骤(16)。

(16) 待蒸馏烧瓶冷却之后，且未观察到再有蒸气出现时，从冷凝管上拆下蒸馏烧瓶，然后取下瓶塞和温度计。将其内容物(沸石除外)倒入一个 5mL 带刻度量筒中，将蒸馏烧瓶倒悬在量筒之上，让蒸馏烧瓶内液体滴下，直至观察到量筒内液体体积无明显增加，蒸馏烧瓶支管中的液体亦应倒入量筒中。测量带刻度量筒中液体的体积，精确至 0.1mL，记为残留百分数。

① 如果 5mL 带刻度量筒在 1mL 以下无刻度，而液体体积不到 1mL，则先向量筒中加入 1mL 较重的油，以便较好地测量回收液体的体积。如果得到的残留物比预期的多，且蒸馏不是在终馏点之前被人为终止的，检查蒸馏过程中加热是否足够，且试验过程中各条件是否满足表 9-18 的规定，如果没有，应重做试验。

② 0 组：将 5mL 带刻度量筒冷却至低于 5℃，记录量筒内液体的体积，精确至 0.1mL，作为残留百分数。

③ 1 组、2 组、3 组和 4 组：记录 5mL 带刻度量筒内液体的体积，精确至 0.1mL，作为残留百分数。

(17) 检查冷凝管和蒸馏烧瓶支管中的蜡状或固体沉积物，如果有沉积物，按表 9-16 中的脚注调整后重新试验。试样 100mL 减去馏出液和残留物的总体积之差就是蒸馏损失。其中蒸馏瓶与冷凝管内壁沾去的部分损失是固定的，其他部分损失是试样中含有石油气体或轻组分在蒸馏时未冷凝造成的。另一部分是干点时油品分解引起的。

9.1.4.6 计算

① 总回收百分数为最大回收百分数和残留百分数之和。用 100%减去总回收百分数得到损失百分数。

② 不用对大气压做弯月面凹降修正，不用调校大气压至海平面读数。

③ 将温度读数修正到 101.3kPa 标准大气压，每个温度读数的修正值可按下式中给出的悉尼扬(Sydney Young)公式得到。

$$C_c = 0.0009(101.3-P_k)(273+t) \tag{9-5}$$

式中，C_c为待加(代数和)到观测温度读数上的修正值,℃；P_k为在试验当时和当地的大气压，kPa；t 为观测温度读数,℃。

将所得修正值 C_c 与观测温度读数 t 相加，得到校正后的温度 t_e，并根据所用仪器将结果修正至 0.5℃或 0.1℃，后续的计算和报告都应使用经过大气压修正的校正温度读数。

④ 当温度读数修正到 101.3kPa 时，将实际损失百分数也修正到 101.3kPa。校正损失 L_c用下式计算。

$$L_c = 0.5+(L-0.5) / [1+(101.3-P_k)/0.8] \tag{9-6}$$

相应的校正回收百分数 R_c 用下式计算。

$$R_c = R_{max}+(L-L_c) \tag{9-7}$$

式中，L_c为校正损失,%；L 为观测损失,%；R_c为校正回收百分数,%；R_{max} 为最大回收百分数,%；P_k为试验当时和当地的大气压，kPa。

⑤ 要得到在规定温度读数时对应的蒸发百分数，将损失百分数加到规定温度时得到的每个观测回收百分数上，并报告这些结果作为相应的蒸发百分数，如下式所示。

$$P_e = P_r + L \tag{9-8}$$

式中，P_e为蒸发百分数,%；P_r为回收百分数,%；L为观测损失,%。

9.1.4.7 报告

(1) 按表9-19所示内容和格式报告测试和计算所得数据。表格中：P_r为回收百收数,%；t为对应的观察值温度读数,℃；T为时间间隔或总时间，min；P_e为蒸发百分数,%；校正t_e为校正后的蒸发温度,℃；R_{max}为观察的最大回收百分数,%；L为从试验数据计算得出的损失百分数,%。

表9-19 报告内容及格式

试油名称：	大气压：		室温：		实验日期：					
P_r/%	第一次		第二次		平均值	校正值	平行测定差	允许值	P_e/%	校正 t_e/℃
	t/℃或V/%	T/min	t/℃或V/%	T/min						
初馏点									5	
5									10	
10									15	
15									20	
20									30	
30									40	
40									50	
50									60	
60									70	
70									80	
80									85	
85									90	
90									95	
终馏点										
R_{max}/%										
残留量/%										
L/%										

9.1.4.8 影响因素和注意事项

(1) 蒸馏速度对馏出温度的影响。

测定馏程要严格控制加热速度，否则将对测定结果有很人的影响。因为石油产品馏程的测定是条件试验，根据蒸馏油品馏分轻重的不同，所规定的加热速度也不同。在蒸馏过程中，如果加热速度过快，会产生大量气体，来不及从蒸馏瓶支管逸出时，瓶中的气压大于外界的大气压，读出的温度并不是在外界大气压下试样沸腾的温度，往往要比正常蒸馏温度偏高一些。若加热速度始终过快，最后还会出现过热现象，使干点提高而不易测准。当加热速度过慢时，则各馏出温度都偏低。

（2）温度计的安装对试验结果的影响。

馏程测定法对温度计的安装位置做了规定。因为如果温度计插高了，会因瓶颈的蒸气分子少及受冷空气的影响，使馏出温度偏低；如果温度计插低了，则因高沸点蒸气或因跳溅液滴溅在水银球上而使馏出温度偏高；温度计插歪了，由于瓶壁与瓶轴心有一定温差，使馏出温度偏低。当水银球偏向支管时，因水银球靠近瓶壁，此处气流速度较快，与携带上来的液滴接触较多，导致指示温度偏高。

（3）大气压力对馏出温度的影响。

大气压力对油品的汽化有很大影响，油品的沸点随大气压的升高而升高，随大气压的降低而降低。在测定馏程时，对同一油品若在不同大气压下进行测定，则所测得结果也不同。因此，在规定一定大气压下测得的馏出温度不需要修正，但高于或低于规定大气压力范围时则必须进行修正。

（4）取样和收集蒸馏残留物及馏出液时，均应依据表 9-16 和表 9-17 的要求。对于 100mL 汽油来说，17℃和 23℃取样时，体积可相差 0.2~0.3mL。

（5）蒸馏瓶支管插入冷凝管中长度严格为 25~50mm，插入长度范围相差太大，造成初馏点读数可相差 1~2℃，一般以 30mm 为宜。在做平行试验时，更应注意两次插入深度要相近。

（6）正确选用石棉垫（或硅化板），是控制蒸馏速度的关键。不同孔径的石棉垫（或硅化板）是根据油品的轻重及蒸馏时所需热量的多少，保证必要的加热面以达到规定的蒸馏速度，可保证蒸馏瓶最后的油面高于加热面，以防过热。

（7）经常检查仪器的严密程度，防止漏气，试验前必须擦拭冷凝管内壁，清除前次试验留有的液体。

（8）注入烧瓶的试油温度和收集的馏出液温度应基本一致。此外，影响馏程测定的影响因素还有试油中是否含有水、冷凝器中冷却剂温度的调节等。

（9）蒸馏的油样处理：蒸馏完毕，油样不得倒入水池或下水道，必须待油温降至 100℃以下，再倒入废油桶内，如不慎洒在地面上，应及时用沙土等处理干净。

9.1.5 蒸气压测定

9.1.5.1 目的意义

石油产品蒸气压是指在规定条件下，石油产品在适当的容器中逸出的蒸气所表现出的压力，以 kPa 表示。石油产品饱和蒸气压是指在规定条件下，在适当的容器内，气液两相达到平衡时，液面蒸气所显示的最大压力，以 kPa 表示。饱和蒸气压是衡量石油产品的蒸发性能之一，它对于油品的储存、输送和使用均有重要影响。

以汽油为例：汽油所含的低分子烃类越多，饱和蒸气压越大，挥发性也越大，在发动机汽缸中与空气混合也越充分，进入汽缸内的混合气燃烧得越完全；另外，饱和蒸气压越大，汽油越容易挥发，容易在供油管路中形成气阻，使供油不足或中断，造成发动机功率降低，甚至使发动机停止转动。饱和蒸气压过低，在低温条件下又会影响汽油的启动性能。因此，产品标准对车用汽油和航空汽油的饱和蒸气压的范围都有规定。

9.1.5.2 方法原理

参考标准：《石油产品蒸气压测定法 雷德法》(GB/T 8017—2012)。

蒸气压是航空汽油非常关键的指标，影响发动机启动、升温和高温或者高纬度操作时的气阻趋势。

(1) 应用范围

① A 法适用于测蒸气压小于 180kPa 的汽油，包括仅含甲基叔丁基醚(MTBE)的汽油和其他石油产品。A 法的改进步骤适用于 36~100kPa 的汽油和添加含氧化合物汽油的样品。

② B 法及其改进步骤采用半自动水浴测定仪，同样适用于测定 A 法及其改进步骤所适用汽油及其他石油产品。但在确定其精密度的实验室间比对试验中，仅采用了汽油和添加含氧化合物汽油的样品。

③ C 法适用于测定蒸气压大于 180kPa 的样品。

④ D 法适用于测定蒸气压约 50kPa 的航空汽油。

注：由于气体室中原有大气压抵消了外部大气压，因此雷德法蒸气压是指在 37.8℃ 下的绝对蒸气压，以 kPa 表示。雷德法蒸气压不同于试样的真实蒸气压，这是由于局部空间内一些相对分子质量较轻的试样的蒸发以及水蒸气和空气的存在。

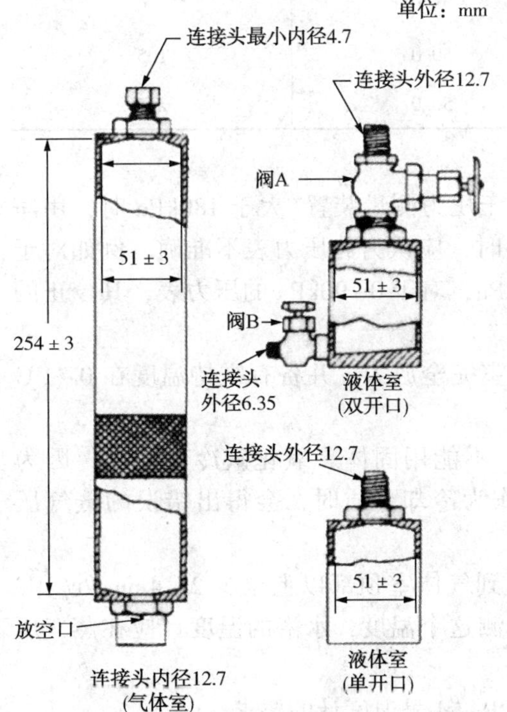

图 9-4 蒸气压测定仪

(2) 方法概述

① 将蒸气压测定仪的液体室充入冷却的试样，并与在水浴中已经加热到 37.8℃ 的气体室相连。将安装好的测定仪浸入 37.8℃ 水浴中，直到观测到恒定压力。此读数经适当校正后，即为雷德法蒸气压。

② 所有四种方法采用相同溶剂的液体室和气体室。B 法采用半自动水平浴测定仪，浸入水平浴中，并在旋转中达到平衡。B 法也可使用波登弹簧压力计或压力传感器。C 法采用双开口液体室。D 法对液体室和气体室容积之比有更苛刻的要求。

③ A 法和 B 法的改进步骤针对添加含氧化合物汽油样品的测定，测定过程中应保证气体室、液体室和样品转移装置的内部干燥无水。

9.1.5.3 仪器设备

(1)蒸气压测定仪。蒸气压测定仪由两个室组成：上室为气体室，下室为液体室，如图 9-4 所示。气体室和液体室的连接方法：只要在连接操作中不使液体试样损失，在试样条件下没有渗漏，任何连接方法都可采用。为了避免组装时的液体泄漏，接头的公螺纹应装在液体室上。为了避免螺纹配件组装时空气压缩，可采用排气孔以保证在封闭时气体室内为大气压力。

气体室和液体室的容积：为了确定两室的容积比在规定的 3. 8~4. 2 范围内，可量取比装满的液体室和空气室所需量还多一定量的水，用水装满液体室，则水的最初体积与剩下体积之差即为液体室的容积。然后把液体室和气体室连接上后，用更多的水将气体室装满至压力表连接处的底座，水的体积差则为气体室的容积。对于航空汽油的试验，匹配好的液体室和气体室的容积比应在 3. 95~4. 05。

(2) 压力表。试验用波登弹簧压力计：直径 100~150mm，它装有一个 6. 35mm 的公螺纹接头，波登管与气体室的连通管直径不少于 4. 7mm。压力表的量程和刻度按试样的蒸气压规定见表 9-20。

表 9-20　压力表和刻度

雷德蒸气压	采用的压力表		
	量程	最大数字刻度	最大细刻度
≤27. 5	0~35	5. 0	0. 5
20. 0~75. 0	0~100	15. 0	0. 5
70. 0~180. 0	0~200	25. 0	1. 0
70. 0~250. 0	0~300	25. 0	1. 0
200. 0~357. 0	0~400	50. 0	1. 5
≥350. 0	0~700	50. 0	2. 5

注：在 0~35kPa 量程范围，可用直径 90mm 的压力表。

只能使用准确的压力表，当压力表的读数不同于压力测量装置(大于 180kPa 时，用净重测定器)时，读数之差超过压力表量程范围的 1%时，应认为此压力表不准确。例如对于 0~30kPa 的压力表，其校正的修正数不应大于 0. 3kPa；对于 0~90kPa 的压力表，其校正的修正数不应大于 0. 9kPa。

(3) 冷浴。冷浴的尺寸应能使样品容器和液体室完全放入，并备有维持温度在 0~1℃的装置。

注：在样品储存或做空气饱和阶段的准备时，不能用固体二氧化碳冷却样品。因为二氧化碳能大量地溶解在汽油中。已发现使用它作为冷却介质时，会得出错误的蒸气压数据。

(4) 水浴。水浴的尺寸应使蒸气压测定仪浸没到气体室顶部以上至少 25. 4mm 处，并配有维持水浴温度在(37. 8±0. 1)℃的设施。为了检测这个温度，水浴的温度计应在蒸气压测定过程中浸入到 37℃刻度处。

(5) 温度计。温度计应符合 GB/T 514 标准中 GB-54 号温度计的要求。

(6) 压力测量装置。压力测量装置的量程应适于校验所使用的压力表。此压力表测量装置应具有 0.5kPa 的最小精度，其细分刻度不应大于 0.5kPa。

当不采用水银压差计作为压力测量装置时，则所用压力测量装置采用可溯源的国家认可标准的方法予以定期检查，以保证该装置仍能满足上述规定要求的精度。

(7) 净重测定器。校正大于 180kPa 的压力表读数，可用净重测定器来代替压力测量装置。

(8) 试样转移连接装置。此装置用于将液体从试样容器移除，而不会影响蒸气空间。紧密装在试样容器口上的塞盖上有两个孔，各插一根管，其中短管用于输送试样，而另一长管达到容器底部。

9.1.5.4 取样

(1) 蒸气压的测定对样品蒸发损失和组分的变化都是极其敏感的，所以在样品的操作中采取必要措施并谨慎操作。除蒸气压高于 180kPa 样品之外，本章内容适用于其他样品蒸气压的测定。

(2) 采样、封样等步骤严格按照 GB/T 4756—2015 进行，取样量控制在取样容器体积的 70%~80%。

(3) 试样容器的尺寸：测定蒸气压的试样应从 1L 样品容器所盛装的样品中移取，样品容器中应盛装 70%~80%的样品量。

本方法的精密度是从 1L 容器中提取样品试验确立得到的。但如果能够对测定精密度可能会受到的影响有所认识，也可采用符合 GB/T 4756—2015 中规定的其他容量的样品容器。进行仲裁试验时，应采用 1L 容量的容器。

(4) 雷德法蒸气压的测定应采用第一次从样品容器中提取的试样。容器中剩下的样品不得用于第二次的蒸气压试样。如果要进行第二次试验，应使用新的样品。

① 样品在试验前应防止过分受热。

② 有泄漏迹象的容器中的样品不得用于试样。应使用新的样品。

(5) 样品处理温度：样品容器在开启之前，一定要将该容器及其中的样品冷却到 0~1℃。要保证有充分的时间达到这一温度，其方法是直接测量与样品容器同时放入冷浴的相似容器中类似液体的温度。

9.1.5.5 测定步骤

此处仅介绍适用于航空汽油的 D 法：用于雷德法蒸气压约为 50kPa 航空汽油的测定。

(1) 概述。为测定航空汽油的蒸气压，下述各条说明了仪器和方法上的变化。

(2) 仪器装置。气体室和液体室的容积之比应在 3.95~4.05 的范围。

(3) 准备工作：

① 确认容器中试样的装入量。当样品温度达到 0~1℃时，将容器从冷浴或冰箱中取出，并用吸湿材料擦干。如果容器不是透明的，先启封，用适当的计量仪器来确认液体容积为容器的 70%~80%。如果容器是透明玻璃容器，用适当方式确认 70%~80%的装入量。

注：对于非透明容器，确认样品装入量为容器总容积 70%~80%的一个方法是，采用一根探针，其上标有表示容器总容积 70%和 80%的划线。此探针的材料应确保在它浸入试样并抽出后其上有明显湿迹。为确认样品装入量，将探针垂直插入样品容器并接触到容器的

底部，而后将探针抽出查看。对于透明的容器，合适的办法是采用刻度尺或者采用一个和样品容器相同的容器，其上刻有70%和80%的液面刻线，然后进行比较。

如果样品量不到容器的70%，便不能使用；如果容器中的样品量超过80%，就倒出一些使之在70%~80%的范围内，倒出的样品不得再返回容器。

② 样品容器中样品的空气饱和。非透明容器：样品温度在0~1℃时，将样品容器从冷浴中拿出。用吸湿性材料将其擦干，快速开关样品容器盖，注意不要让水进入。重新封盖容器后，剧烈摇动。再将其放回冷浴至少2min。

透明容器：由于并未要求透明容器开盖来验证样品的装入量，所以在重新封盖样品容器之前，为使透明容器盛装样品进行与盛装在非透明容器中的样品相同的试验步骤，需重复两次上述①的步骤。

再重复上述①的步骤两次，将样品容器放回到冷浴，直到试验步骤开始。

③ 液体室的准备。未添加含氧化合物的样品：将打开的液体室和样品转移的连接装置完全浸入0~1℃冷浴中，放置10min以上，使液体室和样品转移连接装置均达到0~1℃。

改进步骤：将密封并直立的液体室和样品的转移连接装置完全浸入0~1℃冰箱或冷浴中，冷浴液面不要没过液体室螺口的顶部，放置20min以上使液体室和样品转移连接装置均达到0~1℃。

注：可匹配的橡胶塞密封液体室后再置入冷浴中，可将样品转移连接装置装入密封塑料袋中置于冷浴，以保证内部绝对干燥。

④ 气体室的准备。未添加含氧化合物的样品：气体室和压力表清洗以后，将压力表和气体室连接。将气体室浸入37.8±0.1℃的水浴中，使水浴的液面高出气体室顶部至少24.5min，并保持在10min以上，液体室充满试样之前不要将气体室从水浴中取出。

改进步骤：气体室和压力表按要求洗清以后，将压力表和气体室连接。将密封的气体室浸入(37.8±0.1)℃的水浴中，使水浴的液面高出气体室顶部至少24.5min，并保持在20min以上，液体室充满试样之前不要将气体室从水浴中取出。

为保证气体室内部的绝对干燥，可用橡胶塞封堵气体室接口，或用备用液体室与气体室相连接，或采用与气体室螺口相匹配的密封接口。检查压力计(或压力传感器)，在每次测定蒸气压前，采用压力测量装置检查压力计在50kPa的读数，以保证它符合仪器设备中压力表的要求。

(4) 试验步骤：

① 试样的转移。试样的各项准备工作完成以后，将冷却试样容器从冷却浴中取出，开盖，插入经冷却的试样转移连接装置和空气管(见图9-5)。将经冷却的液体室尽快放空，放在试样转移连接装置的试样转移管上，将整个装置很快倒置，最后液体室应保持直立位置，试样转移管应延伸到离液体室底部6mm处。试样充满液体室直至溢出，取出移液管，向试验台轻轻地叩击液体室以保证试样不含气泡。

对于测定添加含氧化合物的汽油样品的改进步骤，应用吸湿性材料将样品容器和液体室表面擦干，以杜绝样品转移过程中水进入样品容器和液体室中。

② 仪器的组装。立刻将气体室从水浴中取出，并尽快与充完样的液体室连接，不得有试样溅出，不得有多余动作。多余的动作可能导致室温空气与气体室内37.8℃的空气对流。从

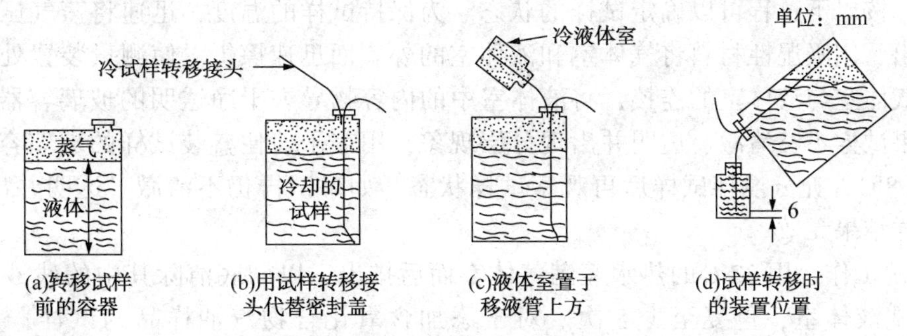

图 9-5　从开始容器转移至汽油室

气体室出水浴中拿出到与液体室完成连接的时间不得超过 10s。对于测定添加含氧化合物的汽油样品的改进步骤，将气体室从水浴中取出，迅速用吸湿性材料将其外表面擦下，特别注意气体室和液体室的连接处的干燥。并在去除气体室的密封后尽快与充完样的液体室连接。

③ 仪器置于浴中

将装好的蒸气压测定器倒置，使试样从液体室进入。在气体室仍倒置的状态下，上下剧烈摇动 8 次。使压力表向上，将蒸气压测定仪浸入温度为(37.8±0.1)℃的水浴中。蒸气压测定仪应稍微倾斜，以便使液体室与气体室的连接处刚好位于水面下，并且仔细地检查连接处是否漏气和漏液。如未发现漏气或漏液，则把蒸气测定仪浸在浴中，使水浴的液面高出空气室顶部至少 25mm。在整个试验过程中，观察仪器是否漏气或漏液，试验过程中发现有漏气漏液现象，此次试验作废。舍弃试样，用新试样重新试验。

液体的泄漏要比气体的泄漏更加难于检测，由于两室的连接部通常处于水浴中，应特别注意。

④ 添加含氧化合物汽油样品改进步骤的样品状态检查。如果是透明容器盛装样品，如有分层现象，则在样品转移之前就能观察到。如果样品盛装在不透明容器中，充分搅拌剩余样品，然后迅速将一部分剩余样品倒入一个干净的玻璃容器中，观察并正视样品是否出现分层状态。如果观察到剩余样品出现浑浊现象，可继续试验，出现此现象的样品，在试验结果后加“H”注明。如果样品出现分层状态，废弃试样和剩余样品，用新试样重新试验。

⑤ 蒸气压的测定。将装配好的仪器放入水浴至少 5min 之后，轻轻敲击压力表，并观察其读数。将仪器从水域中取出，重复上述“③仪器置于浴中”的步骤，直到完成不少于 5 遍的摇动和读数。继续此操作步骤，根据需要，直到最后两次相邻的压力读数相同并显示已达到平衡时为止。读取最后的压力，精确至 0.25kPa。记录此数值作为试样未经校正的蒸气压。

迅速卸下压力表，不要试图除去可能窝存于压力表中的任何液体，将压力表与压力测量装置相连。将压力表和压力测量装置处于同一稳定的压力之下，即压力值应在记录的未经校正蒸气压的±0.1kPa 之内，将压力表读数同压力测量装置读数相对照。如果在压力测量装置和压力表的读数之间观察到差值，当压力测量装置的读数较高时，就把此差值加到未经校正的蒸气压上；当压力测量装置的读数较低时，就把未经校正的蒸气压减去此差值。记录此结果作为试样的雷德蒸气压。

在拆下压力表之前，应先冷却仪器组件，以方便拆卸工作，从而减少扩散到房间中的蒸气量。对于测定添加含氧化合物的汽油样品的改进步骤，如果在蒸气压测量过程中怀疑出现分层，按以下过程可以确定试样的状态。为保持试样的温度，迅速将蒸气压测量装置从浴中取出，用吸湿性材料将气体室和液体室的外表面迅速擦干。使测量装置处于直立状态，断开气体室与液体室的连接，将液体室中的内容物导入干净透明的玻璃容器中，观察试样。如果试样不够清澈、透明并出现分层现象，用盖子盖住盛装试样的玻璃容器，将其加热到37.8℃，充分搅拌试样后再观察试样状态。如果试样仍不清澈、透明并出现分层，则此次试样结果无效。

⑥ 清洗工作。用32℃的热水灌满气体室而后排出，以彻底清除其中的残液。以同样的方式清洗液体室，重复至少5次。对于添加含氧化合物汽油样品的试样，用以上方式清洗气体室后，接着再用干燥空气吹干。用石脑油冲洗液体室、气体室和输液管若干次，而后再用丙酮冲洗若干次，接着再用干燥的空气吹干。将液体室放入冷浴或冰箱备用；气体室的底部(与液体室连接处)也应适当密封，并将按下述步骤准备好的压力表与气体室连接。

如果在水浴中清洗气体室，当空气室通过水面时，要将气体室的底部和上部的口盖严，防止附着浮游试样的油膜。

压力表的准备：将压力表从连接着压力测量装置的支管脱开。采用离心法清除压力表波登管中窝存的液体。完成此操作的方法如下：双手掌贴住表面，压力表的螺纹接口朝前，将手臂向上前方提高到45°角伸开，手臂快速向下甩动达135°左右的弧度。离心力加重力可甩掉窝存的液体。重复这一操作至少3次，或直到液体完全从压力表排除。将压力表连上气体室(其与液体的接口已关闭)，并置于温度在37.8℃的浴中，以备下一次试验使用。

9.1.5.6 报告

(1) 将A法和B法中蒸气压的测定中观测的结果，经过对压力表(计)和压力测量装置之间任一差异的校正后，精确到0.25kPa，报告为试样的雷德法蒸气压。

(2) 对于添加含氧化合物样品的试验结果报告，如果观察并证实样品或试样出现浑浊现象，需在试验结果后加“H”注明。

9.1.5.7 精密度和偏差

(1) 精密度：

用下述规定判断试验结果的可靠性(95%的置信水平)。

① 重复性：同一操作者、使用同一仪器，对同一样品连续试验的两个结果之差不应超过表9-21中的数值。

表9-21 重复性

方 法	范围/kPa	重复性/kPa
A法	0~35	0.7
A法	35~100(汽油)	3.2
A法改进步骤	35~100	3.65
A法	110~180	2.1

续表

方法	范围/kPa	重复性/kPa
B 法	35~100(汽油)	1.2
B 法改进步骤	35~100	4.00
C 法	>180	2.8
D 法	约 50(航空汽油)	0.7

注：100~110kPa 试样重复性可参考 35~100kPa 试样重复性范围。

② 再现性：不同实验室工作的不同操作者，使用不同仪器，对同一样品测定的两个单一和独立的试验救过之差不应超过表 9-22 中的数值。

表 9-22 再现性

方法	范围/kPa	再现性/kPa
A 法	0~35	2.4
A 法	35~100(汽油)	5.2
A 法改进步骤	35~100	5.5
A 法	110~180	2.8
B 法	35~100(汽油)	4.5
B 法改进步骤	35~100	5.38
C 法	>180	4.9
D 法	约 50(航空汽油)	1.0

注：100~110kPa 试样再现性可参考 35~100kPa 试样再现性范围。

(2) 偏差：

由于没有可接受的参比材料适于测定本方法的偏差，偏差无法确定。本方法的蒸气压和真实蒸气压之间的偏差也未确定。

9.1.5.8 影响因素和注意事项

(1) 概述。如果未按规定的步骤谨慎操作，就会造成蒸气压测定的明显误差。下列各项强调了严格遵守方法中列出的注意事项的重要性。

(2) 检查压力计。为了确保更高的测定精密度，要在每次试验之后，采用压力测量装置校验所有压力计。使压力计处于垂直状态，并在对其轻敲之后，观察其读数。

(3) 检查有无泄漏。在试验开始之前和试验过程中，检查整个仪器中的液体室和气体室有无泄漏。若有漏液漏气现象应舍弃试样，取新试样重做试验。

(4) 取样。因为最初取样和样品的操作都极大地影响最终结果，所以要采取必要措施并谨慎操作，以避免样品的蒸发损失和组分的微小变化。在试验进行之前，不应使用雷德法仪器的任何部分作为样品容器。

(5) 仪器的清洗。做完一次试验之后要彻底清理压力计、液体室和气体室，以保证其中没有残存的试样。并为下一次试验做必要的准备(见 A 法和 B 法中为下次试验准备仪器装置)。

(6) 实验次序。如果样品需要测定的项目较多，雷德蒸气压应当最先试验以防止轻组分挥发损失。

9.1.6 电导率测定

9.1.6.1 目的意义

石油产品的导电能力测量，是在一定电压下，测试液体石油产品中自由载流子的导电作用。主要通过测试油品的介电常数、电阻率、击穿电压和电导率等来反映油品的导电性强弱。电导率的测定及控制对防止油料静电着火具有非常重要的意义。当油品的电导率较大时，释放静电荷的能力较强，能够防止油品中积累较多的电荷，从而防止由静电荷导致的火灾事故。控制电导率是保证汽油和喷气燃料在储运和使用中安全性的重要方法之一。

9.1.6.2 方法原理

参考标准:《航空燃料与馏分燃料电导率测定法》(GB/T 6539—1997)。

在浸没于燃料内两个电极之间加一个直流电压，其间所产生的电流以电导率的数值来表示。为避免由于离子极化所引起的误差，在施加电压后，立即在瞬间测量电流。只要正确选择电极尺寸和电流测量仪表，就可测量 1pS/m 或以上值的电导率。

9.1.6.3 仪器、材料和试剂

① 电导池和电流测量仪。

② 温度计：具有适当测量范围，且能用于现场测量的温度计。

③ 测量容器：能全部浸没电导池的圆筒形容器，其容积不少于 1L。

④ 异丙醇、正庚烷、甲苯，均为分析纯。

9.1.6.4 准备工作

① 样品电导率宜在现场测量，以避免样品运送过程中发生衰减或被污染。如果样品需要留作将来分析、应按 GB/T 4756 进行取样并遵守下列规定。

② 若电导池与水接触，当仪器被启动时，立即会有满刻度读数出现。如果电导池已接触了水，则必须采用清洗溶剂充分冲洗，最好先用异丙醇冲洗，再用空气流干燥。在湿热条件下，电导池会产生凝聚水，这样零点、校准点和样品读数都会出现异常。为避免这种情况，可把电导池置放在比环境温度高 2~5℃的地方，以便获得准确的测量结果。

③ 样品数量应尽可能多，至少不小于 1L。

④ 所有样品容器都应用清洗溶剂充分清洗，并用空气流吹干。取样前，全部容器(包括容器盖子)都应用样品最少清洗 3 次。

⑤ 为避免样品电导率的衰减变化，取样后应尽快测量，最迟不宜超过 24h。

9.1.6.5 试验步骤

① 校准：按电导率测定仪规定的校准程序，对电导率测定仪进行校准。

② 金属容器或玻璃容器的准备：取样前应保证所有容器和测量容器清洗干净。

③ 用试样彻底冲洗电导池，以除去上次测试时留在电导池上的残油。把试样移至清洁

的测量容器中，按所用电导率测定仪规定的校准程序校准电导率测定仪。把电导池完全浸入试样中，注意电导池不要与测量容器底部接触，以免引起读数误差。

④ 测量：冲洗电导池后，保持电导池稳定。开启电导率测定仪，待初次稳定后，应在3s内记录最高读数。当电导率测定仪有几个量程时，应选择灵敏度最高的量程。

⑤ 测量试样温度。

9.1.6.6　报告

报告电导率和测量温度。如果电导率测定仪读数为零，可报告测量结果小于1pS/m。燃料的电导率随温度有很大的变化，且各种航空燃料和馏分燃料的变化关系也不同。如果需要把电导率读数校准到特定温度，则各实验室需要确立燃料和有关品度范围的关系。

9.1.6.7　精密度及偏差

（1）本标准的精密度是由操作者和仪器组合，在同一测试地点得到的测试结果进行统计分析面确定的。表9-23给出的精密度数据不包括汽油或溶剂。

表9-23　精密度

电导率/(pS/m)	重复性/(pS/m)	再现性/(pS/m)	电导率/(pS/m)	重复性/(pS/m)	再现性/(pS/m)
1	1	1	200	10	32
15	1	3	300	14	45
20	1	4	500	21	69
30	2	6	700	29	92
50	3	10	1000	39	125
70	4	13	1500	55	177
100	5	17			

注：表中的精密度数值限制在室温下适用。较宽的精密度数值(×2)可适用于约-20℃的温度。

① 重复性：同一操作者，在同一实验室使用同一仪器，按测量方法正确操作，对同一温度的样品进行测量，连续20次测量结果之差，仅允许1次超过表9-23所列数值。

② 再现性：不同操作者，在同一实验场所，按测量方法正确操作，对同一温度的样品进行测量，20次测量结果之差，仅允许1次超过表9-23所列数值。

（2）操作者对装运燃料进行电导率测量时，其重复性数值类似于表9-23所列的数值，而再现性数值都达不到要求。建议操作者到大批燃料贮存基地，按规定的方法对整批燃料或新取燃料进行电导率测量。这样可以确保获得与整批燃料一致的样品，并可应用表9-23中所示的精密度数值。

（3）偏差：由于没有标准物，也没有适当的试验方法来确定电导率测定法的偏差，故无法给出偏差数值。

9.1.6.8　影响因素及注意事项

（1）盛放被测样品的容器必须清洁，无离子玷污。

（2）测定仪应安置于干燥环境，避免因水滴溅射或受潮引起仪器表漏电或测量误差。

9.2 低温性能测定

低温性能一般指石油产品的低温流动性能，是石油产品非常重要的性质。石油产品是含多种烃类的复杂混合物，没有明确的凝固点。随着温度不断降低，油品黏度会逐渐增大，出现结晶现象，甚至失去流动性，严重影响油品的输送和使用。一般用冰点、倾点、凝点、冷滤点、浊点、冰点或某一温度点的黏度来反映油品的低温流动性能。影响石油产品低温性能的主要因素有以下几点：

① 烃类组成的影响：油品的低温性能与烃类组成密切相关。当碳原子数相同时，在轻柴油以上馏分(沸点高于180℃)的各类烃中，通常正构烷烃的熔点最高，带长侧链的芳烃、环烷烃次之，异构烷烃则较小。油品中高熔点烃类的含量越多，其倾点、凝点和冷滤点就越高；而且沸点越高，变化越明显。例如，石蜡基原油及其直馏产品的冰点、倾点、凝点和冷滤点比环烷基原油及其直馏产品高得多。

② 胶质、沥青质及表面活性剂含量的影响：这些物质能吸附在石蜡结晶中心的表面，阻止石蜡结晶的生长，致使油品的凝点、倾点下降。所以，油品脱除胶质、沥青质及表面活性物质后，其凝点、倾点会升高；而加入某些表面活性物质(如降凝添加剂)，则可以降低油品的倾点和凝点，使油品的低温流动性能得到改善。

③ 油品含水量的影响：煤油、柴油、润滑油的含水量增大，则油品的冰点、倾点、凝点和冷滤点会明显增高。

9.2.1 冰点测定

9.2.1.1 目的意义

冰点测定的意义在于，掌握喷气燃料和航空活塞式发动机燃料的冰点测定的原理和方法。

航空燃料的冰点是保证燃料中不出现固态烃类结晶的最低温度。若飞机燃料系统中存在此类晶体，将会阻碍燃料通过过滤器。因飞机油箱中燃料的温度在飞行期间通常会降低，降低幅度取决于飞行速度、高度和飞行持续时间，所以燃料的冰点必须低于油箱的最低操作温度。

9.2.1.2 方法原理

引用标准：《航空燃料冰点测定法》(GB/T 2430—2008)。

冰点定义：在规定的条件下，航空燃料经过冷却形成固态烃类结晶，然后使燃料升温，烃类结晶消失时的最低温度即为航空燃料的冰点。

测量时，取25mL试样倒入洁净干燥的双壁试管中，装好搅拌器及温度计，将双壁试管放入有冷却介质的保温瓶中，不断搅拌试样使其温度下降，直至试样中开始呈现为肉眼能看见的晶体，然后从冷却剂中取出双壁试管，使试样慢慢地升温，并连续不断地搅拌试样，直至烃类结晶完全消失时的最低温度即为冰点。

9.2.1.3 仪器、材料和试剂

① 双壁玻璃试管：一个双壁没有镀银的容器，类似于杜瓦瓶，内外管之间的空间充满

干燥的常压氮气或空气。管口用装有温度计和防潮管（或压帽）的塞子塞住，搅拌器通过此防潮管，如图 9-6 所示。

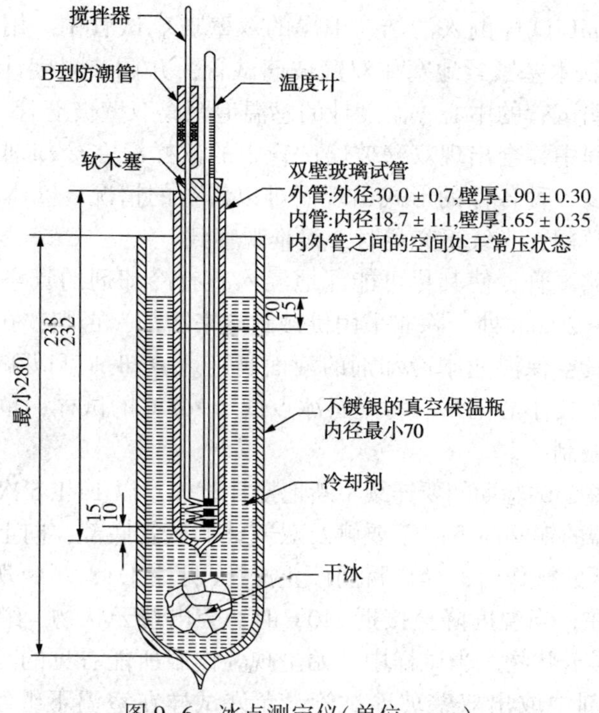

图 9-6　冰点测定仪（单位：mm）

② 搅拌器：直径为 1.6mm 的黄铜棒，下端弯成平滑的三圈螺旋状。

③ 真空保温瓶：不镀银的真空保温瓶，应能够盛放足够量的冷却剂，以使双壁玻璃试管浸入规定的深度。

④ 温度计：全浸式，温度范围为-80~20℃，分度为 0.5℃。

⑤ 试剂：见表 9-24。

表 9-24　试剂

类别	名称	规格
干燥剂	无水硫酸钙	化学纯
	五氧化二磷	化学纯
冷却剂	丙酮	化学纯
	无水乙醇/无水异丙醇	工业或化学纯
	干冰	工业或化学纯
	液氮	工业或化学纯

9.2.1.4　取样

① 除非另有规定，取样应按 GB/T 4756 进行。

② 每次试验至少需要 25mL 试样。

③ 试样保存在室温下密封容器中，尽量减少湿气的带入，远离热源。

9.2.1.5 试验步骤

(1) 量取(25±1) mL 试样倒入清洁、干燥的双壁玻璃试管中。用带有搅拌器、温度计和防潮管(或压帽)的软木塞紧紧地塞住双壁玻璃试管，并调节温度计位置，使感温泡不要触壁，并位于双壁玻璃试管的中心。温度计的感温泡距离双壁玻璃管底部 10~15mm。

注：①在试验过程中，会出现双壁玻璃试管中的试样浸在冷却剂中形成的起泡干扰观测以及试样的结晶会以各种各样的形式出现而难以辨认的情况。②本试验要求实验室里光线明亮。有些结晶很模糊，光线不充足时，很难观察到。

(2) 夹紧双壁玻璃试管，使其尽可能深地浸入盛有冷却剂的真空保温瓶内。试样液面应在冷却剂液面下 15~20mm 处。除非采用机械制冷来冷却，否则，在整个试验期间都需要不断添加冰，以保持真空保温瓶中冷却剂的液面高度。冷却剂可以采用丙酮、乙醇或异丙醇，但所有这些试剂都要小心处理。对燃料冰点低于-65℃的试样，也可以代替干冰用作冷却剂。也可以使用机械制冷。

(3) 除观察时，整个试验期间要连续不断地搅拌试样，以 1~1.5 次/s 的速度上下移动搅拌器，并要注意搅拌器的铜圈向下时不要触及双壁玻璃试管底部，向上时要保持在试样液面之下。在进行某些步骤的操作时，允许瞬间停止搅拌(见注①)，不断观察试样，以便发现烃类结晶。由于有水存在，当温度降至接近-10℃时，会出现云状物，继续降温时云状物不增加，可以不必考虑此类云状物。当试样中开始呈现为肉眼所能看见的晶体时，记录烃类结晶出现的温度。从冷却剂中取出双壁坡璃试管，允许试样在室温下继续升温，同时仍以 1~1.5 次/s的速度进行搅拌，继续观察试样，直到结晶消失，记录烃类晶体完全消失时的温度。

① 因为冷却剂释放的气体可能有碍视线，双壁玻璃试管可以从冷却剂中移出以便观察。双壁玻璃试管移出的时间不超过 10s，如果结晶已经形成，记录这温度。允许试样在室温下搅拌升温，温度应升至比晶体消失温度高至少 5℃，然后将此试样重新浸入冷却剂中冷却。在略高于此记录的温度时移出试样，观察结晶点。

② 建议将结晶出现温度与结晶消失温度相比较。结晶出现的温度应低于消失的温度。否则，说明结晶没有被正确识别，这两个温度之差一般不大于 6℃。

9.2.1.6 报告

① 报告校正后的结晶消失温度，精确到 0.5℃。

② 取重复测定两次结果的算术平均值，作为本试样的测定结果。

9.2.1.7 精密度和偏差

用下述规则判断试验结果的可靠性(95%置信水平)。

(1) 重复性。在同一实验室，同一操作者，使用同一仪器，对同一样品测得的两个试验结果之差不应大于 1.5℃。

(2) 再现性。不同实验室的不同操作者，使用不同仪器，对同一试样测得的两个实验结果之差不应大于 2.5℃。

注：本方法的精密度验证不包括航空活塞式发动机燃料。

(3) 偏差。因为没有已知冰点的烃类混合物可以用来模拟航空燃料，故无法确定偏差。

9.2.2 倾点测定

9.2.2.1 目的意义

一般倾点是指在规定的冷却条件下，试样能够流动的最低温度。而凝点指油品在规定的冷却条件下，试样不能流动的最高温度，都以℃表示。这两个技术指标在润滑油的质量控制中应用最广。倾点和凝点都是表示润滑油低温流动性的重要质量指标，测定方法稍有不同，对于生产、运输和使用都有着重要意义。倾点和凝点高的润滑油，不能在低温下使用。同理，在气温较高的地区也没有必要使用倾点和凝点低的润滑油。同一油品的凝点和倾点并不完全相等，一般倾点都高于凝点 2~3℃。

9.2.2.2 方法原理

参考标准：《石油产品倾点测定法》(GB/T 3535—2006)。

试样在规定的条件下冷却时，能够流动的最低温度，称为倾点。石油及石油产品随着温度不断降低，其中含有的石蜡会结晶并析出，导致其流动性变差，逐渐凝固而失去流动性。因此，倾点是反映石油及石油产品低温流动性能的技术指标之一。在测试过程中，试样经预热后，在规定谏率下冷却，每间隔 3℃检查一次试样的流动性。记录观察到试样能流动的最低温度作为倾点。

9.2.2.3 仪器、材料和试剂

(1) 仪器：倾点试验器(见图 9-7)，配件详细要求见表 9-25。

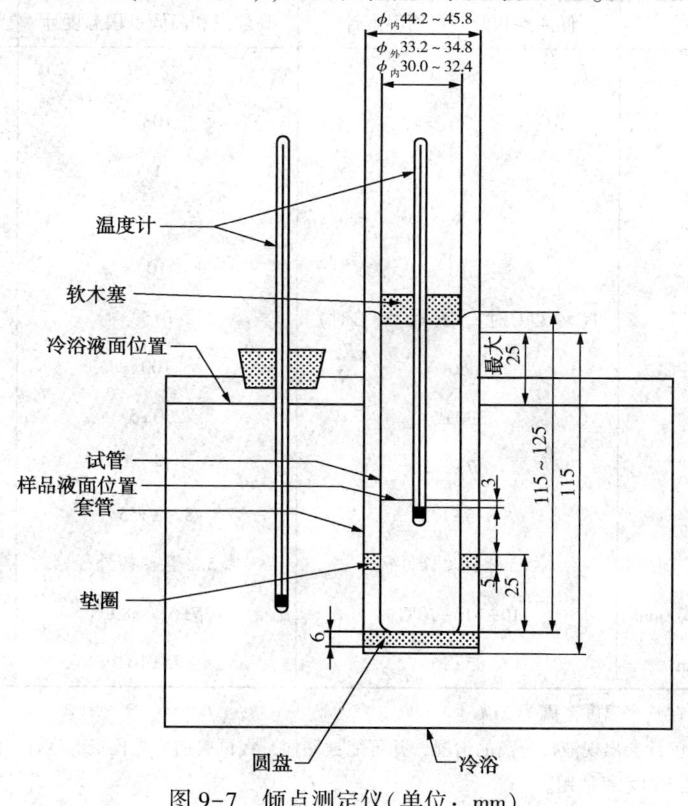

图 9-7 倾点测定仪(单位：mm)

表 9-25　倾点试验器及配件信息

名称	技术要求
试管	内径 30.0~32.4mm，外径 33.2~34.8mm，高 115~125mm，壁厚不大于 1.6mm
温度计	局浸式，符合表 9-26 要求
软木塞	配试管用，塞的中心打有插温度计的孔
套管	内径 44.2~45.8mm，壁厚约 1mm，高 115±3mm
圆盘	由软木或毛毡制成，厚约 6mm，直径与套管内径相同
冷浴	冷浴的浴温要求维持在规定温度的±1.5℃范围之内。一般常用的冷却剂如下： 当油品的倾点温度低至： ① 9℃：冰和水(能用于制备方法中规定的 0℃浴)； ② -12℃：碎冰和氯化钠(能用于制备方法中规定的-18℃浴)； ③ -27℃：碎冰和氯化钠(能用于制备方法中规定的-33℃浴)； ④ -57℃：二氧化碳和冷却液(能用于制备方法中规定的-51℃和-69℃浴)。 冷却剂可按如下方法制备：在带盖的金属烧杯中，将适量的冷却液冷却至-12℃或低于-12℃(用冰-盐混合物的方法)。然后，向已冷却的冷却液中加入足够量的二氧化碳，以得到所要求的温度
计时器	测量 30s 的误差最大不能超过 0.2s

表 9-26　温度计技术条件

项目	低浊点和低倾点用温度计	高浊点和高倾点用温度计	熔点用温度计
温度范围/℃	-80~20	-38~50	32~127
浸没深度/mm	76	108	79
分度值/℃	1	1	0.2
长刻线间隔/℃	5	5	1
数字标刻间隔/℃	10	10	2
示值允差/℃	1(>-33℃时)，2(≤-33℃时)	0.5	0.2
安全泡允许加热至/℃	60	100	150
总长度/mm	230±5	230±5	380±5
棒外径/mm	7±1	7±1	7±1
感温泡长/mm	8.5±1.5	8.5±1.5	23±5
感温泡外径/mm	≥5.0 且≤棒外径	≥5.5 且≤棒外径	5.5±0.5
感温泡底部至刻线距离/mm	110±10(-70℃)	125±5(-38℃)	110±5(32℃)
刻线范围长度/mm	85±15	75±10	220±20

注：1. 露出液柱度在整个温度范围为 21℃。

2. 因为有时温度计会出现液柱分离的情况，并可能被漏检，在试验前应先检查温度计，温度计的精度在±1℃范围(例如冰点)内才可使用。

（2）试剂与材料：材料试剂如表 9-27 所示。

表 9-27　试剂与材料

名称	要求	名称	要求
氯化钠（NaCl）	结晶状	丙酮、甲醇或石脑油	CR
氯化钙（$CaCl_2$）	结晶状	丙酮、甲醇或乙醇	CR
二氧化碳（CO_2）	固体		

9.2.2.4　试验步骤

详细的试验步骤如表 9-28 所示。

表 9-28　详细试验步骤

<table>
<tr><th>序号</th><th colspan="3">详细步骤</th></tr>
<tr><td>1</td><td colspan="3">将清洁试样倒入试管至刻线处。对黏稠试样可在水浴中加热至流动后，倒入试管内。
注：如试样在 24h 前曾加热到高于 45℃的温度，或不知其加热情况，则在室温下保持试样 24h 后再做试验</td></tr>
<tr><td>2</td><td colspan="3">用插有高浊点和高倾点温度计的软木塞塞住试管，如果试样的预期倾点高于 36℃，使用熔点用温度计，见表 9-26。调整软木塞和温度计的位置，使软木塞紧紧地塞住试管，要求温度计和试管在同一轴线上，让试样浸没温度计水银球，使温度计的毛细管起点浸在试样液面以下 3mm 的位置</td></tr>
<tr><td rowspan="2">3</td><td rowspan="2">将试管中试样进行以下的预处理</td><td>倾点>-33℃</td><td>（1）将试样在不搅拌的情况下，放入已保持在高于预期倾点 12℃但至少是 48℃的浴中，将试样加热到 45℃或高于预期倾点 9℃（选择较高者）。
（2）将试管转移到已维持在（24±1.5）℃的浴中。
（3）当试样达到高于预期倾点 9℃（估算为 3℃的倍数）时，应按照规定开始检查试样的流动性。
（4）如果当试样温度已达到 27℃时，试样仍能流动，则小心地从浴中取出试管，用一块清洁且蘸有擦拭液的布擦拭试管外表面，然后将试管按放在 0℃的浴中。按程序进行冷却，观察试样的流动性。</td></tr>
<tr><td>倾点≤-33℃</td><td>（1）试样在不搅拌的情况下在 48℃浴中加热至 45℃，然后将其放在（6±1.5）℃浴中冷却至 15℃。
（2）当试样温度达到 15℃时，小心地从水浴中取出试管，用一块清洁的、蘸有擦拭液的布擦拭管外表面，然后取下高浊点和高倾点用温度计，换上低浊点和低倾点用温度计，将试管放在 0℃浴中，再按程序将试管转移到各低温浴中。
（3）当试样温度达到高于预期倾点 9℃时，观察试样的流动性。</td></tr>
<tr><td>4</td><td colspan="3">要保证圆盘、垫圈和套管的内壁是清洁和干燥的，将圆盘放在套管的底部。在插入试管前，圆盘和套管应放在冷却介质中至少 10min。将垫圈放在试管的外壁，离底部约 25mm，将试管插入套管内。除 24℃和 6℃浴之外，其余情况都不能将试管直接放入冷却介质中。</td></tr>
</table>

续表

<table>
<tr><th>序号</th><th colspan="2">详细步骤</th></tr>
<tr><td>5</td><td>观察试样的流动性</td><td>(1)从第一次观察温度开始，每降低3℃都应将试管从浴或套管中取出(根据实际使用情况)，将试管充分地倾斜以确定试样是否流动。取出试管、观察试样流动性和试管返回到浴中的全部操作要求不超过3s。
(2)从第一次观察试样的流动性开始，每降低3℃都应观察试样的流动性。要特别注意不能搅动试样中的块状物，也不能在试样冷却至足以形成石蜡结晶后移动温度计。因为搅动石蜡中的多孔网状结晶物会导致偏低或错误的结果。
注：在低温时，冷凝的水雾会妨碍观察，可以用一块清洁的布蘸与冷却温度接近的擦拭液擦拭试管以除去外表的水雾。
(3)当试管倾斜而试样不流动时，立即将试管放置于水平位置5s(用计时器测量)，并仔细观察试样表面。如果试样显示出有任何移动，应立即将试管放回浴或套管中(根据实际使用情况)，待再降低3℃时，重新观察试样的流动性。
(4)按照此方式继续操作，直至将试管置于水平位置5s，试管中的试样不移动，记录此时观察到的温度计计数。</td></tr>
<tr><td>6</td><td>如果温度达到9℃时试样仍在流动，则将试管转移到下一个更低温度的浴中，并按右侧程序在-6℃、-24℃和-42℃时进行同样的转移。</td><td>(1)试样温度达到9℃，移到-18℃浴中；
(2)试样温度达到-6℃，移到-33℃浴中；
(3)试样温度达到-24℃，移到-51℃浴中；
(4)试样温度达到-42℃，移到-69℃浴中</td></tr>
<tr><td>7</td><td colspan="2">对于测定那些倾点规格值不是3℃的倍数的油品，也可按下述规定进行测定：从试样温度高于倾点规格值9℃时开始检查试样的流动性，然后按3℃的间隔观察试样，直到试样的规格值。报告试样通过或不通过规格值。</td></tr>
<tr><td>8</td><td colspan="2">对于燃料油、重质润滑油基油和含有残渣燃料组分的产品，按上述步骤测定得到的结果是试样的上(最高)倾点。如需要测定试样的下(最低)倾点，可在搅动的情况下，先将试样加热至105℃，然后再倒入试管中，按上述步骤测定试样的下(最低)倾点。</td></tr>
<tr><td>9</td><td colspan="2">如果使用自动倾点测定仪，要求用户严格遵循生产厂家仪器的校准，调整和操作说明书的规定。由于自动倾点测定仪的精密度尚未确定，因此在发生争执时，应按本方法中的手动方法作为仲裁试样的方法。</td></tr>
</table>

9.2.2.5 结果表示

按上述方法测得到的结果上加3℃，作为试样的倾点，取重复测定的两个结果的平均值作为试样结果。

9.2.2.6 精密度

用下述规定判断试验结果的可靠性(95%置信水平)。

(1)重复性 r。同一操作者，使用同一仪器，用相同的方法对同一试样测得的两个连续实验结果之差不应大于3℃。

(2)再现性 R。有同操作者，使用不同仪器，用相同的方法对同一试样测得的两个试验结果之差不应大于6℃。精密度是由10个新的(未使用过的)矿油型润滑油和16个调和燃料油，在 12 个协作实验室做出的，矿油型润滑油倾点范围为−48～−6℃，燃料油倾点范围为−51～−33℃，得到如表 9−29 精密度。

表 9−29　精密度

样品名称	重复性/℃	再现性/℃
矿油型润滑油	2.87	6.43
燃料油	2.52	6.59

9.2.2.7　报告

① 被测产品的完整资料，注明参照本标准；

② 试验日期，试验结果；

③ 按协议规定或其他规定与本方法的试验步骤存在差异的都应注明；

④ 注明测定试验是否使用了自动仪器。

9.2.2.8　影响因素及注意事项

① 要控制好冷却速度。冷却速度太快，使试验结果偏低。因为当迅速冷却时，随着油品黏度的增大，晶体增长很慢，在晶体尚未形成坚固的石蜡结晶网格前，温度会降低很多，若冷却速度太慢，油品的温度就会下降很慢，往往会拖长测定时间，使结果偏高。因此，要按规定控制好各冷浴的温度。

② 温度计在试管内的位置要固定。若未固定好，温度计在试管内能活动，会搅动试油从而阻碍了石蜡“结晶网格”的形成。往往当石蜡的“结晶网格”的个别部分正在形成时，温度计搅动就会破坏该形式过程。

③ 测定前，试油应进行过滤，除去杂质，含有水分的试油应进行脱水处理。水一般在0℃开始结晶影响试油的凝点。而杂质存在于试油中，将使油品胶状物结晶形成缓慢，使凝点偏低。

9.3　腐蚀性检测

腐蚀性是石油产品非常重要的性质。由于石油产品大多含有少量的硫化物、有机酸、无机酸和水分，在生产、储运和使用过程中可能对设备的金属部件造成腐蚀，轻者缩短设备使用寿命，重者造成安全事故。腐蚀作用不但会使机械设备受到损坏，影响使用寿命，而且由于金属腐蚀生成物多数是不溶于油品的固体杂质，会影响油品的清洁度和安全性，从而对储存、运输和使用带来一系列的危害。例如：燃料对金属的腐蚀产物会堵塞过滤器和喷嘴并促使胶质和积炭的生成；而且有腐蚀性的润滑油脂对设备的危害更大，腐蚀会破坏润滑，加速机器设备的磨损，以致缩短其使用寿命。

因此，石油产品腐蚀性的测试和控制具有非常重要的意义。在实际生产中，针对不同的产品可选择不同的技术指标来对相应油品的腐蚀性进行评价，主要包括酸度、总酸值、硫含量、铜片腐蚀、银片腐蚀等。

9.3.1 酸度酸值测定

9.3.1.1 目的意义

酸度、酸值是控制油品腐蚀性能和使用性能的主要指标之一，对油品酸度酸值的测定具有重要意义。

① 可判断油品中酸性物质含量。一般来说，酸度(值)越高，油品中酸性物质就越多。

② 判断油品的腐蚀性。酸度(值)可大概地判断油品对金属的腐蚀性能。油品中有机酸含量少，在无水分和温度低时，对金属不会有腐蚀作用，但其含量多及存在水分时，就能腐蚀金属。有机酸分子越小，它的腐蚀能力越大。石油酸(环烷酸、脂肪酸、酚类及硫醇、硫酚)具有酸性，能直接与设备的金属作用，生成能溶于油类的环烷酸亚铁和羧酸亚铁等造成设备腐蚀。

③ 判断油品的使用性能。酸度(值)大的柴油会使发动机积炭增加，积炭是造成活塞磨损和喷嘴结焦的原因。航空汽油和车用汽油的酸度过高，不仅影响油品的色安定性，而且燃烧后生成的有害气体会腐蚀机件和污染环境。

④ 判断油品变质程度。因为润滑油在使用一段时间后，由于油品受到氧化逐渐变质，表现为酸值增大。可以从酸值的变化程度来判断使用中的润滑油变质程度，当酸值超过一定限度，就应该更换新油。

为了不使油品中的酸性物质含量过大而腐蚀设备和影响机械的正常工作，我国石油产品标准中对各种油品的酸度(值)均有严格规定。

9.3.1.2 方法原理

引用标准：GB/T 258—2016《轻质石油产品酸度测定法》。

用沸腾的乙醇提出试样中的有机酸，然后用氢氧化钾乙醇溶液进行滴定，通过指示剂颜色的改变来确定其终点，由滴定用去氢氧化钾乙醇溶液的体积和浓度计算出试样的酸度。中和 100mL 石油产品所需 KOH 的毫克数称为酸度。

9.3.1.3 仪器、材料和试剂

① 酸度测定仪。

② 锥形烧瓶：250mL。

③ 球形回流冷凝管：长约 300mm。

④ 量筒：25mL、50mL 和 100mL。

⑤ 微量滴定管：2mL，分度 0.02mL；3mL，分度 0.02mL；5mL，分度 0.05mL。

⑥ 电热板或水浴。

⑦ 95%乙醇：分析纯。精制乙醇：用硝酸银和氢氧化钾溶液处理后，再经沉淀和蒸馏。选择 95%乙醇，是因为有机酸在 95%乙醇中溶解度很大，可以较彻底地把试样中的有机酸抽提出来。乙醇中含有 5%的水分，同时加热沸腾，有利于有机酸的抽出。

⑧ 氢氧化钾：分析纯，配成 0.05mol/L 氢氧化钾乙醇溶液。

⑨ 碱性蓝 6B：配制溶液时称取碱性蓝 1g，称准至 0.01g。然后将它加在 50mL 的煮沸的 95%乙醇中，并在水浴中回流 1h，冷却后过滤。必要时，煮热的澄清滤液要用 0.05N 氢氧化钾乙醇溶液或 0.05N 盐酸溶液中和，直至加入 1~2 滴碱溶液能使指示剂溶液从蓝色变

成浅红色而在冷却后又能恢复成为蓝色为止，有些指示剂制品经过这样处理变色才灵敏。碱性蓝指示剂适用于测定深色的石油产品。

⑩ 酚酞：配成1%的酚酞乙醇溶液。酚酞指示剂适用于测定无色的石油产品或在滴定混合物中容易看出浅玫瑰红色的石油产品。

⑪ 甲酚红：配制溶液时，称取甲酚红0.1g，称准至0.001g。研细，溶于100mL 95%乙醇中，并在水浴中煮沸回流5min，趁热用0.05N氢氧化钾乙醇溶液滴定至甲酚红溶液由橘红色变为深红色，而在冷却后又能恢复成橘红色为止。

9.3.1.4　试验步骤

① 取95%乙醇50mL注入清洁无水的锥形烧瓶内。用装有回流冷凝管的软木塞塞住锥形烧瓶之后，将95%乙醇煮沸5min。

② 在煮沸过的95%乙醇中加入0.5mL的碱性蓝溶液(或甲酚红溶液)后，在不断摇荡下趁热用0.05N氢氧化钾乙醇溶液使95%乙醇中和，直至锥形烧瓶中的混合物从蓝色变为浅红色(或从黄色变为紫红色)为止。

在煮沸过的95%乙醇中加入数滴酚酞溶液代替碱性蓝溶液(或甲酚红溶液)时，按同样方法中和至呈现浅玫瑰红色为止。

③ 将试样注入中和过的热的95%乙醇中，试样的用量：汽油、煤油用50mL，柴油用20mL，而均在(20±3)℃时来量取。在锥形烧瓶装上回流冷凝管之后，将锥形烧瓶中的混合物煮沸5min(对已知有碱性蓝溶液或甲酚红溶液的混合物，此时应再加入0.5mL的碱性蓝溶液或甲酚红溶液)，就在不断摇荡下趁热用0.05N氢氧化钾乙醇溶液滴定，直至95%乙醇层的碱性蓝溶液从蓝色变成浅红色(甲酚红溶液从黄色变为紫红色)为止，或直至95%乙醇层的酚酞溶液呈现浅玫瑰红色为止。

在每次测定中，自锥形烧瓶停止加热到滴定达到终点，所经过的时间不应超过3min。

9.3.1.5　计算

试样的酸度X(mgKOH/100mL)按下式计算：

$$X=\frac{100V\cdot T}{V_1} \tag{9-9}$$

$$T=56.1\cdot N \tag{9-10}$$

式中，V为滴定时所消耗氢氧化钾乙醇溶液的体积，mL；V_1为试样的体积，mL；T为氢氧化钾乙醇溶液的滴定度，mgKOH/mL；56.1为氢氧化钾的克当量；N为氢氧化钾乙醇溶液的当量浓度。

9.3.1.6　精密度

试验的重复性r和再现性R见表9-30。

表9-30　重复性和再现性要求

酸度X	r	R
$X<0.5$	0.08	0.20
$0.5\leqslant X\leqslant 1.0$	0.10	0.25
$X>1.0$	0.20	—

9.3.1.7 报告

取重复测定两个结果的算术平均值，作为试样的酸度。

9.3.1.8 影响因素及注意事项

① 指示剂是判断终点和结果准确的基准物，选择适当的指示剂在油品的酸度测定中是一个十分重要的条件。因此，所用指示剂的变色要和试样的颜色能区分开。

② 使用氢氧化钾乙醇溶液，是便于和已抽提到乙醇中的有机酸在同一相中迅速、完全地进行反应，因此要定期标定。另外，氢氧化钾乙醇溶液浓度小可减少滴定的相对误差。

③ 加热煮沸有利于将试样的有机酸抽提到乙醇中。中和乙醇溶剂必须趁热滴定，一方面是为了避免 CO_2 对测定结果的影响，因为室温下空气中的 CO_2 极易溶于乙醇中，油品的酸度一般都很小，CO_2 的溶解会使测定结果偏高；另一方面是为了和后面中和试样的条件一致，否则会使测定结果偏低。趁热滴定还可避免某些油品和乙醇混合液形成乳化液而妨碍滴定时对颜色变化的判断。

9.3.2 总硫测定

9.3.2.1 目的意义

总硫测定的目的意义：要求了解硫含量测定的基本原理意义及其条件性；掌握雷德蒸气压不高于 600 毫米汞柱的轻质石油产品(汽油、煤油、柴油等)的硫含量测定方法。

9.3.2.2 方法原理

引用标准：GB/T 380—77(1988)《石油产品硫含量测定法(燃灯法)》。

燃灯法是将石油产品在灯中燃烧，用碳酸钠水溶液吸收生成的二氧化硫，再用盐酸标准溶液滴至中和终点(测定硫含量)。

基本原理为：试样中的硫化物在测定器的灯中完全生成二氧化硫，二氧化硫被过量的碳酸钠水溶液吸收而起反应。反应后，将剩余的碳酸钠用盐酸标准溶液进行滴定，根据盐酸标准溶液消耗的量计算试样中的硫含量。

$$S+O_2 \xlongequal{点燃} SO_2\uparrow,\quad SO_2+Na_2CO_3 \xlongequal{} Na_2SO_3+CO_2\uparrow$$

$$Na_2CO_3+2HCl \xlongequal{} 2NaCl+H_2O+CO_2\uparrow$$

Na_2CO_3 的余量用盐酸标准溶液滴定，采用混合指示剂控制终点。

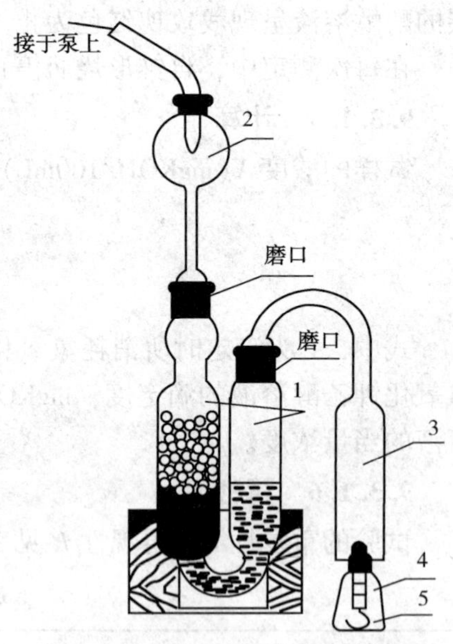

图 9-8 石油产品硫含量测定器

1—吸收器；2—液滴收集器；3—烟道；4—带有灯芯的燃烧灯；5—灯芯。

9.3.2.3 仪器、材料和试剂

① 仪器：仪器及要求见图 9-8 和表 9-31。

表 9-31　仪器及要求

名称	要求	名称	要求
石油产品硫含量测定器	见图 9-8	洗瓶	—
吸滤瓶	500~1000mL	水流泵或真空泵	—
滴定管	25mL	玻璃珠	ϕ5~6mm
吸量管	2mL、5mL、10mL		

② 材料和试剂：材料和试剂及要求见表 9-32。

表 9-32　材料和试剂及要求

名称	要　求
碳酸钠	分析纯，配成 0.3%水溶液
盐酸	分析纯，配成 0.05mol/L 标准溶液
指示剂	配制 0.2%溴甲酚绿乙醇溶液和 0.2%甲基红乙醇溶液。 使用时，用 5 份体积的溴甲酚绿溶液和 1 份体积的甲基红溶液混合而成(酸性显红色，碱性显绿色)
乙醇	分析纯，95%
正庚烷	分析纯
汽油	沸点范围 80~120℃，硫含量不超过 0.005%
石油醚	化学纯，60~90℃

9.3.2.4　试验准备

(1) 含硫量的测定必须在空气流动的室内进行，但要避免剧烈通风。

(2) 仪器安装之前，将吸收器、液滴收集器及烟道仔细用蒸馏水洗净。灯及灯芯用石油醚

洗涤并干燥。

(3) 按下述操作，将试样装入灯中：

① 在灯上燃烧无烟的石油产品，按下列数量注入清洁、干燥的灯(无须预先称量)中：含微量硫(硫含量在 0.05%以下)的低沸点的产品(如航空汽油)，其注入量为 4~5mL；硫含量在 0.05%以上及高沸点的产品(如汽油、煤油等)其注入量为 1.5~3mL(具体数量视硫含量而定)。

将灯用穿着灯芯的灯芯管塞上。灯芯的下端沿着灯的底部周围放置。当石油产品把灯芯浸润后，即将灯芯管外的灯芯剪断，使与灯芯管的上边缘齐平。然后将灯点燃，调整火焰，使其高度为 5~6mm。随后把灯火熄灭，用灯罩将灯盖上，在分析天平上称量，称准至 0.0004g。依照同样方法将试样装入第二个灯中；将标准正庚烷或 95%乙醇或汽油(不必称量)装入做空白试验的第三个灯中。

② 单独在灯中燃烧而发生浓烟的石油产品(含多量芳香烃或不饱和烃的高温裂解产品、催化裂化产品等)以及高沸点的石油产品(如柴油)，则取 1~2mL 注入于预先连同灯芯及灯罩一起称量(称准至 0.0004g)过的洁净、干燥的灯中。然后，往灯内注入标准正庚烷或 95%乙醇或汽油，使成 1∶1 或 2∶1 的比例，在必要时可使成 3∶1(体积比)的比例，使所

组成的混合液在灯中燃烧的火焰不带烟。试样和注入标准正庚烷或95%乙醇或汽油所组成的混合液的总体积为4~5mL。依照同样方法将试样装入第二个灯中，将标准正庚烷或95%乙醇或汽油(不必称量)装入做空白试验的第三个灯中。

③ 用橡皮管将吸滤瓶与水流泵或真空泵连接起来，并将玻璃三通栓的一端穿过胶塞插入瓶颈中，另两端用橡皮管和吸收器相连接。第三套吸收器也用橡皮管及玻璃弯管连接到吸滤瓶的胶塞上，以便三套仪器同时进行试验。往吸收器1的大容器里装入用蒸馏水小心洗涤的玻璃珠或玻璃棒约达2/3的高度。并用吸量管准确地注入0.3%碳酸钠溶液10mL。在吸滤瓶与抽气泵及液滴收集器2与三通栓之间的橡皮管套上螺旋夹子。

9.3.2.5 试验步骤

① 仪器安装完成后，开动水流泵，使空气自全部吸收器均匀地通过。然后自灯4上取下灯罩，将所有灯点燃，放在各烟道3的下面，使灯芯管的边缘不高过烟道下边8mm处点灯时须用不含硫的火苗，例如酒精灯火苗(不许用火柴点灯)。每个灯火焰高度须调整为6~8mm。调整火焰高度时，用针挑拨里面的灯芯。在所有的吸收器中，吸空气的速度要保持均匀，并用螺旋夹调整，使火焰不带黑烟。

② 使每个灯里的试样完全燃尽。如果是用正庚烷或95%乙醇或汽油稀释过的试样，当燃尽后，就再向灯中注入1~2mL标准正庚烷或95%乙醇或汽油，使其全部燃尽。

③ 试样燃尽后再将灯熄灭，盖上灯罩，经过5~6min后，关闭水流泵。

④ 拆开仪器并以洗瓶中的蒸馏水喷射洗涤液滴收集器、烟道及吸收器上部。将洗涤的蒸馏水收集于曾在其中用0.3%碳酸钠溶液吸收二氧化硫的吸收器中。在吸收器中加入1~2滴指示剂，如此时吸收器中的溶液呈红色，则认为此次试验无效，应重做试验。此时应减少燃烧的试样量。

⑤ 加入指示剂后，以0.05mol/L盐酸溶液滴定。为了在滴定时搅拌溶液，在吸收器的玻璃管处接上橡皮管，并用橡皮球或泵对溶液进行打气或抽气搅拌。

先将空白试液(正庚烷或95%乙醇或汽油燃烧后所生成物质的吸收液)滴定至呈现红色为止，作为空白试验。然后滴定含有试验燃烧生成物的各溶液。当溶液呈现出与已滴定的空白试验所呈现同样的红色时，即为滴定已到终点。另用0.3%碳酸钠溶液进行滴定，与空白试验进行比较。这两次所消耗的0.05mol/L盐酸溶液的体积之差，如超过0.05mL即证明空气中已染有硫分。在此种情况下，该试验作废，待实验室通风后另行测定。

⑥ 试样的燃烧量依下法测定：燃烧未稀释的试样时，当燃烧完毕后，将灯放在分析天平上称量(称准至0.0004g)。并计算盛有试样的灯在试验前的质量与该灯在燃烧后的质量间的差数，作为试样的燃烧量。

燃烧稀释过的试样时，计算盛有试样灯的质量与未装试样的清洁、干燥灯的质量间的差数，作为试样的燃烧量。

9.3.2.6 计算

试样中硫含量X(%)按下式计算：

$$X=\frac{(V-V_1)K\times 0.008}{G}\times 100 \tag{9-11}$$

式中，V为滴定空白试液所消耗盐酸溶液的体积，mL；V_1为滴定吸收试样燃烧生成物的溶液所消耗盐酸溶液的体积，mL：K为换算为0.05mol/L盐酸浴液的修正系数(盐酸的实际摩尔浓度与0.05mol/L之比值)；0.0008为单位体积0.05mol/L盐酸溶液所相当的硫含量，g/mL；G为试样的燃烧量，g。

9.3.2.7　精密度

重复测定两个结果间差数r，当硫含量$S\% \leq 0.1$时，r不大于0.006%；当$S\% > 0.1$时，r不大于最小测定值的6%。

9.3.2.8　报告

取重复测定两个结果的算术平均值，作为试样的硫含量。

9.3.2.9　影响因素及注意事项

① 试样在燃灯中能否燃烧是至关重要的一步，因此试验方法规定了燃烧时火焰的高度、空气通过的速度、燃烧时火焰不能带黑烟，以及保证试样要完全燃尽。

② 燃灯法测定过程中，要注意周围环境的影响，点灯火源要注意不含硫，吸收液不含硫，必须做空白试验。

9.3.3　铜片腐蚀测定

9.3.3.1　目的意义

铜片腐蚀测定的目的意义：掌握测定航空汽油、喷气燃料、车用汽油、天然汽油或在37.8℃时蒸气压不大于124kPa(930mmHg)的其他烃类对铜的腐蚀程度的测定原理和方法。某些石油产品，特别是天然汽油，其蒸气压比车用汽油或航空汽油的蒸气压更高。因此，不要把装有高蒸气压的天然汽油或其他产品的试验弹放在100℃浴中。

9.3.3.2　方法原理

引用标准：《石油产品铜片腐蚀试验法》(GB/T 5096—2017)。

把一块已磨光好的铜片浸没在一定体积的试样中，并按试样的产品类别加热到指定的温度，保持一定的时间。待试验周期结束时，取出铜片，经洗涤后与腐蚀标准色板进行比较，确定腐蚀级别。

9.3.3.3　仪器、材料和试剂

① 不锈钢制试验压力容器：应能承受700kPa试验压力，密封性好，能够放入外径为25mm、长为150mm的试管。

② 铜片纯度大于99%的电解铜。宽12.5mm，厚1.5~3.0mm，长75mm，铜片可重复使用。但当铜片表面出现有不能磨去的坑点或深道痕迹，或处理过程中表面发生变形时，就不能再用。

③ 试管：长150mm，外径25mm，壁厚1~2mm。

④ 水浴或其他液体浴(或铝块浴)：能维持所需温度。有合适的支架能支持试验弹保持在垂直的位置，并使整个试验弹能浸没在浴液中。有合适的支架能支持住试管在垂直位置，并浸没至溶液中约100mL深度。光线对试验结果有干扰，因此，在试管中进行试验时，水

浴应该用不透明材料制成。

⑤ 磨片夹钳或夹具：供磨片牢固地夹住铜片而不损坏边缘，并使其铜片表面能高出夹具表面。

⑥ 观察试管：扁平形。在试验结束时，供检验用或在储存期间供盛放腐蚀的铜片用。

⑦ 试验弹：用不锈钢制作，并能承受 689kPa(5168mmHg) 试验表压。

⑧ 温度计：全浸，最小分度 1℃或小于 1℃，供指示所需的试验温度用。所测温度点水银线伸出浴介质表面应不大于 25mm。

⑨ 洗涤溶剂：只要在 50℃，试验 3h 不使铜片变色的任何易挥发、无硫烃类溶剂均可以使用。合适的溶剂有抗爆性试验用异辛烷或标准异辛烷，也可选用分析纯石油醚(90～120℃)或符合《橡胶工业用溶剂油》(SH 0004—1990)要求的溶剂。

注：在有争议时，应该用分析纯异辛烷或标准异辛烷。

⑩ 磨光材料：65μm(240 粒度)的碳化硅或氧化铝(刚玉)砂纸(或砂布)，105μm(150 目)的碳化硅或氧化铝(刚玉)砂粒。

注：有争议时，用碳化硅材质的磨光材料。

⑪ 其他材料：不锈钢镊子、脱脂棉、无灰滤纸、烧杯。

⑫ 腐蚀标准色板：由全色加工复制而成。它是一块铝薄板上印刷四色加工而成的，腐蚀标准色板是由代表失去光泽表面和腐蚀增加程度的典型试验铜片组成的。

为了避免色板可能褪色，腐蚀标准色板应避光存放。试验用的腐蚀标准色板要用另一块在避光下仔细保护的腐蚀标准色板与它进行比较来检查其褪色情况。在散射的日光(或与散射的日光相当的光线)下，对色板进行观察：先从上方直接看，然后再从 45°角看。如果观察到有任何褪色的迹象，特别是在腐蚀标准色板的最左边的色板有这种迹象，则废弃这块色板。

检查褪色的另一种方法：当购进新色板时，把一条 20mm 宽的不透明片(遮光片)放在这块标准色板带颜色部分的顶部。把不透明片经常拿开，以检查暴露部分是否有褪色的迹象。如果发现有任何褪色，则应该更换这块腐蚀标准色板。

如果塑料板表面显示出过多的划痕，则应该更换这块腐蚀标准色板。

腐蚀标准色板的分级要求见表 9-33。

表 9-33 腐蚀标准色板的分级

分级	名称	[a]
新磨光的铜片	—	[b]
1	轻度变色	① 淡橙色，几乎与新磨光的铜片一样 ② 深橙色
2	中度变色	① 紫红色 ② 淡紫色 ③ 带有淡紫蓝色或银色，或两种都有，并分别覆盖在紫红色上的多彩色 ④ 银色 ⑤ 黄铜色或金黄色

续表

分级	名称	a
3	深度变色	① 洋红色覆盖在黄铜色上的多彩色 ② 有红和绿显示的多彩色(孔雀绿)，但不带灰色
4	腐蚀	① 透明的黑色、深灰色或仅带有孔雀绿的棕色 ② 石墨黑色或无光泽的黑色 ③ 有光泽的黑色或乌黑发亮的黑色

注：a. 铜版腐蚀标准色板是由表中这些说明所表示的色板组成的。b. 此系列中所包括的新磨光铜板，仅作为试验前磨光铜片的外观标志。即使是一个完全不腐蚀的试样经试验后也不可能重现这种外观。

9.3.3.4 试片的制备

(1) 表面准备。为了有效达到预期的结果，需先用碳化硅或氧化铝(刚玉)砂纸(或砂布)把铜片6个面上的瑕疵去掉。再用65μm(240粒度)的碳化硅或氧化铝(刚玉)砂纸(或砂布)处理，以除去在此之前用其他等级砂纸留下的打磨痕迹。用定量滤纸擦去铜片上的金属屑后，把铜片浸没在洗涤溶剂中。铜片从洗涤溶剂中取出后，可直接进行最后磨光，或储存在洗涤溶剂中备用。

(2) 最后磨光。从洗涤溶剂中取出铜片，用无灰滤纸保护手指来夹拿铜片。取一些105μm(150目)的碳化硅或氧化铝(刚玉)砂粒放在玻璃板上，用一滴洗涤溶剂湿润，并用一块脱脂棉，蘸取砂粒。用不锈钢镊子夹持铜片，千万不能接触手指。先摩擦铜片各端边，然后将铜片夹在夹钳上，用沾在脱脂棉上的碳化硅或氧化铝(刚玉)砂粒磨光主要表面。磨时要沿铜片的长轴方向，在返回来磨以前，使动程越出铜片的末端。用一块干净的脱脂棉使劲地摩擦铜片，以除去所有的金属屑，直到用一块新的脱脂棉擦拭时不再留下污斑为止。当铜片擦净后，马上浸入已准备好的试样中。

注：为了得到一个均匀的腐蚀色彩铜片，均匀地磨光铜片的各个表面是很重要的。如果边缘已出现磨损(表面呈椭圆形)，则这些部位的腐蚀大多显得比中心厉害得多。使用夹钳会有助于铜片表面磨光。

9.3.3.5 取样

(1) 对会使铜片造成轻度变暗的各种试样，应该储存在干净的深色玻璃瓶、塑料瓶或其他不致影响到试样腐蚀性的合适容器中。镀锡容器会影响试样的腐蚀程度，因此不能使用镀锡铁皮容器来储存试样。

(2) 容器尽可能装满试样，取样后立即盖上。取样时要小心，防止试样暴露于直接的阳光下，甚至是散射的日光下。实验室收到试样后，在打开容器后应尽快进行试验。

(3) 如果在试样中有悬浮水(浑浊)，则用一张中速定性滤纸把足够体积的试样过滤到一个清洁、干燥的容器中。此操作尽可能在暗室或避光的屏风下进行。在整个试验进行前、试验中或试验结束后，铜片与水接触会引起变色，使铜片评定造成困难。

9.3.3.6 试验步骤

(1) 试验条件。不同的产品采用不同的试验步骤，分述如下。某些产品类别很宽，可以在多于一组的条件下进行试验。在这种情况下，对规定的某一个产品的铜片质量要求，将限制在单一的一组条件下进行试验。下面叙述的时间和温度大多数是通常使用的条件，如表9-34中的石油产品铜片腐蚀的试验条件。

表9-34 不同的石油产品铜片腐蚀的试验条件

油品	试验温度/℃	试验时间	试验材料
航空汽油、喷气燃料	100±1	2h±5min	试管、试验弹
天然汽油	40±1	3h±5min	试管、试验弹
柴油、燃料油、车用汽油	50±1	3h±5min	试管
溶剂油、煤油、润滑油	100±1	3h±5min	试管

注：润滑油还可以在改变了的试验时间和温度下进行试验，建议从120℃起，以30℃为一个平均增量向上提高温度。

① 航空汽油、喷气燃料、汽油。把完全经过清澈和无任何悬浮水或无内含水的试样倒入清洁、干燥的试管中30mL刻线处，并经过最后磨光的干净的铜片在1min内浸入该试管的试样中，用一个有排气孔(打一个直径为2~3mm小孔)的软木塞塞住试管。把该试管小心地滑入试验弹中，并把弹盖旋紧。将试验弹完全浸入已维持规定温度的水浴中，在浴中放置相应时间后，取出试验弹，并在自来水中冲几分钟。打开试验弹盖，取出试管，检查铜片。

② 柴油、燃料油、车用油、溶剂油、煤油、润滑油。把完全经过清澈和无任何悬浮水或无内含水的试样倒入清洁干燥的试管中30mL刻线处，并经过最后磨光的干净的铜片在1min内浸入该试管的试样中，用一个有排气孔(打一个直径为2~3mm小孔)的软木塞塞住试管。将试验完全浸入已维持规定温度的浴中。在试验过程中，试管内容物要防止强烈的光线。在浴中放置相应时间后，取出试管，检查铜片。

(2) 铜片的检查。把试管的内容物倒入150mL高型烧杯中，倒时要让铜片轻轻地滑入，以避免碰破烧杯。用不锈钢镊子立即将铜片取出，浸入洗涤剂中，洗去试样。立即取出铜片，用定量滤纸吸干铜片上的洗涤溶剂。把铜片与腐蚀标准色板比较来检查变色或腐蚀迹象。比较时，把铜片和标准色板对光线成45°折射的方式拿持，进行观察。如果把铜片放在扁平试管中，要避免夹持的铜片在检查和比较过程中留下斑迹和弄脏。扁平试管要用脱脂棉塞住。

9.3.3.7 结果表示与判断

① 按表9-33中所列的腐蚀标准色板进行分级，某一个腐蚀级表示试样的腐蚀性。

② 当铜片分级介于两种相邻的标准色板之间的腐蚀级时，则按其变色严重的腐蚀级判断试样，当铜片出现有比标准色板中的1b还深的橙色时，则认为钢片仍属1级；但是，如果观察到有红色时，则观察的铜片判断为2级。

③ 2级中紫红色铜片可能被误认为黄铜色完全被洋红色覆盖的3级。为了区别这两个级别，可以把铜片浸没在洗涤溶剂中。2级会出现橙色，而3级不变色。

④ 为了区别2级和3级中多种颜色的铜片，把铜片放入试管中，并把这支试管平躺在315~370℃的电热板上4~6min，另外用一支试管，放入一支高温蒸馏用温度计，观察这支温度计的温度来调节电炉的温度。如果铜片呈现银色，然后再呈现为金黄色，

则认为铜片属 2 级。如果铜片出现如 4 级所述透明的黑色及其他各色，则认为铜片属 3 级。

⑤ 在加热浸提过程中，如果发现手指印或任何颗粒、水滴而弄脏了铜片，则需重新进行试验。

⑥ 如果沿铜片的平面的边缘棱角出现一个比铜片大部分表面腐蚀级还要高的腐蚀级别的话，则需要重新进行试验。这种情况大多是由磨片时磨损了边缘而引起的。

⑦ 结果判断：如果重复测定的两个结果不相同，则重新进行试验。当重新试验的两个结果仍不相同时，则按变色严重的腐蚀级来判断试样。

9.3.3.8　报告

按表 9-33 级别中的一个腐蚀级报告试样的腐蚀性，并报告试验时间和试验温度。

9.3.3.9　影响因素及注意事项

① 仪器在通电前，必须先在恒温浴缸内加好水，浴缸内未加液体时，切记不可通电工作，加热器切不可在无液体的空气中使用。

② 铜片处理不恰当直接影响试验的结果，因此，均匀地磨光铜片的各个表面很重要，如果边缘已出现磨损，则这些部位的腐蚀大多显得比中心厉害得多。使用夹钳会有助于铜片的表面磨光，若铜片经磨光处理仍有痕迹则需要更换。

9.4　洁净性能检测

9.4.1　固体污染污染物测定

9.4.1.1　目的意义

喷气燃料固体颗粒污染物引发的事故不断增加，所引起的环境污染问题越来越引起关注。美国联邦航空局(FAA)、国际航协(IATA)、联营系统(AFQRJOS)和我国标准规定加入到飞机油箱的燃料中固体颗粒含量不得超过 1mg/L，因此对喷气燃料中固体颗粒含量的测定非常重要。

9.4.1.2　方法原理

参考标准：《喷气燃料固体颗粒污染物测定法》(SH/T 0093—1991)。

在规定的条件下，将已知体积的试样经玻璃砂芯过滤装置过滤、冲洗和干燥之后测试过滤膜片质量的增加，微孔薄膜过滤片上的增重物即为试样的总污染物含量，以 mg/L 表示。

也要测定位于试验过滤膜片下面的控制过滤膜片重量变化。由试验过滤膜片相对于控制过滤膜片的重量增加测量污染程度。

如试样需测定微孔薄膜过滤片颜色评级及过滤时间，用附录 B 方法。

9.4.1.3　位器、材料和试剂

(1) 仪器：仪器及要求见表 9-35。

表 9-35 仪器及要求

名称	要求
分析天平	感量 0.1mg
烘箱	不应用空气循环风扇，控制温度为(90±5)℃
培养皿	直径 125mm，内有可移动的玻璃支架
镊子	端头扁平，无锯齿
真空系统	真空度不小于 80kPa
吸滤瓶	5L
玻璃砂过滤装置	见图 9-9
溶剂过滤器	见图 9-10

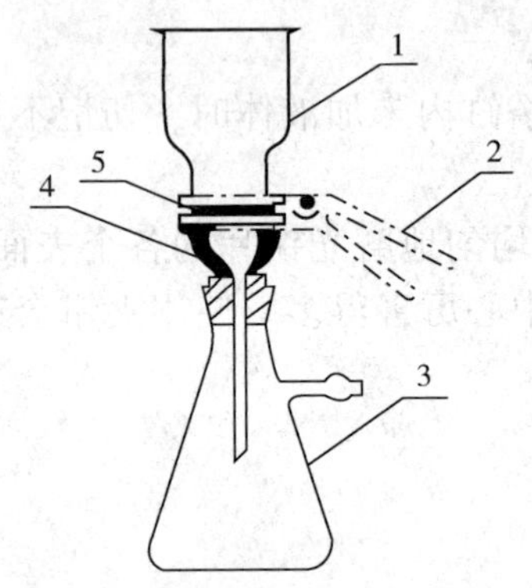

图 9-9 玻璃砂芯过滤装置

1—漏斗；2—铝金属夹；3—吸滤瓶；4—砂芯漏斗；5—膜滤片。

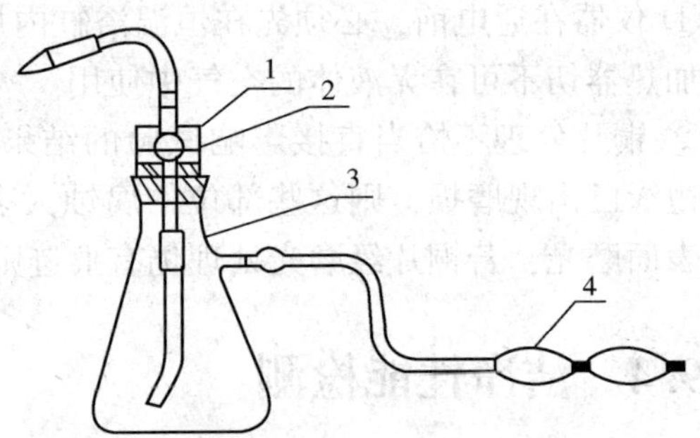

图 9-10 溶剂过滤器

1—不锈钢膜滤片夹具；2—过滤片；3—吸滤瓶；4—二联球。

固体颗粒污染物过滤器，为一个圆筒形玻璃漏斗，分上下两部分。中间是一个圆形的聚四氟乙烯垫圈，圈的中心有一个圆形的玻璃砂芯，起衬垫支撑滤膜用。砂芯上面放规定孔径和直径的微孔薄膜过滤片(简称膜滤片)及耐油橡胶环形圈，下面嵌有 O 形橡胶密封圈，橡胶圈用于密封。然后用铝合金钳夹住上述器件，即组成一个规定孔径和过滤面积的漏斗，并使漏斗插入 5L 吸滤瓶上口的橡胶塞孔内，组成整套玻璃砂芯过滤装置。

溶剂过滤器用两个不锈钢漏斗口对口，中间放一个不锈钢网，为衬垫支撑膜滤片用，不锈钢网上面放膜滤片，然后把上述器件用螺母夹紧，组成一个溶剂过滤通道。夹紧后有膜滤片一端向下插入 500mL。吸滤瓶胶塞上，不锈钢网一端在上方(为便于装配，装配时与上述反向)。吸滤瓶吸口上装上二联球，即组成一个适用的溶剂过滤器。

(2) 材料和试剂：材料试剂及其要求见表 9-36。

表 9-36 材料和试剂及要求

名称	要求
微孔薄膜滤片	两张，平面直径 47~50μm，名义孔径 0.8μm，每张膜滤片质量不得超过 0.1g
石油醚	分析纯，30~60℃

9.4.1.4 准备工作

(1) 取样。按 GB/T 4756—2015 进行取样，试样量为 4~5L，精确至 0.1L。

(2) 仪器准备：

① 用清洗剂清洗玻璃砂芯过滤装置、培养皿和玻璃支架，然后用自来水、蒸馏水冲洗。

② 用溶剂过滤器使经过滤过的石油醚淋洗上述仪器。

③ 经数秒后，置于烘箱中干燥，并用经溶剂过滤器冲洗过的塑料布盖好。

(3) 膜滤片准备

① 用镊子小心地将两张膜滤片浸于盛有约 100mL、经过滤过的石油醚的培养皿中浸泡约 20min。

② 用镊子小心地将两张膜滤片分别放在两个有标记的培养皿中。为便于夹取，膜滤片应倾靠在皿内的玻璃支架上。

③ 将两个培养皿稍微打开，放在(90±5)℃的烘箱中干燥 30min。

④ 从烘箱中取出两个培养皿，至于天平附近待称，皿盖微开，40min 后用镊子分别夹住膜滤片边缘放在天平上称量，注意膜滤片要放在称量盘中间。

⑤ 用镊子分别把两张膜滤片夹在玻璃砂芯过滤装置的对接处，上面那张称为试验膜滤片，下面那张称为控制膜滤片，然后用铝金属夹夹住玻璃砂芯过滤装置。

9.4.1.5 实验步骤

(1) 设备检查：

① 按要求组装两个过滤器。溶剂过滤器安装，先按工艺性试验要求把过滤器器件清洗干净，然后依次把 500mL 吸滤瓶塞上带孔的橡胶塞，把不锈钢漏斗插入胶塞，依次放上不锈钢、膜滤片、胶圈、不锈钢漏斗，旋紧螺母。然后拔出倒放(即有膜滤片一面在下方，不锈钢网一面在上方)插入吸滤瓶胶塞孔内，插入到所需深度。吸滤瓶吸口上装上二联球，即组成溶剂过滤器。

固体颗粒污染物过滤器安装，先按工艺性试验要求把过滤器器件清洗干净。然后依次把 5L 吸滤瓶塞上带孔的橡胶塞，把漏斗座的玻璃管插入胶塞孔内，漏斗座上方放上聚四氟乙烯 O 形圈(中心孔内先装好玻璃砂芯)，有橡胶 O 形圈一面放在下方，上方放上膜滤片，放上胶圈，再放上漏斗器。上述器件对准对圆，用铝合金夹夹住上述器件即组成为过滤器。

② 采用符合 SH/T 0093 试验方法要求的电动吸引器。

③ 确认质量为 0.1mg 的分析天平状态正常。

④ 确认真空系、烘箱正常。

⑤ 依次用清洗剂、自来水、蒸馏水、石油醚冲洗玻璃砂芯，培养皿和玻璃支架。

⑥ 烘干备用。

(2) 试剂准备：石油醚，分析纯。必须用溶剂过滤器进行过滤处理。

(3) 膜片准备：

① 准备两张膜片，直径为 47~50mm，孔径 0.8μm，每张质量不得超过 0.1g；

② 用 100mL 的石油醚浸泡膜片约 20min；

③ 在(90±5)℃下将膜片烘 30min；

④ 取出后，在天平附近冷却 40min；

⑤ 称量，在过滤滤芯中装好膜片。

(4) 过滤：

① 剧烈摇动试样瓶半分钟，并先将一部分试样倒入过滤器漏斗中。

② 开动真空泵过滤 4L 试样，3min 后系统的真空度应达到 80kPa。

③ 在每加一次试样前都要搅拌试样，并始终持玻璃砂芯过滤装置的斗内有一液压头。

④ 试样滤完后，记录过滤试样体积，并用溶剂过滤器，用至少 50mL 的石油醚冲洗试样瓶内壁，再全部倒入砂芯过滤装置漏斗中，使污染物尽量全部转移到膜滤片上。

⑤ 系统放空后，停真空泵。通过溶剂过滤器用石油醚冲洗砂芯过滤装置斗内壁，并让石油浸没膜滤片约 30s。然后再开动真空泵，待石油醚全部抽出后数秒钟，再停真空泵放空。

(5) 烘干称重

① 小心地卸下铝金属夹和漏斗，用镊子小心地从砂芯过滤装置斗座上取下试验膜滤片及控制膜滤片，并分别放在两个有标记的带盖的培养皿中。

② 将膜片放在(90±5)℃的烘箱中烘 30min，冷却 40min。

③ 干燥称量膜滤片，注意不要扰动膜滤片表面上的污染物。

(6) 记录

记录过滤前后膜片的质量，做平行试验。

9.4.1.6 计算

试样的固体颗粒污染物含量 X(mg/L)按下式计算：

$$X=\frac{(m_1-m_2)-(m_3-m_4)}{V}\times 1000 \tag{9-12}$$

式中，m_1为试验膜滤片经试验后的质量，g；m_2为试验膜滤片未经试验的质量，g；m_3为控制膜滤片经试验后的质量，g；m_4为控制膜滤片未经试验的质量，g；V为过滤试样所用的实际体积，L。

9.4.1.7 精密度

(1) 重复性：同一操作者重复测定两个结果之差不应大于表 9-37 所示数值。

表 9-37 重复性

固体颗粒污染物含量/(mg/L)	重复性/(mg/L)
<0.5	0.3
0.5~1.0	0.4
>1.0	0.6

9.4.1.8 报告

取重复测定两个结果的算术平均值作为测定结果，取至 0.01mg/L。

9.4.2　水分离指数

9.4.2.1　目的意义

喷气燃料中常常会添加抗氧剂、抗静电剂和抗磨剂等表面活性物质，对燃料的水分离指数有较大影响，导致油水不易分离、水分不易沉降等问题，特别是喷气燃料在加注到飞机油箱中时，水分离指数低会影响飞机燃油系统脱水效果，在高空低温状态下极易导致燃料中的水分结冰，严重时可引起发动机熄火，造成飞行事故。国内外喷气燃料的产品标准都对水分离指数提出了要求。GB 6537—2018 要求在添加抗静电剂前后的水分离指数分别为85 和 70。测定水分离指数是一种测定喷气燃料中存在表面活性剂的方法，也是评价喷气燃料洁净性的方法，在保障喷气燃料质量和飞行安全中具有非常重要的意义。

9.4.2.2　方法原理

参考标准：SH/T 0616—1995《喷气燃料水分离指数测定法(手提式分离仪法》。以手提式微型分离仪为例，水和燃料样品的乳化是在一个注射器中使用高混合器进行的。随后，乳化液从注射器中以预定的速度压出，通过一个标准玻璃纤维聚结器，测定流出燃料的透光度以确定喷气燃料的水分离指数，透光度值以 0~100 数值来表示，以最接近的整数来报告。透光度值高表示燃料中的水易被聚结，意味着燃料中含有较少的表面活性物质，洁净性较强。反之，洁净性较弱。试验在 5~10min 内就能完成。

此方法适用于水分离指数为 50~100 的 1、2、3 号喷气燃料，以及宽馏分和高闪点喷气燃料。本标准包括方法 A 和方法 B。两者的区别是：水和燃料的乳化液经过标准玻璃纤维聚结器的流速不同，即乳化液压过聚结器所需的时间不同，方法 A 为(45±2)s，方法 B 为(25±1)s。不同燃料选择不同的方法，如表 9-38 评定结果与 GB/T 11129 评定结果相同。

表 9-38　不同喷气燃料选择的方法

燃料类型	选择方法	燃料类型	选择方法
1 号喷气燃料	A	高闪点喷气燃料	A
2 号喷气燃料	A	宽馏分喷气燃料	B
3 号喷气燃料	A		

9.4.2.3　仪器、材料与试剂

(1) 仪器：手提式 Mark V Deluxe 1140 型微型分离仪和附属设备。

(2) 材料和试剂：材料和试剂及要求见表 9-39。

表 9-39　材料和试剂及要求

名称	要求
参比基础液	不含表面活性剂的清洁的烃类燃料，用于校正仪器
蒸馏水	不含任何表面活性剂
分散剂	气溶胶 OT，固体(100%干剂)：二-2-乙基己基磺基琥珀酸钠。配成 1mg 气溶胶 OT/mL 的甲苯溶液
甲苯	分析纯

9.4.2.4 试验准备

(1) 仪器准备。将仪器放置于一个干净的工作台上，环境温度处于 18~29℃，变化不超过±3℃。

接通电源。准备好需要的注射器、直颈瓶、铝质聚结器、注射器堵头、微量注射器助丝及盛有蒸馏水的洁净容器。使用试验方法 A 或 B，聚结试验阶段注射器推动器推进时间应分别在(45±2)s 或(25±1)s 的范围内。

(2) 参比液准备。为校验微型分离仪的操作性能，配制参比液。用移液管定量吸取 0.2mL、0.4mL、0.6mL、0.8mL、1.0mL 和 1.2mL 分散剂，分别加入到已准备好的每 1L 参比基础液中而配成。适用于 1 号、2 号、3 号喷气燃料和高闪点喷气燃料的方法 A 评定结果见表 9-40，适用于宽馏分喷气燃料的方法 B 评定结果见表 9-40。参比液应按试验步骤所述操作方式进行试验。如果评定结果不在表 9-40 所列范围内，参比液则应废弃，需配制新的参比液并重复测定。注意：①不能选用有吸附性的容器盛放参比液，因添加剂可能被器壁吸附，评定结果明显增加。考虑到容器内壁的影响，参比液最多只能存放 24h。②对新仪器和更换主要零件及发生异常时，要用参比液进行验证，其结果符合表 9-40 要求时，方可进行试验样品的测定。

表 9-40 使用方法 A 和 B 不同浓度参比液的水分离指数可接受范围

分散剂浓度/(mL/L)		标准评定结果	可接受结果的范围	
			最小	最大
方法 A	0	99	97	100
	0.2	89	82	94
	0.4	80	69	88
	0.6	72	59	83
	0.8	65	51	88
方法 B	0	99	93	100
	0.2	88	83	93
	0.4	81	76	86
	0.6	74	69	79
	0.8	69	64	74
	1.0	64	59	69
	1.2	60	55	65

(3)试样准备。试验样品不能预先过滤，因为过滤介质可能会除去很多表面活性剂，这些表面活性剂正是要检测的。如果试验样品被颗粒物质污染，试验前应将这些物质从试验样品中沉淀出去。

不管是直接放入试验注射器还是放入样品容器，取样都要十分当心和保持清洁。从容器倒出试验样品前，彻底擦净容器出口，将试验样品注入洁净烧杯或直接注入试验注射器筒中。若试样温度未在 18~29℃范围内，将其静置到该温度。

9.4.2.5　试验步骤

① 选择方式 A 或方式 B 进行操作。接通电源，按下 ON 按钮，接通电路。然后根据所选方式 A 或方式 B 操作，设置正确的注射器推动速度。

② 从一个新的 50mL 注射器上拔出柱塞，将注射器堵头插入注射器筒圆锥底部，在注射器筒中加大约 50mL 试验样品，将注射器和筒放在乳化器架上并旋转锁住。确保注射器筒正好与搅拌器处于同一轴线，而不接触搅拌桨。

③ 按下 START 按钮，清洗过程开始。

④ 用量筒取 15~20mL 试验样品加入一个新的直颈瓶中，擦净瓶的外表，并将其插入浊度计池中，使瓶上的黑色标记与控制板上的刻线对齐。

⑤ 在清洗过程结束，搅拌马达停止转动时，从乳化器上取下注射器筒，倒掉其中试验样品，并将注射器筒内试验样品彻底排干，然后按注射器筒上标的 50mL 刻线准确量取 50mL 试验样品。手持注射器筒时，应使试验样品尽可能少地被体温加热。

⑥ 用 50μL 微量注射器移取 50μL 蒸馏水，加入注射器筒内的试验样品中，使微量注射器针头的尖端刚好浸到注射器筒中心的试验样品液面下，以确保水滴排干净并沉到底部。将注射器筒放到乳化器架上，并旋转锁住。确保注射器筒正好与搅拌器轴成同心直线。

⑦ 当注射器就位后，按下 START 按钮，所列自动试验程序便开始。待仪器测试完成后读取并记录数据。

操作员动作和仪器自动测试试验程序动作对照见表 9-41。

表 9-41　操作员动作和仪器自动测试试验程序动作

微型分离仪动作	操作员动作	时间			
		程序/s		计时/(min：s)	
		方式		方式	
		A	B	A	B
启动程序	按下启动开关	0	0	0	0
脉冲声	准备读数	4	4		
读数开始	满量程调整 1	10	10	0：14	0：14
乳化开始	观察乳化	30	30	0：44	0：44
无动作	将乳化样品放入注射器推动器	30	30	1：44	1：44
脉冲声	准备读数	4	4	1：18	1：18
读数开始	满量程调整 2	10	10	1：28	1：28
注射器推动器开始下降	聚结阶段收集样品	45	25	2：13	1：53
无动作	样品放入浊度计池中	56	56	3：09	2：49
持续声	准备读数	4	4	3：13	2：53
读数开始	读结果	5	5	3：18	2：58
1s 信号声音	记录结果	5	5	3：23	3：03

9.4.2.6 报告

方法 A 和方法 B 均需重复测定两次，并以两次的算术平均值作为试验结果。

9.4.2.7 精密度

（1）方法 A：

① 重复性：用喷气燃料制备的含有分散剂的参比液的重复性见图 9-11；喷气燃料试样的重复性见图 9-12。

② 再现性：用喷气燃料制备的含有分散剂的参比液的再现性见图 9-11；喷气燃料试样的再现性见图 9-12。

（2）方法 B：

① 重复性：用喷气燃料制备的含有分散剂的参比液的重复性不大于 9；喷气燃料试样的重复性不大于 16。

② 再现性：用喷气燃料制备的含有分散剂的参比液的再现性不大于 10；喷气燃料试样的再现性不大于 19。

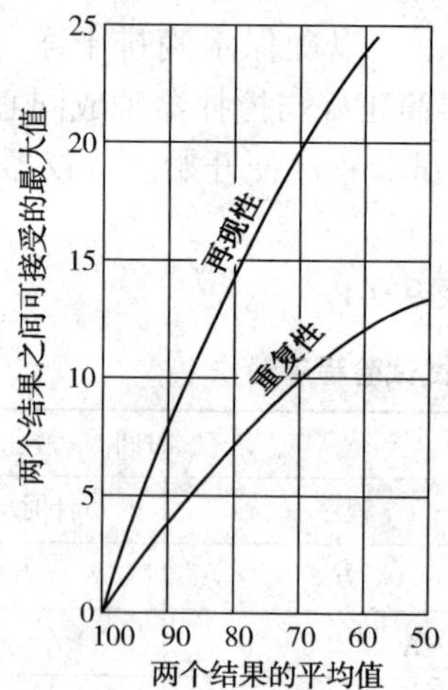

图 9-11 喷气燃料制备的含分散剂的参比液，用方法 A 测得的结果的重复性和再现性

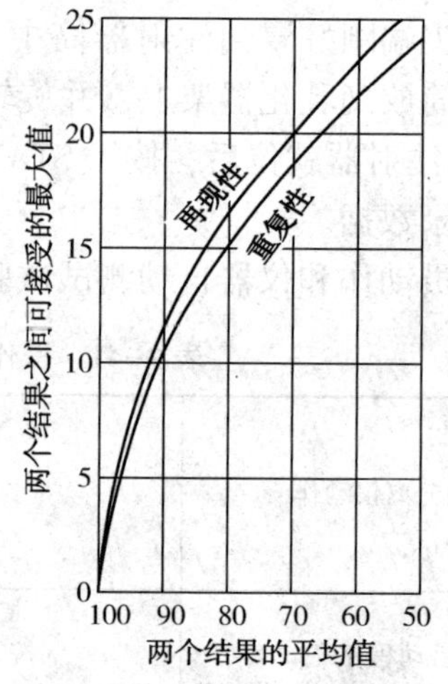

图 9-12 喷气燃料试样用方法 A 测得的结果的重复性和再现性

9.4.2.8 影响因素及注意事项

① 喷气燃料的水分离指数对混入的表面活性物质和其他杂质非常敏感，试验前确保所有试验器皿和仪器附件清洁干燥；

② 对于含有固体颗粒物的试样，不应采取过滤措施，应通过沉降来除去；

③ 在试验过程中，避免混入任何表面活性物质和其他杂质；

④ 试验温度对水分离指数影响较大，试样的温度和试验过程中的温度条件应符合标准方法要求。

9.4.3 实际胶质

9.4.3.1 目的意义

石油基燃料由链烷烃、环烷烃、烯烃和芳香烃等组成，在储存过程中，其中的不饱和烃会与氧气反应，生成大分子量的难挥发性胶质。此外，胶质中还可能含有人为掺进的非挥发性的油品添加剂和非人为混入的固体颗粒污染物。胶质含量过高，燃料易在发动机的部件上产生沉积物，可能造成油路堵塞、进气门黏结、积炭增加和功率降低等不良影响。

实际胶质是评价发动机燃料在使用时生成胶质倾向的指标，能够反映燃料的安定性和洁净性。为保证燃料的质量，提高燃油经济性，保障飞行安全，测定航空燃料中的实际胶质具有非常重要的意义。

9.4.3.2　方法原理

参考标准：GB/T 509—1988《发动机燃料实际胶质测定法》。

将25mL试样在规定的仪器、温度和空气流的条件下蒸发，再把所得残渣称重，并以100mL试样中所含实际胶质毫克数(mg/100mL)来表示。

9.4.3.3　仪器、材料和试剂

(1) 仪器：仪器及要求如表9-42所示。

表9-42　仪器及要求

名称	要求
油浴	图9-13油浴带有电热装置，能将浴中的油加热到150℃、180℃和250℃，并能在试验期内保持温度恒定
无嘴高型玻璃烧杯	容量100mL，外径47~48mm，高度(85±2)mm
量筒或吸管	25mL
流速计	有60L/min流速的刻度，经过300次试验至少校正一次
空气过油器	内装棉花和玻璃珠
温度计	0~360℃，可选用GB 514中开口闪点1号温度计
鼓风机或空气压缩机	能够供给试验时所需的空气流速。

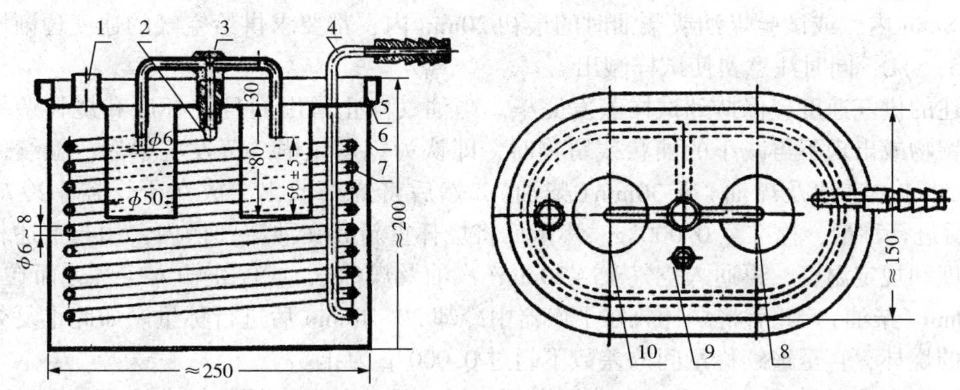

图9-13　油浴示意图

1、9—浴盖上孔；2、4、7—定管；5—浴盖；6—椭圆形钢制容器；8、10—凹槽。

（2）材料和试剂：材料试剂及要求见表 9-43。

表 9-43　材料试剂及要求

名称	要求	名称	要求
矿物油	开口闪点≥310℃	乙醇	化学纯，95%
苯	化学纯	乙醇-苯混合液	体积比 1∶4
丙酮	化学纯	硫酸钠	化学纯

9.4.3.4　试验准备

① 用滤纸过滤试样，试样含有明显的水时，先在试样内加入新煅烧的硫酸钠，摇动 10~15min 后再过滤。

② 向油浴注入适量的矿物油，要求在盖上浴盖后加热到试验的温度时能将油浴装满。

③ 用软木塞将温度计插在浴盖上的孔口中，使水银球距离盖面 40~50mm。测定汽油的实际胶质含量时，预先将浴中矿物油加热到(150±3)℃；测定煤油时加热到(180±3)℃，测定柴油时加热到(250±3)℃。

④ 测定实际胶质所用的烧杯，在试验前必须用表 9-43 任一种溶剂仔细洗涤。然后在预先加热到规定温度的油浴上，将烧杯放在凹槽中经过 15min，再将烧杯放在干燥器中冷却 30~40min。称量烧杯的质量，称准至 0.0002g。将烧杯重复进行干燥、称量，直至连续称量间的差数不超过 0.0004g 为止。

⑤ 在油浴上，旋管导入空气的一端，要通过流速计和装有棉花的空气过滤器与空气供应装置连接。

9.4.3.5　试验步骤

① 用量筒或吸管量取 25mL 试样两份，分别注入已恒重的烧杯中，然后将烧杯放在已加热到规定温度的油浴凹槽内。此后，在浴盖中央的旋管一端，安放三通管，要求导气管下端距离试样表面(30±5)mm。

② 向两个烧杯通入空气时，流速计指示的最初速度应为每分钟(20±2)L。试验汽油时的最初 8min 内，或试验煤油或柴油时的最初 20min 内，都要求供给空气的速度逐渐增到每分钟(55±5)L，同时注意勿使试样溅出。

上述的供气速度应保持到试样蒸发完毕。当油气停止冒出而且烧杯底和烧杯壁呈现干燥的残留物或出现不再减小的油状残留物时，即认为蒸发完毕。蒸发完毕后，继续通入空气 15~20min（汽油及煤油）或 30min（柴油），然后将烧杯取出，放在干燥器中冷却 30~40min 后进行称量，称准至 0.0002g。称量后将烧杯重新放在油浴凹槽内，用与上述相同的空气速度和规定温度，再通入空气 15~20min（汽油及煤油），或停止输入空气，而在 250℃ 下烘 30min（柴油）。此后将烧杯放在干燥器中冷却 30~40min 后进行称量。如此重复处理带有胶质的烧杯，直至连续称量间的差数不超过 0.0004g 为止。

注：在每次操作后，应立即用乙醇-苯混合液冲洗烧杯，以消除杯内的残留物。

9.4.3.6　计算

100mL 试样所含实际胶质 X(mg) 按下式计算。

$$X=\frac{m_2-m_1}{25}\times 100=4(m_2-m_1) \tag{9-13}$$

式中，m_2为胶质和烧杯质量，mg；m_1为烧杯质量，mg；25 为试样体积，mL。

9.4.3.7 精密度

（1）汽油和煤油的测定重复性如表 9-44 所示。

表 9-44 汽油和煤油的实际胶质测定的重复性

实际胶质含量/(mg/100mL)	重复性/(mg/100mL)	实际胶质含量/(mg/100mL)	重复性/(mg/100mL)
<15	2	40~100	较小结果的 8%
15~40	3	>100	较小结果的 15%

（2）柴油的测定重复性如表 9-45 所示。

表 9-45 柴油的实际胶质测定的重复性

实际胶质含量/(mg/100mL)	重复性/(mg/100mL)	实际胶质含量/(mg/100mL)	重复性/(mg/100mL)
<15	2	大于等于 15	较小结果的 15%

9.4.3.8 报告

① 取重复测定两个结果的算术平均值作为试样的胶质含量，取整数。

② 实际胶质含量小于 2mg/100mL 时，认为无胶质。

9.4.3.9 影响因素和注意事项

① 任何混入试样中的不挥发性物质都将使测定结果偏大，在取样、储存样品、转移样品和试验过程各操作过程中都应该避免杂质的混入。

② 空气流速和温度对试验结果都有一定的影响，试验过程中应该严格按照试验方法要求进行。

9.5 其他性能检测

9.5.1 四乙基铅含量测定

9.5.1.1 目的意义

为了提高汽油的辛烷值，增强其抗爆性，常在汽油中添加抗爆剂。四乙基铅是常用的抗爆剂。但由于四乙基铅本身具有较强的挥发性和毒性，且随汽油燃烧后会生成铅化合物并排放到空气中，对环境造成非常大污染。因此，近年来，世界各国都制定了严格的标准来限制其使用。然而，目前还没有完全杜绝四乙基铅的使用。测试燃料中四乙基铅的含量显得尤为重要。

9.5.1.2 方法原理

引用标准：GB/T 2432—81(1988)《汽油中四乙基铅含量测定法(络合滴定法)》。

用沸腾的盐酸分解汽油中四乙基铅，生成氯化铅。再加入过量的乙二胺四乙酸二钠(DETA)标准溶液与铅离子生成络合物。过量的EDTA用氯化锌标准溶液滴定，以1kg汽油中含四乙基铅克数来表示。

9.5.1.3 仪器和试剂

(1)仪器：仪器及要求见表9-46。

表9-46 仪器及要求

名称	要求	名称	要求
滴定管	25mL	温度计	0~100℃，分度1℃
移液管	25mL、50mL	石油密度计	0.710~0.770g/mL
具塞磨口锥形瓶	500mL	容量瓶	1000mL
量筒	50mL和100mL	电热板	300W

(2)试剂：试剂及要求见表9-47。

表9-47 试剂及要求

名称	要求	名称	要求
盐酸	分析纯，配成6mol/L	氧化锌	分析纯
氨水	分析纯	EDTA	分析纯，配成0.02mol/L标准溶液
六次甲基胺	分析纯	二甲酚橙指示剂	配成0.5%水溶液

9.5.1.4 试验准备

(1) 0.02mol/L氧化锌标准溶液的配制：

① 称取经800℃灼烧至恒重的氧化锌1.628g，称准至0.0002g。加入20mL 6mol/L的盐酸水溶液及25mL蒸馏水将其溶解，然后移入1000mL容量瓶中，加蒸馏水稀释至刻线，混匀。氧化锌实际质量为G_1，氧化锌的分子量为81.38，氯化锌标准溶液的摩尔浓度M_1(mol/L)按下式计算。

$$M_1 = \frac{G_1}{81.38} \tag{9-14}$$

② 将纯锌粒用6mol/L的盐酸水溶液处理，去掉表面氧化物后用蒸馏水洗涤数次，于150℃烘干，称取1.3g，称准至0.0002g。用20mL 6mol/L的盐酸水溶液溶解，然后移入1000mL容量瓶中，加蒸馏水稀释至刻线，混匀。纯锌的实际质量为G_2，锌的分子量为65.38，氯化锌标准溶液的摩尔浓度M_2(mol/L)按下式计算。

$$M_2 = \frac{G_2}{65.38} \tag{9-15}$$

(2) 0.02mol/L EDTA标准溶液的配制和标定：

① 配制：称取8g EDTA溶于1000mL蒸馏水中，混匀。

② 标定：称取 EDTA 标准溶液 25mL 于锥形烧瓶中，加入 0.5%二甲酚橙水溶液 5~6 滴，用氨水调至桃红色，再用 6mol/L 盐酸水溶液调至亮黄色，加 6mol/L 盐酸水溶液 0.5mL，加入六次甲基四胺 1.5~2.0g，立即用 0.02mol/L 氯化锌标准溶液滴定至溶液由黄色变为桃红色即为终点。EDTA 标准溶液的浓度 M_3 按下式计算。

$$M_3=\frac{M_2 \cdot V_1}{25} \tag{9-16}$$

式中，V_1 为滴定时消耗氯化锌标准溶液的体积，mL。

每次滴定至少进行 3 次，各次测定结果间的差数不应超过算术平均值的 0.2%。

9.5.1.5 试验步骤

（1）试样抽提。在洁净的具塞锥形烧中用移液管注入 50mL 试样，加入 30mL 盐酸，装上回流冷凝管，置于电热板或密闭电护上加热，进行抽提。由具塞锥形烧瓶内混合液沸腾开始，经 25min 停止加热。用 40~50mL 蒸馏水冲洗冷凝管及具塞锥形烧瓶内壁，在冷水中冷却至 25~30℃。

（2）滴定。在经过冷却后的抽提液中用滴定管准确加入 25mL 0.02mol/L 的 EDTA 标准溶液，加入 0.5%二甲酚橙水溶液 5~6 滴，此时抽提液为黄色，随之用氨水调至桃红色，再用 6mol/L 盐酸水溶液调至黄色后继续加入 6mol/L 盐酸水溶液 0.5mL，再加入六次甲基四胺 1.5~2g，立即用 0.02mol/L 氯化锌标准溶液滴定，滴定至抽提液由黄色变为桃红色即为终点。

注：加热抽提应在通风橱内进行或在冷凝管上端接上带软木塞的胶管，胶管下端插入一个缓冲气瓶内，缓冲气瓶引出的胶管再插入盛有氢氧化钠水溶液的瓶内。

（3）计算。试样中四乙基铅含量 X 用 1kg 试样中含四乙基铅的克数表示，按下式计算。

$$X=\frac{M_3 \cdot V_3-M_2 \cdot V_2}{V \cdot \rho}\times 323.2 \tag{9-17}$$

式中，V_2 为滴定时消耗氯化锌标准溶液的体积，mL；M_2 为氯化锌标准溶液的摩尔浓度，mol/L；V_3 为 EDTA 标准溶液的体积，mL；M_3 为 EDTA 标准溶液的摩尔浓度，mol/L；V 为试样的体积，mL；ρ 为在试验温度下试样的密度，g/mL；323.2 为四乙基铅的分子量。

9.5.1.6 报告

取重复测定两个结果的算数平均值作为测定结果。

9.5.1.7 精密度

精密度要求见表 9-48。

表 9-48 精密度

四乙基铅含量/(g/kg)	允许差数	四乙基铅含量/(g/kg)	允许差数
≤1.5	较小结果的 3%	>1.5	较小结果的 1.5%

9.5.2 辛烷值测定

9.5.2.1 目的意义

辛烷值是在规定的试验条件下与被测汽油抗爆性相同的标准燃料中所含异辛烷的体积

分数。标准燃料由不同体积的异辛烷和正庚烷混配而成。异辛烷用作抗爆性优良的标准，辛烷值规定为100；正庚烷用作抗爆性低的标准，辛烷值规定为0。将两者按不同体积比进行混配，就可以得到辛烷值0~100的各种标准燃料。

汽油的抗爆性是汽油燃烧性能的指标，表明汽油在燃烧室内燃烧时抵抗爆震的能力。抗爆性差的燃料会带来机械损坏、油耗增大和发动机输出功率下降等危害。汽油在贫混合气时的抗爆性用辛烷值来表示，在富混合气时的抗爆性用品度来衡量。因此，辛烷值是衡量汽油抗爆性的重要指标之一，测定辛烷值具有非常重要的意义。

辛烷值测定是在标准试验条件下，把试油与已知辛烷值的标准燃料(参比燃料)在爆震试验机上进行比较，若爆震强度相当，则标准燃料中所含异辛烷的体积分数即为试油的辛烷值。依测定条件不同，主要有以下几种辛烷值。

(1) 研究法辛烷值(RON)。测定条件缓和，转速为600r/min，混合气为室温，不加热。这种辛烷值反映汽车在市区慢速行驶时汽油的抗爆性。

(2) 马达法辛烷值(MON)。测定条件较苛刻，发动机转速为900r/min，混合气温度149℃。它反映汽车在高速、重负荷条件下行驶时汽油的抗爆性。对同一种汽油，因马达法辛烷值测定条件比研究法辛烷值测定条件苛刻，马达法辛烷值低于研究法辛烷值5~10个单位，这个差数称为汽油的敏感性或敏感度。

(3) 道路法辛烷值。道路法辛烷值也称行车辛烷值，用汽车进行实测或在全功率试验台上模拟汽车在公路上行驶条件进行测定。道路辛烷值也可用马达法和研究法辛烷值按经验公式计算求得，马达法辛烷值和研究法辛烷值的平均值可近似地表示道路辛烷值。

汽车在道路上行驶时对汽油辛烷值的要求，不能单独用MON或RON来描述，目前采用抗爆指数(ONI)来表示汽油的抗爆性能。抗爆指数等于马达法辛烷值和研究法辛烷值的平均值，它是反映汽车在行驶过程中汽油的抗爆性指标。抗爆指数越高，汽油的抗爆性越好。

9.5.2.2　方法原理

参考方法：GB/T 503—2016《汽油辛烷值的测定马达法》。

(1) 测定点燃式发动机燃料的马达法辛烷值，要求使用标准的试验发动机在规定的运转条件下，使用专用的电子爆震仪器系统进行测量。将试样与已知辛烷值的正标准混合燃料的爆震特性进行比较，调整发动机的压缩比和试样的燃空比使其产生标准爆震强度。试样和正标准燃料的最大爆震强度均通过调节燃空比得出。最大爆震强度下的燃空比可通过下述方法得到：

① 逐步增加或减少混合气浓度，观察每步的平衡爆震强度值，然后选择达到最大爆震值时的燃空比；②以恒定的速度将混合气浓度从贫油状态调整到富油状态或从富油状态调整到贫油状态，选择最大爆震强度。

(2) 内插法：对发动机进行调整，使其在标准爆震强度下运转。调节试样的燃空比，使爆震强度达到最大值，然后调整气缸高度得到标准爆震强度。不改变气缸高度，选择两种正标准燃料，调整它们的燃空比使分别达到最大爆震强度，其中一种爆震较试样剧烈(爆震强度大)，另一种爆震较试样缓和(爆震强度较小)。使用内插法通过平均爆震强度读数值之差计算试样的辛烷值。要求所用的气缸高度应在操作表规定的范围之内。

（3）压缩比法：从操作表中查到选定的正标准燃料辛烷值对应的气缸高度，调整发动机确定标准爆震强度。在稳态条件下调节燃空比使试样爆震强度达到最大，再调节气缸高度产生标准爆震强度。

（4）试样在特定操作条件下，由一个经标准化的单缸、四冲程、可变压缩比的化油器发动机完成测试，由不同辛烷值的正标准燃料的容积组成表示辛烷值。将试样的爆震强度与一种或多种不同辛烷值正标准燃料的爆震强度进行比较，与试样爆震强度相吻合的正标准燃料的辛烷值即为试样的马达法辛烷值。

9.5.2.3 仪器、材料和试剂

（1）主要仪器：

① 发动机。采用单缸 CFR 发动机，该发动机由下列标准部件和系统组成：曲轴箱、提供连续可变压缩比的气缸及夹紧连接轴套、热力虹吸再循环夹套冷却系统、通过单喷管通道和化油器文氏管输送燃料的带选择阀的多燃料罐系统、带温度湿度控制设备的进气系统、电子控制系统以及配套的排气管线。发动机飞轮与功率吸收电机采用皮带连接，该电机不仅用于启动发动机，同时在发动机以恒定转速运转时用于吸收功率。发动机爆震强度则通过爆震传感器和爆震仪进行测定。

② 标准燃料分配装置。标准燃料的制备：反复按体积比混合标准燃料和甲苯标准燃料。此外，需现场使用稀释混合四乙基铅和异辛烷制备辛烷值高于 100 的标准燃料，由于辛烷值误差与混合误差成比例，所以应准确操作。

正标准燃料的体积混合：用体积比制备所需的正标准燃料和甲苯标准燃料时，应使用量管或精密体积仪器。选择合适的容器盛装混合燃料，在加入发动机燃料系统之前彻底地混合。制备甲苯标准燃料和正标准混合燃料时应使用已标定的量管或容积为 200～500mL 且体积公差为±0.2%的容器。标定的量管应设有分配阀以及末端输送装置以精确控制分配量。末端输送装置的设计能使关闭后排液量不超过 0.5mL。分配系统的输送速率不应大于 400mL/min。试验用的量管应按顺序进行安装，要求各批次的试剂组分及混合物均在相同的温度下进行调配。

（2）材料和试剂：材料和试剂及其要求见表 9-49。

表 9-49 材料和试剂及其要求

名称	名　称
汽缸夹套冷却液	水或乙二醇防冻剂的水溶液，沸点为(100±1.5)℃。含多功能水处理剂，减少腐蚀并降低沉积物的量，以免沉积物影响散热和测试结果。乙二醇型冷却液应符合 SH/T 0521 中的要求，水应符合 GB/T 6682—2008 中三级水的要求
发动机曲轴箱润滑油	点燃式发动机润滑油、API SAE 30 级的润滑油，含有清净添加剂且 100℃ 运动黏度为 9.3～12.5mm^2/s，黏度指数不低于 85。润滑油中不应含有黏度指数改进剂，也不应使用多级油

续表

名称	名　称
正标准燃料	异辛烷：纯度不低于 99.75%(体)，正庚烷体积含量不超过 0.10%，铅含量不超过 0.5mg/L
	正庚烷：纯度不低于 99.75%(体)，异辛烷体积含量不超过 0.10%，铅含量不超过 0.5mg/L
四乙基铅稀释液	由航空四乙基铅抗爆剂溶于 70%(体)二甲苯和 30%(体)正庚烷组混合溶液而制得。含(18.23±0.05)%的四乙基铅
甲苯标准燃料	纯度不小于 99.5%(体)，过氧化值不超过 5mg/kg，水含量不超过 200mg/kg
校验燃料	具有可选择的辛烷值、低挥发性和长期稳定特点的火花点燃式发动机燃料

9.5.2.4　试验步骤

以方法 A——内插法(平衡燃料液面高度法)为例。

(1) 试验准备：

① 检查发动机。检查发动机运转条件，确保与使用特定燃料在接近标准爆震强度下运行时情况一致。

② 甲苯标定。用待测试样辛烷值范围内的甲苯标准燃料进行发动机适用性试验。如进行了甲苯标准燃料温度调节，需确定合适的进气混合温度。在不需要化油器冷却的前提下，按照以下描述的方法进行测试。

③ 确定标准爆震强度。用与测定试样辛烷值相近的正标准混合燃料对发动机进行校正，确定其标准爆震强度；根据选定的正标准燃料辛烷值，设定经大气压补偿的对应汽缸高度；使用模拟爆震表时，确定最大爆震强度下的燃料液面高度，调节爆震仪使爆震表读数在 50±2 分度范围内(使用数字爆震表时不必进行此步骤)；使用模拟爆震表时，调节爆震仪展宽至最佳值，使爆震表保持稳定(使用数字爆震表时不必进行此步骤)；使用模拟爆震表时，在 90 辛烷值水平上，将展宽设定为 12～14，便可满足辛烷值在 80～103 的测试而不需重新设定。

(2) 试样燃料试验步骤：

① 将试样注入燃料罐，清洁燃料系统。必要时重复开关排液阀若干次，确定浮式燃料罐与观察窗之间的透明塑料管内无气泡出现。

② 用试样运转发动机。

③ 对气缸高度进行初步调节：使用模拟爆震表时，调节气缸高度得到爆震表中间读数；

使用数字爆震表时，不必得到爆震表中间读数。

④ 测定最大爆震强度下的燃料液面高度。首先降低液面高度(浮式燃料罐)，然后逐步升高液面(0.1 刻度或更小)直到爆震强度读数达到峰值后开始下降。再重新调节燃料罐液面高度使其出现最大爆震强度读数。

⑤ 对气缸高度进行第二次调节：使用模拟爆震表时，调节气缸高度，使爆震表读数在

50±2 位置(使用数字爆震表时不必进行此步骤)；使用模拟爆震表时，在甲苯标准燃料测试中(在混合燃料公认辛烷值对应的操作表气缸高度下进行测试)，调节爆震仪使爆震表读数为 50±2(使用数字爆震表时不必进行此步骤)。

⑥ 记录爆震表读数(使用数字设备时，需参考生产商的使用说明，使用适当配置的计算机进行爆震表读数记录)。

⑦ 观察气缸高度读数，补偿至标准大气压，利用操作表，预测试样的辛烷值。

(3) 1 号正标准燃料的试验步骤

① 制备与试样辛烷值相近的 1 号正标准燃料。

② 将 1 号正标准燃料倒入发动机，按照“试样燃料试验步骤”中描述的相同方法清洁燃料管线。

③ 用 1 号正标准燃料运转发动机，逐步调整液面得到最大爆震强度。

④ 记录 1 号正标准燃料的爆震表稳定读数。

(4) 2 号正标准燃料的操作步骤

① 选择另一种与试样最大爆震强度读数近似的 2 号正标准燃料，使试样的最大爆震强度读数正好处于 1 号、2 号正标准燃料之间。

② 1 号、2 号正标准燃料的最大允许差值取决于试样的辛烷值。

③ 制备 2 号正标准燃料。

④ 将 2 号正标准燃料倒入发动机，按照“试样燃料试验步骤”中描述的相同方法清洁燃料管线。

⑤ 用 2 号正标准燃料操作发动机，逐步调整液面以得到最大爆震强度。

⑥ 若试样的最大爆震强度读数恰好在两种正标准燃料之间，则继续试验；否则另选一种正标准燃料直到满足要求。

⑦ 记录 2 号正标准燃料的爆震表稳定读数。

9.5.2.5 辛烷值计算

计算试样以及每个正标准混合燃料的平均爆震表读数。按下式进行内插计算。

$$X=\frac{b-c}{b-a}(A-B)+B \tag{9-18}$$

式中，X 为试样的辛烷值；A 为高辛烷值正标准燃料的辛烷值；B 为低辛烷值正标准燃料的辛烷值；a 为高辛烷值正标准燃料的爆震表读数；b 为低辛烷值正标准燃料的爆震表读数；c 为试样的爆震表读数。

9.5.2.6 精密度

方法 A 和方法 C 的重复性和再现性不应超过表 9-50 中规定。

表 9-50 方法 A 和方法 C 的精密度规定

马达法辛烷值	重复性 r	再现性 R
80 以下	—	—
80~90	0.2 ①,③	0.9 ②,③,④

续表

马达法辛烷值	重复性 r	再现性 R
90~102	—	—
102~103	0.6	2.0
103 以上	—	—

① 辛烷值在 80~90 时，重复性的标准偏差为 0.09，不受辛烷值的影响。平均标准偏差乘以 2.72 得到极限值。

② 马达辛烷值在 80~90 时，再现性的标准偏差为 0.34，不受辛烷值的影响。平均标准偏差乘以 2.772 得到极限值。

③ 含氧(如醇、醚)试样精密度与马达辛烷值在 80.0~90.0 的非含氧燃料之间无统计意义上的分别。

④ 在小于 94.8kPa 的大气压下测定时不能确定其等价性。试验结果表明在高海拔地区，辛烷值 80.0~90.0 范围，再现性不大于 1.4 辛烷值。

9.5.2.7 影响因素及注意事项

① 避免样品暴露在阳光或荧光灯的紫外线辐射下，尽量减少化学反应对辛烷值试验结果的影响。燃料短时间暴露在波长小于 550nm 的紫外线下，可能影响辛烷值的试验结果。

② 爆震试验设备地点的某些物质的蒸气和烟也会影响马达法辛烷值的试验结果。用于空调和冷却设备的卤化制冷剂能够促进爆震。此外，卤化物溶剂也可产生此种影响。如果这些物质的蒸气进入发动机燃烧室，样品的辛烷值将会降低。

③ 电源电压的波动或频率的变化均会改变 CFR 发动机的运转条件或爆震仪的性能，进而影响试样的马达法辛烷值测试结果。电磁辐射可能对模拟爆震表造成干扰，从而影响试样的马达法辛烷值。

[习题]

1. 燃料的密度越小，质量热值________；燃料密度越大，体积热值________。

2. 油品的闪点的定义是什么？分析检测油品闪点的意义、油品闪点对储运安全和飞行安全有何影响。

3. 评价燃料蒸馏特性的指标有哪些？它们对燃料的使用性能和安全性能有什么影响？

4. 结合航空活塞式发动机的工作原理，分析航空汽油饱和蒸气压对飞行安全的影响。

5. 简述航空燃料电导率的含义和检测电导率的意义。

6. 评价航空油料低温性能的质量技术指标有哪些？分析它们对飞行安全有何影响。

7. 航空油料的腐蚀性有何危害？评价航空油料腐蚀性的质量技术指标有哪些？

8. 评价航空油料洁净性的质量技术指标有哪些？检测这些技术指标有何重要意义？

9. 辛烷值的测试方法包括哪些？测试燃料辛烷值的意义是什么？辛烷值对发动机有什么影响？

第4篇　质量管理

第10章　质量管理概述

全面质量管理的英文名为 Total Quality Management，简称 TQM。它是20世纪60年代由美国起源，在日本兴起，随后被世界各国普遍采用的先进质量管理方法，是一种涵盖企业全员、全面、全过程的质量管理控制体系。在短短几十年里，该体系促使国际企业的质量管理水平、产品质量和服务质量发生了巨大的变化。

10.1　质量管理的发展历史

质量管理经历了以下三个发展阶段。

10.1.1　质量检验阶段

这个阶段大致是从19世纪末到20世纪初。该时期资本主义国家市场范围迅速扩大，在企业生产规模日益发展，机器和机器体系逐步取代手工操作，机械零部件的互换性、标准化、通用化的要求越来越高等历史条件下，产生了一种"科学理论"，认为企业所有的管理问题都可以用科学的方法解决，主张把许多管理经验上升为管理理论，变为科学，实行科学管理。质量管理是系统总结过去资本家管理实践和经验的产物。提出这个管理理论的代表人物，是美国工程师泰罗。在他提倡的企业实行科学管理的主张中，要求在管理人员和工人之间进行合理的科学分工，建立专职管理(包括质量方面的专职管理)就是其中的重要组成部分。泰罗认为应该把计划职能(包括计划、设计、制定工艺及操作标准、制定定额、工具准备等职能)和执行职能两者分开，交给不同的人来担任，并相应增加中间检验这个环节，以检验和监督计划、设计、产品标准等项目的贯彻执行。这一套企业管理的科学理论，就是著名的"泰罗制"。实行这种职能管理制，一方面使管理和生产分开，另一方面又使管理者只承担一两种管理职能，形成计划设计、直接执行操作、质量和标准检查三方面各有专人负责的制度。产品质量检验就是这样提出来的，这是历史上第一次把质量检查职能从直接操作中分离出来，把担任专职的检验人员从工人中分离出来。这是随现代化大生产发展所引起分工上的变化，结果是直接操作的生产工人减少了，产生了一支专职检查队伍，并由检验人员集中组成了专职检查部门。这样，劳动生产率、固定资产的利用以及产品质量都大为提高，取得了较为明显的经济效果。从质量管理的发展来看，这无疑是一个很大的进步。但是，这样的质量管理还处于初级的质量检验阶段，它存在以下问题。

① 质量管理效能低。由于当时过多地强调了设计人员、生产人员、检验人员之间的分工，设计人员只根据技术要求规定标准(公差)，很少考虑经济上的合理性、工艺上的可行性；生产人员主要按标准执行加工，很少考虑生产过程的稳定性和控制问题；检验人员单纯把关，逐一检验产品，很少考虑检验费用与质量保证问题。三方面人员之间联系薄弱，彼此工作缺乏有机的组织和协调配合，生产、技术、经济不统一，因而生产过程的管理和产品质量管理的效能是很低的。所谓质量管理，实际是单纯依靠检验，限于对产品质量的事后把关而已。它主要根据计划和设计的质量标准检查最终产品是不是符合规格要求——合格的通过，把不合格的剔除出来，防止它们混入合格产品流出厂外。

② "事后检验"不能保证质量。等产品制造完成后，再来检验其优劣好坏的质量管理办法，有两个实际问题无法解决。一个是如何经济合理地确定检验标准，并有效地控制生产过程，预防废品的产生。实行事后检验，对整个生产来说，并不能预防生产过程中废品的产生。而一旦产生废品，就会造成原材料、燃料、设备、工时及其他费用损失，而且在生产规模扩大、产品大幅度增长的情况下，单纯依靠事后检验，并不能保证产品质量，往往发生废品漏网，混入合格品出厂，势必造成质量事故，影响企业信誉。另外一个问题是，在破坏性检验以及某些产品质量特性不可能全检的情况下，更难以了解和保证产品质量。

10.1.2 统计质量控制阶段

早期质量检验阶段存在的问题，需要质量管理工作进一步给以解决，即要求在废品产生之前，就能采取措施，做到事先预防；同时要求提供科学的检验方法，来解决破坏性检验情况下的产品质量保证问题。这就从客观上把数理统计概念与方法引进和运用到质量管理领域创造了前提条件和使用基础。

运用数理统计原理解决产品质量问题，最早是由美国数理统计专家休哈特提出的。1917 年，美国仓促决定赴欧参战，遇到一个突出问题，即 300 万参战大军的军装、军鞋应当按照什么规格在短期内最快加工出来，保证既快又准地满足需要。当时，贝尔电话研究所的休哈特提出运用数理统计方法将能办到这一点。他通过抽样调查，发现军衣、军鞋的尺寸规格分布，恰如其他许多事物的分布一样，符合两头小、中间大，像一座"钟"形大山那样的曲线分布，即正态分布曲线。根据这个分布原理，他提出按照两头小、中间大的排列规则，把军装按高矮胖瘦、军鞋按尺码大小各分成 10 档进行加工制作。美国国防部听从休哈特的建议，将军装、军鞋加工赶制出来，结果与参战军人体裁基本吻合，全部分配完毕，及时保证了军需供应。这一实践初步证明了数理统计方法在管理工作中的巨大作用。

1924 年，休哈特进一步运用概率论、数理统计原理来加强质量预防。他认为质量管理除了检验之外，应在发现可能有废品产生时就要注意预防，实行监督控制，做到防患于未然。休哈特提出控制生产过程质量、预防废品产生的具体方案，他的备忘录中给出了第一张质量控制图，首创质量控制的统计方法，并在贝尔系统的西电公司生产现场应用了这个质量管理工具，又叫控制质量的 6δ(六西格玛)法，这基本上就是现在广泛采用的质量控制图的雏形以及后来沿袭适用的"预防缺陷"概念。1925 年起，休哈特接连发表了许多质量管理的文章，并于 1931 年把他的论文、设计的质量方案和控制图收集起来，出版了《工业产品质量的经济控制》一书。当时，美国的威士汀豪斯电器公司、通用、福特汽车公司等少数企业，在质量管理中采用了他所介绍的统计方法，取得了一定的成效。与此同时，同属贝尔研究所的道齐(H. F. Dodge)和罗米格(H. G. Romig)两人一起提出在破坏性检验情况下采用的“抽样检验表”和最早的抽样检验方案，为解决这类产品的质量保证问题提出了初步的科学依据。上述几位被公认为是最早把数理统计方法引入质量管理领域的创始人。但是，由于 20 世纪 20~30 年代资本主义经济危机频起，特别是受当时生产力发展水平以及经济发展成熟程度的限制，对产品质量及质量管理要求，还处于较低水平状态，致使休哈特等始创的一套先进管理技术和科学方法未能被广泛推行。直到 20 世纪 40 年代初，绝大多数企业仍然主要采用事后检验的质量管理办法。

日本在 20 世纪 50 年代学习美国质量管理时，也曾走过这样的弯路，有过这方面的教训。他们把美国企业的一整套数理统计方法原封不动地搬回国内照抄照用，但由于国民文化基础以及种种条件的限制，推行很不顺利，没有收到明显效果。只是后来吸取了这一教训，注意在数理统计方法的普及化、大众化、通俗化方面做了大量工作，使复杂的方法简单化、图表化，整理出一套简便易行、大家都能掌握的最常用的质量控制 7 种工具，并把它和组织管理工作紧密结合起来之后，才收到了惊人的效果。

10.1.3　全面质量管理阶段

全面质量管理阶段是从 20 世纪 60 年代开始延续至今的。从统计质量管理发展到全面质量管理，是质量管理工作的又一个大的进步。统计质量管理着重于应用统计方法控制生产过程质量，发挥预防性管理作用，从而保证产品质量。然而，产品质量的形成过程不仅与生产过程有关，还与其他许多过程、许多环节和因素相关联，这不是单纯依靠统计质量管理所能解决的。全面质量管理就更加适应现代化大生产对质量管理整体性、综合性的客观要求，从过去限于局部性的管理进一步走向全面性、系统性的管理。

(1) 促使统计质量管理向全面质量管理过渡的原因：

① 生产和科学技术的发展。许多大型产品、系统工程对质量要求日趋严格。自 20 世纪 50 年代以来，随着社会生产力的迅速发展，科学技术日新月异，工业生产技术手段越来越现代化，工业产品更新换代日益频繁，出现了许多大型产品和复杂的系统工程，如美国曼哈顿计划研制的原子弹(早在 20 世纪 40 年代就已开始)、海军研制的“北极星导弹潜艇”、火箭发射、人造卫星以及阿波罗宇宙飞船等。对这些大型产品和系统工程的质量要求大大提高，特别对安全性、可靠性提出的要求是空前的。安全性、可靠性在产品质量概念中占有越来越重要的地位，如宇宙飞船产品的可靠性和完善率要求达到 99.9999%，即这项极为复杂的系统工程在 100 万次运行中，只允许有一次失灵，它们所用的电子元件、器件、机械零件等，持续安全运转工作时间要在 1 亿小时以至 10 亿小时。以“阿波罗”飞船和“水星五号”运载火箭为例，它们共有零件 560 万个，它们的完善率假如只有 99.9%，则飞行中就将有 5600 个机件要发生故障，后果显然不堪设想。又如美国某项航天工程，仅仅由于高频电压测量不准，一连发射 4 次都没有成功。对于产品质量如此高标准、高精度的要求，单纯依靠统计质量控制显然已越来越不适应，无法满

足新的要求。因为，即使制造过程的质量控制得再好，每道工序都符合工艺要求，而试验研究、产品设计、试制鉴定、准备过程、辅助过程、使用过程等方面不纳入质量管理轨道，不很好衔接、配合、协调起来，则仍然无法保证产品质量，也不能有效地降低质量成本，提高产品在市场上的竞争力。这就从客观上提出向全面质量管理发展的要求，而电子计算机这个管理现代化工具的出现以及在管理中的广泛应用，又为综合系统地研究质量管理提供了有效的物质技术基础，进一步促进了它的实现。

② 要求注意和发挥人的主观能动作用。随着现代化大生产的发展，管理理论又有了新的发展。管理科学中引进了行为科学的概念和理论，进入了“现代管理”理论，其主要特点就是更加注意人的因素和发挥人的作用。过去的“科学管理”理论是把人作为机器的一个环节发挥作用，把工人只看成一个有意识的器官，如同机器附件一样，放在这个位置上来研究管理，忽视了人的主观能动作用。现在则要把人作为一个独立的人在生产中发挥作用，要求从人的行为本质中激发出动力，从人的本性出发来研究如何调动人的积极性。而人是受心理因素、生理因素、社会环境等方面影响的，因而必须从社会学、心理学的角度来研究社会环境、人的相互关系以及个人利益对提高工效和产品质量的影响，尽量采用能够调动人的积极性的管理办法。在这个理论基础上，提出了“工业民主”“参与管理”“刺激计划”“共同决策”“目标管理”等新办法。这个管理理论的发展对企业各方面管理工作都带来了重大影响，在质量管理中相应出现了组织工人“自我控制”的无缺陷运动、质量管理小组活动、质量提案制度、自主管理活动等，使质量管理从过去只限于技术、检验等少数人的管理，逐步走向“全员”参加的管理活动。

③ 企业要对提供的产品质量承担法律和经济责任。在市场激烈竞争下，广大消费者为了保护自己的利益，要求买到质量可靠、价廉物美的产品，抵制企业不负责任的广告战和推销的滑头货，因而成立了各种消费者组织，出现了“保护消费者利益”的运动，迫使政府制定法律，制止企业生产和销售质量低劣、影响安全、危害健康等劣质品，要求企业对提供产品质量承担法律责任和经济责任。制造者提供的产品不仅要求性能符合质量标准规定，而且要保证在产品售后的正常使用期限中，使用效果良好，可靠、安全、经济、不出质量问题，要求制造厂建立贯穿全过程的质量保证体系，把质量管理工作转到质量保证的目标上来。

所有这些都要求突破原有的统计质量管理概念，即除了运用统计方法外，还要结合其他组织管理工作、管理技术和手段，实行综合的质量管理。

（2）全面质量管理的特点：

基于上述历史背景和经济发展形势的客观需要，美国通用电气公司的费根堡和质量管理专家朱兰等人，先后提出了新的质量管理——全面质量管理的概念。费根堡于 1961 年出版了《全面质量管理》一书，主张用全面质量管理代替统计质量管理，提倡注重产品质量、加强企业经营的全面质量管理。其特点概述如下。

从全面质量管理的概念来看，实质是进行综合性的质量管理，在保证提高产品质量的基础上，还要尽量降低质量成本，把质量和成本联系起来，讲求质量的经济性。为此，需要改进原来的质量管理方法。

就管理方法而言，要生产质地优良、价格便宜、用户满意的产品，单靠统计质量控制是远远不够的，还需要同改善组织管理密切结合起来，建立一套完整的质量管理办法。数理统计方法虽然有它的重要作用，但它毕竟只是其中的手段之一，质量管理不仅仅限于数理统计，还要全面运用各种管理手段、管理技术和方法。也就是说，全面质量管理的“全面”事项是相对于统计质量控制的“统计”而言的。

就管理范围而言，要管产品质量产生和形成的全过程；要管从市场调查、设计试制、生产准备、辅助生产、生产制造、产品销售、使用服务的全过程，实施有效管理。这就是说，全面质量管理要突破过去质量管理的局部性，管理好企业生产、技术、经营所有各环节的质量活动，实行整体化、“全过程”“全员性”的质量管理。

经许多国家在实践中的应用、总结和认识，全面质量管理的含义、内容和方法都有了新的丰富、充实和完善，形成了一门新的完整的学科，有一整套质量管理的理论、技术和方法。

我们可以把质量管理发展三个阶段的特点与差别做简要对比，见表10-1。

表10-1 质量检验、统计质量管理与全面质量管理的对比

类 别	质量检验	统计质量管理	全面质量管理
质量概念	单一的、狭义的，仅指产品性能	单一的、狭义的，仅指产品性能	综合性的、广义的，包括产品性能、数量、成本、交货期以及工作质量
指导思想	以生产为中心	以生产为中心	以用户为中心
检验方针	事后检查，成品把关	监控生产过程，重在预防与控制	“以防为主、防检结合”，重在管理影响产品质量的各项因素
检验机构	依靠少数技术检验人员	依靠少数技术检验等管理部门	建立质量保证体系，实行“全员性”的质量管理
管理方法	主要凭经验办事	主要用统计质量控制方法	实行改善经营管理、专业技术研究和应用科学方法(以数理统计为基本手段)的三结合，综合、系统管理
管理过程	限于生产制造过程	从制造发展到设计	实行设计、生产、辅助、使用“全过程”管理
管理对象	限于产品质量	包括产品质量与工序质量	既管产品质量，又管工作质量，且重点以提高工作质量来保证产品质量。不仅保证产品质量好，还要成本低、供货及时、服务周到
标准化	缺乏标准化	限于质量控制部分的标准	实行严格标准化，不仅贯彻成套技术标准，而且要求管理业务、管理技术、管理方法的标准化

10.2 油料质量管理的基本任务和指导思想

10.2.1 航空油料质量管理的基本任务

航空油料质量管理的基本任务：贯彻执行质量管理规章制度，完善质量保障设备设施装备，建立健全全质量检测和管理手段，做好油料储存、运输容器的清洁管理，构建完备的质量保证体系；正确收发、储存、运输和使用油料；实行全面质量管理，严格把住油库、加油设施装备和飞机油料系统三个关口，保证航空油料质量合格。

具体表现在以下几个方面：

① 正确收发、储存油料。

② 经常保持油料容器和加油设备清洁完好，保证加给飞机的油料洁净、合格。

③ 按照飞机维护规程和有关规定，正确、合理地使用油料，防止错用和浪费。

④ 按照不同品种和牌号，及时做好油料回收、更新工作。

⑤ 按时完成油料质量鉴定任务，认真填写各种登记，切实掌握油料质量状况。

10.2.2 航空油料实行全面质量管理的指导思想

10.2.2.1 全过程的质量管理

航空油料质量管理，和其他工业企业一样，也应贯穿于全过程。油料质量检验是很重要的，它可以防止把不合格油料供应给民航飞机，发现质量管理中存在的问题。但是油料质量的好坏，在检验以前，早已“先天”地决定了，检验无法改变已经存在的问题。所以，航空油料质量管理，应该从向石油石化部门订货开始，订购适用、经济、使用期限长、储存期长、能更好满足使用单位需要的油料；质量保证从炼油厂生产航空油料做起，要在生产工艺、油料接配、质量检验等各个方面把关，使出厂的油料符合要求；以后的每一环节，油料运输、油库储存、收发作业、油料加注等，一直到使用单位，都要加强质量管理，一环扣一环，每一工作环节都使油料质量处于良好状态，这样才能做好油料质量管理工作。

贯穿“全过程”的质量管理，应落实“防检结合、以防为主”的方针。在航空油料生产、储运以及加注使用的“全过程”中，适时进行质量检验，对保证油料质量、避免质量事故有十分重要的把关作用。但是，单靠这种“事后检验”的方法，只能检查出质量问题却不能防止质量问题的产生。所以，还必须在“全过程”的每一个环节，预计可能出现的油料质量事故，有针对性地采取预防措施，“防患于未然”。

最后，“全过程”的质量管理，还应使各个工作环节的人员树立“下个工序就是用户”的思想，努力为下一步的油料质量管理创造条件，自己这一岗位的工作质量使下一工作岗位满意。这样，一环扣一环，每一工作环节都使油料质量处于良好状态，“全过程”的质量管理也就落到了实处。

10.2.2.2 全人员的质量管理

质量管理工作还要贯彻于全人员。一个单位质量管理的好坏，与单位各个层次领导层、中层、基层、各个部门都有联系，他们的工作质量都直接、间接地影响到产品质量。质量管理不是某一部门或少数人的责任，而是全单位所有人员的共同任务，是他们在各工作环节中活动的综合反映。例如：保证油料中没有机械杂质，就和设备是否完好、容器是否清洁和按时清洗、收发操作是否按操作规程要求进行，沉淀、过滤和质量检验是否符合要求，领导和部门能否严格要求和督促检查等一系列工作有关，绝不是某一部门或少数人所能搞好的。只有从领导到每一个工作人员，人人关心质量，人人对保证质量尽责，实行全员性对其他因素的质量管理，才能使保证油料质量落到实处。

贯彻全人员的质量管理，首先应使各个工作环节的人员树立“下个工序即用户”的思想。油料质量检验在质量管理工作中仍然是重要的，不但不应削弱，而且还应加强。但更重要的是，要采取各种措施“防患于未然”，消除可能造成油料不合格的隐患，加强早期预防。例如，油料运输中，可能出现的质量事故是混油和油中混入水溶性酸碱，这主要是容器中可能存有其他种油料的残油，或是容器清洗时碱液未充分冲净造成的。为了防止出现这种情况，必须在向容器装油前，检查容器是否清洁，这是装油前必须进行的质量管理措施。这一预防措施并不费劲，却消除了产生质量事故的隐患。但是，如果工作人员不负责任，不进行检查，就有可能使油料不合格，造成人力、物力的浪费，甚至产生重大的经济损失。所以质量管理必须在全过程的每一环节，预计到可能出现的质量问题，有针对性地采取预防措施。树立“下个工序即用户”的思想，是日本进行全面质量管理的成功经验。它要求工人努力为做好下一步的质量管理创造条件，自己这一岗位的工作能使下一岗位满意。在油料质量管理中，要求工作人员树立这个思想，会增加他们的责任心，密切上下岗位人员之间的关系，促进协调。这样层层负责，就能将全过程的质量管理落到实处。

其次，还应树立“以提高工作质量来保证油料质量”的理念。工作质量是一个部门或单位的组织领导、管理和技术水平、思想政治、生活保障等对完成各项任务所具备的保证能力和工作水平，也就是整个部门或单位的管理质量。它和产品质量是有区别的两个不同概念，不能混同，但是它们又有十分紧密的联系，是不可分割的。因为工作质量的好坏是保证产品质量的基础，产品质量能否保证，是这个部门或单位工作质量的综合反映。如果一个单位发生了质量事故，分析起来，绝不会只是个别人员的失职，而是和单位领导的管理教育、部门的工作效能、规章制度是否健全等方面有关。所以一个单位出了质量事故，首先要从检查工作质量入手，在工作质量上找原因。一个单位要保证油料质量，首先要提高单位的工作质量。只有工作质量真正提高了，油料质量才有可靠的保证。

10.2.2.3　采取综合措施管理质量

油料质量和其他事物一样，是遵循一定的规律不断变化的，要保证油料质量就必须掌握它的变化规律。油料质量的变化受以下主要因素影响：人；油料本身的性质；储存、运输等各种设备技术状况；质量管理措施，包括化验手段；环境因素。所以，影响油料质量变化的是多方面的，由于以上因素的综合影响，油料的质量将发生变化。油料质量的变化可以分为两类：一类是正常变化，另一类是异常变化。正常变化是上述因素同时起作用的随机变化，如汽油在储存中受外界温度及空气中氧的作用，使实际胶质与酸度增大，馏程、馏出温度升高等。一般来说，正常变化对油料质量影响并不很大，属于不可避免的变化。异常变化是受系统的工作质量和其他特殊原因的影响而产生的变化，如由于管理混乱、工作人员不遵守操作规程发生混油事故等。这类变化对油料质量影响很大，属于可以避免的变化。对于这两种变化，要加以区别，采取不同的措施进行控制。质量管理，就是采取措施，做到维持正常变化，消除异常变化。因影响因素是多方面的，所以采取的措施也必须是综合的，既要对人，又要对物；既要改善内部设备和控制手段，又要减少外部环境因素对油料质量的影响。但是不管影响因素多么复杂，人的因素是主导因素，因为它对其他因素起支配作用，其他因素都是可以由人来改变的。人的因素中，既有管理因素，又有心理、思想、技术因素，所以，也必须采用综合措施，不能简单处置。要注意加强政治思想工作，加强管理，又要提高他们的技术水平，培养他们对工作认真负责态度和责任心等心理因素，还要关心生活，使他们安心工作。只有这些综合措施落实了，才能真正把各项质量管理措施做好。

10.2.2.4 让使用单位满意

油料供应工作基本任务之一，就是要及时、准确地供应质量良好的油料。所以，“要让使用单位满意”是油料质量管理的重要指导思想。

要让使用单位满意，首先是供应的油料具有使用单位满意的质量。使用单位对产品质量的评价总是从使用过程中表现出来的产品性能来考虑的，而不考虑产品符合哪一些质量指标。事实上，符合国家、部门或企业标准的某些产品，有时并不一定能满足使用单位对产品质量的要求。所以，如前所述，油料部门供应的油料，除首先应保证油料合格以外，还要在适用性、使用期限、储存期、经济性等方面满足使用单位要求。但是，使用单位的要求多种多样，有合理的，也有不合理的；有的能够达到，也有受条件限制，一时难以达到的。因此，要让使用单位满意，还必须从实际出发，根据民航和生产部门的实际条件来确定一个恰当的质量要求。

让使用单位满意的另一方面是为使用单位服务。为使用单位服务是全面质量管理中的一项重要内容。这就是说，油料质量管理不但贯彻于收、发、储、运、加等项工作中，而且要为使用单位提供种种方便，给它们解决使用中存在的问题。为使用单位服务，不单是给使用单位以帮助，而且在帮助过程中，能了解到油料供应中存在的问题，以促进本部门的工作。为使用单位服务有两方面内容：首先是开展技术服务。包括：①编写用油资料或书籍，介绍油料的性质、使用范围以及使用、储存中的注意事项；②交流推广正确使用油料，延长油料使用期限及节油经验；③解决使用单位存在的油料质量问题及其他困难；④提供咨询服务。其次，是进行油料情况调查，为进一步改进供应工作、做好质量管理提供信息反馈。

10.3 油料质量管理基础工作

要做好油料质量管理工作，必须建立基本的秩序和准则、提供准确油料化验结果，并建立畅通的质量信息流通环境等一系列前期性工作。这些工作都是开展油料质量管理的基础工作，是油料质量管理的立足点和出发点，也是油料质量管理工作取得成效、质量体系有效运转的前提和保证。这些工作主要包括油料质量检测工作、油料化验室管理、油料计量工作、油料质量信息工作等。

油料储存中的质量管理就是在油料储存过程中，通过采取正确的技术和管理措施，改善油料储存条件，延缓油料质量变化，从而延长油料储存期，保证供应用户质量良好的油料。油料储存中的质量管理是从炼油厂生产到用户使用的物流全过程中质量管理工作的重要环节，它直接关系到用户设备用油的质量是否合格。因此，必须掌握各种油料的性质及其在储存中的质量变化规律，采取有效措施，延缓油料质量变化，保证供应用户质量良好的油料，使各种用油设备正常工作。

10.3.1 质量管理的方法

经过收集和整理，得到原始数据以后，还必须用数理统计的方法对它们进行分析和推论。经过统计分析，我们往往能从大量的数字资料中找出某一现象的特征和发展规律。全面质量管理常用的统计方法主要有分组法、排列图法以及因果分析图法等，下面做简要介绍。

(1) 分组法。

分组法又称分类法、分层法，是整理、归纳数据最基本的方法。收集到一大堆数据，杂乱无章，看不出问题来，分组法就是解决这一问题的。它要求把收集到的数据按一定的标志，把性质相同的分列一组，使数据反映的事实更明显、更集中，以便找准问题，对症下药。例如，我们对影响油料变化的因素进行分组归类有以下几种。

① 原料因素：与原油产地、原油性质及催化剂、添加剂质量等有关。

② 工艺水平：与炼油工艺流程、技术水平及管理制度等有关。

③ 人员因素：与人员的专业素质、工作质量及管理制度等有关。

④ 设备因素：与设备的清洁度及标准化程度有关。

⑤ 环境因素：影响质量变化的因素有很多，如温度高，油料氧化、蒸发快；空气接触多，油料氧化快；金属催化，油料氧化快；日光曝晒，油料易氧化分解；混入水分、杂质，使油料洁净度下降，甚至不合格。

分组法是多种多样的，没有任何硬性的统一规定。分组法实际上是逐次分层、逐层分解的分析数据方法。因此，作为分组法来讲，并不单纯是对数据的分类，而是在广泛含义上的一种分析和处理油料质量问题的分层方法。其目的是通过对数据的整理、分析，使油料质量管理工作层层深入，层层解剖，层层解决问题，分组法通常与排列图法同时使用。

(2) 排列图法。排列图法是意大利经济学家巴雷特(Pareto)发明的，它是确定影响产品质量关键因素的一种工具。排列图法一般由两个纵坐标、一个横坐标，几个直方图和一条曲线组成。左边的纵坐标，表示频数；右边的纵坐标，表示累计频率；横坐标，表示影响质量的各个因素或项目，按各影响因素程度的大小，从左到右顺序排列；直方图的高度表示某项影响因素的大小，曲线表示各影响因素的累计百分数；这条曲线就称巴雷特曲线。通常把累计百分数分为三类：0%~80%为A类因素，显然它是主要因素；累计百分数在81%~90%的为B类因素，是次要因素；累计百分数在91%~100%的为C类因素，是一般因素。

举例：某军区所属油库(站)发生油料质量问题86起，对影响因素分组排列见表10-2。按表10-2数据做排列图，见图10-1。

表10-2 影响油料质量问题的因素分类表

序号	影响因素	频数	频率/%
1	责任心不强	27	31.4
2	规章制度不健全	20	23.3

续表

序号	影响因素	频数	频率/%
3	容器不洁净	14	16.3
4	设备不完好	10	11.6
5	专业素质差	7	8.1
6	出厂装运	5	5.8
7	环境因素	3	3.5
	合计	86	100

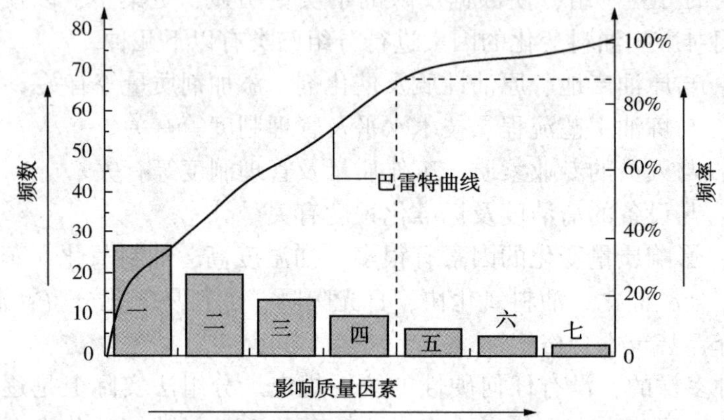

图 10-1 影响油料质量问题的因素排列图

从上面排列图和巴雷特曲线可以清楚地看出前四种因素：责任心不强、规章制度不健全、容器不洁净及设备不完好。这四种因素是 A 类因素，也就是影响油料产生问题的主要因素，其累计百分数在 0~82.6%；专业素质差是 B 类因素，也就是次要因素，其累计百分数在 82.7%~90.7%；出厂装运及环境因素是 C 类因素，其累计百分数在 90.8%~100%。

(3) 因果分析图法。因果分析图法又叫特性要因法，这是一种逐步深入研究和讨论质量问题的图示方法。运用排列图法找到影响质量的主要矛盾后，就要分析其原因，“对症下药”，以达到提高质量的目的。因果分析图法就是用一种形象直观的因果关系图来寻找这些原因，它采用从大到小、从粗到细、“顺藤摸瓜”、追根求源的思路，把思路集中到因果图上。根据军用油料全面质量管理理论，就军用油料从炼油企业生产到部队油库接收、储存、发出直至部队装备加注使用的全过程，针对每一个环节影响油料质量变化的主要因素，采取有效措施，贯彻“以防为主、防检结合”的全面质量管理方针，进行全过程的动态因果分析，见图 10-2。从全过程的动态因果分析图中，我们可以直观地看出每一个工作环节影响油料质量的主要因素和所应采取的质量管理措施。

10.3.2 液体燃料在储存中质量变化的原因

引起液体燃料变质的原因有蒸发、氧化、机械杂质与水分的混入以及混油等，近年来，

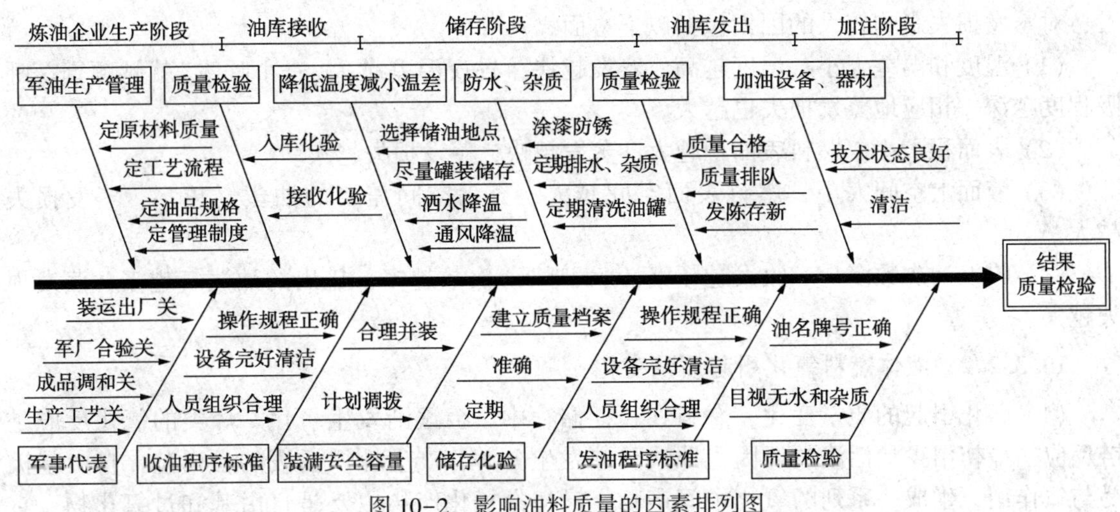

图 10-2 影响油料质量的因素排列图

还发现一些液体燃料特别是喷气燃料储存中出现异常变色、腐蚀性异常增大、出现悬浮物等现象。在这些变化中，有些变化是燃料本身的变化，如蒸发和氧化变质等；有些变化并非燃料本身的变化，如机械杂质与水分的混入以及混油等。

10.3.2.1 轻质成分蒸发引起的质量变化

液体燃料在储存中轻质成分会不断蒸发，蒸发的直接结果是造成液体燃料数量上的损失，这种因蒸发而引起的数量损失称为蒸发损失。同时，严重的蒸发损失还会引起液体燃料质量变化。

液体燃料蒸发损失的大小，就燃料本身而言，主要取决于饱和蒸气压的大小。汽油的平均分子量小，成分较轻，饱和蒸气压高，易蒸发为气体，蒸发损失大。喷气燃料、柴油由于平均分子量较大，成分较重，饱和蒸气压较低，蒸发损失也较少。所以，通常所讲的蒸发损失以及由此引起的质量变化主要针对汽油而言。

轻质液体燃料，馏分轻，沸点较低，容易蒸发，因此损失是很大的。例如，我国南方地区一个容积为10000m^3的地面钢油罐，夏季储存的汽油每天损耗0.5~1t。又如，在温度变化为7~48℃，拥有透气阀的露天罐储存7132kg车用汽油，11个月就损耗259.7kg。在高原地区，由于空气稀薄、温差大、风力大等特点，致使燃料蒸发损失增大。如一批航空活塞式发动机燃料，在高原地区储存5年后，其自然损耗达9.7%~13.88%。

蒸发不仅造成数量减少，而且会引起质量变化。汽油中的轻质成分蒸发后，将使初馏点和10%馏出温度升高，饱和蒸气压降低，辛烷值下降。例如航空活塞式发动机燃料，当其蒸发损耗量达到1.2%时，初馏点升高3℃，蒸气压下降20%，辛烷值下降0.5单位。

在油库中，燃料的蒸发损失主要是由于“大呼吸”和“小呼吸”造成的。“小呼吸”是贮油容器内的蒸气由于昼夜温差而引起周期性的膨胀和收缩，膨胀时含油蒸气逸出，收缩时进入新鲜空气，昼夜温差越大，小呼吸损失也越大。“大呼吸”是注油时燃料蒸气的大量逸出和卸油时新鲜空气的大量进入。

影响蒸发损失的因素包括燃料性质和储存条件两方面。从燃料性质来讲，与蒸发损失关系最大的是燃料的饱和蒸气压，饱和蒸气压越大，越容易造成蒸发损失。从储存条件来看，对蒸发损失影响较大的因素包括以下方面。

（1）温度和温差大小。温度越高，蒸发越快；昼夜温差越大，“小呼吸”就越频繁，呼吸程度越深，相应地蒸发损失也越大。

（2）表面积大小。燃料表面积越大，蒸发越快，蒸发损失越大。

（3）液面上空间大小。燃料表面空间越大，充满空间需要的油蒸气越多，蒸发损失越大。

（4）收发油次数多少。收发越频繁，“大呼吸”次数越多，排出的油蒸气越多，蒸发损失越大。

10.3.2.2 液体燃料氧化引起质量变化

（1）氧化引起的质量变化。燃料在长期储存中，会逐渐发生氧化。烃类的氧化反应是链反应，最初由少量活泼的烃因光照或受热发生分解，产生性质活泼的自由基，自由基极易与氧作用，生成一系列的氧化中间产物。最初的氧化产物主要是自由基和过氧化物，它们都能溶解在燃料中，因此看不出燃料有什么显著变化。进一步氧化会生成醇、醛、酮和酸性物质，使燃料的酸度有一定增加。随着反应的继续进行，一些物质经过聚合作用，就产生了胶质。胶质是一种分子量很大的深褐色氧化产物，它也呈溶解状态，使燃料的颜色逐渐变深。随着氧化和聚合加深，胶质便越来越多，最后胶质便聚合成黏稠的胶状沉淀物。因此，总的来讲，氧化的结果是燃料的酸度增大，实际胶质增加，颜色变深，严重氧化时还会产生沉淀。应当注意的是，随着氧化的进行，实际胶质是持续增加的，而酸度往往是波动性增加的。

液体燃料严重氧化会给使用带来很大危害。氧化生成的胶质沉积在油箱中，会使新加入的燃料迅速变质。燃料中胶质过多会堵塞燃料滤清器，破坏燃料的正常供给。黏稠的胶质沉积在油管、喷油嘴等部位，会严重影响燃料的供应和混合气的形成。沉积在进气阀上的胶质，受热后形成十分黏稠的胶状物，使气阀出现黏着现象，甚至使进气阀关闭不严，产生漏气，严重时甚至将气阀烧坏或将其完全粘住，使发动机无法工作。胶质的挥发性很低，进入燃烧室后，在高温下极易受热分解而生成积炭，除了降低导热系数，造成零件局部过热外，还会增大汽缸压缩比，使燃烧室温度升高，增强爆震倾向，易形成炽热点，引起早燃。沉积在火花塞上的积炭，会导致点火不良。氧化生成的酸性物质，会增强燃料腐蚀性，缩短发动机的寿命。

（2）影响燃料氧化的因素。燃料是否易于氧化，首先与其化学组成有关。温度、空气、金属、水分等外界条件对燃料的氧化也有很大影响，起加速氧化的作用。

燃料组成：燃料中的不饱和烃(主要是烯烃和二烯烃)在常温液相时易和空气中的氧反应，是燃料氧化变质的主要原因。车用汽油和航空活塞式发动机燃料比较，车用汽油烯烃多，航空活塞式发动机燃料烯烃很少，四乙基铅较多。因此，车用汽油不安定的主要原因是烯烃氧化，而航空活塞式发动机燃料的不安定的主要原因则是四乙基铅的氧化分解。轻柴油与其他燃料比，含烯烃最多，因此安定性最差，在储存中易氧化产生胶质，也易变色。喷气燃料中含烯烃极少，常温下较稳定。

储存条件：储存条件对燃料的氧化也有很大影响，是燃料氧化的外因。温度、空气、金属、水分、光线等对燃料的氧化均有影响，具体影响参见第三章3.1节。为延缓燃料的氧化，除提高燃料本身的抗氧化安定性外，在储存中还应注意外界因素对燃料氧化的影响，采取有效措施，延缓燃料氧化，做好油料质量管理工作。

液体燃料在储存过程中的液相氧化规律分为诱导期、加速期、平缓期。液体燃料的储存只能在诱导期内，如果储存时间超过诱导期，氧化速度加快，实际胶质迅速增加，有可能导致液体燃料变质，影响使用。理想情况是将燃料储存到诱导期结束就发出使用，但遗憾的是至今还不能准确预测燃料的诱导期，相关的研究目前正在进行。因此，在实际工作中，应定期进行实际胶质的化验，掌握油料变质规律，确定燃料是否适于继续贮存。如发现实际胶质增加速度开始加快，说明已经进入氧化加速期，应尽快发出使用，避免严重氧化变质。

目前，根据不同油料的氧化安定性好坏，分别给不同油料规定了储存期，在正常储存期内，一般不会出现严重的氧化变质。但不同炼油厂、不同批次的油料安定性各不相同，储存条件也千差万别，特别是近年来由于原油质量不断下降，液体燃料的安定性总体上呈下降的趋势。因此，即使在储存期内也可能出现严重氧化变质的情况，定期化验对确保燃料质量至关重要。

10.3.2.3 液体燃料洁净度下降

液体燃料在储存中，要与许多设备器材接触，如果这些设备器材清洗不干净，就会使杂质和水分混入油中；在气候恶劣的条件下，如刮风、下雨、下雪等天气进行收发、测量等作业时，如果没有适当的防护措施，都容易使杂质混入。保证燃料有良好的洁净度，是油料质量管理一项经常性的工作。为确保液体燃料的质量，应当摸清液体燃料洁净度下降的原因，并相应采取有效的预防措施。引起燃料洁净度下降的物质分为四类，下面分别叙述。

（1）水分。液体燃料中的水分通常以两种状态存在：溶解水和游离水。溶解水是因为燃料具有微弱的溶水性而存在于燃料中的。喷气燃料在低温下出现冰霜，与燃料中溶解水的数量有很大关系。影响溶解水含量的因素，内因是燃料的组成，外因有温度、湿度等。

燃料组成对溶水性影响，取决于各种烃类在燃料中的含量。因为燃料中各种烃类具有不同的溶水性。芳香烃的溶水性最强，这也是喷气燃料限制芳香烃含量的原因之一。烷烃最少，环烷烃居中，见图10-3。

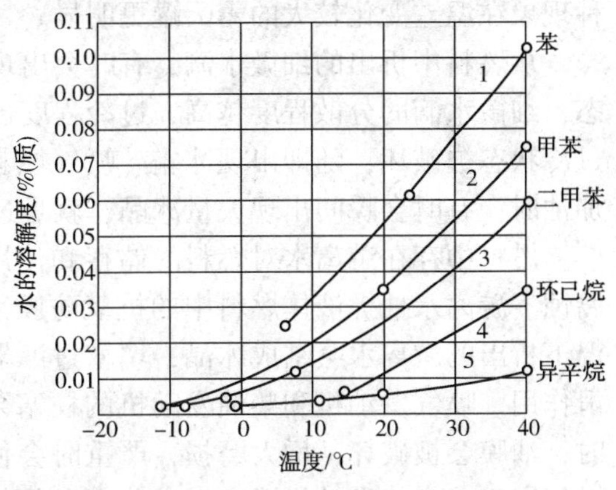

图 10-3 烃类及温度对水的溶解度的影响

烃的分子量增大，溶水性减弱。所以不同的燃料，溶水性是不同的。一般来说，汽油的溶水性最强，所以在其他条件相同时，汽油中溶解水的数量最多，喷气燃料次之，柴油最少。

燃料洁净度受到温度的影响，是因为水在燃料中的溶解度随温度的变化而变化。表10-3列举了两种喷气燃料在不同温度下对水的溶制度(相对湿度100%)。

燃料能从空气中吸收水分，但这需要一个过程。如大庆喷气燃料温度从10℃增加到30℃，但溶解水尚未增加到0.0100kg时，燃料中的含水量为木饱和，如达到0.0100kg时，这时燃料中含水量达到饱和。同样道理，当燃料温度降低时，燃料对水的溶解度减少，多余的水便会渐渐析出；空气中相对湿度越大，燃料就会从空气中吸入水分的速度越快，直到饱和为止。

表 10-3　国产喷气燃料中水的溶解度　wt%

温　度/℃	大庆喷气燃料	新疆喷气燃料	温　度/℃	大庆喷气燃料	新疆喷气燃料
10	0.0055	0.0050	40	0.0144	0.0142
20	0.0067	0.0064	50	0.0186	0.0174
30	0.0110	0.0100			

游离水是指以游离状态存在于燃料中的水分，包括沉降于罐底的水分(沉降水)和以小水珠的形式悬浮于燃料中的水分(悬浮水)，悬浮水经长时间沉降会逐渐沉到罐底转换为沉降水。

燃料中游离水的来源有三个：一是由于保管不善，落入雨雪或容器不洁净而混入；二是由于外界温度降低，潮湿空气中的水分会在罐壁逐渐凝结成水珠落入油中成为游离水，如油温比外界温度低得多(低于10℃以上)，空气中水分也可以在油面上凝结，使油中产生游离水；三是由于外界温度降低，油温也降低，油对水的溶解度减小，如水在油中原先呈饱和状态，则多余的水使会析出成为游离的微小水滴(如外界相对湿度很低时，一部分水也会从油面上蒸发到大气中)。这些微小水滴，开始浮在油中，以后逐渐沉降到底部。应该指出，由于昼夜温差的影响，游离水会逐渐增加。白天温度升高，会从空气中吸入水分，夜间温度降低，又会析出游离水，如此反复进行，就会使燃料中游离水的数量不断增加。这种现象在温差变化较大的露天罐更明显。

从燃料中析出的细微水滴，有时会出现过冷现象，即温度低于0℃很多，但它还保持液态，细微水滴的分散程度越高，过冷程度也越大。但过冷状态是不稳定的，一旦受到搅动，过冷状态被破坏，随即出现冰霜。喷气燃料在严冬季节从油罐向油车或从油车向飞机油箱加油时，有时会瞬间出现大量冰晶，就是过冷状态被破坏的缘故。

燃料中存在游离水对燃料的储存和使用都有很大危害。游离水可以引起容器和发动机腐蚀。游离水抽提液体燃料中的抗氧防胶剂，会降低燃料的安定性，加快燃料氧化。在低温下析出的游离水会结成冰晶，堵塞过滤器。游离水还会破坏燃料在某些附件中所起的润滑作用。喷气发动机和柴油发动机的柱塞泵，柱塞与柱塞套之间保持一层油膜，有游离水时，油膜会被破坏，增大磨损，严重时会使柱塞卡死，以致传动轴扭断。水分过多，喷入燃烧室后，会使发动机熄火。水分还会促使铁锈产生，细菌繁殖，堵塞过滤器或卡住精密件，使燃料泵的调节机构失灵。因此，应采取有效措施严防水分进入燃料中，并经常放掉容器下部析出的游离水。

(2) 机械杂质。燃料中的机械杂质是指油品中所有不溶于油和规定溶剂的沉淀或固态悬浮物质。这些物质一是外部进入的，如灰砂、尘土等；二是储运设备的材料老化或零件的磨损而落入油中的，如铁锈、漆皮、纤维、金属屑等。油中的机械杂质是使燃料洁净度下降的重要原因之一，因此机械杂质是液体燃料的一项重要质量指标。燃料中含有机械杂质会堵塞油路，促进生胶或腐蚀。喷气燃料中的固体杂质会严重地威胁飞行安全。如燃料泵就是比较精密的部件，燃料中的固体杂质会使油泵间隙很小的零件卡死或划伤。杂质进入工作喷嘴，堵塞了油路，降低喷油量，还会引起发动机涡轮叶片根部产生裂纹甚至引起叶片折断。因此，燃料在储存中应采取必要的措施预防机械杂质混入油中。

（3）表面活性物质。燃料中的表面活性物质是分子中既具有亲油基又有亲水基的物质。燃料中有表面活性物质会增强油水乳化现象。燃料中表面活性物质，含量只要达百万分之一（1μg/g）就会使燃料中的水难以分离，或者会促使一些细微的杂质聚集在过滤器上，使过滤器的使用周期降低到正常使用周期的五分之一。表面活性物质还会形成黑色或绿色的黏液，这些黏液是由表面活性物质、水、油及其他杂质经剧烈搅拌后形成的，它也会堵塞过滤器。这种黏液有时可从管线放出的燃料中看到。

（4）燃料中的细菌。喷气燃料中的细菌有100多种，在有水的环境中，能在较宽温度范围生长，最有利的繁殖温度是25~35℃。如果有铁锈及污渣等，繁殖特别迅速。它们主要以直链烃为食物，然后产生二氧化碳、醇、酯、有机酸等物质。当储油容器、飞机油箱等长期未清洗，底部有水，在湿热的情况下，细菌容易繁殖。在油水界面上繁殖出的细菌，有的能产生出有机酸，有的能将燃料中的硫化物转化为硫及硫化氢等活性硫化物，使容器遭受腐蚀。细菌缺乏游离水时，便不会繁殖，所以，在储运及使用过程中，防止水分进入和及时排出储油容器及飞机油箱中的水分，去掉细菌繁殖的条件，亦可防止细菌引起的腐蚀和对燃料的污染。

10.3.2.4　混油

混油的情况很复杂，有的是不同品种、不同牌号的油相混；有的是含添加剂与不含添加剂的油相混；有的是质量不同的油相混。混油多发生在收发作业过程中，例如：阀门开错或关闭不严；接收油料品种牌号弄错；原来盛装的油料品种没有弄清；用同一管线输送不同油料时管线存油没有放净等。燃料在储存中，有时在管线连通的油罐之间，由于阀门不严，处于高处的油料渗到低处油料中去，导致大量混油。

液体燃料种类牌号繁多，性质各异且用途各不相同，一旦发生混油，将会降低液体燃料的质量，在经济上造成较大的损失。

汽油中混入其他燃料后，会使馏出温度升高、辛烷值降低，从而导致汽油燃烧不良。不同牌号的汽油相混合，将使高牌号汽油的辛烷值下降。

喷气燃料中混入汽油，会引起馏出温度降低、黏度和密度减小，从而使飞机高空性能变坏，航程缩短，使发动机燃烧不良。当喷气燃料中混入柴油时，则会使馏出温度升高、黏度增大，从而使发动机启动困难，燃烧不良，并可能烧坏发动机的涡轮叶片。所以在保管中应绝对禁止其他燃料混入喷气燃料中。

但有时由于技术上的原因（如输油管线进行顺序输送时），不可避免地会发生一些混油现象。如果混入油的数量极少，一般来讲，其混合油的理化指标也不会超出规格要求。

混油多是责任心不强所致的，只要加强责任心，建立健全各项规章制度，落实各类人员的岗位责任制，混油事故完全可以减少或避免。

10.3.2.5　其他质量变化

近年来，在液体燃料储存过程中还出现其他一些质量变化情况，如腐蚀性异常增大问题、异常变色问题和悬浮物问题，这些质量问题主要集中在喷气燃料上。

此外，加了抗静电剂的喷气燃料，长期储存中还可能出现抗静电剂衰减现象。抗静电剂衰减是由于抗静电剂被容器或管道表面吸附，导致燃料中浓度降低所致，表现为喷气燃料电导率下降。抗静电剂衰减可在使用前补加适量抗静电剂加以解决。

10.3.3 不同液体燃料储存中质量变化的特点

不同燃料组成不同、性能各异，特别是抗氧化安定性有明显的差异，在储存中的氧化情况和表现也各不相同。

10.3.3.1 航空汽油储存中的质量变化

航空活塞式发动机燃料虽然初馏点较高，蒸发损失较车用汽油小，但其整体蒸发性仍是比较大的，储存中蒸发损失同样会造成馏程升高和饱和蒸气压下降。航空活塞式发动机燃料中含不饱和烃很少，航空活塞式发动机燃料中所加的高辛烷值成分为异构烷烃或芳香烃，均不易氧化变质。因此航空活塞式发动机燃料的安定性比车用汽油好得多，储存过程中酸度和实际胶质只是略有增加，颜色变化也不大。但航空活塞式发动机燃料(除 75 号、100VLL 外)一般含有较多的四乙基铅，储存中四乙基铅氧化分解产生沉淀，并对航空活塞式发动机燃料中烃类的氧化有促进作用，四乙基铅分解还会导致辛烷值降低。在储存条件较差的情况下，往往发现油罐底部有灰白色沉淀或汽油呈浑浊，化验分析四乙基铅含量也降低。表 10-4 是用航空活塞式发动机燃料做储存试验的结果。由表 10-4 可见，航空活塞式发动机燃料的质量变化比车用汽油小得多。储存两年半，只是酸度、胶质、馏程略有增高，但都不太明显。

表 10-4 100 号航空活塞式发动机燃料储存中的质量变化

储存时间(月)质量指标	开 始	6	12	18	14	30
初馏点/℃	40	41.5	45	40	47	62
10%馏出温度/℃	61	61.5	65	62	67	64
50%馏出温度/℃	98	98	101	100	100	101
90%馏出温度/℃	138	138	141	140	140	144
97.5%馏出温度/℃	169.5	169	171	170	—	—
干点/℃	—	—	—	—	166	166
酸度/(mgKOH/100mL)	0.147	0.148	0.19	0.256	0.212	0.266
实际胶质/(mg/100mL)	1.8	2.4	1.6	2.2	2.0	2.0
辛烷值	—	100	100.3	—	98.6	100

表 10-5 是航空活塞式发动机燃料储存中四乙基铅含量变化的情况。从表中可以看出，四乙基铅储存中的变化比较特殊，呈现先减后增的规律。其实，由于四乙基铅的分解，其绝对含量(总含量)是持续减少的，只是由于汽油大量蒸发损失，才使其相对含量略有增加。

表 10-5 航空活塞式发动机燃料四乙基铅含量变化

试验编号	储存期/月	试验前/(g/kg)	试验后/(g/kg)	四乙基铅含量变化/(g/kg)
1	2	3.26	3.19	-0.07
2	5	3.14	3.03	-0.11
3	6	3.26	3.15	-0.11
4	16	2.37	2.69	-0.04
5	17	3.01	3.16	+0.15
6	30	3.16	3.20	+0.04

注："-"表示减少，"+"表示增加。

10.3.3.2 喷气燃料储存中的质量变化

喷气燃料蒸发性较汽油小，储存中不会因蒸发引起明显的质量变化，同时，喷气燃料一般为直馏或加氢产品，烯烃或非烃化合物含量都很少，氧化安定性好，储存中不易氧化变质。一般来讲，喷气燃料长期储存过程中质量变化很小，只是酸度略有增高，实际胶质含量略有增加，颜色略微变深。

喷气燃料质量比较稳定，但并不意味着喷气燃料在储存中就不会发生质量变化，事实上近年来发生的 系列质量事故大多发生在喷气燃料中，如变色问题、悬浮物问题等。

(1) 喷气燃料变色。各种燃料在长期储存过程中因为氧化生成胶质，都会出现不同程度的变色，这种情况属于正常变色。但近年来，个别地方出现喷气燃料在较短的时间内发生明显变色的问题，如东北某油库曾出现接收的喷气燃料在短短几个月内颜色发生显著变化，而且随储存时间和环境条件变化，喷气燃料的颜色还会出现波动。

喷气燃料异常变色问题过去也曾发生过，并进行过大量研究。1963 年发现大庆 2 号喷气燃料在加油车过滤器中(有铜网)存放 3~5 天后，颜色变得很黄，有的已变成茶红色。变色后的燃料在阳光照射下，颜色又会消失，并出现微量白色沉淀，但变色燃料的酸度、胶质等指标变化不大。为了查明变色原因，有关研究部门做了深入的研究。研究表明燃料中酸性胶质、碱性胶质、添加剂和铜的存在对变色也有显著的促进作用。近年来发生的喷气燃料异常变色现象和以前的喷气燃料变色发生的条件有所不同，一是现在喷气燃料中已不加 33 号添加剂，二是现在的过滤器中一般不再使用铜网。研究还发现喷气燃料中的有色组分全部集中在吸附胶质中。吸附胶质以酸性化合物为主，具有一定的极性和较强的化学活性，以含氧化合物为主。其中以酚类化合物为主的极性化合物的氧化缩聚产物集中了主要的有色组分。这些氧化缩聚产物主要包括酚类的多聚体，具有长链、环烷(或烯烃)结构的复杂的大分子含氧化合物。

通常，变色后的喷气燃料理化指标并未明显变化，对使用究竟有多大影响尚不得而知。但从化学安定性来讲，喷气燃料的变色，说明质量已发生了变化，燃料氧化安定性降低。因此，在工作中应尽量防止喷气燃料变色，如减少燃料与铜接触的机会和时间，加油车用完后应把过滤器中的燃料抽回油罐中等。对于已变色的燃料不宜继续存放。在理化指标合格的情况下，可发出使用或与未变色的燃料适当掺和后发出使用。

(2) 喷气燃料悬浮物。悬浮物问题是喷气燃料储存中长期存在的问题，只是近年来发生的频率比较高，程度比较重，所以受到人们的普遍关注。悬浮物是指喷气燃料储存中出现的悬浮在喷气燃料内部或表面的各种絮状物、片状物、头皮状物的总称，以絮状悬浮物最为常见，通常呈无色、淡黄色或黄褐色。应该注意的是，有时会有一些纤维、漆皮、灰尘等固体杂质悬浮在喷气燃料中，被人误认为是悬浮物，但这些固体杂质并不属于悬浮物。悬浮物的组成和生成的原因目前也不清楚，可能的成因包括：铁锈与罐底水作用生成的氢氧化铁胶体；环烷酸、脂肪酸与铁锈反应生成的皂类物质；油罐内涂层中的某些物质被燃料溶解、抽提出来而形成；抗静电剂与某些物质作用而形成。悬浮物一旦生成很难除去，虽然用很细的过滤器过滤可以暂时消除悬浮物，但这些悬浮物并未真正被过滤出来，只是被过滤器分散开来，过一段时间后又会重新聚集。

2002 年 9 月，中国石化科技开发部、中国石油炼油与销售分公司、总后勤部物资油料部共同组织召开了喷气燃料悬浮物联合攻关。由空军油料研究所、石油化工科学研究院、石油大学等组成的课题组对喷气燃料悬浮物进行了详细的研究，得出如下主要结论：一是外界带入的纤维和尘土等污染物是目前所争议的喷气燃料中悬浮物的主要来源；二是悬浮物主要产生在储运系统中；三是微生物在油水界面繁殖，能产生头皮状悬浮物；四是某些原油(如卡塔尔原油)生产喷气燃料时，能导致悬浮物的产生；五是由外界带入的纤维和尘土等污染物均可以通过过滤的方法除去。

10.3.4　液体燃料在储存中的质量管理措施

油料质量变化的内因是它本身的组成和性质，它是由原油和炼制过程决定的。改进炼制工艺，提高产品质量，是预防储存中发生质量事故的最根本的措施。但是，一种油料一经生产出来，它的质量变化情况，就与客观条件有直接的关系。例如，同一种车用汽油，分别储存在地下和地上 10m^3 油罐，地下罐车用汽油的胶质由 0.8mg/100mL 增至 3.2mg/100mL，地上罐则由 0.8mg/100mL 增至 13.8mg/100mL。可见地上罐比地下罐车用汽油胶质的变化快得多。因此，对质量要求严格或者容易变质的油料，应当优先储存于条件较好的地方。

10.3.4.1　防止蒸发和氧化变质的措施

液体燃料在储存中，蒸发和氧化引起质量变化是主要矛盾。蒸发是物理变化，氧化则是化学变化，它们都与温度的变化有密切关系。温度高，蒸发和氧化的速度快，温度低就慢。其次，蒸发和氧化与空气接触情况有关，蒸发空间越大(如油罐装油不满)，蒸发越多；空气流通越快，越易蒸发。至于氧化，它是与空气中的氧气进行作用，不接触空气，氧化也不会发生。此外，日光的照射、接触金属等，都会促进燃料的氧化，但主要的还是温度和接触空气中的氧气。

在储存中为了延缓其质量变化，我们应该采取哪些措施，加强质量管理呢？

(1) 降低温度，减少温差。温度升高，蒸发和氧化加剧。温度促使蒸发加剧是通过加速液体本身的分子运动而起作用的，温度促使氧化加剧是通过加速油料中烃分子和氧分子的化学反应而起作用的，其本质都是供给油料分子一定的能量，以加速其物理和化学变化。降低温度既可减少蒸发，也可延缓氧化。试验表明：如果汽油的蒸发损失不大，如损失

2%~2.5%时，馏程无明显变化；但当蒸发损失达到3%~4%时，馏出温度即有明显升高，如10%点高升6℃，50%点升高4℃，90%点升高2℃；同时，饱和蒸气压下降约13kPa。在氧化过程中，当胶质生成到一定数量，也会加速氧化反应。汽油的胶质在10mg/100mL时，胶质增长缓慢；当胶质增至20mg/100mL左右时，由于反应速度加快，胶质增长速度也显著加快。

减小温差对防止蒸发和氧化也很有效。温度变化越快，“小呼吸”越频繁；温差越大，“小呼吸”程度越深。“小呼吸”不仅呼出燃料蒸气造成蒸发损失，而且还会不断向油罐中补充新鲜空气，加速燃料氧化。储存条件对汽油实际胶质增长的影响见图10-4。

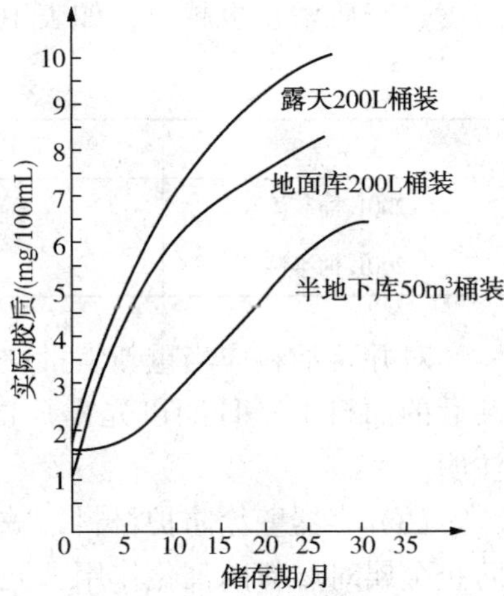

图10-4 储存条件对汽油实际胶质增长的影响

所以降低油料储存温度，减小温差，是保证油料质量的有效措施之一。具体办法如下。

① 选择存放地点，减少阳光暴晒。对易蒸发、易氧化的油料应尽量存放在地下、半地下罐中和库房内，这样，存放温度较低，温差变化也小。如沈阳地区洞库的温度一般在10~15℃范围内，广州地区洞库温度一般在14~20℃范围内，而地面温度沈阳同一地区为-20~39℃，广州地区为-3~42℃，不同存放地点对油料质量影响不同。

小容器应存放于地下坑道、库房或背光隐蔽的地方。桶装油料储存：要保持油桶清洁，标记清晰；按品种、牌号、质量分类堆放整齐，留出通道，大口盖朝外，底部和各层之间要有垫木，并设置堆垛卡片；如果库房不足时，按润滑脂、润滑油、特种液和液体燃料的先后顺序存入库房。露天存放桶装油料应选择阴凉、干燥、隐蔽地点，桶身适当倾斜(与地面水平夹角为75°)，大小桶盖在同一水平线上，并尽可能隐蔽遮盖，防止日光直接照射及水分、杂质渗入桶内。雨雪过后应及时清扫桶盖上雨雪，对库存桶装油料要有计划地逐桶检查外观和桶底清洁情况，发现问题，及时处理。罐装露天大油罐涂浅色油漆可使油罐温度降低，根据试验，在相同条件下涂黑色的油罐由于易吸热，油温可达30℃，而涂银白色的油罐油温只有11.5℃。

② 尽量利用罐装，减少桶装。罐装储油容积大、储油多，油温受气温影响小，同时单位容积的油料与金属表面接触较小，受金属的催化作用减小，有利于延缓油料氧化变质，建议用内浮顶油罐储存。

③ 炎热季节遮盖，洒水降温。对于易蒸发、易氧化和质量要求严格的油料，如果在炎热地区露天储存时，应尽量储入有降温设备的罐中，在气温高时进行洒水降温。桶装油料则用撑起的篷布遮盖后，向篷布洒水降温。油罐洒水要尽可能连续进行，以免因温度变化频繁，增加“小呼吸”，加快油料蒸发，促进质量下降。

④ 利用气候特点，通风降温。库房存放的油料，可利用昼夜气温变化特点，选好时机，气温低时打开门窗通风，当气温升高则及时关闭。

⑤ 罐外壁涂隔热涂料。目前，油罐外壁大多使用银粉漆，有一定反射阳光、降低油罐温度的效果。近年来有人开发出了隔热涂料，与普通涂料相比，在同样条件下能使油温降

低几度甚至十几度。

(2) 尽量装满安全容量，减少气体空间。储存油料时，应根据油温变化，除留出必要的膨胀空间外，尽可能装满。未装至安全容量的同品种、同牌号、质量相当、经试验可以混储的油料，应当及时并装。零星发油时要发完一个容器再发另一个容器，以减少罐内的气体空间。必须注意，气体空间增大，不仅燃料蒸发数量加大，而且因为氧气多、氧化快，酸度、胶质增长也越快，如表 10-6 所示。

表 10-6 装满程度对汽油质量的影响

装满程度	胶质实际增长/(mg/100mL)	酸度实际增大/(mgKOH/100mL)
200L 桶装满	8	0.43~0.47
200L 桶半装	13.2~14.2	2.3~2.5

对并装油料应当重新编批次号。化验室应当完整保留并装前各批油料的质量数据，并装后的油料出厂日期以先出厂的油料为准，生产工厂则以数量多的为准，并在备注栏内注明。

(3) 容器壁涂防护材料，减少燃料与金属的接触。在燃料容器内壁涂上防护层，可以防止金属对燃料的催化作用，同时也可防止燃料氧化产物对金属的腐蚀作用，也减少了金属腐蚀产物对燃料的污染和催化作用。

(4) 定期清洗油罐，排除水分杂质。贮油容器的清洗和防锈，对保证燃料质量也有很大关系。容器(主要是金属容器)长期不清洗，空气中的水分、灰尘和容器中的铁锈等便会落入油中，使燃料的水分、杂质增大，水分还能降低燃料中添加剂的含量，促进燃料氧化变质。因此，必须按照油罐的维护要求，定期清洗油罐，清除脏油，擦去铁锈。聚集在容器底部的水分杂质应经常放出，无底部放水设备的容器，应使用抽底排水的方法排出。

① 储油容器的清洗期限规定如下：

a. 长期储存油料的油罐，应当在该罐油料发出后及时清洗。

b. 储存成品油的油罐建议 2 年清洗 1 次。

c. 油库的放空罐、中继罐应当经常清除罐底的水分杂质，2 年清洗 1 次。

d. 新建油罐装油前、油罐换装油料品种前和罐内焊修保养后必须先清洗，达到无污水、泥沙、锈渣等杂物和酸、碱等化学物质后，方能装油。后方基地油库的放空罐、中继罐应当经常清除罐底的水分杂质，2 年清洗 1 次。

e. 发现油罐不清洁影响油料质量时，应当及时清洗。

f. 每次油罐清洗后应当检查并填写油罐刷洗检查登记表，必须经质量检查部门检查并出具检查合格证方可进油。

② 过滤器的清洗期限规定如下：

a. 金属网过滤器每半年检查清洗 1 次；纸质过滤器每过滤油料 500t 或者每半年检查清洗 1 次。

b. 过滤分离器一级滤芯为一次性使用，使用期为一年，每半年检查 1 次，使用中不清洗；到期、损坏或者压差超过 0.1MPa($1kg/cm^2$)时更换。二级滤芯使用期为 8~10 年，每半年检查清洗 1 次。

c. 罐底油每次发完后或者保养油罐清洗管道后，与之有关的过滤器必须立即清洗。

d. 每次清洗过滤器后都应当检查并填写过滤器清洗检查登记表。

（5）坚持储存化验，遵守质量报告制度

为了掌握油料在储存中质量变化情况，使质量管理措施更有针对性，对库存油料必须按规定期限和项目进行化验，及时填写“库存油料质量档案表”，建立质量档案，以备查考。500m^3（含）以上的罐装油料的每个油罐、500m^3以下的罐装油料及桶装油料的每个批次，应建立一份油料质量档案，将生产工厂或来油单位和本单位历次化验结果依次填入“库存油料质量档案”内，并将该罐、该批油料的原始质量证件整理入档。对质量不稳、指标变化快的油料，应尽快发出使用。

10.3.4.2　防止水分、杂质混入的措施

根据水分杂质混入油料内的原因，一般可采取下列措施来防止。

（1）保持油罐和其他贮油容器及抽注工具的清洁。在装油前要仔细检查容器和工具是否清洁完好，不把油料装入脏的容器内。油罐在贮油过程中，除有计划地进行腾空清洗，不使罐内沉积过多的水分和杂质外，下列时机是不应放过的：装油时间超过半年而且腾空时；换装不同油料而不能保证油料质量时；新建油罐初次装油时；或有其他必要时。其清洗方法随清洗目的和设备条件不同而异，一般方法是：

① 清除底油：罐底油料，含水分杂质较多，清洗时，可从下部放水阀放出，或打开人孔用手摇泵抽出。清出的底油，必须经沉淀、过滤处理后，方可发出使用。

② 通风：可用机械通风或自然通风，若需彻底清除油气或黏稠油料时，可用蒸汽蒸洗。开始应把油罐的所有孔口密闭，待罐壁温度升至60～70℃时，再将孔口打开，继续通入蒸汽，直达目的为止。

③ 冲洗：用高压水冲掉罐壁、罐顶的污物、浮锈。

④ 擦拭：用钢丝刷、草根刷、铜刮刀等工具擦掉锈污和胶状物质，再用破布擦净。

⑤ 防锈：清洗后，油罐内壁应涂防腐涂料，以防油罐生锈后铁锈混入油内。常用的涂料有生漆、环氧树脂和聚氨基甲酸酯涂料等。

⑥ 封堵：有蒸汽进罐的蒸汽阀门清扫后要在进油前加好盲板。

（2）容器要密封，风雨天测量时要注意防护。油罐及容器的口盖，应严加密封，不得随意开启。每次打开油罐测量口检查、测量、取样前，应当把罐口周围清扫干净。地下罐的罐颈处应加防护罩，以防杂质混入。为避免水分杂质的混入，应尽量避免在雨、雪天和刮大风时装卸油料；必须装卸时，应加强防护工作，如用雨布或雨伞遮盖油罐口等。风雨雪天气应当有防护措施，防止雨水、尘土、杂质侵入。

（3）定期检查油料洁净性。油库每月应当测量油罐内水高，每半年检查1次油罐底部油料洁净情况，做好记录，有水分杂质时应当及时排除。

（4）严禁油罐用水垫或用水顶冲管线中的油料。在正常储存条件下，严禁油罐用水垫或用水顶冲管线中的油料。在特殊情况下必须用这种办法时，亦应请示上级业务部门。在油料收发和储存中要加强检查，有水分杂质要及时排除。特别是对于发出的油料，应当保证做到质量合格，不含水分、杂质。

10.3.4.3 防混油措施

(1) 应尽可能做到专油专用容器、管线及抽灌器材。储存、输送航空燃料的油罐、管道和油泵等设备，应当专用。同一罐区或者罐组只有一条输油管道时，只允许储存一种油料。航空兵场站油库使用的进油、发油管道和排污管道应当分开设立。

(2) 收发时坚持简要化验。确实弄清油料品种和质量，这是防止混油的前提。

(3) 严格执行阀门操纵挂牌制度，防止错开或忘关阀门。所谓阀门操纵挂牌制度，就是把油库所有的油罐、管线、油泵、鹤管及阀门，均按次序编号和挂牌，并按编号绘制作业流程图表。图表设在现场值班室和有关的作业间内，作业时，值班员根据流程图发牌，作业人员根据牌子对号开阀；作业后，关闭阀门交回牌子，并进行复查，确保开关无误。

(4) 执行放空制度。在不能做到油罐、管线专油专用而抽注不同油料时，应将油罐、管线、放空罐及抽空装置内的剩油放净，必要时还应用同种类(牌号)的油料进行清洗，然后进行抽注。

(5) 正确使用和维护阀门，确保严密性。阀门在使用中，由于油料内杂质、水分的作用，以及使用过久或因操作不当等，会使阀门关闭不严，引起混油事故。为确保阀门严密，必须注意下列事项：一是要定期清除阀门下部的杂质，并在阀门上做全开、全闭的标识；二是输送不同油料的管线变换阀门和贮油罐的总阀门，可安装盲板；三是正确开关阀门，开关时不能用力过猛，以免损坏闸板和密封圈；四是对于关闭不严的阀门，应及时进行检修；五是蒸汽吹扫阀要加上盲板。

10.3.5 润滑油储存质量管理

润滑油在常温下性质比较安定，在长期储存中，一般没有明显的质量变化。例如20号航空润滑油在武汉地区地面仓库储存9年，除酸值到第7年超过规格外，其余指标变化都不大，详见表10-7。

表10-7 20号航空润滑油在武汉地区质量变化情况

项目	开始	6年	7年	8年	9年
运动黏度(100℃)/(mm^2/s)	20.96	20.99	20.83	21.18	21.31
酸值/(mgKOH/g)	0.012	0.027	0.035	0.045	0.039
水溶性酸碱	无	无	无	无	无
闪点(闭口)/℃	248	247	241	241	241

随着用油机械设备性能的不断提高，要求润滑油的润滑性能、抗氧化抗腐蚀及抗磨等性能也不断提高，一般内燃机润滑油均加有清净分散剂、抗氧防腐剂；齿轮油中还加有极压添加剂等，这些添加剂大部分是金属盐类，微溶于水，有的添加剂本身就是一种乳化剂，加之润滑油一般黏度比较大，混入水分和机械杂质后很难分离，所以储存中防止水分、机械杂质混入是润滑油质量管理工作的主要问题。

润滑油的性质虽然比较安定，但如储存中保管不善，仍会引起油品变质。特别应当注意的是，润滑油不像液体燃料那样属一次性消耗产品，而是要使用一个较长的时期，短则几个月，长则几年，甚至与设备同寿命。因此，只有采取有效措施，加强储存中的质量管理，尽量减少储存中的质量变化，才能保证润滑油有充分的使用潜力，延长使用周期。

10.3.5.1 防止水分、机械杂质混入

水分一般是在储运中由外界混入润滑油中的，其次是空气中的水分凝结和溶解于油中的。机械杂质系指不溶于润滑油及测定时所用溶剂的固体杂质。这些杂质多是外界混入的砂粒、黏土、铁锈、棉纱、纤维及添加剂中夹杂的无机盐等。

润滑中混入水分、机械杂质危害极大。水分可破坏润滑油中的添加剂，使其失去作用，例如，水分能微量溶解抗氧化剂，能使清净分散剂、抗氧抗腐剂乳化变质等；水分能锈蚀金属，加剧酸性物质对金属的腐蚀；水分能使多级内燃机油乳化，使合成酯类油(如4109合成油)水解，生成腐蚀性较强的酸性物质；润滑油中有水分，使用时易生成沉淀，堵塞过滤器，增加机件磨损；水分会使油膜强度降低；使润滑油的低温性能、绝缘性能剧烈下降，如变压器油中混入0.01%的水分，可使变压器油的耐电压由35kV降到4.4kV；水分还能促进润滑油的氧化变质等。机械杂质能显著增加机件磨损，堵塞过滤器和油道；增大残炭和灰分的数量；变压器油中含有机械杂质，就会严重降低它的绝缘性能。

因此，绝大多数润滑油均不允许含有机械杂质和水分，仅个别润滑油规格中允许含微量机械杂质和痕迹水分(少于0.03%)。此外，润滑油中含有添加剂时，会使油中的机械杂质在0.025%以下，但这不是外来杂质，而是添加剂组成中的物质。

为防止水分、机械杂质混入油中，在保管中应做到：尽可能入库存放，在库房紧张时，桶装润滑油应按照润滑脂、润滑油、特种液、液体燃料的顺序优先存入库内。露天存放的桶装润滑油，也应选择阴凉干燥、隐蔽的地点，桶身适当倾斜，大小桶盖在同一水平线上，防止积水浸入桶内；雨雪后要及时清扫桶顶积水和积雪；最好用木柱撑起来的篷布遮盖。桶装润滑油无论是存于库内或露天，都必须是垫圈完好，桶盖拧紧。

油罐、油桶在盛装润滑油前必须清洁，无水分、杂质；测量、取样、加温等工具和设备在使用前后必须擦拭干净。在储存中应设法降低储油温度，减小温差变化，因为油温高时油品会从空气中吸收水分；温度低时，又会析出游离水，如此反复，就会使润滑油中游离水量不断增加。同时，温差大，空气中的水分会在容器壁上凝结成较多的水珠而落入油中，使油中水分增多。对于桶装油料，油库每半年按照桶数的10%抽查桶装油料情况，检查内容：桶面标记、密封程度、有无水分杂质、乳化变质和油皂分离等。焊封桶装油料时，应检查取样桶的油料外观有无明显变化。上述检查发现有疑问时，应当增加检查比例或逐桶检查。

10.3.5.2 防止氧化变质

润滑油的抗氧化定性较好，在常温下不易氧化变质，但在长期储存中由于受到各种自然条件的影响，氧化仍然缓慢地在进行着。氧化会使润滑油的颜色变深，黏度增大，酸值增大，产生沉淀，严重时使油品的性能指标不合格。在储存中影响润滑油氧化变质的因素主要是温度、空气、金属及其盐类、水分、杂质等。润滑油在储存中应采取哪些措施减轻这些因素的影响呢？

(1) 应避免高温和阳光直射。桶装润滑油应尽量入库存放，有条件的最好存放于地下或半地下。露天存放的润滑油应存放在阴凉、干燥、隐蔽的地方。某些酯类合成油，如4109合成油，一定要避光储存，因为4109合成油中的抗氧化添加剂 N-苯基-β-萘胺和硫氮杂蒽会吸收可见光而变色。

(2) 尽量利用罐装，减少桶装。因为储油容器大，储油多，受气温影响小，同时单位容积的油料与金属接触面积较小，从而减少了金属对油料氧化的催化作用，有利于延缓润滑油变质。

(3) 尽量装至安全容量和密封，减少与空气的接触。储存润滑油时，应根据油温的变化，除留出必要的膨胀空间外，尽可能满装。对储存期较长而装油不满的容器，能并装的要实行并装。零星发油时要发完一个容器再发另一个容器，以减少罐或桶内气体空间。油罐的罐口、油桶的桶盖必须盖严，这不仅可防止水分和杂质混入，还可减少空气与油接触的机会。

由于金属对油品氧化的催化作用，因此，必须减少或避免润滑油与铜、铅、铁、锰、锌等金属的接触。

10.3.5.3 防止混油

(1) 不同炼油厂用不同原油、不同增黏剂生产的同牌号的多级内燃机油，可以混合使用，但不能混装储存，以免增黏剂、添加剂互相影响其性能。此外，多级内燃机油与非多级内燃机油不得混装储存。不同品种、牌号的润滑油均不能混装。

(2) 润滑油中要防止混入液体燃料，以免润滑油的黏度、闪点下降，润滑性变差等。

(3) 在收发作业中，要严格遵守操作规程，加强工作的责任心，严防错收发造成混油事故。要熟悉润滑油新的命名、代号及质量分级标准，防止误混造成质量事故。

输送不同润滑油一般应有专门的管线和泵，一般不得任意互用，必须互用时应按规定执行。在无洗刷设备的情况下，管线和泵互用时，一般应做到：在所输油与残油品种不同时，应首先放尽管道残油，然后须用所输油冲洗几分钟；输送黏度大、精制差的润滑油的管线不宜用来输送黏度小、精制程度高的润滑油；输送液体燃料的管线，不宜用来输送润滑油。互用管线和泵时的冲洗要求见表10-8。

表10-8 互用管线和泵时的冲洗要求

拟输油	一类润滑油	二类润滑油	三类润滑油
一类润滑油	不需冲洗	普通扫线	普通扫线
二类润滑油	普通扫线	不需冲洗	普通扫线
三类润滑油	普通扫线	普通扫线	不需冲洗

其中润滑油分类情况如下：

一类润滑油：仪表油、变压器油、汽轮机油、冷冻机油、真空泵油、航空润滑油、优质机械油、高速机械油、液压油等；

二类润滑油：机械油、汽油机油、柴油机油、压缩机油等；

三类润滑油：汽缸油、车轴油、齿轮油等。

盛装润滑油的容器应该清洁，并适合储存该种润滑油，容器不清洁时应当清洗。润滑油容器的清洗要求见表10-9。

表10-9　润滑油容器的清洗要求

拟装油类	一类润滑油	二类润滑油	三类润滑油
一类润滑油	2	3	3
二类润滑油	1	1	2
三类润滑油	1	1	1

说明：1. 不需清洗，但要求不得有杂物、油泥等；

2. 普通清洗，清除残油，进行一般清洗，要求达到无明水、油底、油泥及其他杂质；

3. 特别清洗，如化学清洗，要求达到无杂质、水及油垢和纤维，无明显铁锈。目视或用抹布检查不呈现锈皮、锈渣及黑色。

(4)油桶、油罐上的标志要按规定正确标记清楚，以免收发或倒装时弄错、混装。接收后的桶装润滑油，应按品种、牌号、批次、质量分别堆置，变质油料亟待处理的三种油料尤其要分开堆置，不得与好油混合存放。

为了防止混油、错发，并便于执行"发陈存新，优质后用"原则，润滑油的每一个包装容器上都应标明以下项目：

① 油品名称和牌号；

② 生产厂名及灌装年、月、日；

③ 毛重、净重；

④ 进口润滑油应注明国别。

10.3.5.4　加强油料质量的监测和管理

库存润滑油质量管理，应严格执行有关要求，及时化验测定油品的质量指标，编制有关报表。对质量不稳、指标变化快的油料，要加强监测；根据质量变化情况，适时安排使用，防止发生质量"卡边"或变为不合格油料。

因油料检验标准经常有变动，库存油料中有不同年代出厂的油料，为此，接收新出厂的油料，要按新的技术标准检查验收，原库存的油料按接收时的原标准检查质量。确定是否是不合格油料时，应按质量指标要求较低的标准判定。对储存润滑油，应根据"发陈存新，优质后用"原则，有计划地轮换发出使用，切勿储存到质量指标"卡边"时才发给用户。润滑油在储存中若某些质量指标不符合技术规格，但仍符合使用指标时，应本着不影响使用和节约的原则，尽快发出使用。

10.3.6　润滑脂储存质量管理

润滑脂与润滑油不同，由于其中加入了稠化剂，稠化剂大部分是金属皂类，对氧化有催化作用，易氧化分解，所以在储存中质量变化比较明显，储存期也要短得多。

10.3.6.1　润滑脂在储存中常见质量变化现象

润滑脂在储存中常见的质量变化现象有以下几个方面：

① 混入了泥沙、尘土、纤维、铁锈等机械杂质，使润滑脂表面脏污。

② 混入了水分或由于润滑脂的吸水性而潮解。润滑脂吸水后，轻则表面发白，严重时乳化变稀，滴点降低。

③ 产生油皂分离现象，析出润滑油，严重时还会出现凝结的皂块。

④ 润滑脂因氧化而在表面出现硬皮，颜色变深，并由于氧化而产生有机酸，造成游离酸增大，滴点下降，锥入度变大。

10.3.6.2　影响润滑脂质量变化的因素

润滑脂的质量变化，除混入机械杂质、水分是由于工作不慎造成外，与其组成和外界因素、包装方法等有关。

（1）润滑脂的组成：

① 烃基润滑脂的化学安定性与胶体安定性均比皂基润滑脂要好，在储存中不易分油和氧化。

② 皂基润滑脂的化学安定性比烃基润滑脂和有机、无机稠化剂制成的润滑脂差。不同的皂基润滑脂的化学安定性也有差别，它与金属皂的种类、制皂脂肪酸的饱和程度、基础油的精制程度以及是否加入了抗氧化剂有关。金属皂对基础油氧化有催化作用，锂皂对氧化的催化作用最大，其次为钠皂、钙皂、钡皂，铝皂最小。脂肪酸越饱和，制成的润滑脂的化学安定性越好。基础油的精制程度越高，抗氧化安定性越好，则制成的润滑脂氧化安定性越好。加入抗氧化剂后，润滑脂的氧化安定性有所改善。

③ 皂基润滑脂的胶体安定性差，在储存中容易分油。润滑脂的胶体安定性好坏与稠化剂的数量以及润滑油的黏度有关。稠化剂的数量少或润滑油的黏度小时，胶体安定性差。所以 2 号低温锂基脂在储存中容易分油，有些皂基(如钡皂)，由于其稠化能力低，所以即使稠化剂数量较多，也容易分油。如 2 号多效密封脂，由于是钡皂稠化剂，且基础油的黏度较小，所以在储存中容易分油。

④ 润滑脂的吸水性与稠化剂的种类有关，除钠基稠化剂吸水外，其他稠化剂制成的润滑脂均较好。

（2）外界条件：

影响润滑脂质量变化的外界条件有外界温度、湿度、与空气接触多少、阳光照射以及与金属接触等。

① 温度：温度高时，润滑脂容易氧化，也容易分油。

② 湿度：空气中湿度大时，润滑脂容易吸水使表面发白或产生乳化现象。

③ 与空气接触：与空气接触多时，润滑脂容易氧化，所以容器密封不严时，润滑脂容易变质。

④ 阳光照射：在阳光照射下，润滑脂容易变色，且容易氧化。

⑤ 金属：润滑脂与金属接触时，金属对氧化有催化作用，铜、铅的催化作用较明显。

润滑脂的包装越大，容器底部的润滑脂所受的静压力越大，结构骨架被压缩，所以就越易分油。容器中润滑脂表面如有凹坑时，润滑脂中基础油也会渗出积于凹坑内。储存时间越长，润滑脂的分油倾向越大。

10.3.6.3　润滑脂质量管理措施

① 优先入库：要执行润滑脂优先入库保管的原则，以减少温度、水分、阳光等对润滑

脂的影响。如确无库房存放时，也应放在防风雨、避光、阴凉、干燥的地方。

② 密封储存：盛放润滑脂的容器必须密封，已打开的润滑脂桶盖也必须盖严，不许敞口保管，以免进入机械杂质和水分，加速氧化和分油。

③ 容器、工具清洁：分发或向机械加注润滑脂的工具必须清洁。工具最好是专脂专用，工具用后应刮净，并用清洁的塑料袋包好。不允许用纸盒或木盒直接盛润滑脂，因纸、木易吸油，会使润滑脂变硬。

④ 小容器包装：以前我国生产的润滑脂多数采取100L、200L润滑脂桶进行包装，尽管包装费用较低，但存在以下问题：在储存中由于桶大、静压力大，底部润滑脂容易分油；使用上浪费大，往往一桶润滑脂剩下几千克以至十几千克就因弄脏了而丢弃；搬动运输不便。所以，目前主要采用制式的小容器包装，即使包装费用较大，但总的衡量，还是合算的。

⑤ 发陈存新，优质后用：在发放润滑脂时要贯彻发陈存新、优质后用的原则，零星发放时，要发完一桶再发一桶。发润滑脂时，不要只挖桶的中心部分，留下凹坑，要将余下的润滑脂表面刮平，以免凹坑内析出润滑油。

⑥ 定期检查：润滑脂要进行定期检查，对其质量要做到心中有数，发现问题及时处理。按规定，库存润滑脂每6个月抽样化验1次，并填写库存油料质量报告表。化验中发现质量开始明显变化时，应立即发出使用。

10.3.6.4　特种液储存质量管理

与其他油料比较，特种液的用量比较少，但对其性能的要求却比较严格。如航空液压油，对其黏温性和洁净性的要求都很严格。有不少特种液含有醇类成分，吸湿性很强。因此，管理特种液时，应特别注意防止其他油品的混入和注意容器的密封。具体来说，应做到以下要求：

① 特种液多为桶装或小容器包装，必须标记清楚，分类存放在库房内。

② 航空液压油对洁净度要求高，在储存中要优先入库存放，并且桶盖要严加密封；储运容器要保证清洁，严防水分、杂质混入。此外，在储存中要采取有效措施降低储油温度和温差变化，防止光线照射，以免氧化分解而使油中添加剂失效。

③ 所有装特种液的容器应密封良好，特别是醇型及合成油型液压油的组成均含有吸水性很强的醇类，如乙醇、丙三醇、异丙醇等，因此，在储存中特别要注意密封储存，防吸湿、防蒸发，防止混入水分、杂质。盛装这些产品的容器，口盖必须密封完好。

④ 纯乙二醇冰点是-13℃，纯乙二醇在“三北”地区冬季气温低于-13℃时就要凝固，这是正常现象，不要误认为是变质了。当温度升高溶解后，与水以适当比例混合制成冷却液，其冰点就会相应下降。

第 11 章　航空燃料质量管理

11.1　民用航空燃料质量管理

航空燃料的质量控制和管理由燃料质量管理部门、驻炼厂办事处、燃料质量检验部门、燃料质量检查人员协同实施。采购的 3 号喷气燃料应满足 GB 6537 的要求，Jet A-1 型喷气燃料应满足 DEFSTAN91-91、ASTM D1655 或 IATA GM 之一的要求；加注飞机的 3 号喷气燃料应满足 GB 6537 的要求，Jet A-1 型喷气燃料应满足 DEFSTAN 91-91、ASTM D1655、JIG AFQRJOS 或 IATA GM 之一的要求。采购航空活塞式发动机燃料应该满足 GB 1787 的要求，质量管理应该满足 GB 6020 的要求。

11.1.1　术语和定义

(1) 炼厂产品质量合格证(quality certificate of refinery)：炼厂证明批次航空燃料质量合格的文件。

(2) 燃料检验报告(laboratory test report of fuel)：航空燃料质量检验结果文件。

(3) 单罐组合样(single-tank composite sample)：按比例混合油罐上部样、中部样、下部样而得到的样品。

(4) 多舱组合样[multiple-tank composite(MTC)sample]：从多个装有相同牌号燃料的船舱中分别取样，然后按各舱燃料体积比混合而成的样品。

(5) 排污管线样(drain line sample)：从油罐、油车油罐或过滤器的排污管线的出口处获取的样品。

(6) 底部样(bottom sample)：从容器底表面的最低点获取的样品。

(7) 在线样(line sample)：当燃料在管线中流动时，从管线上的取样点获取的样品。

(8) 胶管末端样(hose end sample)：从加油车加油胶管末端的加油接头或加油枪嘴处获取的样品。

(9) 上部样(upper sample)：从油罐内燃料体积的上三分之一的中部深度获取的样品。

(10) 中部样(middle sample)：从油罐内燃料体积的中部深度获取的样品。

(11) 下部样(lower sample)：从油罐内燃料体积的下三分之一的中部深度获取的样品。

(12) 全规格检验(certificate of analysis testing)：对航空燃料产品规格中所有规定的试验项目进行的检验。

(13) 重新评定检验(recertification test)：为了核实航空燃料的质量没有改变且保持在产品规格的规定范围内而进行的检验。

(14) 外观检查(appearance check)：现场对燃料的颜色、颗粒物和水分进行的目视检查。

（15）目视检验（visual check）：使用化学测水器检测燃料中的水分以及对燃料进行外观检查。

（16）核对检验（check test）：通过与前期结果的比对，确认燃料的级别是否正确以及质量是否发生变化的检验。

（17）专机检验（VIP plane test）：对专机用燃料进行的检验。

（18）批次（batch）：同一类型和组成并且同一批生产的或同一批交付的包装产品的总体。

（19）专用系统（dedicated system）：专用于接收、储存和输送单一品种航空燃料的系统。

（20）隔离系统（segregated system）：双锁双流阀和盲板等可靠的隔离装置隔离的完全独立的管线、油罐。

（21）储存油罐（storage tank）：正常接收、储存和发出航空燃料的油罐。

（22）回收油罐（recovery tank）：接收从储存油罐、油车油罐、过滤器及管网的高低点等设施、设备排放的航空燃料的油罐。

（23）污油罐（slop tank）：接收各环节无法经处理合格的以及从回收油罐排放的航空燃料的油罐。

（24）质量检查罐（tank side sampling system）：对立式锥底油罐的底部样品进行外观检查时，用于计量所排放的燃料体积的油罐。

11.1.2　取样

11.1.2.1　取样要求

取样应按 GB/T 4756 或 ASTM D4057 中的操作方法执行，另有规定的除外。

（1）对不同容器取样时可按下列补充规定进行：

对立式罐装燃料取样时，容积大于 $500m^3$ 的逐罐取样，容积不大于 $500m^3$ 的按批取一组合样，必要时单独取样。对卧式罐装燃料取样时，按批取中部样组成多罐组合样品，必要时单独取样。对桶装燃料按批取样：100 桶以上可从其中 5 个桶取等体积样品组合成组合样；100 桶（含）以下可从其中 4 个桶取等体积样品组合成组合样。下次检验时，按上述方法从另外未取过样的桶中取一组合样；对燃料质量有争议时，按国家规定的取样方法或双方协商一致的方法取样。

（2）取样应由经过培训的、有资质的燃料质量检查人员按正确的取样程序并采用合适的取样工具进行，以确保所取的样品能够真实地代表被取样的燃料。

（3）样品容器应符合 GB/T 4756 或 ASTM D4306 的要求，不应使用塑料或镀锌容器；喷气燃料取样时不应使用由铜或其合金制成的取样器或取样容器。

（4）样品应从取样口或其他合适的能够直接取到样品的地方采取。

（5）取样时取样人员应站在取样口的上风口位置并配备相应的个人防护用品。打开取样口之前，应先将取样口周围的积水、污物等清除干净；取样前取样器和容器应用被取样的燃料至少冲洗 3 次并排净；取样后油罐取样口应铅封或上锁。如果从容器底部的排污管线取样，应先排空管线内存油；对于过滤器沉淀槽，应在带压的情况下从沉淀槽排出样品。

（6）取样器、样品容器及盛接容器应配有有效的等电位连接线和线夹。取样时，取样器与待取样容器应进行等电位连接；排放取样时，盛接容器与所取样的设施应进行等电位连接；从一个容器向另一容器倾倒燃料时，二者也应进行等电位连接。

（7）样品容器不应完全被样品充满，应留出至少10%的上部空间以备样品膨胀。

（8）取样数量应满足检验用量和留样用量；如果客户或其他授权方要求取样，应取双份样品。

（9）取样后，样品容器应封严并贴上标签。标签内容包括取样地点、燃料来源、容器编号、燃料名称（牌号）、代表产品的数量、样品类型（如点样、组合样等）、检验类别、检验编号、样品编号、取样日期、取样人等。

（10）应对所有样品进行登记，内容包括送样单位、收样人、收样日期、检验日期、来油证件号等。

（11）空运样品时，样品空运容器应符合国际民用航空组织（ICAO）认可的设计要求，并按ICAO《危险货物安全空运技术指南》和国际航空运输协会（IATA）《危险货物法规》的要求进行运输。

（12）现场取样进行外观检查，应使用容量至少为1L的广口、具塞、洁净透明的玻璃瓶，也可使用闭路取样器或外观检查容器。如果使用桶，桶应由质量良好的不锈钢制成或镀有白色搪瓷，搪瓷镀层厚度应小于2mm以使静电荷逸散；桶应配备有效的等电位连接线和线夹。

11.1.2.2　航空公司取样

（1）若航空公司要求提取样品是出于检验目的而不是现场外观检查时，应根据与航空公司的供油协议为航空公司要求的取样提供方便。

（2）取样时，航空公司代表与供油单位专业人员应同时在场，以确保样品能真实地代表被取样的燃料。

（3）航空公司应明确取样的目的、用途及取样的数量。

（4）只可在加油车过滤分离器出口或加油车加油接头处提取样品。

（5）取样器和样品容器应洁净，样品容器应符合GB/T 4756或ASTM D4306规定，取样后样品容器应封严并贴上标签，标签上宜注明下列内容：① 样品编号；② 取样日期及时间；③ 取样人；④ 取样地点；⑤ 样品类型；⑥ 容器或加油车编号；⑦ 燃料批号；⑧ 燃料名称（牌号）；⑨ 检验项目；⑩ 航空公司名称；⑪ 飞机注册号；⑫ 取样用途；⑬ 取样部位。

（6）应取双份样品并做内容相同的标记，双方共同铅封；同时准备一个一式两份的文件，分别由供油单位和航空公司代表签字保管。航空公司可自备样品容器和铅封或封条，也可由供油单位提供，其有效性应得到双方的认可。

（7）航空公司应将检验结果及时反馈给供油单位。

（8）记录取样的有关细节，并上报有关部门。

11.1.2.3　样品保存期限

（1）一般检验用样品的留样保存到该批燃料下次检验或该批燃料使用完毕为止；

(2) 发运外单位燃料的留样一般保存1个月；
(3) 测定辛烷值燃料的留样保存6个月；
(4) 专机用燃料的留样保存至本场专机任务完成后3天为止；
(5) 航空公司取样的留样保存至双方对样品结果无异议为止；
(6) 判为不合格燃料的留样保存至该批燃料处理完毕为止；
(7) 客户或其他授权方要求样品的留样保存到允许处理为止。

11.1.3 检验

11.1.3.1 检验方法

检验应采用产品标准中所规定的试验方法，包括以下方面。
(1) 石油和石油产品试验方法国家标准；
(2) 石油和石油产品试验方法行业标准；
(3) 英国石油协会(IP)石油及相关产品分析和试验标准方法；
(4) ASTM标准。

11.1.3.2 检验种类

检验可分为外观检查、目视检验、核对检验、重新评定检验、全规格检验、专机检验及专项检验。

11.1.3.3 检验项目

(1) 外观检查。外观检查即现场检查燃料外观，检查内容包括颜色、颗粒污染物、自由水。合格的燃料应有合适的颜色，样品应清澈、透明，在环境温度下无颗粒物和不溶解水。外观检查应在清洁透明的玻璃容器中进行，取样量最少为1L。

如果发现任何水分或杂质，应重复取样程序直到得到清澈透明的样品。各种牌号的航空活塞式发动机燃料被着色以便于识别，喷气燃料的颜色通常在从水白到浅黄的范围内变化。颗粒污染物通常包含少量的铁锈、沙子、灰尘、纤维状物和水垢等，通常悬浮在燃料中或沉降在容器的底部。不溶解水(自由水)是在瓶壁上能看到小滴状的水或在样品容器底部能看到大块的水滴，在喷气燃料中能以云雾状的形式显现(悬浮水)。“清澈”和“透明”与燃料本身的颜色无关，“清澈”代表燃料中无沉淀物或乳浊现象存在，“透明”代表燃料透明而无云或雾状现象。

(2) 目视检验。目视检验是对燃料的外观和悬浮水含量进行的检验。目视检验的样品应排放至清洁、透明的玻璃瓶、外观检查容器或现场取样容器中。

(3) 核对检验。核对检验是对燃料的外观和密度进行的检验，通过比较密度测量结果与来油的密度值，来评判是否可以接收或发出该批燃料。如果这两个数值(换算为标准密度)之差超过±3kg/m^3，表明该批燃料有可能存在问题，在接收或发出该批燃料前应进行调查。对于非贸易结算的密度现场实地测量，可使用数显式模拟密度计。

(4) 重新评定检验。重新评定检验是对燃料的相关规定项目进行的检验，当所有检验结果符合产品规格要求时，将检验结果与前次的检验结果进行比较，如果所有差值均在可接受的范围内，可确认剩余的未检项目也不会发生明显的变化，所检燃料合格；如果有一个或多个差值超出可接受的范围，则在查明原因前或在该批燃料全规格检验合格前，不应发出该批燃料。当超过一个新的批次被接收入罐时，应遵循以下规定：

① 如果设施和情况允许，在取样前应循环油罐内的燃料以确保混合均匀；

② 应考虑每一批次的量，根据计算的结果进行比较；

③ 如果超过三个新的批次被接收入罐，应进行全规格检验；

④ 当管线或罐底的存油不足罐内油料总量的10%时，可不将其单独作为一个批次处理。

(5) 专机检验。专机检验项目见中国民用航空局《专机工作细则》。

(6) 专项检验。专项检验的项目视情况而定，包括但不限于下列检验：

① 膜片试验：根据SH/T 0093、ASTM D2276/IP 216或ASTM D5452规定的试验方法进行，要求在试验过程中通过膜片的燃料数量为5L，包括比色法膜片试验、比色法双膜片试验和重量法膜片试验。进行比色法试验时应分别记录湿片和干片的颜色评级。

② 电导率试验：根据GB/T 6539、ASTM D2624/IP274规定的试验方法进行(采用Maihak、Emcee电导率仪或类似的得到认可的仪器)。

11.1.4 运输、储存和加注设备

11.1.4.1 运输设备

(1) 输油管线。输油管线宜根据燃料品种来设置，做到专线专用。如果同一管线输送两种或两种以上牌号的燃料，在其连接处应安全有效隔离并有明显标记。库区、机坪供油管线内壁应喷涂经技术鉴定合格符合航空燃料要求的涂料，长输管线内壁宜喷涂经技术鉴定合格符合航空燃料要求的涂料。库区、机坪供油管线的安装应有一定的坡度，坡度不小于1∶400。机坪管网应设有高点放气、低点排水装置。

管材不应使用铜合金、镉合金、镀镉、镀锌或塑料材料，也不应使用富锌涂料。如在实施中必须使用铜合金材料，则铜组分不应超过35%。

(2) 运输船舶按MH/T6038执行。

(3) 铁路油罐车。铁路油罐车宜专用于运输同一种牌号的航空燃料。如前一载运输的为同牌号的航空燃料，可视为专用。油罐内部应喷涂经技术鉴定合格符合航空燃料要求的涂料，用铝合金、不锈钢制作的油罐除外。在运输途中，应采取措施防止灰尘和水分进入罐内。

(4) 公路运油车。油罐应用铝合金或不锈钢制造，或用低碳钢制造但内部应喷涂经技术鉴定合格符合航空燃料要求的涂料。人孔和测量孔的盖应完全密封，防止水分或杂质进入。宜通过底部的半密封型(安装紧固)装油接头装入燃料。宜专用于运输同一种牌号的航空燃料。如前一载运输的为同牌号的航空燃料，可视为专用。不同牌号燃料的装、卸接头应具有不可互换性。

11.1.4.2 储存设备

(1) 建库原则。油库的设计与建设应保证燃料有足够的沉降时间，不混串，有利于聚污、排污，有利于储存保管，便于进行燃料的质量监控。确定油罐的容量和数量时，既应

以机场高峰期的航空燃料需求量、供给计划和应急储备量为依据，又应考虑一定的余量以备沉降、检验、掺配和洗罐等用途。

（2）储存油罐和回收油罐。油罐的设计和建造应能避免水分和灰尘的进入，有便于操作的可以排除沉积的水分和杂质的低点装置（聚污槽），卧式油罐应设置至少 1∶50、立式油罐应设置至少 1∶30 坡度的下锥形底到中心聚污槽。

储存航空活塞式发动机燃料的油罐应设置压力或真空释放阀（机械阀），储存喷气燃料的油罐宜安装呼吸阀。防止外物进入的粗孔防护网的孔径应为大约 5mm（0.25in）。油罐应安装有带快速阀门的排污管，排污管采用大约 50mm 直径的耐蚀管材。排污管上应安装在线取样阀和闭路取样器，应确保水分不会在排污管内聚积。对于立式油罐，排污管应连接到一个容量不小于 200L 的不锈钢或有内部涂层的质量检查罐，在质量检查罐的入口处安装一个快速开关阀，锥底部安装有排污阀。对于其他类型的地上油罐，应用重力自流或排污泵排除底部的水分和杂质。

油罐应设置测量孔，用于取样和计量。油罐进、出油管线应单独分开，进油管应在油罐的底部附近，设计时应减少燃料的涡旋。喷气燃料储存油罐宜安装有示位装置和（或）固定在油罐罐壁的不锈钢检查绳的浮动吸油管，航空汽油油罐宜安装该装置；机场油库储存油罐应安装浮动吸油管，否则油罐出油管线底边应比罐底周边至少高 40cm。油罐内壁应喷涂经技术鉴定合格符合航空燃料要求的涂料。

（3）过滤装置：

① 应根据航空燃料的供应流程设置不同类型的过滤装置，在通常情况下，应符合下列要求：

a. 中转油库的接收系统宜设预过滤器、过滤分离器，发油系统应设过滤分离器；

b. 机场油库接收系统应设预过滤器、过滤分离器，发油系统应设过滤分离器；

c. 灌油点宜设过滤分离器。

② 对于喷气燃料，应安装符合 GB/T 21358、GJB 610 或 API/EI 1581 要求的过滤分离器；对于航空汽油，应安装 5μm（标称）或更细的微孔过滤器，或安装过滤分离器。在过滤分离器的进、出口管线上，应设置快速自封式取样接头。过滤器应设有标志牌，标明过滤器编号、检查日期、检查人、清洗日期、清洗人等。应按要求对过滤器进行维护、监控和检查。

（4）移动泵及附件。移动泵的进出口、胶管两端、加油接头、接油接口等部位应加防护套。应在每天工作完毕后，将移动泵管线内的存油排放干净。

11.1.4.3 加注设备

① 加油车应只装载（加注）单一品种的燃料。

② 加油车管线及可与燃料接触的相关附件应由铝合金或不锈钢制成，或由内表层经过热镀锡防护的或喷涂经技术鉴定合格的与航空燃料相容的环氧树脂的中碳钢制成，油罐及主管线不应使用铜合金、镀镉、镀锌钢或塑料材料。与燃料接触的其他部件使用铜材料的程度应减少到最低限度，且不应使用锌、锌含量超过 5%的合金或镉合金材料。

③ 加油车油罐底部应呈一定的斜度，在底部应有沉淀槽并装有排污管和阀门。

④ 加油车上应安装过滤设备。喷气燃料加油车应安装符合 API/EI1581 性能要求的过滤

分离器。航空活塞式发动机燃料加油车应安装5μm(标称)或更细的微孔过滤器，或安装过滤分离器或过滤监控器。

⑤ 在压力加油接头和翼上加油枪的胶管末端应安装经批准认可的不小于60目的滤网。

⑥ 胶管、管线接头(连接器及油罐和过滤器的排污管线)应用防尘盖或遮蔽物保护。

⑦ 在加油车的所有主管路上，应安装有低点排放塞，以确保可将燃料排尽。

⑧ 加油车胶管货架储存期限从生产日期起最长为2年。符合API 1529或EN 1361(BS 3158)C型(半导体型)的胶管的使用期限从生产日期起最长为10年，其他胶管最长为6年。

11.1.4.4 高、低点冲洗设备

① 高、低点冲洗设备的油罐应由铝合金或不锈钢制成，或由内表层经过热镀锡防护或喷涂经技术鉴定合格的与航空燃料相容的环氧树脂的中碳钢制成。

② 设备应安装有低点排污阀，并在管线入口处设置取样点。

11.1.4.5 标识

运输、储存和加注等设施设备应按MH/T6002或API1542的规定涂有醒目的编号、燃料牌号、颜色标记、流向箭头及其他相关标记。

11.1.5 生产验收

① 燃料应按国产航空燃料鉴定机构规定的试验程序(含添加剂的允许添加种类和标准、质量、允许加入的最大数量)进行试验，证明其性能良好，经过批准定型后生产的燃料方能验收。

目前只允许在商用喷气燃料中(3号喷气燃料和Jet A-1型喷气燃料)中依据强制、协商和随机的原则加入抗静电添加剂(SDA)、抗氧剂(AOA)、抗磨剂(LIA)、金属钝化剂(MDA)、燃料系统防冰剂(FSII)等，具体内容参见产品标准。

② 驻炼厂机构应参与炼厂燃料新产品的研制工作，掌握新燃料产品的原材料来源和性能，产品试制的工艺过程、工艺条件、组分油、基础油，允许添加的添加剂种类和标准、质量，允许加入的最大数量及调和比例情况，收集成品油的分析数据和评定结果，会同炼厂写出新产品燃料的试制报告，报上级主管部门。

③ 驻炼厂机构应做好燃料生产过程中质量控制的监督工作，燃料应按通过鉴定的定型方案所规定的原材料、生产工艺、组分配方和质量指标生产。

④ 驻炼厂机构应监督炼厂对航空燃料的检验，及时了解炼厂检测燃料质量的分析仪器设备及试验方法是否符合有关规定，计量器具、标准溶液是否按要求检定或标定，出厂燃料分析项目及结果是否符合产品标准要求，产品质量合格证是否按规定程序签发。

⑤ 发放燃料前，炼厂应按批次留取罐样，样品数量为2.5L，留样时间为6个月。

⑥ 驻炼厂机构应与炼厂进行质量交接。在发油前，检查出厂产品质量合格证和发油管线、过滤器、铁路油罐车、公路运油车、油船等装油容器的清洁完好情况。每次装完油之后，应检查装油容器中的燃料外观及容器的铅封、封盖螺丝是否完整。若发现问题，应及时向炼厂有关部门提出，采取有效措施，确保发出的燃料质量合格。

⑦ 炼油厂发油单和产品质量合格证应随装油容器带走，或以其他方式提前发到接收单位。若采用管线输油，则应在输油前将炼油厂发油单和产品质量合格证发送到接收单位。

11.1.6　接收程序

11.1.6.1　通用要求

① 接收前，应检查确认接收管线、相关设备、接收油罐符合接收和储存航空燃料的要求。

② 接收前，应核对收发油证件、燃料规格牌号、运单号、车(船)号、铅封标记、数量和炼油厂发油单，检查产品出厂质量合格证是否项目齐全、内容完整、指标符合要求。如有问题，应拒绝卸油并与有关部门联系，在获得满意解释后方可接收。

③ 如果核对检验发现密度变化超过±3kg/m^3，发现大量水分或其他质量问题，应拒绝接收并立即与有关部门联系，在获得满意解释后方可接收。

④ 在接收燃料期间，每2h从接收燃料的过滤器沉淀槽中排除水分，并从排污槽取样进行检查，发现异常情况，立即停止卸油并进行调查，直至查明原因。

⑤ 如果在接收燃料期间，油库接收过滤器的压差上升速度比通常快，或在所检查的样品中怀疑或发现有过量的杂质或水分，应在接收过滤器的上游进行比色法膜片试验。如果试验结果大于6级(湿片)或5级(干片)，应在此位置继续进行比色法双膜片试验，以确认燃料本身的颜色；如果两片膜片之间的色差小于或等于3级(湿片)，可继续收油；如果色差超过3级(湿片)，应在此位置继续进行重量法膜片试验，结果不大于1.0mg/L可继续收油，否则应停止收油，进行调查。

⑥ 接收时，应填写航空油料接收检查单。

11.1.6.2　接收铁路油罐车燃料

① 应逐车检查底部清洁情况。检查可通过开启油罐车顶部孔盖目视进行；若无法进行检查或通过检查发现清洁情况存在问题，应使用底部取样器取底部样进行检查。

② 应取中部样进行核对检验：三车及三车以下应逐车进行，三车以上可最多每三车取组合样进行核对检验。所有车的中部样组成一组合样后测定电导率，并留1L样品。

③ 如果发现油罐车底部有大量水分、杂质或其他污染物[必要时用化学试纸(剂)检测水分]，只有密度变化在±3kg/m^{3}以内且在特殊情况下，可将该批燃料单独存放，再与有关部门联系。

④ 如果发现铅封损坏、数量不符的罐车，应单独取样进行核对检验；如果发现车号不符的罐车，应单独取样进行重新评定检验。检验合格且获得供油方满意的解释之后方可接收。

11.1.6.3　接收多品种的管线燃料

(1) 应在整个输油过程的开始、结束以及在每隔2h和批次转换且所转换批次到达接收过滤器上游的取样点时，分别取管线样进行核对检验并按批次留1L样品。

(2) 应对航空燃料与非航空燃料交接面的混油段进行切割处理，将混油段的燃料直接输送到非航空燃料油罐中。

（3）为了最大限度地防止因交接面混油段或在管线上黏附的其他燃料对航空燃料的污染，在航空燃料前、后输送的燃料应为下列燃料之一，且其优先顺序为：

① 轻质馏分原料（石脑油）。

② 中间馏分。

③ 车用汽油。在输送喷气燃料的管线中所输送的车用汽油不应含有清洁型添加剂。

（4）输送的航空燃料应专罐单独接收。

（5）输送喷气燃料的管线不应输送含有表面活性添加剂的燃料。

（6）机场油库不应直接接收通过多品种的管线输送的航空燃料。

11.1.6.4　接收船运燃料

（1）接收国产航空燃料：

① 应检查确认所有油舱的入口密封完好，随后由相关各方共同认可的专业检查机构或独立检查机构的检查人员进行计量。为了防止污油水舱的污水进入岸罐系统，检查人员应在卸油前、后对污油水舱进行计量，并与随船文件中的装油数据进行比较。应检测每个油舱是否含有游离水，并报告检测结果。如果发现油舱中含有异常水分、杂质，应立即通知船方和供应商。

② 如果油舱中燃料的数量与运单中燃料的数量相差很大（超过±0.2%），应在卸油前从受到影响的油舱中提取组合样进行重新评定检验，检验结果合格方可卸油。

③ 如果没有怀疑发生污染，应从每个油舱取1L中部样进行核对检验（加测电导率），允许3舱合并为一个样品进行核对检验。卸油前，船方和收货方共同提取一个5L的由各舱中部样组成的组合样留存，用于对燃料质量有争议时的仲裁，提取的样品由双方代表共同铅封并签名确认。如果拒绝接收，应向船方出示拒收证明材料。

④ 与船方做好随船样品（装船前岸罐到码头的输油管线样、装船后的船舱组合样及非专用船适用的装至500mm时的船舱组合样）的交接。

（2）接收进口航空燃料：

① 在从油船开始向岸罐卸下航空燃料前，从所有油舱中提取一个10L的多舱组合样供全规格检验用。

② 船样全规格检验合格且与随船证书中的检验结果差值在可接受范围内方可从岸罐转输，否则应通知相关方协商解决。

（3）卸油过程中的外观检查

在卸油过程中，应在接收管线尽可能靠近油船的位置取样进行外观检查：在卸油后和卸油结束前大约5min时在线提取样品进行外观检查；对非专用油船还应在卸油过程中每隔2h取样进行外观检查。如果怀疑或发现污染，应停止卸油，及时通知有关各方共同处理。

11.1.6.5　接收公路运油车燃料

① 应待油车停稳并静置至少10min后，从运油车油罐沉淀槽排放取样进行核对检验并留取1L样品。可根据来油的批次，按批次留取1L样品。

② 若发现运油车沉淀槽放出的样品中有大量水分、杂质和其他污染物时，应继续静置沉降。再次放样品检查，若仍然出现大量水分（超过2L）或杂质，则应拒绝卸油，进行调

查，并与有关部门联系共同处理。

11.1.6.6　接收中添加抗静电添加剂

① 为了确保在加入飞机油箱时喷气燃料的电导率满足产品标准要求，应综合考虑所接收喷气燃料的电导率以及在储存、运输过程中电导率的衰减情况。

② 在中转油库接收期间可加入抗静电添加剂，在机场油库宜采用将低电导率喷气燃料与高电导率喷气燃料混合的方法。

③ 添加抗静电添加剂时，应确认拟加入的抗静电添加剂与喷气燃料中原有的抗静电添加剂是互容的，宜使用同一种已经被批准认可且在有效期内的抗静电添加剂；应计算需要加入添加剂的数量并记录，添加时应控制加入速度。

④ 宜在接收燃料期间在线加入抗静电添加剂，以确保混合均匀。对于无加剂设备的地方，可在当运输容器中已装入至少 50cm 深度燃料后将添加剂加入运输容器中再继续加装燃料，也可在卸油之前将添加剂加入运输容器中或接收油罐中。为避免因飞溅而产生的静电，应尽量避免采用倾倒的方法从容器的顶部加入添加剂，可在装、卸油之前，通过用底部取样器从容器顶部或由油罐旁的质量检查罐用泵打回去的方式，将添加剂加入运输容器或接收油罐内的燃料中。

⑤ 接收油罐内的燃料经沉降后，应分别取上、中、下部样测试电导率，确认加剂的有效性。

11.1.7　沉降及检验程序

11.1.7.1　隔离及沉降

(1) 接收完毕后，应隔离油罐中的燃料并确定批次和数量。

(2) 燃料发出前的最少沉降时间为：

① 在通常情况下，喷气燃料每米油料沉降 3h 或油罐内燃料整体沉降 24h，以时间短的为准；航空活塞式发动机燃料每米油料沉降 45min。

② 如果所储存的燃料通过过滤分离器接收，过滤后水分和杂质含量持续维持在较低的水平，油罐为下锥底并装有浮动吸油管，中转油库在特殊、紧急情况下以及在机场油库，油料发出前的沉降时间如下并应做好记录：卧式油罐沉降 1h，立式油罐沉降 2h。

(3) 按上述规定时间沉降后，如果水分和杂质含量仍不能达到使用要求，可延长沉降时间，在紧急情况下可进行倒罐过滤，除去水分和杂质。

11.1.7.2　检验

(1) 被隔离的燃料在接收完毕至少 30min 后，取上部样、中部样和下部样，首先进行下列检验：测量每个样品的密度，以确定油罐中是否有分层现象（样品间密度差值超过 $\pm 3kg/m^3$，表示有分层现象）；检查样品中的杂质和悬浮水。如果有杂质或悬浮水，应继续沉降或采取其他相应措施后再次取样重复进行检验，直至无杂质或悬浮水。

(2) 对于通过隔离和专用系统接收的燃料，将上部样、中部样和下部样组合为组合样按重新评定检验项目进行检验。如果检验结果符合产品标准要求，燃料可以发出。发出分层的燃料时应对分层现象加以说明。如果检验结果不符合产品标准要求，燃料不应发出，应隔离该批次燃料并进行调查处理。对于中转油库-机场油库的两库模式，可在任一油库进行重新评定项目检验，在另一油库进行核对检验。

(3) 对于通过非隔离和(或)非专用系统接收的燃料，如果未发生分层，或发生分层但通过对上部样、中部样和下部样分别进行下列项目的检验证明所有结果满足产品标准要求，将上部样、中部样和下部样组合为组合样进行重新评定检验。

① 喷气燃料检验项目：密度、闪点、馏程初馏点和终点；

② 航空活塞式发动机燃料检验项目：密度、雷德蒸气压、辛烷值(贫油混合气)、馏程终点。如果检验结果合格，燃料可以发出。发出分层的燃料时，应对分层现象加以说明。如果检验结果不合格，应隔离该批燃料，直到进一步的检验证明燃料是可以接受的。

(4) 对于通过非隔离和(或)非专用系统接收的燃料，如果发生分层且通过对上部样、中部样和下部样进行检验，有任何结果不满足产品标准要求，则应隔离该批燃料并进行调查处理。分层测试适用于立式油罐；对于卧式油罐，可直接取中部样检查及检验，省略分上、中、下取样及判断密度是否分层的步骤。

11.1.8 储存程序

11.1.8.1 定期质量检查

① 每天应对当日发出燃料的储存油罐的沉淀槽或低点进行排放和检查，经常下雨时或在暴雨之后，应增加检查的频率。在全流速下冲走储存油罐到质量检查罐之间存在的燃料之后，在线提取燃料样品进行目视检验，如果检查显示燃料不合格，应继续排放直至检查合格为止。

② 每天应至少一次对回收油罐的沉淀槽进行排放检查，以防止发生微生物污染。

③ 每周应至少一次从储存油罐和过滤器的底部排放取样，检查水分和杂质并记录。如发现水分、杂质，应排放干净。如水分、杂质较多，应根据具体情况，缩短排放间隔，减少油罐和过滤器内水分、杂质的存在。

④ 每月应检查浮动吸油管能否正常浮动。

⑤ 自取样检验之日起，喷气燃料在储存油罐中储存满 1 个月后，应取样测试电导率并记录结果，且随后每间隔 1 个月重复进行测试。如果检验结果异常或不合格，应隔离、标识并查明原因。

⑥ 自取样检验之日起，储存达到一定时间的燃料应取组合样进行重新评定检验，喷气燃料为 6 个月，航空活塞式发动机燃料为 3 个月。如果结果不合格，应隔离该罐燃料，取样进行全规格检验，合格后方可发出使用。

11.1.8.2 储存油罐储存燃料的换装

① 应排空油罐中的燃料并按 MH/T 6037 的规定进行清洗。排净相关的管线、泵、过滤器和其他设备中残存的燃料，并用至少 3 倍管线容量体积的预装燃料进行冲刷。冲刷使用后的燃料应降质处理。

② 不应使用化学清洁剂清洗，可用但尽量少用水清洗，洗后应将水分除掉。

③ 应更换所有相关的过滤分离器、过滤监控器和预过滤器的滤芯。

④ 如果需要，应对相关管线、阀门和通气装置等进行改造，以达到有效的隔离。

⑤ 在装入新的燃料后，应取一个组合样进行重新评定检验，必要时在油罐下游的受换装燃料影响的管线末端处取样进行重新评定检验。检验结果合格后，燃料方可发出。

⑥ 在喷气燃料所有的储存容器和加油设备、过滤设备等设施设备中，不应加入任何种类的微生物杀虫剂。

⑦ 应更换相关标识。

11.1.9 发出程序

11.1.9.1 质量合格证明文件

① 所有的燃料发出前应有证明燃料质量合格的文件。

② 质量证明文件应包括待发放燃料中所有批次对应的炼厂或批次起源地的燃料质量检验报告，若输送过程中有燃料质量检验报告，也应将其包括在内。

11.1.9.2 燃料发出

① 储存油罐中的燃料应满足下列要求后，方可发出：已按 11.1.7.1 的规定进行了隔离及沉降控制；已按 11.1.7.2 的规定进行了检验控制；对油罐的沉淀槽或低点进行排放和检查，直至取样目视检验合格。

② 填写发出合格证，此证件是燃料发出的依据。发放合格证应注明日期并由授权签署人签字，它至少应包含下列内容：装油或运输的时间和日期；燃料名称(牌号)；该批次的标准密度(3 号喷气燃料为 20℃的密度，Jet A-1 型喷气燃料为 15℃的密度)；“无水”证明。

③ 在发油开始时，对发油过滤器的沉淀槽进行排放，取样外观检查，直至合格为止并做记录。

④ 通过公路或铁路发出时，在装油前，应检查所有的公路运油车或铁路油槽车，以确保其内部洁净无水；装完油后，应检查、排除油车油罐内水分、杂质；发出之前，关闭、紧固罐盖并铅封。

⑤ 给罐式加油车灌油前，应检查核对车内燃料与待装燃料品种相符，方可灌油。

⑥ 通过油船发出时，按 MH/T 6038 执行。

⑦ 如果喷气燃料电导率较低，需要在燃料转输中添加抗静电添加剂时，按 11.1.6.6 执行。

11.1.10 加注程序

11.1.10.1 加油设备的日常维护和检查

① 每次加油前，应检查加油接头(枪)是否洁净，发现水或污物应立即清除干净。

② 每次加油时，应观察过滤分离器压差，发现异常情况应及时处理。

③ 每天记录地井使用的情况。对于 3 个月没有使用的喷气燃料地井，在使用前应将支管中的所有燃料冲放出来后，提取样品进行外观检查合格后方可使用；对于直接安装在主

管线上的地井，冲放检查期限可延长至1年。

④ 每周应至少对所有加油栓井检查一次，遇大雨或雪天应每天检查，发现水或污物应立即排除干净。应做好检查记录。地井管网等新建或改造施工后，应增加对地井检查和管线冲洗的频次。

⑤ 每周应至少对机坪管网系统的低点带压高速彻底冲洗一次，确保冲走所有的水分或杂质，直到获得洁净的样品为止。冲洗燃料的数量应比取样管段的容量多50~200L，冲洗数量取决于系统的设计和污染物的多少。冲洗后，应在流动条件下取样进行外观检查，如果发现过量的水分或杂质，或得不到满意的样品，应调查确认污染物的来源。应做好检查记录。如果放宽每周冲洗检查的要求，应经书面的变更确认；且在当地应至少保存有证明燃料中持续洁净、无水的历史资料[在先前的12个月中，低点排放记录显示有不超过痕量的杂质和(或)水分]。

⑥ 每月应对压力加油接头(枪)滤网检查和清洗一次，如有破损，应及时更换。如果发现大量异物，应立即查明原因，否则应停止使用。应做好检查记录。

⑦ 新购或移交的加油设备以及经过修理或大修之后的加油设备使用前，应对其进行彻底的检查、冲洗和测试，应进行过滤器的比色法双膜片试验(对于新加油车进行重量法膜片试验)，并记录结果。

⑧ 静态留存在加油胶管中的燃料可能会发生颜色变差和热降解。所有在用加油设备的输油胶管中的燃料应加注给飞机，对于翼上加油胶管每周至少两次、对于压力加油胶管每月至少两次将胶管中的燃料循环或冲洗至燃料回收系统中。

11.1.10.2 日常取样检查

(1) 罐式加油车：

① 在下列情况下应排净水分、杂质：每日早班开始时；每次灌油作业静置5min之后(仅对加油车油罐沉淀槽)；每场大雨、雪过后(仅对加油车油罐沉淀槽)；加油车油罐、过滤器或加油系统清洗或维护之后；抽油之后。

② 应从加油车油罐沉淀槽、在有压力的状态下从过滤分离器沉淀槽或过滤监控器的进口端，在全流量状态下进行排放，排放的燃料量应超过置换排放管线所需要的量，然后用广口玻璃瓶或闭路取样器采取至少1L样品进行外观检查。如果外观检查结果不合格，应重复排放及取样。

③ 如果发现水分、杂质含量异常或无法获得合格的外观检查结果，应立即停用该加油车并进行调查。

(2) 管线加油车：

① 应在下列情况下排净水分、杂质：每日早班开始时和过滤器或加油系统维护之后。

② 应在有压力的状态下从过滤分离器沉淀槽或过滤监控器的进口端在全流量状态下进行排放，排放的燃料量应超过置换排放管线所需要的量，然后用广口玻璃瓶或闭路取样器采取至少1L样品进行外观检查。如果在机坪外不能在有压力的状态下采取样品，该检查应在当日首次加油开始时进行。如果外观检查结果不合格，应重复排放及取样。

③ 如果发现水分、杂质含量异常或无法获得合格的外观检查结果，应立即停用该加油车并进行调查。

（3）加油车副油箱：

如果加油车副油箱中的燃料能循环回到罐式加油车油罐或经管线加油车过滤器过滤后可再次加入飞机，应在每天第一次加油前对副油箱进行排放及外观检查，合格后方可使用。不应将外观检查不合格的燃料排入加油车副油箱。副油箱应上锁，以防止不合格的燃料进入。

（4）高低点冲洗设备：

从高低点冲放出的燃料在高低点冲洗设备内经静置后，应通过设备的低点排放水分、杂质。

11.1.10.3　加油前的准备

应核对燃料品种牌号并随车携带检查燃料质量的工具。

11.1.10.4　加油过程中的取样检查

（1）罐式加油车：

① 如果航空公司有要求，应在加注量超过加油车管线和过滤器壳体内的燃料量之后，从过滤器的下游（出口端）提取1L样品进行目视检验。

② 如果在样品中发现有水分，或用化学测水器测试时颜色发生了明显的变化，应立即提取第二份样品进行检查。

③ 如果证实燃料中确有不正常的水分存在，应立即停止加油并通知航空公司代表。在未查明原因并采取补救措施之前，不应继续加油。

（2）管线加油车：

① 管线加油车每次加油时都应取样进行外观检查，且加注喷气燃料时应至少采取一个样品进行目视检验。管线加油车加油过程中的取样规定见表11-1。

表11-1　管线加油车加油时取样规定

加油车	加油期间取样	加油结束后取样
安装过滤分离器的加油车	加油1000L后从过滤分离器下游（非必做项）	从过滤分离器沉淀槽（必做项）
安装过滤监控器的加油车	加油1000L后从过滤监控器下游（必做项）	从过滤监控器入口（必做项）

对安装了过滤器监控器的管线加油车，当加油量达到1000L时，应从过滤器的下游提取1L样品进行检查。管线加油车每次加油结束之后，应立即在有压力的状态下从过滤分离器的沉淀槽或过滤监控器的上游（入口端）采取1L样品进行检查。

② 如果在样品中发现有水分或用化学测水器测试时颜色发生了明显的变化，应立即再次取样进行检查。如果证实燃料中确有不正常的水分存在，应立即停止加油并通知航空公司代表。在未查明原因并采取补救措施之前，不应继续加油。

③ 如果在完成该飞机的加油作业之前，管线加油车被停用或被安排去为另一架飞机加油，在驶离飞机之前应遵循①的规定。

11.1.10.5　加油车换装燃料

① 应排尽加油车油罐内残存的燃料并检查确认，开启所有管线、组件的排放阀门，把所有低点（过滤器、泵等）的燃料排放干净。

② 按MH/T 6037的要求清洗油罐。

③ 用拟换装的燃料装满，在最大流量下输送大约 1000L 燃料冲洗所有胶管。冲洗用的燃料不应再加注给飞机。

④ 从所有的排放点采取 4L 样品，确认换装前的燃料已经被完全冲洗干净。

⑤ 应更换相关标识和更换过滤器滤芯。

11.1.11 设施、设备的清洗

11.1.11.1 油罐

（1）喷气燃料的储存油罐，应每年通过合适的人孔从外面对其内部进行目视检查。在油罐首次启用的 12 个月之内应进罐进行检查和清洗，之后每 3 年清洗一次。

如果油罐内壁全部有涂层（至少全部罐底和罐壁）、油罐的检查和清洗历史记录表明只有少量的污染物、不进罐即可对油罐的内表面进行充分的目视检查（在观察油罐罐底和聚污槽时，不被内部隔板、浮盘或盖层等遮挡）且下游燃料质量（外观和洁净度）良好，油罐的检查清洗周期可延长。

喷气燃料储存油罐清洗检查周期见表 11–2。

表 11–2　储存油罐检查清洗周期

周期	最长期限/年	
	从外面对油罐内部进行目视检查	进罐检查和清洗
正常	1	3
延长后	2	5

（2）航空活塞式发动机燃料的储存油罐，在油罐首次启用的 12 个月之内应进罐进行检查和清洗之后每 3 年清洗一次。如果油罐清洗的历史记录显示在清洗周期内只发现少量的污染物，则清洗周期最长可延长至 5 年。

（3）应每季度一次从回收油罐的外面对油罐内部状况和洁净性进行目视检查，可用回收油罐沉淀槽排放样品的微生物污染检测代替该季度目视检查。微生物污染检测结果达 IATA 规定的中度及以上应清洗。

（4）真空罐应至少每半年清洗一次；质量检查罐除在使用之外的其余时间里应排空并保持洁净。

（5）在清洗期限内，如果发生下列情况应提前清洗：

① 油罐内表面肮脏，例如对油罐内部进行目视检查，发现存在微生物生长或杂质累积面积超过油罐底部面积的 1/5；

② 油罐的下游发现过多的污染物，如下游过滤器的使用寿命缩短、差的膜片结果或颗粒计数结果偏大；

③ 油罐底部的排底样品中显示存在微生物污染，过多的灰尘、锈渣、表面活性污染物或其他杂质；

④ 油罐受到污染。

（6）清洗油罐时不应使用可能污染燃料的未经批准的化学品或清洗剂。如需要使用清

洗剂进行清洗，燃料在发出之前应进行全规格检验。

（7）清洗油罐时，如发现内部涂层有脱落，应及时补刷。

（8）油罐的清洗方法及质量要求见 MH/T 6037。

（9）储存油罐清洗后第一次装油时，应取组合样进行重新评定检验。

11.1.11.2 油车

① 应排空油车油罐并从顶部人孔检查油罐内部的洁净性和状况；如果通过人孔观察油罐内表面的面积无法超过 50%，则需采用内窥镜、拆卸分解或进入的方法检查。从顶部灌油的加油车和运油车应每季度检查；底部灌油的加油车和运油车每 12 个月检查。应注意内部涂层、油箱焊缝、微生物活动的状况。

② 如果观察到污染或损坏，应排净并进入油罐内检查清洗，必要时进行修补；进入油罐清洗的最长时间间隔为 5 年。

③ 抽油车油罐应每年清洗一次。

④ 加油车副油箱应每 6 个月清洗一次。

⑤ 油车的清洗方法及质量要求见 MH/T 6037。

11.1.11.3 铁路油罐车、油船等装油容器

铁路油罐车、油船等装油容器按 MH/T 6037 或 SH 0164 的规定进行清洗。

11.1.11.4 过滤器的检查、清洗和更换

过滤器的检查、清洗和更换按要求进行。

11.1.11.5 输油管线

如果输油管线超过 3 个月不输油，在使用前应冲洗。

11.1.11.6 加油胶管

① 喷气燃料加油车的新胶管在投入使用之前，应灌满喷气燃料在 15℃或更高的温度下浸泡至少 8h，然后用至少 2000L 的喷气燃料冲(刷)洗；当燃料的温度低时，浸泡时间应更长。对冲(刷)洗后的燃料进行外观检查，直至没有残渣为止；冲洗所使用的燃料可输送到回收油罐中。

② 在新胶管冲(刷)洗后投入使用之前，应进行比色法膜片试验。进行加油胶管压力测试时，如果在测试过程中使用了未经过滤的燃料，在重新使用加油车进行加油作业之前，应冲刷加油胶管。对于公路、铁路输送所使用的低压或抽油胶管以及胶管附件不必进行浸泡试验。

11.1.11.7 油桶

新购置油桶及用过的油桶再使用时，均应进行检查、清洗，清洗后桶内应清洁，无水分、杂质、浮锈、油垢。

11.1.11.8 记录

应对相关的检查、清洗工作做好记录。

11.1.11.9 专机燃料的质量保障

专机燃料的质量保障工作按中国民用航空局《专机工作细则》执行。

11.1.12 燃料的回收和降质

11.1.12.1 供油系统内的排放、回收和降质

（1）储存油罐：储存油罐底部排放检查时所排放出的外观检查合格的燃料可返回被检储存油罐或排放到回收油罐。

（2）回收油罐：回收油罐底部排放检查时所排放出的外观检查合格的燃料可返回被检回收油罐或排放到其他的回收油罐。

回收油罐中的燃料按规定进行沉降、排污后，取样进行外观检查和密度测定。如果怀疑发生微生物污染，应对油品进行处置，合格后可返回储存油罐。在按规定对该储存油罐进行检验前，从回收油罐返回的燃料所占比例应不大于罐内燃料总量的10%。只有各环节所排放的可作为航空燃料利用的燃料可排放到回收油罐。

（3）质量检查罐：质量检查罐中的外观检查合格的燃料可返回被检油罐或排放到回收油罐。

（4）污油罐：污油罐中的燃料不应再循环到储存油罐和回收油罐中，不宜继续作为航空燃料使用，宜降质处理。只有各环节所排放的无法再利用的不合格航空燃料可排放到污油罐。

（5）加油车油罐、过滤器及副油箱：

① 对于副油箱中的燃料可经循环过滤后加入飞机的加油车：油罐、过滤器排放检查时所排放出的合格燃料可排放到副油箱；副油箱排放检查时所排放出的合格燃料可返回所检查的副油箱。

② 对于副油箱中的燃料无法经循环过滤后再次加入飞机的加油车：油罐、过滤器排放检查时所排放出可作为航空燃料利用的燃料可排放到副油箱；副油箱中的可作为航空燃料利用的燃料排放到回收油罐。

（6）高、低点冲洗设备：高、低点冲洗设备底部排放检查时所排放出的合格燃料可返回被检设备。高、低点冲洗设备中的燃料进行沉降、排污后，取样进行外观检查，如果怀疑发生微生物污染，应进行处置，合格后可排放到回收油罐。

11.1.12.2 从飞机油箱中抽回燃料

（1）抽出的燃料应存放在罐式加油车或固定油罐中。不应把抽出的燃料直接注入机坪管网系统中。含杀菌剂的燃料应用专用油车抽油，抽出的燃料应降质处理。

（2）应以IATA《飞机油箱中的微生物污染》的指导材料为指南，且应使用喷气燃料抽油验收、检查验收抽回的喷气燃料。日常用作抽油用的油车还应每6个月进行一次微生物污染检验。若日常排放样品显示疑似微生物污染，则应加大检验频次。

（3）为保护加油设备中的燃料质量不被从飞机中所抽出的燃料污染，应采取以下步骤：

① 抽油开始前，应按以下要求确认飞机油箱中所含燃料的质量和牌号：取样进行外观检查，如果发现从油箱中排放出的水分外观为非清澈状（浑浊、乳化、油水界面有泡沫状物质、有黑褐色的悬浮物或杂质），应检查是否存在活性微生物；检查前两次所加注燃料的牌号（本检查由航空公司工程或机务人员通过飞机技术日志中的信息进行）。

② 如果通过检查怀疑燃料质量或有其他理由怀疑燃料质量，应隔离所卸下的燃料，按重新评定检验项目进行检验，必要时可增加检验项目。

③ 如果通过检查合格且不怀疑燃料质量或确认燃料质量合格，可将燃料加注给相同航空公司的飞机，或按所抽出燃料占比例不超过10%掺配的方法加注给任何航空公司的飞机，或经全规格检验合格后加注给任何航空公司的飞机，或直接返回到油库的回收油罐；在上述处理方法均无法实现的情况下，可在被抽油航空公司同意的情况下将燃料降级。采用所抽出燃料占比例不超过10%与储存罐中所发出的已检验合格的燃料进行掺配的方法，除应进行油车底部排沉检查外，可不进行其他检验直接加注飞机。

④ 如果经检查前两次所加注的燃料牌号非3喷气燃料或Jet A-1，或经检验发现燃料不合格，应在被抽油航空公司同意的情况下将燃料降级。

(4) 不应在飞机机库中抽任何含宽馏分燃料(如4号喷气燃料、Jet B等)的燃料混合物。

(5) 当加油车中装过质量可疑的抽回燃料后，应对其进行排放并进行内部洁净性和无任何残余燃料的检查。应打开所有排放点以使燃料管线和部件(过滤器、泵等)中的燃料排净。更换滤芯。将油车灌满，通过每根胶管在最大流量下输送1000L燃料至含至少20000L同牌号燃料的储存油罐中。

(6) 因为过滤介质迁移的可能性，含燃料系统防冰剂(FSII)的燃料不应通过过滤监控滤芯输送。

11.1.13 应急程序

(1) 燃料质量管理人员应有分析、判断燃料质量紧急情况的能力，并能应用正确的操作程序处置。

(2) 应制定所有可能发生的紧急燃料质量事故的应急程序，并对质量管理人员进行培训和定期演练，确保所有质量管理人员熟悉并能操作应急程序。

(3) 指导处置各类突发燃料质量事故的应急程序应至少包括下列内容：①紧急事件的确切类型和发生位置；②需采取的详细的措施；③人员的职责；④所有需要联系的日常和紧急电话号码；⑤应急设备的有效性及其来源；⑥最新的操作程序；⑦事故的处置。

(4) 应急程序应放置在醒目的地方，并确保所有的人员能够迅速获得。

(5) 需要考虑的紧急情况包括突发的各种燃料质量问题和飞机事故或事件。

11.1.14 接受检查

① 检查包括民用航空主管部门、安全生产管理部门的监督检查以及行业内部检查和行业外部检查。

② 应依据民用航空主管部门、安全生产管理部门的要求进行监督审核检查。

③ 行业内部检查的检查方法、程序和整改以及随后的跟进检查，应依据内部的有关规定执行。

④ 行业外部检查可分为国内外航空公司客户年度检查和国际航空运输协会航空公司燃料质量联盟(IFQP)组织的检查。

⑤ 各单位管理层应统筹安排检查。油库、加油站、卸油站、检验室等作业单位不应接待非管理层安排的检查及取样，如遇此类检查，应及时报告上级管理层。

⑥ 可根据对方要求的检查频率进行检查，也可根据各方都同意的协议，增加或减少检查的频率。

⑦ 没有高层管理层的统一批准，各单位管理层、作业单位不应修改检查程序。

⑧ 检查人员应同受检单位管理层一起商讨检查报告中的建议部分。报告中关于与其操作和质量控制手册有偏差的、涉及对系统的担心、纠正措施等建议，应由管理层负责实施。如果在检查期间，提交的建议影响到了机场其他单位的管理，在检查结束时，检查人员应邀请其管理层参加协商会议。超出手册范围和(或)管理层权限以外的内容，应由检查组将之移交给受检单位的上级部门处理。

⑨ 在检查完成并收到提交的检查报告后，当地管理层应对检查报告中建议方面的内容进行研究，并在检查组规定时限内反馈对方，同时向对方和高级管理层提交一份改进措施报告。任何有争议的问题应提交高级管理层解决。

⑩ 应保存好相应的记录、检查报告和反馈整改报告，以便与随后定期进行的跟进检查相衔接，确保检查所提出的建议得到了采纳。

11.2 通用航空燃料质量管理

为推进通用航空(以下简称通航)服务保障体系建设，完善政策支持体系，加快提升供油保障的服务品质和运行效率，指导通航企业和通航供油企业进行油料质量控制，规范通航航空器加油操作流程。本节适用两类单位，一类是从事通用航空油料供应，为通航企业提供油料供应加注服务的单位，应按照本规范执行；另一类是从事通用航空活动，自行进行加油作业的单位和个人，可参考本规范执行。

11.2.1 通用航空油料质量控制规范

11.2.1.1 油源

① 通航企业采购、加注的油料牌号应满足所加注航空器和发动机数据单的要求。

② 采购国产航空燃料时，应从中国民用航空局发布的民用航空燃料生产企业清单中选择供应商。

③ 提供的 3 号喷气燃料应满足 GB 6537 的要求，Jet A-1 喷气燃料应满足 AFQRJOS、ASTM D1655、IATA GM 或 DEF STAN 91-091 的要求。

④ 提供的航空活塞式发动机燃料(航空汽油)应满足 GB 1787、DEF STAN 91-090、ASTM D910 或 ASTM D7547 要求。

11.2.1.2 设施设备

(1) 通则

设施、设备在投用之前，应进行浸润冲洗及检验。喷气燃料与航空汽油的接收、储存、发出和加注设施设备不可混用。更换油料品种或航空汽油转换牌号使用时，应对设施设备进行清洗，并参照 MH/T 6020 要求取样进行重新评定检验。设施、设备应明确标识，标识方法见表 11-3。

表 11-3 不同燃油种类颜色标识

牌号	识别色	色带	标签
3 号喷气燃料	黑色		3 号喷气燃料
Jet A-1	黑色		Jet A-1
95 号	黄色		95 号航空汽油
UL94	橙色		UL94 航空汽油
UL91	橙色		UL91 航空汽油
100 号	绿色		100 号航空汽油
100VLL	蓝色		100VLL 航空汽油
100LL	蓝色		100LL 航空汽油

所有的胶管和管线的接头或连接处(包括油罐和过滤器排放管线)在不使用的情况下都应进行防尘保护。

(2) 油罐及其附件

喷气燃料以及不同牌号航空汽油的油罐应单独设置。油罐的进、出油管线应分开，进油管应在油罐的底部附近，且设计成能够减少燃料涡旋的形式。油罐应设可以聚集水分和杂质的低点聚污槽。卧式油罐罐底的坡度应至少为 1∶100，立式油罐锥底的坡度应至少为 1∶30。油罐应安装由耐蚀管材制成并安装了快速自动回位阀门或双阀的聚污槽排沉管，应确保排沉管内不会聚集水分、杂质。立式油罐宜设置带有闭路取样器或质量检查桶及回收系统的排放检查系统。卧式油罐宜设置闭路取样器。以车代罐：储油功能完好的罐式运油车或加油车可以作为航空油料储罐使用。应每年通过人孔从外面目视检查油罐内部，每 5 年清洗一次，并设置油罐揭示牌注明油罐的技术参数、检查日期及清洗日期。在清洗期限内，如果发现下列情况应提前清洗：对油罐内部进行目视检查，发现杂质累积面积超过油罐底部面积的 1/5 或存在微生物污染迹象；下游发现过多的污染物或下游过滤器滤芯的使用寿命缩短；排沉样品中显示存在微生物污染，过多的灰尘、锈渣、表面活性污染物或其他杂质；油罐受到的其他污染。

(3) 加油车及其附件

① 加油车管线以及可与燃料接触的相关附件应由铝合金或不锈钢制成，或由内表层经过热镀锡防护的或喷涂过符合航空燃料要求的环氧树脂类涂料的中碳钢制成，油罐及主管线不应使用铜合金、镀镉、镀锌钢或塑料材料。与燃料接触的其他部件使用铜材料的程度应减少到最低限度，且不应使用锌、锌含量超过 5%的合金或镉合金材料。

② 加油车油罐底部斜度应不小于 1∶20，在最低点有沉淀槽并装有排污管和自动回位阀门。

③ 在加油车的所有主管路上，应安装低点排放阀，以确保可以将燃料排尽。

④ 重力加油枪的口径应小于航空器油箱进油口，以满足加油枪插入油箱加油口时有足够的空隙排除空气。圆柱形枪头用于加注航空汽油，鸭嘴式枪头用于加注喷气燃料。重力加油枪的扳机开关处不得有定位棘齿。

⑤ 在压力加油接头和重力加油枪之前的胶管末端，应安装适配的不小于 60 目的滤网，每 3 个月检查、清洗一次。

⑥ 每月应进行一次静电释放拖地带、等电位连接线及接线夹状况的检查，并测试拖地端头、接线夹与加油车底盘之间的电阻小于 10 欧姆。

⑦ 每 3 个月应检查确认罐顶顶盖密封完好、油罐排气孔正常，检查罐顶排水槽确保无堵塞。每 12 个月应目视检查油罐内部的状况，根据检查结果确定是否需要清洗。

（4）过滤器

① 发出、加注喷气燃料应使用符合 GB/T 21358、GJB 610 或 EI 1581 要求的过滤分离器。

② 发出、加注航空汽油应使用 5μm（标称）或更细的微孔过滤器，或安装过滤分离器。

③ 过滤器应设置揭示牌标明清洗检查、滤芯更换周期。过滤器沉淀槽应至少每周排放一次。在当天首次开始使用过滤器作业时，对过滤器沉淀槽进行排放及目视检查。使用过滤器期间应观察压差计示值，确定未超过允许值和没有压差突降。

④ 每 12 个月开启过滤器检查，每 3 年更换过滤分离器的聚结滤芯以及预过滤器的滤芯。如果检查发现存在污染物或使用时在过滤器下游发现了异常的杂质、水分，应开启过滤器检查清洗。对于过滤分离器还应进行分离滤芯的淋水试验，如淋水试验不合格且无法修复时需更换分离滤芯。

⑤ 过滤器更换滤芯后，应对过滤器进行冲洗，冲洗后的燃料需经沉降及过滤后才能加注航空器使用。

（5）胶管

① 从生产日期起，航空器加油用 C 型胶管的最长使用期限，符合 GB/T 10543 的为 6 年，符合 API 1529 或 EN 1361（BS 3158）的为 10 年。

② 灌油宜采用符合 GB/T 10543 或 EI 1529 的 C 型胶管，卸油可以使用合适类型的胶管；灌油、卸油用胶管的使用期限从生产日期起最长 15 年。

③ 所有卸油、灌油、加油用胶管，在首次安装使用前都需检查并彻底冲洗。灌油、加油用胶管，在冲洗前还需经过至少 8h 的浸泡，如温度低于 15℃应浸泡更长时间，浸泡所使用的燃料不得加注给航空器使用。

④ 按厂家要求，定期检查所有胶管、加油接头有无渗漏等缺陷迹象，采用循环滚动的方法检查有无变软、鼓泡、裂纹或脱层等缺陷。

⑤ 加油车重力加油胶管内静态存油的时间超过 7 天、压力加油胶管超过 1 个月，则在加油前需用两倍于胶管内存油量的燃料置换胶管内的存油，置换出的燃料应经目视检查确认外观合格后方可继续作为航空燃料使用。如在到达规定时间之前本车循环置换，不需经过目视检查确认。

（6）油桶

应采用不锈钢桶或内部涂有环氧树脂涂层的金属桶，宜采用容积为 200L 的标准油桶。

油桶应专用，油桶内部应洁净，无水分、杂质、浮锈、油垢，密封良好。油桶上标注油桶的揭示牌，内容包括桶的生产日期、油桶编号、燃料名称及牌号、灌装单位、灌装日期、批次号、检验日期、有效期等信息。灌装用的油桶在使用前应清洗，在使用过程中检查发现底部存在油泥或疑似微生物污染迹象时需清空并清洗。

(7) 橇装装置

橇装装置的油罐宜采用双层罐，且航空汽油油罐应设置罩棚等隔热措施。应设置紧急停泵、自动切断、拉断自保等功能以及等电位跨接断开的显示或报警功能，等电位连接线的长度应满足使用要求。简易加油装置的插入油桶中的铝或不锈钢材质的抽吸管的进口处应安装支撑装置，使距油桶底部 40mm 以内的燃料不会被抽出。

(8) 自助式加油机

自助式加油机应设置紧急停泵按钮并清晰表示。

11.2.1.3　取样和留样

(1) 样品容器应符合 GB/T 4756 或 ASTM D4306 标准要求。

(2) 对于油桶、油车以及油高不高于 3m 的油罐，取中部样(油车、油罐应单独取样；油桶可按批取样 4 桶以下逐桶取样，4 桶及以上从相同批次的 4 个桶中分别取等体积样品组成一个组合样)。对于油高在 3~4.5m(含)的油罐，取上部样和下部样；油高在 4.5m 以上的油罐，取上部样、中部样、下部样。

(3) 取样器、样品容器及盛接金属容器应配有等电位连接线和线夹。

(4) 打开取样口之前，应先将取样口周围的积水、污物等清除干净。留取样品前，取样器和容器应用所取燃料至少冲洗 3 次并排净。取样后，取样口应铅封或上锁。

(5) 装入样品后，样品容器应留有至少 10%的无油空间且样品容器应密封良好。

(6) 应用样品标签标识样品，标签内容至少包括容器编号、燃料名称(牌号)、取样位置、样品编号或批次号、取样日期、取样人等。

(7) 留样应避光保存，留样应保存至对应批次使用完毕或下次检验时为止，发外单位燃料对应的留样保存 3 个月。留样保存期满后，按要求进行回收或降质处理。

11.2.1.4　接收程序

(1) 铁路油罐车和公路运油车装运燃料的接收：

① 应使用专用的铁路油罐车和公路运油车运输燃料(前一载运输同一品种、同一牌号燃料即可视为专用)。卸油前应检查并核对来油证件。

接收炼油厂来油时，应检查炼厂发油单、炼厂产品质量合格证，核对燃料品种/牌号、车号、计量交接凭证。接收运输机场或转运中心来油时，应检查运输机场或转运中心发油单、发出罐的产品质量检验报告，核对燃料牌号、车号、计量交接凭证。

② 卸油前检查并确认铁路油罐车或公路运油车的所有封识完好。待运油车或油罐车停稳 5min 后，逐车测量油高、油温、视温、视密，采取流量计或汽车衡交接的单位可不测油高、油温。接收方代表应书面记录核对接收燃料的数量。运输损耗量超过运输定额损耗量，则不应卸油，报告上级主管部门和本部门领导。

③ 卸油前，至少静置沉降 10min 后，逐车从公路运油车油罐沉淀槽排放取样或从铁路

油罐车取样口取底部样，目视检查外观和测量密度、电导率，留取 2.5L 样品(同日多车来油，同一批次的可以留取一个组合样，不同批次的应分别留取组合样)。如果无法获得外观合格的油样，电导率、密度不符合产品规格要求或测得的标准密度与来油证书上标准密度的差值超过 3.0kg/m^3，应与发油方联系处理。

④ 接收油料入库时应根据油罐安全高度计算油罐安全余量是否满足收油作业需求。卸油过程中，应密切关注卸油情况和监控油罐安全余量。

⑤ 每车收油后对运油车或油罐车接收量进行计量交接核对。每天运油车或油罐车收油后，对接收油罐进行计量，计算入罐量，并进行核对。卸车损耗量超出卸车定额损耗量的，应报告上级主管部门和本部门领导，如需查明原因，应配合上级主管部门和本部门领导查明原因。

⑥ 卸油完成后，检查确认燃料卸净。应记录接收油罐编号及所接收燃料数量，记录所进行的所有检验、检查的结果。

(2) 桶装燃料的接收：

应检查炼厂发油单、炼厂产品质量合格证，核对燃料牌号、批次号、桶号及数量，确认油桶上牌号标识、灌装日期及检验日期清晰，桶盖封识完好、无渗漏，并做好记录。接收方代表应书面记录核对接收燃料的数量情况。

11.2.1.5　储存程序

(1) 罐装燃料的储存

接收完毕后，应隔离燃料并确定油罐内燃料的批次组成及对应数量。接收完毕在油罐中静置沉降 30min 后，排放油罐底部样至目视外观检查合格后，取样测量密度并留取 2.5L 样品，所测得的标准密度与罐内所有组成批次的标准密度的加权值的差值不应超过 3.0kg/m^3。

每周至少一次从油罐的沉淀槽排放燃料至外观检查合格。在罐装燃料的静态储存以及发出过程中，从占比超过罐内燃料总量一半以上燃料的重新评定检验项目最近一次检验日期起，每满 6 个月应进行重新评定检验[喷气燃料的检验项目包括外观、密度、馏程、闪点、冰点、铜片腐蚀、水反应、电导率、实际胶质。航空汽油的检验项目包括外观、密度、馏程、铜片腐蚀、四乙基铅、蒸气压(满两年时还包括马达法辛烷值)]。每满 1 个月应检测电导率。

(2) 桶装燃料的储存

桶装航空燃料应分牌号、分批次放置在规定的区域，不同区域应采用物理隔离，各区域应用品种对应的标识色标识清晰。桶装航空汽油应采用库房存放。桶装喷气燃料宜采用库房存放，如因条件限制无法存放在库房中时，需用凉棚或防水帆布保护盛装喷气燃料的油桶不受阳光直接照射，且放置油桶的地面要有防水、防潮措施。

装有燃料的油桶应尽可能水平放置，且使两个桶盖低于桶内的燃料液面。油桶竖立放置时，地面应采取防潮措施，可将油桶放置在盛漏托盘中，防止油桶底部因接触水分而锈蚀。室外存放的油桶，宜将油桶略微倾斜，防止雨水聚集于桶面进入桶内。桶装喷气燃料可堆垛存放但应不超过三层，桶装航空汽油不宜堆垛存放。

接收桶装燃料后，每天检查有无渗漏和油桶变形。从桶内燃料对应的炼厂产品质量合格证上的检验日期起，满 12 个月时且之后每满 6 个月需进行一次重新评定检验(喷气燃料的检验项目包括外观、密度、馏程、闪点、冰点、铜片腐蚀、电导率、实际胶质。航空汽油的检验项目包括外观、密度、馏程、铜片腐蚀、四乙基铅、蒸气压，储存满两年时还包括马达法辛烷值)。

11. 2. 1. 6 发出程序

(1) 罐装燃料发出程序

① 油罐内的燃料需满足下列沉降时间方能发出：对于喷气燃料，每米燃料沉降 3h 或油罐内燃料整体沉降 24h，以时间短的为准；对于航空汽油：每米燃料沉降 45min。

② 每天首次发油前，应从油罐沉淀槽排放水分、杂质直至外观检查合格。

③ 发油前，应书面确认待灌油的加油车、运油车或油桶的牌号标识与油罐、灌油接头或油枪的牌号标识相符。

④ 在发出过程中，双方从发油过滤器取样检查，油品应无水分、杂质，确认油品质量合格后，留样 2. 5L。

⑤ 装油完毕静置至少 5min 后，由承运方进行油品数量核对。数量核对要求如下：运油车或油罐车装油后，承运方应测量油高、油温、视温、视密，进行计量核对。采用流量计或汽车衡交接的单位可不测油高、油温。如发现装油数量与发出数量相差超出装车定额损耗量，应立即通知代表处或发油方，查明原因，核对无误后方可出库。

⑥ 通过运油车或油桶向其他通航机场转运航空燃料时，应提供罐装燃料对应的炼厂产品质量合格证(如另有检验报告，同时附上)。发出时，通过发出合格证进行质量交接确认并告知用户检验报告的有效期限。

(2) 桶装燃料发出程序

① 发出时应遵循存新发旧的原则。发出前，应书面确认油桶密封完好、标识清晰、检验在有效期内、需发出燃料品种与桶装燃料油桶上的品种标识相符，如发出航空汽油还需确认牌号相符。

② 同一批次的桶装燃料首次发出时，随机选择一桶使油桶直立并在桶底一侧垫高使桶稍倾斜，至少静置 5min 后打开桶盖，确认桶内油高正常后，用管式取样器取底部样确认外观合格，测定密度并确定与对应批次的密度之差不超过 3. 0kg/m^{3}后，留取 2. 5L 样品，取样完毕后应立即盖紧桶盖；如果有异常，应隔离该桶燃料并对同一批次的其他桶装燃料进行检查确认。

③ 将油桶竖立并固定静置至少 5min 后，取样测量视温、视密，将立式抽油管插入油桶抽油，宜使用移动泵、通过流量表为航空器加油。双方也可另行协商安全的加注方式。如不需提供加注服务而直接发出桶装燃料给用户，应发出未启封且对应批次经检查确认的桶装燃料，应向用户提供对应的炼厂产品质量合格证(如另有检验报告，同时附上)。

④ 发出桶装燃料给加油车灌油时，开启桶盖后应首先确认桶内油高正常，再通过不小于 100 目的滤网或更细的过滤器向加油车内转移燃料。桶内燃料如未发完，则应盖紧桶盖，重新签封并在桶身标识清楚开启日期并记录，在下次优先发放。

⑤ 通过简易加油装置为航空器加注桶装燃料前，应使油桶直立并在桶底一侧垫高使桶稍倾斜，至少静置 5min 后打开桶盖，确认桶内油高正常后，用管式取样器抽取底部样直至

外观合格，检查完毕后应立即盖紧桶盖。

⑥ 发放完毕的空桶应盖紧桶盖，涂抹去桶身的灌装日期和批次号标识。发出时通过发出合格证进行质量交接确认，并告知用户检验报告的有效期限。

11. 2. 1. 7　加注程序

① 加油前，由用户或用户代表确认或签署燃料牌号确认单，检查所提供的燃料牌号、加油枪或加油接头标识色对应的燃料牌号与所要求加注的燃料牌号相符。

② 打开加油口盖前，还应书面检查确认的燃料牌号与航空器上标识的燃料牌号相符。如果航空器上没有标识燃料牌号，或标识的燃料牌号与书面确认的燃料牌号不一致，在与用户或用户代表再次核实确认无误并记录之前，不能开始加油作业。

③ 加油车灌油后应静置至少 5min，从沉淀槽出口放样直至检查确认无水分、杂质。如果当天首次加油前未在当天进行灌油作业，则在首次加油前应增加一次排放检查。加油车油罐淋过大雨雪后，应从沉淀槽出口放样直至检查确认无水分、杂质。

④ 将盛有燃料的油桶移到适合加油的位置之后，应使油桶直立至少静置 5min 后打开桶盖，确认桶内油高正常。桶底剩余的 40mm 的燃料应回收。桶内燃料未加注完毕，则应盖紧桶盖，重新签封，在桶身标识清楚开启日期并记录，在下次优先发放。

⑤ 在当天第一次使用自助加油机加油前，按规定对发出罐进行检查确认。

11. 2. 1. 8　燃料的回收和降质

各环节质量检验检查所排放出的燃料，需静置沉降后确定回收处理方法。目视外观检查合格的部分可以返回被检查的容器或分别倒至回收桶；目视外观检查不合格的部分，直接倒入作为废油容器的污油桶，待降质处理。

11. 2. 1. 9　记录

① 应建立油品质量检查控制记录，主要包括燃料接收、储存、发出及加注过程中的质量检查结果，油品质量追溯以及样品管理记录等。

② 应建立设施设备维护及日常检查记录，主要包括油罐、过滤器、加油车、移动泵等设施设备及其附件的定期维护检查及清洗记录。

③ 油品质量检查控制记录最少保存 3 年，设备检查清洗记录保存期限应与设备寿命相同。

11. 2. 1. 10　航空附属油料质量控制和操作程序

（1）总则：

应建立航空附属油料(包括航空润滑油、润滑脂、特种液等)的管理程序，确保通用航空使用合格的、满足通航航空器发动机要求的航空附属油料。

（2）供应商管理应从取得“民用航空油料供应企业适航批准书”的企业中选择航空附属油料供应商，且所采购的航空附属油料应为列入供应商《民用航空油料供应企业适航批准书项目单附件》的产品。

（3）接收和仓储管理在油品接收和存储时，应确保油品的外包装完好无损，生产日期清晰可见且在有效期内；应建立批次管理制度，确保每批次油品具有可追溯性，能够有效识别并追踪油品来源与最终去向(加注使用或报废)。有存储要求的油品应在其规定的存储条件下存放，防止油品变质。应隔离存放外包装破损或过期的不合格油品，并建立不合格油品的管理要求。优先使用先入库或有效寿命短的油品。

（4）加注要求在加注航空附属油料前，应确保油料牌号与航空器上标识的油料牌号相符。如果航空器上没有标识油料牌号，或标识的油料牌号与书面确认的牌号不一致，在与用户或用户代表再次核实确认无误并记录之前，不能开始加注作业。

11.2.2 通用航空燃油质量应急管理

（1）应急预案的建立应根据加油作业过程中的风险分析结果，对可能造成事故征候、严重后果的风险制订相应的应急预案，包括但不限于以下项目：①航空燃料油品质量不合格应急预案；②加油设备火灾、爆炸应急预案；③加油作业溢油、污染应急预案；④多加油应急预案；⑤拉坏航空器及刮碰航空器应急预案；⑥油料人员伤亡事故应急预案；⑦复杂气象应急预案。

（2）应急预案的实施在发生上述情况时，应按程序启动相应级别的应急预案进行处置。

11.3 小型机场民用航空燃料质量管理

本节介绍了航空燃料在接收、储存、发放、加注及检验等各环节的质量管理要求的相关规定，本节适用于小型民用机场的航空燃料质量管理。

11.3.1 总则

小型机场（small airport）是指年加油量（发运其他机场的燃料数量亦计入加油量）小于50000t的民用机场。

（1）小型机场应设立一名航空燃料质量人员。航空燃料质量主要负责确保奔机场航空燃料的接收、储存、发放和加注操作符合行业燃料质量管理规定，为客户提供质量合格的航空燃料；需要时，为客户提供燃料质量控制的证明文件。

（2）3号喷气燃料应满足GB 6537的要求，Jet A-1型喷气燃料应满足DEF STAN 91-91、ASTM D1655、AFQRJOS之一的要求。

（3）航空汽油应满足GB 1787的要求或满足ASTM D910、DEF STAN 91-90之一的要求。

（4）人员培训。

① 负责航空燃料质量检查的员工应经过培训后，经授权方可独立进行现场质量检查，包括电导率测定、膜片试验、外观检查、密度检验、测水、取样、排污及收发证件的识别等项目。

② 应为负责航空燃料质量检查的员工建立个人培训记录，内容至少包括培训项目和日期、培训者签名、受训员工合格性评价、受训员工签名、培训机构盖章。

③ 定期对受训人员的能力进行评价，并记录。

（5）取样和留样应符合MH/T 6020的规定。

（6）检验种类和要求应符合MH/T 6020的规定。

11.3.2 运输、储存和加注设备

11.3.2.1 总则

① 储运航空燃料的设备应为完全隔离专用系统。

② 航空燃料主管线不应使用含钢、铜镉合金，镀镉、镀锌或塑料材料；在管线或油罐内部不应使用富锌涂层。如必须使用，则只应使用铜组分不超过35%的铜合金材料。

③ 运输、装卸、储存和加注等设施设备应按 MH/T 6002 的规定喷涂编号、燃料牌号、色标、流向箭头及其他相关标识。

④ 燃料接收油泵和加油车灌油泵的开关阀门应便于操作并有标识。

11.3.2.2 运输设备

(1) 输油管线：

专用管线宜按燃料品种设置，做到专线专用。供油管线内壁应喷涂涂料；长输管线内壁宜喷涂涂料。埋地管线和长输管线宜没有低点排污装置。

(2) 运输车：

罐车油罐应用铝、不锈钢或内表层喷涂环氧树脂涂料的低碳钢制成。顶部人孔盖和测量孔盖应完全密封，防止水分或杂质进入。应通过底部自封型(密封)的装油接头装入燃料。不同牌号油品的装、卸接头应具有不可互换性，应拆除或铅封不使用的接头。不应使用接头转换器连接公路运油车卸油口，以尽量避免混淆油料牌号。

(3) 铁路油罐车、油轮和水运油船应符合 MH/T 6020 的规定。

11.3.2.3 油罐

① 应有合理的油罐数量和容量，满足燃料沉降、检验和洗罐所要求的适当余量。

② 油罐应安装避免水分和灰尘进入的、容易排除水分和杂质的低点装置。卧式油罐罐体安装坡度不应小于 1∶100，立式油罐底部应采用下向锥形底设计，锥底坡度应不小于 1∶25。底板径向搭接应向罐底中心的聚污槽下降。

③ 油罐应安装排污系统。排污系统应使用耐腐蚀材料。排污系统应确保水分不在排污管内聚积。管线上应安装在线取样阀和闭路取样器。立式油罐的排污管应连接到不锈钢或有内部涂层的油料质量检查罐。检查罐至少应有 200L 的容量，其容量通常由储存罐的大小或将燃料输送到储存罐的方式而定，检查罐入口处安装一个快速开关阀，检查罐的锥底部应安装排污阀。对于其他类型的地上油罐，应用重力自流或排污泵排除水分和杂质。宜使用配有电泵的排污回收系统。

④ 油罐应设测量孔，用于取样和计量。立式油罐宜使用浮动吸油臂。油罐内壁至顶部应使用符合航空燃料要求的浅色环氧树脂涂料。油罐上应有清晰的编号。应标识储存油料的牌号，并至少标识油罐的上次检查日期和清洗日期。

⑤ 油罐进出油管线应独立设置，进油管应设置在油罐的底部附近，设计时应考虑减少燃料的涡旋。对于卧式油罐，进油管应设置在油罐较高的一段，直接流向低端的沉淀槽，出游管应设置在离罐底至少 15cm 以上。

11.3.2.4　过滤设备

① 对于喷气燃料，油库入口可安装 GJB 610 或 API/IP1581 的过滤分离器或同等标准的过滤器，也可安装符合 API 1590 的预过滤器或过滤监控器，加油车灌油点应安装过滤分离器或过滤监控器。

② 对于航空汽油，应安装过滤精度为 5μm 或符合 API 1590 的预过滤器，也可使用过滤监控器和过滤分离器。

③ 接收重力自流油料的埋地油罐宜使用 100 目的过滤网作为过滤设备。在过滤分离器进、出口管线上，应安装快速取样接头。过滤器应按要求定期进行维护和检查。

11.3.2.5　加油设备

① 加油车应装载单一品种的燃料，燃料牌号标识应清晰地标识在加油车两侧、控制板和加油车灌油点。

② 加油车管线或附件应由铝合金、不锈钢、内表层经过热镀锡处理或与航空燃料相容的浅色环氧树脂中的中碳钢制成，主管线不应使用铜合金，镀镉，镀锌钢或塑料。与燃料接触的其他部件使用铜材料的程度应减少到最低限度，且不应使用锌、锌含量超过 5%或镉合金材料。

③ 加油车上应安装过设备，喷气燃料加油车应安装符合 APPPI/IP 1581 性能要求的过滤分离器。航空活塞式发动机燃料加油车应安装过滤精度为 5μm 的预过滤器或过滤监控器或过滤分离器。

④ 在压力加油接头和翼上加油枪的胶管末端，应装有批准认可的不少于 60 目的过滤网。翼上加油枪应按 MH/T 6002 的规定标识燃料牌号和颜色标识，加油枪口不应喷漆。

⑤ 加油车油罐底部应有一定的倾斜度，在底部应设有沉淀槽并装有排污管和阀门。宜采用单舱油罐。对于多舱油罐，每个油舱应独立设置排污管。在加油车所有的主管路上，应安装有低点排污阀，确保彻底排污。

11.3.2.6　胶管

加油车宜使用符合 EN 1361(BS 3158)C 型(半导体胶管)要求的合成橡胶管，也可使用符合 BS 3492 或 BS 5842 或同等标准要求的胶管。胶管应为整体，且管壁光滑。公路运油车的卸油(抽油)胶管可使用工业增强型胶管。

11.3.3　接收程序

11.3.3.1　接收公路油罐车、船运燃料应符合 MH/T 6020 的规定。

11.3.3.2　接收公路运油车燃料

① 应核对燃料牌号、收发油证件、炼油厂发油单、运单号、车号、批次号、燃料数量。应检查炼厂产品质量合格证以及各种转运环节的全规格检验报告或重新评定检验报告，项目应齐全，内容应完整，指标应符合规格要求。

② 应检查公路运油车是否符合装运航空燃料的要求，向机场油库运送航空燃料的公路运油车应专用。对于非专用的运油车，应要求供应商提供前载油料牌号、油车清洗、验收

的书面证明，转换卸油接头和牌号标识。换装油料后应按 MH/T 6037 要求执行质量控制。

③ 应检查运油车的铅封完好情况，对于第三方提供运输服务的，应核对铅封号码。

④ 卸油前，应逐车排净水分。如果从油罐沉淀槽取样发现大量水分、杂质和其他污染物，则应至少静置沉降 10min 后取样检查。若仍然出现超过 2L 的水分、大量杂质或无法获得外观检查合格的油样，则应正式通知供应商，书面记录拒绝卸油的理由。

⑤ 逐车取样进行核对检验，如果测试的标准密度与发出燃料的批次标准密度的差值超过 $3kg/m^3$，除非供应方能提供满意解释，否则应拒绝卸油。

⑥ 接收公路运油车时，接收方代表应书面记录核对接收燃料的质量和数量。通过公路运油车在机场供油系统内部实施转运的，应符合相关要求。

⑦ 卸油过程中，应密切关注卸油情况。卸油完成后，应检查确认燃料已彻底排净。

11.3.3.3 接收桶装航空燃料

应核对燃料牌号、收发油证件、炼油厂发油单、批次号和数量。应检查炼厂产品质量合格证或重新评定检验报告或全规格检验报告，项目应齐全，内容应完整，指标应符合规格要求。接收方代表应书面记录核对接收燃料的质量和数量的情况。

11.3.4 沉降与检验程序

11.3.4.1 隔离

隔离接收燃料，并铅封接收灌进、出口阀门。

11.3.4.2 沉降

① 接收公路运输的燃料在发出前，卧式油罐应沉降 1h，立式油罐应沉降 2h；

② 其他情况应符合 MH/T 6020 的规定。

11.3.4.3 检验

（1）油罐中的燃料应至少沉降 30min，取上部、中部和下部油样，进行下列检验；

① 测量每个油样的密度，以确定油罐内燃料同质(密度之差不超过$\pm 3kg/m^3$)。

② 检查燃料中杂质和悬浮水。

（2）对于通过完全隔离系统和专用公路运油车运输接收的燃料，且符合以下条件时，按(1)的要求进行检验，检验合格可发出使用。

① 接收从其他机场或配送中心转运的合格燃料；

② 接收从炼厂发出的合格燃料。

（3）对于从其他第三渠道转运，且通过完全隔离系统和专用运输工具(包括船、公路运油车或铁路油槽车)接收的燃料，应遵循以下要求。

① 按(1)检查，确认没有悬浮水和杂质。

② 取单罐混合样品按重新评定检验项目检验(此检验可在中转油库或机场油库进行)，检验结果符合产品标准规格要求，可以发出；油料出现分层，发出时应说明分层情况。

③ 重新评定检验项目结果不符合产品标准规格要求，不允许发出燃料，应隔离该批次燃料，并调查处理。

11.3.5　储存程序

11.3.5.1　油罐储存燃料的日常检查

① 每周应至少一次从储存罐和过滤器底部排放水分和杂质直至干净为止，如果发现较多的水分、杂质，应根据具体情况，缩短排放间隔，保持油罐和过滤器内无水分、杂质。

② 每天应从使用油罐的底部排放水分和杂质直至干净为止。雨后，应增加检查的次数。在全流速下冲走储存油罐到质量检查罐之间存在的燃料后，在线提取流动燃料的油样进行外观检查，反复排放检查直至合格为止。

③ 发油前，宜在带压情况下，对过滤分离器进行排放，排净水分和杂质，并记录发现的水分和杂质情况。对于不是每天使用的过滤分离器，在排放检查后应使燃料充满过滤器，避免产生无油空间。

④ 储存达到一定时间的灌装燃料，应取混合油样按重新评定检验项目检验，喷气燃料为 6 个月，航空汽油为 3 个月。重新评定检验结果符合产品标准规格要求，可以发出，否则应隔离，不能发出使用。

⑤ 燃料储存超过 1 个月，应每月对喷气燃料进行电导率测试，并做记录。

11.3.5.2　桶装燃料的日常检查

① 桶装燃料应倾斜放置，以防止水分聚集；每周至少应检查 1 次，检查油桶是否渗漏、标签和标识是否清晰。桶盖应低于桶装燃料的液面。

② 储存 12 个月的桶装燃料，应进行重新评定检验，储存超过 24 个月的桶装燃料，不应作为航空燃料使用。

③ 异常情况处理：应逐级报告质量异常、不合格、超期储存的燃料情况，并妥善处理。

④ 回收罐燃料质量控制。每天应对回收油罐中的燃料进行排放检查，以防止微生物污染。回收罐燃料转入储存罐前，应进行外观检查和密度测试，怀疑被微生物污染时应增加微生物的测试。

11.3.6　发出程序

11.3.6.1　中转油库

(1) 发出前质量合格文件的准备：

应有燃料质量合格的证明文件。超出储存期限的油料，证明文件中应包括被发放燃料在本厂的最新重新评定检验报告。

(2) 燃料发出程序：

① 燃料应满足下列要求后方可发出：已按 11.3.4.2 的规定时间沉降；已按 11.3.4.3 的要求完成检验控制，且结果合格；发油罐已排尽水分、杂质，外观检查合格，记录检查排放结果。

② 通过公路运油车转运的，应执行以下要求：装油前应检查运油车，以确保其内部洁净无水；装完油后，应检查、排尽油车油罐内水分、杂质；发出之前，应关闭、紧固罐盖并铅封。

11.3.6.2 机场油库

燃料发出前，应满足以下程序要求：已按11.3.4.2的规定时间沉降；已按11.3.4.3的要求完成检验控制，且结果合格；发油罐、发油过滤器已排尽水分、杂质，外观检查合格，记录检查排放结果。

11.3.6.3 发油步骤

(1) 给罐式油车灌油前，应检查核对车内燃料与待装燃料品种相符，方可灌油。

(2) 加油车装完燃料后，应至少沉降10min后，从加油车底部排放杂质或水分，然后提取油样进行外观检查，并记录检查情况。

11.3.7 设施、设备的维护

11.3.7.1 油罐

(1) 储罐应每年检查一次，每3年清洗一次。对于历史清洗记录显示只发现少量污染物的油罐，其清洗周期最长可延至5年。

(2) 回收罐和真空罐至少每半年清洗一次。在清洗期间内，如果发生以下情况应提前清洗：排污油样显示存在过多杂质、微生物或表面活性剂污染物；下游过滤器使用寿命缩短；下游燃料显示存在过多污染物。

(3) 清洗油罐时，不应使用化学清洗剂。

(4) 应详细记录洗罐发现的杂质类型、数量、油罐内部附件涂层的情况，发现内部涂层脱落，应及时补刷。应保留油罐的检查和清洗记录。最近的油罐清洗日期应标记在油罐上。

(5) 油罐清洗后第一次装油时，应取样进行重新评定检验。

11.3.7.2 油罐附件

浮动吸油臂应每月检查一次。每月应至少检查一次通气孔和滤网，或根据实际情况酌情增加检查频率。呼吸阀应根据生产商的建议进行检查和使用。

11.3.7.3 油桶

新购置油桶及用过的油桶再使用时，应进行检查、清洗。应清楚废弃的空油桶上的标识和标签。

11.3.7.4 移动泵

移动泵进出口、胶管两端、加油接头、接油接口等部位应加防护套。应在每天工作完毕后，排净移动泵管内的存油。

11.3.7.5 过滤器的检查、清洗和更换

过滤器的检查、清洗和更换见MHT 6020—2012附录C。

11.3.7.6 输油管线

输油管线超过3个月不输油，使用前应冲洗。

11.3.7.7 加油车

① 加油车灌口、压力加油接头(枪)、灌油接头及抽油胶管两端应罩防尘盖或罩套。开

口处应用保险丝铅封。每次加油前，应检查加油接头(枪)是否洁净。如发现水或污物，应立即清除干净。

② 每年应对加油车检查一次。检查时，应将加油车油罐排空，通过罐口目视检查油罐内部的清洁情况，并目视检查灌顶密封垫、排气孔、灌顶排水槽，确保排水管未被堵塞。如果因内部隔板等问题导致无法清楚观察油罐内部状况，或内部存在污染迹象、损坏情况时，应入罐检查。应根据每年的检查结果，以确定是否需要清洗。副油箱每 6 个月应清洗一次。

③ 凡新购置、改造、维修、停用超过 1 个月的加油车，使用前应彻底检查、清洗和测试，并进行例行检查和记录检查情况。

④ 如果在加油胶管压力测试时，使用了未经过滤的燃料，在重新使用加油车进行加油作业之前，应冲洗加油胶管。

⑤ 清洗工作完成后，应做好记录。

11.3.7.8　胶管

新胶管应标识清晰的永久性标记。使用前，应检查并使用待装燃料彻底冲洗。应详细记录胶管的生产日期、使用日期和测试情况并保存。加油车上的胶管从生产日期起，其储存期限应不超过 2 年，使用期限应不超过 10 年。使用超过 10 年以上的加油胶管，目视检查外观良好，而且在 1MPa 的压力下进行 次性压力测试后，可以将其使用寿命最长延至 13 年。

加油车上的胶管投入使用前，应灌满燃料，在 15℃或低于燃料闪点的温度下至少浸泡 8h，然后至少用 2000L 燃料冲洗。目视检查冲洗的燃料，如果怀疑燃料的外观，应降级使用，而且需要继续冲洗胶管。将冲洗胶管的燃料储存在非使用状态下的油罐中。加油车上的新胶管使用前，应按要求进行压力测试以及过滤器比色法膜片试验。

11.3.7.9　加油接头(加油枪)滤网

每 3 个月或每次加油前(以时间长的为准)应至少检查一次加油接头(加油枪)的滤网。检查时，应小心拆卸，确保污物保留在滤网上以便观察。重新安装滤网后，应在工作压力下检查胶管，以确保接头的密封性。

11.3.7.10　专机燃料的质量保障程序应符合 MH/T 6020—2006 中第 14 章的要求。

11.3.8　记录

(1) 所有检查和测试应记录并至少保存 1 年或更长时间。

(2) 记录可以储存在备用系统的计算机中，所有记录都应有负责人签字并写明日期，对于计算机生成的记录，应确保密码保护系统可以溯源至当事人。

(3) 质量控制记录主要包括：①水分杂质排放检查记录；②燃料接收检查记录；③油罐发放检查记录；④重新评定检验记录；⑤过滤器膜片试验记录；⑥取样记录；⑦过滤器压差记录和压差图；⑧油罐检查清洗记录；⑨过滤器检查记录。

(4) 设备检查清洗记录保存期限应与设备寿命相同。接收燃料质量、数量、储存和发放的记录，一般保存 3 年。

参 考 文 献

[1] 付伟 . 世界航空燃料规格及进展[M]. 北京：中国石化出版社，2011.
[2] 杨俊杰 . 船舶航空润滑与特种油液[M]. 北京：石油工业出版社，2019.
[3] 山红红，张孔远 . 石油化工工艺学[M]. 北京：科学出版社，2019.
[4] 邹长军 . 石油化工工艺学[M]. 北京：化学工业出版社，2010.
[5] 杨朝合，徐春明 . 石油炼制工程[M]. 北京：石油工业出版社，2009.
[6] GB/T 498—2014 石油产品及润滑剂分类方法和类别的确定[S]. 2014，
[7] 向海，柳华，邓川，曾泰，夏祖西 . 美国无铅航空汽油发展历史及研究进展[J]. 化学工程与技术，2017，007：81-87.
[8] 李跃，王慧超，杨栩，新型汽油抗爆剂发展研究[J]. 广州化工，2015：31-33.
[9] 陈凯 . 芳烃抗爆添加剂对航空汽油性能影响研究[J]. 石油与天然气化工，2016，45：1-5.
[10] GB 1787—2018 航空活塞式发动机燃料[S]. 2018.
[11] 曹文杰，陈立波 . 先进空天动力油料发展[M]. 北京：中航出版传媒有限责任公司，2018.
[12] 刘春萌，安广萍，余中云 . 我国煤制油产业发展前景展望[J]. 辽宁化工，47（2018）523-526.
[13] 赵晶，郭放，阿鲁斯，杨晓奕 . 未来航空燃料原料可持续性研究[J]. 北京航空航天大学学报，2016.
[14] 舟丹 . 生物燃料最新发展趋势[J]. 中外能源，2016：44-44.
[15] Engine Oil Licensing and Certification System：API 1509，American Petroleum Institute，17th Edition[S]. Washington，D. C：American Petroleum Institute，2014(with Errata March 2015)，49-50
[16] 李慧，宗颖亭 . 润滑油“老三套”装置直供分析[J]. 润滑油，2010，25：37-39.
[17] 李进，谈轶 . 润滑油[J]. 国内外合成酯类航空涡轮发动机润滑油规范的发展，2018，33：61-64.
[18] 美国军用标准 . MIL-PRF-23699G，PERFORMANCE SPECIFICATION LUBRICATING OIL，AIRCRAFT TURBINE ENGINE[S]. 2014，
[19] 孙元宝 . 中美Ⅱ型航空润滑油规范 GJB1263 与 MIL-PRF-23699 对比分析[J]. 石油化工应用，2017：146-148.
[20] 张丙伍，吕丙琴，李静，杨俊杰 . 美国航空发动机油规格 SAE AS 5780 B 解读[J]. 石油商技，2014：60-65.
[21] 杨俊杰 . 船舶航空润滑与特种油液[M]. 北京：石油工业出版社，2019.
[22] 曹文杰、陈立波 . 先进空天动力油料发展[M]. 北京：中航出版传媒有限责任公司，2018.
[23] 潘丕武 . 石油计量技术[M]. 北京：中国计量出版社，2009.
[24] 金山 . 石油计量[M]. 北京：中国计量出版社，2005.
[25] 张明 . 石油交接计量图解[M]. 北京：海洋出版社，2006.
[26] 陈春林，杨忠民 . 油品计量技术与管理[M]. 沈阳：辽宁大学出版社，2010.
[27] 曾强鑫 . 油品计量基础[M]. 北京：中国石化出版社，2016.
[28] 王文良 . 石油计量及检测技术概论[M]. 北京：石油工业出版社，2009.
[29] 娄方 . 石油计量器具检定[M]. 北京：中国石化出版社，2008.
[30] 肖素琴 . 油品计量员读本[M]. 北京：中国石化出版社，2011.
[31] 杨有涛，陈梅，苗豫生 . 液体流量计[M]. 北京：中国质检出版社，2017.
[32] MH T 6004—2015　民用航空油料计量管理 .
[33] MH T 6044—2008 小型机场民用航空燃料质量控制和操作程序 .
[34] MHT 6080—2012 民用航空燃料长输管道输送质量控制 .

[35] MHT 6020—2012 民用航空燃料质量控制和操作程序 .
[36] AP-21-55-01 民用航空燃料供应企业适航审定程序 .
[37] ASTM D910-17a.
[38] ASTM D6227—2017 Unleaded Aviation Gasoline Containing a Non-hydrocarbon Component.
[39] ASTM D7547—2017 Hydrocarbon Unleaded Aviation Gasoline.
[40] GB 6537—2018 3 号喷气燃料 .
[41] GB T1885—1998 石油计量表规范 .
[42] ASTM D1655—2018 Aviation Turbine Fuels.